LEHRBUCH DER PHYSIOLOGIE

IN ZUSAMMENHÄNGENDEN EINZELDARSTELLUNGEN

UNTER MITARBEIT EINER
REIHE VON FACHMÄNNERN

HERAUSGEGEBEN VON

WILHELM TRENDELENBURG†

UND

ERICH SCHÜTZ

ERNST FREY

NIERENTÄTIGKEIT
UND WASSERHAUSHALT

SPRINGER-VERLAG

BERLIN · GÖTTINGEN · HEIDELBERG

1951

NIERENTÄTIGKEIT UND WASSERHAUSHALT

VON

DR. MED. ERNST FREY

EMER. O. PROFESSOR DER PHARMAKOLOGIE
EHEM. DIREKTOR DES PHARMAKOLOGISCHEN INSTITUTS
DER UNIVERSITÄT GÖTTINGEN

MIT 33 ABBILDUNGEN IM TEXT

SPRINGER-VERLAG

BERLIN · GÖTTINGEN · HEIDELBERG

1951

Softcover reprint of the hardcover 1st edition 1951

ISBN 978-3-642-92556-6   ISBN 978-3-642-92555-9 (eBook)
DOI 10.1007/978-3-642-92555-9

Vorwort.

Als ich am Anfang des Jahrhunderts begann, mich mit der Nierentätigkeit zu beschäftigen, war die sogenannte Sekretionstheorie allgemein anerkannt, welche eine Filtration im Glomerulus leugnete. Damals lieferte ich den Beweis einer Filtration daselbst; er ist unbeachtet geblieben. Nun ist allmählich unter dem Einfluß von Cushny, der für die Harnbereitung durch alleinige Filtration und Rückresorption eintrat, und von Rehberg, welcher die rechnerische Behandlung dieser Art der Harnbereitung durchführte, ganz allgemein diese Theorie herrschend geworden und auch der Nachweis von Sekretionsprozessen, wie der von Harnstoff, Harnsäure oder Sulfat und in neuerer Zeit von Phenolrot, Perabrodil und p-Aminohippursäure hat diese Theorie nicht erschüttern können, und so geht durch die Literatur die Annahme einer starken Filtration und einer auswählenden Rückresorption, fast wie ein Dogma, als Grundvorstellung der Harnbereitung hindurch. Heute kann ich mich wiederum dieser herrschenden Meinung nicht anschließen. Daß neben der eigenen Auffassung dem Charakter eines Lehrbuches entsprechend auch die anderen Meinungen zur Darstellung gekommen sind, soll aber besonders betont werden.

Es kann bei meiner von der üblichen Anschauungsweise abweichenden Meinung nicht ausbleiben, daß ich Bedenken gegen die Auslegung anderer Autoren äußere. Ich bitte das nicht so zu verstehen, als unterschätze ich den Fleiß, die Umsicht und den Scharfblick anderer Untersucher und ihre Geschicklichkeit in der Anwendung neuer Versuchsanordnungen, auch wenn ich Bedenken gegen ihre Auslegung äußere.

Die Belege der Befunde sind im Literaturverzeichnis angeführt, um ein Nachschlagen der Originale und ein Weiterfinden im Schrifttum zu ermöglichen. Ähnliche Zusammenstellungen finden sich in den neuesten (1951) Werken von W. Frey und Wolf und eine ausführlichere bei Smith; eine Vollständigkeit ist wohl kaum erreichbar.

Herrn Professor Schütz danke ich für die Aufforderung, den Teil über die Nierentätigkeit in seinem Sammelwerk zu bearbeiten und mir dadurch Gelegenheit zu geben, einem weiteren Leserkreis dieses Forschungsgebiet näher zu bringen. Dem Verleger Herrn Dr. Ferdinand Springer bin ich für die Ausstattung des Buches zu großem Danke verpflichtet.

Freiburg i./Br., Juli 1951.   **Ernst Frey.**

Inhaltsverzeichnis.

Nierentätigkeit.

Seite

A. Einleitung 1

  I. Die Niere als Ausscheidungsorgan 3

  II. Geschichte der Vorstellungen von der Nierentätigkeit 5

  III. Die extrarenalen Diuretika 9

B. Die Bedingungen der Nierentätigkeit 12

  I. Bau der Niere und ihres Gefäßsystems 12

  II. Der Blutdruck (und die Adrenalindiurese) 16

  III. Die Blutdurchströmung 18

    1. Normal 18

    2. Bei Glomerulusdiuresen 21

      a) Coffein 21

      b) Salze, Harnstoff, Zucker 24

      c) Quecksilber 25

      d) Digitalis 26

  IV. Der Sauerstoffverbrauch 28

  V. Einfluß des Nervensystems 30

  VI. Die Hypophyse als übergeordnetes System zur Regulierung der Wasserausscheidung 35

C. Die Leistungen der Niere 39

  I. Die physikalische Leistung der Niere 39

    1. Die Wassereinsparung 39

      a) Filtration und Rückresorption 40

      b) Größe der Filtration und Rückresorption 42

      c) Clearance 44

      d) Andere Bezeichnungen 48

      e) Ausschaltung der Tubulustätigkeit 48

      f) Reabsorbierte Flüssigkeit 49

      g) Berechnung auf Körperoberfläche 49

    2. Wasserausscheidung 50

    3. Theorie der Eindickung und Verdünnung des Harnes als Folge der Druckverhältnisse 52

    4. Die osmotische Arbeit der Niere 59

      a) Normal 60

      b) Bei Annahme verschiedener Filtratmengen bei normaler Eindickung des Harnes 61

      c) Bei Annahme verschiedener Filtratmengen bei verdünntem Harn . . 62

      d) Bei verschiedenen Harnmengen 62

  II. Die chemische Arbeit der Niere 63

    1. Synthesen und Spaltungen; Reaktion des Harnes 63

    2. Blut als Stammflüssigkeit des Harnes 67

    3. Sekretion der Tubuli 70

    4. Ausscheidung der Blutbestandteile 73

    5. Antagonismus von Kochsalz und harnpflichtigen Stoffen 75

Seite
6. Die Vorgänge bei der Filtration und Sekretion 81
7. Die Harnfarbe 85
8. Die kindliche Niere 86
9. Die Froschniere 88

D. Einflüsse auf die Nierentätigkeit 93
I. Phlorrhizin (und Lactoflavin) 93
II. Nebennierenrinde 94

E. Blutdrucksteigernde Stoffe aus der Niere 99
I. Extrakte 100
1. Hypertensin im Plasma, durch das Ferment Renin gebildet 100
2. Nephrin 102
II. Chemische reine Substanzen 102
1. Tyramin 102
2. Oxytyramin 103

F. Die Harnentleerung 105
I. Ureter 105
II. Blase 106

G. Funktionsprüfungen der Niere 107
I. Wasser 107
II. Bestimmung des Plasmastroms durch die Niere 108
1. Perabrodil, Diodrast, Diodon in kleinen Mengen 108
2. p-Aminohippursäure in kleinen Mengen 110
III. Bestimmung der Filtratmenge 110
1. Inulin 111
2. Mannitol 112
3. Thiosulfat 112
4. Kreatinin 112
IV. Prüfung der maximalen Tubulusleistung: Tm 113
1. Diodrast und p-Aminohippursäure 113
2. Glucose 113
3. Gemischte Bestimmungen 114
V. Prüfung der Säure- und Basenausscheidung 114
VI. Farbstoffproben 114
1. Indigocarmin 114
2. Phenolsulfophthalein 114

H. Schluß 114
Literatur zum Kapitel Nierentätigkeit 117

Wasserhaushalt.

I. Eigenschaften des Wassers 136
II. Wasserbestand des Körpers 136
III. Bilanz des Wasserhaushaltes, normal 138
1. Normales Schema 138
2. Normale Einnahmen 138
3. Normale Ausgaben: Harn, Kot, Lunge, Schweiß 139
IV. Bilanz bei gesteigerter Zufuhr von Wasser 139
1. Verteilung auf die Gewebe 139
2. Einfluß des Salzes, Trinkversuche 140
3. Wasservergiftung 141
4. Blutverdünnung nach Wassertrinken 141
V. Bilanz bei Wassermangel 142
1. Verminderte Wasserzufuhr 142
2. Wasserverlust durch Schweiß, Darm, Niere 143
VI. Bilanz in Abhängigkeit von der Nahrung 144
1. Salz 144

Seite
2. Die Frage nach der Bedeutung des Na-Ions 145
3. Reaktion: Acidose, Alkalose 146
VII. Bilanz in Abhängigkeit von Konstitution, hormonale Einflüsse 147
1. Schilddrüse 147
2. Hypophyse 147
3. Nebennierenrinde 148
VIII. Bilanz in Abhängigkeit von Krankheiten 149
1. Fieber 149
2. Ödemkrankheit 150
IX. Wasserbewegung im Körper 150
1. Verdauungstrakt 150
a) Konzentration der Sekrete 150
b) Speichelmenge 151
c) Menge des Magensaftes 151
d) Menge der Galle 151
e) Pankreas 151
f) Darmsaft 151
2. Lymphbildung 152
a) Menge 152
b) Zusammensetzung 152
c) Die treibenden Kräfte bei der Lymphbildung: Capillardruck, Organarbeit, kolloidosmotischer Druck, Blutströmung, Permeabilität. (Glomerulusfiltrat, Kammerwasser und Liquor als Beispiele der primären
Lymphe) 153
3. Ödeme bei Herz- und Nierenkrankheiten oder Mangelernährung als gesteigerte Lymphbildung 159
X. Schluß 162

Literatur zum Kapitel Wasserhaushalt 162

Namenverzeichnis 170

Sachverzeichnis 176

Nierentätigkeit.

A. Einleitung.

Die Niere ist wie jedes Organ durch den Blutkreislauf und das Nervensystem mit der Tätigkeit der anderen Organe verknüpft, und zwar als Ausscheidungsorgan in einer noch engeren Weise als die anderen. Denn sie stellt nicht eigentlich Stoffe her, deren Vorstufen sie dem Blute entnimmt, sondern sie reagiert auf die Plasmakonzentrationen einzelner Bestandteile mit der Ausscheidung derselben. Sie wird also nicht nur von einzelnen Hormonen in ihrer Tätigkeit beeinflußt, wie die Nebennierenrinde durch die corticotropen Hormone des Hypophysenvorderlappens oder die Schilddrüse durch das thyreotrope Hormon oder durch Jod, sondern die Zusammensetzung des Plasmas an jedem einzelnen Stoff bedingt eine besondere Tätigkeit des Organs. Wir werden sehen, daß sich nicht alle Funktionen der Niere unabhängig voneinander vollziehen, sondern daß sich die Zusammensetzung des Harnes auch qualitativ ändert, wenn gewisse Funktionszustände bestehen. So ändert sich die gegenseitige Konzentration der einzelnen Harnbestandteile bei der Glomerulusdiurese, indem das Kochsalz dabei bei der Ausscheidung bevorzugt wird. Ferner beeinflussen sich einige Substanzen, welche durch aktive Sekretion im Tubulus ausgeschieden werden, in der Weise, daß die Ausscheidung des einen die des anderen hemmt, wenn die gleichen Austauschsysteme benutzt werden.

Bei der Untersuchung der Tätigkeit eines absondernden Organs gibt es recht viele Möglichkeiten, sich ein Bild von der Funktion zu machen. Zunächst sind die Bedingungen zu erforschen, die zu seiner Tätigkeit notwendig sind, und die man hinsichtlich ihrer normalen Größe festlegen kann. Man kann aber auch durch Verändern solcher Bedingungen wie Blutdruck, Blutdurchströmung, Sauerstoffzufuhr das Ausmaß der Funktionsänderung beobachten, indem man die Veränderungen im Sekret der Niere, dem Harn, feststellt. Und diese Variationen sind grade beim Harn außerordentlich groß. Nicht nur seine Menge, sein spezifisches Gewicht, seine Farbe, sein molekularer Bestand, sein Säuregrad unterliegt großen Schwankungen, sondern auch die Zusammensetzung hinsichtlich der einzelnen Bestandteile wechseln stark und lassen Rückschlüsse auf Teilfunktionen des Organs zu. Zunächst sieht man im gewöhnlichen Leben, daß die Harnmenge in weiten Grenzen schwanken kann und daß trotzdem die Niere den Anforderungen genügt, d. h. die täglich anfallenden Schlacken des Stoffwechsels auszuscheiden vermag, ob ihr viel Lösungsmittel oder wenig zur Verfügung steht. Die Ausscheidung der Einzelbestandteile muß also unabhängig von der Harnmenge vor sich gehen. Dies führte zu der Lehre von den Einzelfunktionen, den Partialfunktionen, die unbeeinflußt nebeneinander herliefen. Es kann also die Niere den Harnstoff in völlig ausreichender Weise ausscheiden, ob sie viel Wasser oder wenig dabei verbraucht. Es kommt niemals zu einer Retention des Reststickstoffes, den der Harnstoff etwa zur Hälfte ausmacht, solange die Niere gesund ist. Und ebenso verhält es sich mit den anderen spezifischen Stoffen des Harns. Es scheint also die Wasserbearbeitung des Organs gänzlich unabhängig von der Ausscheidung der einzelnen Harnbestandteile vor sich gehen zu können. Und doch ist eine solche Unabhängigkeit der Partialfunktionen keineswegs vorhanden. Dies zeigt sich sofort, wenn man die Niere einer Belastung unterzieht.

Zunächst freilich kann man feststellen, daß die täglichen Harne gleich werden, wenn man sie auf denselben Grad ihrer Konzentration bringt, also einen verdünnten Harn bis zur molekularen Konzentration des Blutes, d. h. bis zum Gefrierpunkt von —0,56° eindickt oder einen konzentrierten Harn bis zu diesem Ausmaß verdünnt. Die beiden so behandelten Harne sind identisch. Aber eine Bedingung muß erfüllt sein: nämlich die Vermehrung der Harnmenge muß auf physiologische Weise geschehen. Es gibt nämlich — und dies wird nicht immer beachtet — verschiedene Formen der Harnvermehrung, der Diurese; die physiologische Beeinflussung der Harnmenge beruht auf Vermehrung oder Verminderung der Zufuhr von Wasser mit der Nahrung. Hierbei gilt das Gleichbleiben der absoluten Mengen von ausgeschiedenem Stoff im konzentrierten oder verdünnten Harn. Nicht aber, wenn man auf andere Weise die Harnmenge vermehrt. Dies kann durch die sogenannten Diuretika geschehen, durch Eingabe von Coffein, Theophyllin, also durch Purinkörper, ferner durch Quecksilberpräparate oder Digitalisglykoside oder durch die Verabfolgung von wäßriger Lösung von Kochsalz, Glaubersalz, Harnstoff und Zucker. Danach, besonders bei intravenöser Zufuhr kann man experimentell mit sofortiger Wirkung eine außerordentlich große Harnflut herbeiführen; der Harn erscheint nach Gefrierpunkt, Farbe, spezifischem Gewicht meist gegen den Harn vor dem Eingriff außerordentlich verdünnt. Aber dieser Harn ist nach seiner Zusammensetzung nicht mehr so beschaffen, daß er sich nur in seinem Wassergehalt von dem vorher abgesonderten Harn unterschiede. Hier ist die Ausscheidung der Einzelbestandteile verändert. Es hat sich das Verhältnis der einzelnen Stoffe gegeneinander verschoben: Kochsalz ist absolut genommen stark vermehrt, also die Abscheidung von g Kochsalz in der Zeiteinheit, wenn auch seine Prozente sich gesenkt haben. Die Reaktion des Harnes hat sich nach der alkalischen Seite verschoben, und die Ausscheidung der spezifischen Harnbestandteile hat relativ und absolut abgenommen. Jetzt ist also die Ausscheidung der Harnfixa nicht mehr unabhängig vom Volumen des abgesonderten Harnes. Gibt man experimentell mehrere Tage solche Diuretika, so kann man ein Tier entsalzen, kochsalzarm machen; man kann also der Niere eine Funktion aufzwingen, welche sie von der Regulation des Stoffbestandes des Körpers entfernt. Hierbei ist also die Unabhängigkeit der Partialfunktionen durchbrochen und die gelieferte Harnmenge vermehrt die Kochsalzausscheidung der Niere. Wir werden sehen, daß dies ein grundlegender Unterschied dieser beiden Diuresen ist. Wir haben genügend Grund, wie weiter unten besprochen wird, anzunehmen, daß die Diuresen durch Diuretika mit einer Volumsvermehrung der Niere verbunden ist, daß eine vermehrte Blutdurchströmung dabei eine Rolle spielt und daß man berechtigt ist, die Harnvermehrung auf eine gesteigerte Filtration im Glomerulusgebiet zurückzuführen. Daher verändert sich die Zusammensetzung des Harnes im Sinne einer Angleichung an die Zusammensetzung eines Ultrafiltrates des Blutes, weil die verändernde Tätigkeit der Tubuli sich nicht in alter Weise bei dem schnellen Fließen des provisorischen Harnes auswirken kann, so daß z. B. das Kochsalz der Rückresorption entgeht. Es ist also die Ausscheidung der festen Stoffe des Harnes bei diesen Filtrationsdiuresen nicht mehr von der Harnmenge unabhängig, sondern nur bei der Harnvermehrung durch Verändern der Wasserzufuhr, also auch bei der Harnvermehrung durch Trinken, bei der Wasserdiurese. Somit besteht eine Harnveränderung bei Variation der Filtration.

Es liegen nun viele Beobachtungen vor, die eine Abscheidung gewisser Stoffe durch die Tubuli beweisen, z. B. die Ausscheidung von Phenolrot, von Perabrodil (= Diodrast = Diodon), von der p-Aminohippursäure, von Penicillin, von Caronamid (jetzt Carinamid genannt). Hierbei zeigt sich, daß diese Stoffe bei gleichzeitiger Eingabe zweier Substanzen sich beeinflussen, in der Ausscheidung hemmen, was man Kompetition oder Konkurrenz genannt hat. Bei der Kombination zweier anderer Stoffe ist dies nicht der Fall. Man schließt daraus, daß einige Stoffe das gleiche Übertragungssystem, das gleiche „Transfersystem", benötigen und daß es mehrere solcher Systeme gibt. Also auch bei der Sekretion der Tubuli hört die Unabhängigkeit der Partialfunktionen auf. Man kann natürlich einwenden, daß die gegenseitige Beeinträchtigung der Ausscheidung bisher nur für körperfremde, künstlich zugeführte Substanzen erwiesen ist, und daß es sich dabei um eine Art von Vergiftung handle, auch zeigen sich Unterschiede der Tierart; so wirkt Salyrgan beim Menschen auf die Ausscheidung von p-Aminohippursäure herabsetzend, beim Hund nicht (McDONALD und MILLER). Bei der Katze wird durch Thiosulfat die Ausscheidung von Kreatinin stark (50%) gesenkt, beim Menschen wohl weniger (EGGLETON und HABIB). Aber auch körpereigene Stoffe verändern die Nierentätigkeit. So gibt es pathologische Fälle von hypochlorämischer Azotämie, d. h. Retention von Stickstoff bei Kochsalzmangel, von denen bei der Kochsalzausscheidung noch gesprochen werden wird (s. J. FREY und v. MUYLDER). Vor allem aber findet sich ein Antagonismus von harnpflichtigen Stoffen und Kochsalz, der auf einen engen Zusammenhang der Ausscheidung dieser Partner schließen läßt, und der auf einem Austausch von filtriertem Kochsalz und sezernierten Harnbestandteilen beruht.

Man kann also sagen, daß eine völlige Unabhängigkeit der Ausscheidung der harnpflichtigen Stoffe nicht besteht, sondern daß sich viele Fälle finden, in denen die einzelnen Funktionen der Niere miteinander verknüpft erscheinen.

I. Die Niere als Ausscheidungsorgan.

Unter den Ausscheidungsstellen des Körpers nimmt die Niere insofern eine Sonderstellung ein, als zwar auch eine Ausscheidung von Wasser, Kohlensäure und Salzen an anderer Stelle vorkommt, wie in dem Darm, der Haut und der Lunge, aber sie ist das einzige Organ, welches durch Variabilität der Ausscheidungen den Körperbestand sichert. Die Ausscheidung durch den Schweiß ist hauptsächlich durch die Temperaturregulierung bestimmt, die durch die Lungen durch das Abrauchen der Kohlensäure, nur die Ausscheidung durch den Darm kann eine gewisse Regulation darstellen, indem die Phosphorsäure bei Acidose mehr durch die Nieren, bei Alkalose mehr durch den Darm den Körper verlassen kann. Aber den eigentlichen Regulator des Körperbestandes stellt die Niere dar, indem sie den osmotischen Druck der Körperflüssigkeiten auf dem normalen Niveau hält (Isosmie), die Salzbestandteile konstant erhält (Isoionie), die Reaktion der Körperflüssigkeiten sichert (Isohydrie), und die Schlacken des Stoffwechsels eliminiert; dazu kommt die Ausscheidung eingeführter Fremdsubstanzen. Es verläuft also die Ausscheidung an anderer Stelle gelegentlich ebenfalls im Sinne des Loswerdens überschüssiger Stoffe, aber dies ist mehr passiv und fast nie als Regulation aufzufassen. Das einzige Organ, welches den Körperbestand aufrecht erhält, ist die Niere, wenn man von dem Gasaustausch in der Lunge absieht.

Dies wird durch die große Breite der Variation der Harnzusammensetzung ermöglicht.

Dabei ist die Niere nicht eigentlich als Drüse aufzufassen, welche bestimmte Stoffe herstellt, wenn ihr auch dies Vermögen keinesfalls ganz fehlt und eine Rolle bei der Aufrechterhaltung des Säure-Basen-Gleichgewichtes spielt. Sie kann nämlich Ammoniak aus Aminosäuren, nicht aus Harnstoff, abspalten und Phosphorsäure aus organischen Phosphorsäureverbindungen. Der einzige synthetische Prozeß, der in der Niere vor sich geht, ist die Kuppelung der Hippursäure aus Glukokoll und Benzoesäure. Auf der anderen Seite ist ein wichtiger Faktor für die Ausscheidung das Vermögen, aus gekoppelten Verbindungen Stoffe zu befreien, sie von ihrem kolloidalen Begleiter zu befreien. Aber im großen ganzen erhält die Niere die auszuscheidenden Stoffe in fertiger Form mit dem Blute. Sie scheidet den Überschuß von mit der Nahrung aufgenommenen Salzen aus, die Stoffwechselschlacken und zufällig aufgenommene körperfremde Substanzen. Dies geschieht in großer Variationsbreite des Lösungsraumes, indem die täglich anfallenden Mengen fester Stoffe bald in wenig, bald in viel Wasser gelöst zur Ausscheidung kommen. Dabei werden unter gewöhnlichen Verhältnissen alle Stoffe dem Blute gegenüber im Harn konzentriert, und nur unter Umständen dem Blute gegenüber verdünnt, wie das Kochsalz bei Kochsalzmangel oder (fast) alle Harnfixa bei der Wasserdiurese, bei welcher ein Harn erscheint, der beinahe dem destillierten Wasser gleicht. Von den Blutbestandteilen werden nur das Plasmaeiweiß und der Zucker zurückgehalten. Man hat im Hinblick auf letzteren von Schwellensubstanzen und Nichtschwellensubstanzen gesprochen, und meint damit, daß im Harn einige Substanzen erst dann erscheinen, wenn wie beim Zucker eine gewisse Konzentration im Blute erreicht wird, also eine Schwelle überschritten wird. Als Nichtschwellensubstanzen dagegen bezeichnete man Stoffe, welche die Niere restlos ausscheiden will, auch wenn sie in ganz geringer Konzentration im Plasma vorhanden sind, z. B. Harnstoff. Aber man muß bedenken, daß das Nierenvenenblut nicht frei von den auszuscheidenden Stoffen ist (dies trifft nur für Perabrodil und p-Aminohippursäure in gewissen Konzentrationen zu), sondern daß immer erhebliche Mengen von Harnstoff, Harnsäure, Kreatinin usw. die Niere auf dem Blutwege verläßt. Man könnte annehmen, daß das Blut so schnell durch die Niere fließt, daß eben auch bei den Nichtschwellensubstanzen eine vollständige Reinigung nicht zustande kommt, daß dies aber gewissermaßen die Tendenz der Niere diesen Stoffen gegenüber darstellt. Im Anschluß an solche Vorstellungen hat man von dem Begriff der Clearance Gebrauch gemacht und damit die Menge Blut bezeichnet, die zur Ausscheidung einer bestimmten Stoffmenge im günstigsten Falle erforderlich ist, also die Blutmenge, die bei restloser Reinigung die Menge Stoff im Harn ergeben würde. Ist die Konzentration einer Substanz im Harn 100mal größer als im Blut, so wären 100mal mehr ccm Blut als Harn erforderlich, um die Stoffmenge zu liefern. Da das Blut aber nicht restlos von den Schlacken des Stoffwechsels gereinigt wird, so ist der Begriff der Clearance eine rechnerische Größe, die lediglich dem Vergleich der Ausscheidung verschiedener Stoffe dient. Ist die Clearance hoch, so wird die Substanz stark angereichert ausgeschieden und umgekehrt. Aber um eine restlose Reinigung des Blutes handelt es sich dabei nicht.

Es ist bei der Reinigung des Blutes durch die Nierentätigkeit noch zu bedenken, daß die Niere im Blutkreislauf nur im Nebenschluß liegt, nicht wie die Lunge im Hauptkreis. Dies führt natürlich dazu, daß immer nur ein Teilstrom des Blutes dem Reinigungsprozeß durch die Niere unterliegt und daß dies gereinigte Blut wieder mit dem nicht gereinigten vermengt wird.

Abhängig ist die Nierentätigkeit außer von der Blutbeschaffenheit von verschiedenen Bedingungen, von denen der Blutdruck, die Blutdurchströmung und das Sauerstoffangebot die hauptsächlichsten sind. Ihre Leistung erstreckt sich in physikalischer Richtung auf die Wassereinsparung und die Wasserausscheidung, also auf die Regulation des Wasserbestandes des Körpers. Es kann sich auch die Wasserverteilung innerhalb des Körpers selbst ändern, und so der Niere ein verschiedenes Wasserangebot zur Verfügung steht. Dies geschieht durch die sogenannten Gewebsdiuretika. Man hat häufig nach Eingabe von Diuretika Blutveränderungen gefunden, die man für primär hielt, bis sich herausstellte, daß der Angriffspunkt in der Niere liegt. Nur in einigen Fällen kann die Wasserverteilung in Frage kommen, wenn die Gewebe, die Zellen selbst Wasser binden oder freilassen, wenn sie quellen oder schrumpfen. Die Substanzen, welche solche Veränderungen anregen, sind die Säuren und die Basen und zweitens einige Hormone, die der Thyreoidea, und der Nebennierenrinde. Ein Einfluß des Nervensystems hat sich in spezieller Weise dabei nicht feststellen lassen, nur die vasomotorischen Einflüsse erstrecken sich auf die Niere wie auf jedes Organ. Dagegen können sich nervöse Einflüsse über die Hypophyse auswirken, welche als Zentralstelle die Wasserausscheidung überwacht.

II. Geschichte der Vorstellungen von der Nierentätigkeit.

Der so eigenartige Bau der Niere, insbesondere die auffällige Vielgestaltigkeit der einzelnen Abschnitte dieses Organs fordert geradezu heraus, das anatomische Bild mit der Funktion in Beziehung zu setzen. Und so sehen wir, daß durch die gesamte Literatur diese Vorstellungen hindurchgehen und immer wieder die einzelnen Funktionen der Abschnitte gegeneinander ausgewogen werden. So sehr auch die Arbeiten der Feststellung von Einzelheiten dienen, immer werden sie in Beziehung zu den Theorien über die Nierentätigkeit gesetzt. Und so werden sich auch in den folgenden Abschnitten immer wieder Ausblicke auf die Vorstellungen der Nierenfunktion ergeben; und wir werden sehen, daß bis zu einem gewissen Grade Unterlagen vorhanden sind, welche ein Bild vom Geschehen in der Niere in großen Zügen ergeben. Es soll daher die Entwicklung dieses Bildes kurz gestreift werden.

Der erste, welcher die mikroskopische Struktur der Niere in Beziehung zu ihrer Tätigkeit setzte, war BOWMAN (1842), der die dünne Wand der Glomerulusschlingen mit der Absonderung von Wasser und Salzen, das Epithel der Harnkanälchen mit der Ausscheidung spezifischer Stoffe in Verbindung brachte. Wenn damals auch solche Ansicht nicht durch Versuche untermauert war, so scheint sie mir doch in großen Zügen auch heute noch zuzutreffen. LUDWIG suchte 1844 nach den Kräften, welche die Absonderung veranlassen und führte die gesamte Harnbereitung auf physikalische Kräfte zurück, indem er im Glomerulus eine Filtration annahm, und die Veränderungen, welche dieses Filtrat auf den weiteren Wegen durch die Kanälchen erlitt, ebenfalls physikalischen Kräften zuschrieb, Rückdiffusion von Wasser und Rückresorption einzelner fester Stoffe. Es war ja damals die genaue Zusammensetzung des Harnes unter verschiedenen Absonderungsbedingungen unbekannt, und so konnte ein allgemeiner Hinweis wie Rückresorption genügen. Gegen diese Lehre erhob HEIDENHAIN 1883 Bedenken, besonders quantitativer Art, indem er die Größe der Filtratmenge, die für eine solche Anreicherung durch Filtration und Rückresorption von Wasser notwendig ist, bemängelte, weil er annahm, daß die durch die Niere strömende Blutmenge für eine solch ausgiebige Filtration zu klein sei, da man damals die Blutmenge, die die Niere durchströmte nur etwa auf den zehnten Teil der wirklichen Durchblutung schätzte. Aber auch die Einengung des Harnes sah HEIDENHAIN nicht als durch Rückdiffusion möglich an, weil der Harn konzentrierter als das Blut ist, er zog daher irgendwelche aktive Kräfte heran und sprach von Sekretion. Eine solche Sekretion sollte sowohl im Glomerulus stattfinden, wo eine stark verdünnte Salzlösung zur Abscheidung komme, wie auch im Tubulus, der eine konzentrierte Lösung dem Kanälcheninhalt zufüge. Insonderheit durch das Verfolgen der Anfärbung der Kanälchenepithelien wollte man — auch fernerhin — eine solche Ausscheidung erweisen, während man heute nach den Arbeiten von v. Möllendorff die Färbung der Epithelien ganz unabhängig von der Ausscheidung ansieht, sie nicht als einen Vorgang der Ausscheidung betrachtet, sondern meist als Einwanderung von der Harnseite aus ansieht, nur in Einzelfällen sind sie ein Zeichen der Ausscheidung wie beim Phenolrot. Es wurden fernerhin Versuche unternommen, die Tätigkeit der Glomeruli von der der Harnkanälchen zu trennen und war auf verschiedene Weise. Die Froschniere bietet dazu Gelegenheit, weil die Glomeruli ihr Blut aus der Aorta beziehen, die Tubuli aus einer Vena renoportalis aus der Vena iliaca, wie Nussbaum beschreibt. Man kann also die beiden Abschnitte der Niere vom Frosch getrennt mit Flüssigkeiten durchströmen, und diesen Flüssigkeiten z. B. Farbstoffe zusetzen und sehen, ob sie im Harn erscheinen. Höber hat solche Versuche in großer Zahl angestellt und auch durch Vergiften oder Narkose einen Teil der Niere funktionell ausgeschaltet. Freilich sind derartige Versuche verschieden ausgefallen, je nachdem man die Farben dem ganzen Tier eingab oder der Durchströmungsflüssigkeit des isolierten Organs zusetzte, sie also in Blut oder einer Salzlösung der Niere anbot. In derselben Weise hat man nun auch an der Säugerniere, die nach dem Vorgange von Starling und Verney und Bainbridge und Evans in den Kreislauf eines Herz-Lungen-Präparates eingeschaltet wurde, durch Vergiftung mit Cyankali die Tubulustätigkeit lahm gelegt, oder auch durch längeres Abklemmen der Nierenarterie, wobei die Tubuli leiden, wie es Marshall und Crane taten, oder auch durch Abkühlen beim isolierten Organ, wie Winton zeigte. Dadurch wurde der Harn zu einem reinen Blutfiltrat. Uud so wurde die Heidenhainsche Lehre von der alleinigen Sekretion, die an der Jahrhundertwende allgemein anerkannt wurde, allmählich erschüttert, wenigstens soweit sie eine Filtration im Glomerulus leugnete. Den ersten Beweis für eine Filtration im Glomerulus stellten die Untersuchungen von E. Frey 1906 dar, welcher zeigte, daß bei allen Diuresen durch Salze, Coffein usw. der Harn in seiner Zusammensetzung sich der des Plasmas mit zunehmender Harnmenge immer mehr nähert, bis er auf der Höhe großer Diuresen einem Filtrat des Blutes gleicht. Diese Glomerulusdiuresen gingen mit Volumenszunahme der Niere einher und wie später gezeigt wurde, auch mit einer Durchblutungszunahme. Nun gibt es nach E. Frey aber noch eine zweite Form der Diurese, nämlich die Wasserdiurese, die nach Wassergaben in den Magen eintritt, und welche ganz anders verläuft als eine Glomerulusdiurese, denn hierbei nähert sich mit zunehmender Harnmenge die Zusammensetzung des Harnes der des destillierten Wassers. Eine direkte Analyse der Glomerulusflüssigkeit konnten Wearn und Richards 1924 vornehmen; ihnen gelang es, das Glomerulusprodukt durch Punktion der Kapsel zu erhalten und festzustellen, daß es ein Ultrafiltrat des Plasmas ist. Nun stellte E. Cushny 1917 eine „modern theory" der Harnbereitung auf, welche rasch die Anerkennung der meisten Autoren gefunden hat und welche auch heute noch die Grundlage der Anschauungen vieler Forscher darstellt. Er erklärte die Harnbereitung ausschließlich durch Filtration und Rückresorption, indem er als Maß der beiden Vorgänge nach dem Stoff festsetzte, der die größte Anreicherung gegenüber dem Blute erfahren hat, dem Sulfat. Danach werden, um 1 lit Harn herzustellen, 83 lit filtriert, von denen 82 lit wieder rückresorbiert werden. Er meinte, die Tubuli resorbieren eine Lockesche Lösung und alles, was nicht dahinein gehöre, werde nicht zurückgenommen, der Überschuß von Salzen, Harnstoff, Harnsäure, Kreatinin und Fremdsubstanzen, ferner auch Wasser, wenn es in zu großer Menge im Filtrat vorhanden ist. Doch ist dieses Rückresorbat keineswegs eine Lockesche Lösung, wie E. Frey 1932 gezeigt hat. Es trifft also das Bestechende der Cushnyschen

Theorie nicht zu. Bedenken gegen Theorie sind außerordentlich wenig erhoben worden, aber man denke nur an die ungeheuren Mengen von Kochsalz, die bei einer Wasserdiurese aus dem Filtrat wieder aufgenommen werden müßten. Aber auch in normalen Tagen müßten sehr große Mengen von Kochsalz die Niere passieren; werden doch bei der als normal angenommenen Filtratmenge von 187 lit am Tage zugleich 1100 g Kochsalz filtriert und zum allergrößten Teil wieder rückresorbiert. (SMITH). CUSHNY selbst gab auch eine Sekretion zu, und zwar für alle Substanzen, die eine stärkere Konzentrierung als Sulfat erfahren. In der Folgezeit hat man nach Substanzen gesucht, die noch mehr als Sulfat angereichert werden, und die deswegen als Maß der Filtration angesehen wurden, obwohl eine Sekretion stark konzentrierter Stoffe zugegeben wird. So führte REHBERG das Kreatinin als Testsubstanz ein, und es ist außerordentlich häufig zur Filtratbestimmung benutzt worden. Später sind dann Bedenken erhoben worden, bald gegen das endogene, bald gegen das exogene Kreatinin, Dann hat SHANNON das Inulin, ein Polysaccharid der Fructose, zum Messen der Filtratgröße vorgeschlagen. Man sprach von Clearance und meinte damit die Plasmamenge, welche die ausgeschiedene Menge enthielt, also von ihr gereinigt würde, wenn nichts rückresorbiert und nichts dazusezeniert würde, wie man es für die Maßsubstanzen annahm. In der Folgezeit ist dann das Zutreffen dieser Theorie vorausgesetzt worden und in einer großen Zahl von Arbeiten die Größe der Filtration danach berechnet worden. Man erhält dann bei einer in der Zeiteinheit gleichbleibenden Sekretion von Inulin bei einer Glomerulusdiurese das Ergebnis, daß die Filtration gleichgeblieben sei, dagegen die Rückresorption vermindert sei. Diese Auslegung geht dann ohne weiteres in die Lehrbücher und Referate über. Man hat nun versucht, diese Theorie durch den Vergleich mit der Ausscheidung anderer Stoffe zu stützen, welche fast dieselben Werte für die Clearance geben, nicht nur Kreatinin und Inulin, sondern auch Zucker bei der Phlorrhizinvergiftung oder Mannit (= Mannitol) oder Thiosulfat oder Ferrocyanid. Man erhält in den meisten Fällen recht gut übereinstimmende Werte, bei manchen Stoffen auch weniger gute. Dies muß wohl daran liegen, daß die Ausscheidungssysteme, die Transfersysteme ähnlicher Art sind. Heute, wo eine Sekretion von Harnstoff, Sulfat, Phosphat, von Perabrodil, von p-Aminohippursäure und von Phenolrot nachgewiesen ist, wird immer noch an der Grundanschauung der alleinigen Filtration-Rückresorption festgehalten, wonach z. B. vom Harnstoff 50 % wieder zurückresorbiert werden soll.

Es ist also zweifellos eine Filtration im Glomerulus nachgewiesen, ebenso wie eine Rückresorption von Wasser und Kochsalz; daneben besteht für eine große Anzahl von Stoffen eine Sekretion im Tubulus. 1897 fiel A. v. KORANYI der Gegensatz von Kochsalz und den Achloriden im Harn auf und er sprach von einem Molekularaustausch. Diesem Antagonismus von Kochsalz gegenüber harnpflichtigen Substanzen ist dann E. FREY nachgegangen. Es würde danach die Eindickung des provisorischen Harnes nur nach der Gesamtkonzentration erfolgen, also eine minimale Filtration und Rückresorption voraussetzen, nicht wie die meisten Autoren annehmen eine fast maximale, für die als Maß so stark angereicherte Stoffe wie Inulin zugrunde gelegt werden. Dann muß man für die Diurese nach Wassertrinken — bei erwiesener Filtration — einen Einstrom von Wasser in die Tubuli annehmen, der den provisorischen Harn verdünnt. Es geht also für gewöhnlich Wasser vom Kanälchenlumen ins Blut zurück, bei der Wasserdiurese vom Blut der Kanälchen ins Lumen der Kanälchen hinein. Für die Richtung dieses Wasserstromes sind nach E. FREY die Druckverhältnisse maßgebend, indem der vom Glomerulus her auf dem provisorischen Harn lastende Druck Wasser in das Blut der Kanälchen zurücktreibt, wobei im Blutstrom die

Enge des Vas efferens den Druck stromabwärts herabsetzt, in den Harnwegen die lange Henlesche Schleife den Druck hochhält, weil sie einen Widerstand für das schnelle Fließen darstellt. Bei der Wasserdiurese muß ein Hinlenken des Blutes auf die Tubuluscapillaren stattfinden; dies kann durch Sperrung des Vas afferens durch die Schwellkörper der Zimmermannschen Polkissen erfolgen und auch durch Öffnen von Anastomosen, wie sie vielfach von anatomischer Seite beschrieben wurden (SPANNER, CLARA). Wenn dies richtig ist, so muß sich diese Umschaltung des Blutstromes nachweisen lassen, d. h. eine eindickende Niere muß im Gefäßbild anders aussehen als eine verdünnende Niere. Das ist in der Tat der Fall, wie die Bilder von E. FREY zeigen. Es wären auch für die zusätzliche Wasserabsonderung zum provisorischen Harn bei der Wasserdiurese die Tubuli contorti II. Ordnung heranzuziehen, die keinen Widerstand stromanwärts mehr aufweisen, während die Tubuli contorti I. Ordnung, die Hauptstücke, mehr der Eindickung des Harnes dienen; denn nur die Landtiere haben eine Henlesche Schleife. Dabei ist für das Umschalten des Blutstromes das Hypophysenhinterlappenhormon maßgebend, das die Wasserdiurese hemmt (nicht die Glomerulusdiurese). Da sich die isolierte Niere im Zustande der Wasserdiurese, des Diabetes insipidus, befindet, muß im Körper immer ein Antrieb zur Konzentrierung des Harnes auf die Niere wirken, das ist das Hinterlappenhormon, welches auf diese Weise den Wasserbestand regelt. Die Glomerulusdiurese dagegen, wie sie nach Injektion von Salz, Harnstoff, Coffein oder Quecksilber auftritt, ist ein unphysiologischer Vorgang, wird der Niere aufgezwungen, und verläuft nicht im Sinne einer Wasserregulation, sondern höchst unzweckmäßig, indem nach Injektion einer konzentrierten Salzlösung durch die einsetzende Diurese das Verhältnis von Salz zu Wasser weiter verschlechtert wird. Daher wirken auch alle diese Diuretika so einförmig, die Zusammensetzung des Harnes ist nach Beibringung dieser Stoffe immer die gleiche, weist niemals etwas Spezifisches auf. Sie ist die Folge einer Gefäßreaktion, wie man an der lebenden Niere des Frosches und des Säugetieres im auffallenden Lichte direkt beobachten kann. Bei erwiesener Filtration muß die Wasserdiurese vom Tubulus ausgehen und im Dazufügen von Wasser zum Filtrat bestehen, da eine Rückresorption von Kochsalz ins Ungeheure wachsen müßte, wenn alles Wasser in Form einer Ringerlösung vom Glomerulus geliefert würde. Es müssen also die Kanälchen sowohl Wasser aufnehmen wie auch abgeben können. Außerdem sind sie befähigt, harnpflichtige Stoffe gegen Kochsalz auszutauschen.

So ergibt sich heute ein Bild von der Tätigkeit der Niere, das in großen Zügen einen gewissen Abschluß erreicht hat, und eine Menge von Einzelheiten zusammenfassend betrachten läßt: Im Glomerulus wird ein Ultrafiltrat des Plasmas ausgeschieden, dies wird vom Tubulus derart verändert, daß für gewöhnlich Wasser zurückgenommen wird (= Eindickung des Harnes). Zugleich findet ein Austausch von Kochsalz, das ins Blut zurückwandert, gegen die Sekretion von harnpflichtigen Substanzen statt. Bei der Herstellung eines verdünnten Harnes (dem Blut gegenüber) wird Wasser von den Kanälchen dem provisorischen Harne zugefügt. Für die physikalische Arbeit der Niere ist der hydrostatische Druck maßgebend, indem sich der Blutdruck vom Glomerulus auf den provisorischen Harn fortsetzt, der durch den Stau der Henleschen Schleife hochgehalten wird, während gleichzeitig das enge Vas efferens den peritubulären Blutdruck erniedrigt. Bei der Wasserdiurese ändert sich das Bild der Nierendurchblutung, indem jetzt im zweiten Capillarsystem der Niere der Blutdruck durch Umschalten hoch wird und Wasser in den provisorischen Harn hineintreibt; dies scheint besonders in den Tubuli contorti II. Ordnung zu geschehen, die ohne Henlesche Schleife stromabwärts, also bei geringem Innendruck, das Wasser aufnehmen können. Für eine solche Umschaltung ist das Hormon des Hypophysenhinterlappens verantwortlich, welches die Niere zum Konzentrieren zwingt, da das isolierte Organ sich immer im Zustande der Wasserdiurese befindet. Die physikalische Arbeit wird also durch die Schaltung der Blutgefäße geleistet, die chemische Arbeit, die Sekretion der harnpflichtigen Stoffe durch die Tubuli.

Wir werden sehen, daß sich in diese Vorstellungen die Einzelbefunde, die nun zu behandeln sind, hineinfügen. Und es erscheint daher zweckmäßig, gleich zu Anfang ein Schema von der Harnbereitung zu entwerfen, um an der Hand der Einzeltatsachen dies Bild ausmalen zu können. Es spart dieser kurze Hinweis auch Wiederholungen, und ein Eingehen auf Theorien, die heute ihre Bedeutung verloren haben.

III. Die extrarenalen Diuretika.

Man hat häufig geglaubt, daß die harntreibenden Stoffe primär eine Wasserverschiebung im Körper veranlassen, wodurch die Gewebe Wasser hergeben und dies im Plasma dann der Niere zur Verfügung stehe. Es hat sich aber immer wieder gezeigt, daß die sogenannten Gewebsdiuretika ihren Angriffspunkt in der Niere selbst haben. Freilich beobachtet man in pathologischen Fällen beim Schwinden der Ödeme eine solche Diurese, da dem Blute etwa eine physiologische Kochsalzlösung zuströmt. Auch können sekundär bei einer Diurese Änderungen der Plasmazusammensetzung auftreten. Aber ein Einfluß auf die Wasserverteilung kommt nur den Säuren und Basen und dem Hormon der Thyreoidea zu. Die Verhältnisse des Einflusses des Nebennierenrindenhormons sind so vielgestaltig, daß sie sich vorläufig

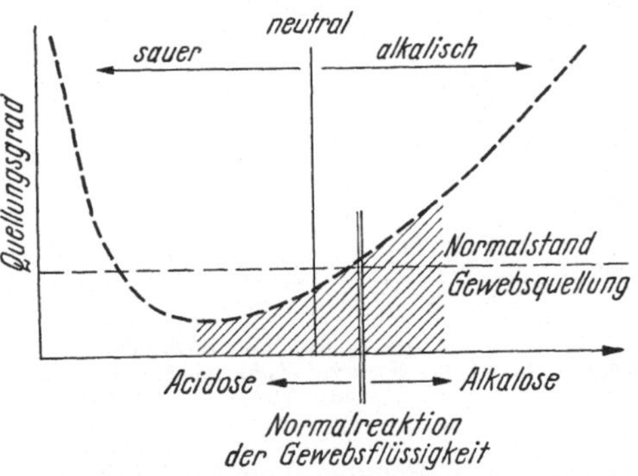

Abb. 1. Quellung der Eiweißstoffe. Der isoelektrische Punkt liegt auf der sauren Seite, daher entquellen sie bei Säuerung. (J. FREY (5.)

noch nicht in ein Schema fassen lassen; die Stoffwechselwirkung und die Nierenwirkung sollen daher im Zusammenhang später besprochen werden.

Das Wasserbindungsvermögen der Eiweißstoffe ist je nach ihrer elektrischen Ladung verschieden, am geringsten im isoelektrischen Punkt, wenn sie weder als Säuren noch als Basen auftreten (SCHADE (1), (2), (4)[1]; AZLER und LEHMANN). Die Eiweißkörper sind Aminosäuren, dissoziieren in neutraler Lösung H-Ionen ab, so daß der Rest negativ geladen zurückbleibt und einen Wassermantel bildet. Wird das Milieu etwas saurer, so wird die Dissoziation der schwachen Eiweißsäure zurückgedrängt, auf den isoelektrischen Punkt zu; das Wasserbindungsvermögen der Eiweißstoffe nimmt also bei Säuerung des Körpers ab. Dies kann durch Eingabe von Säuren wie Salzsäure oder Phosphorsäure geschehen, besser aber durch Verabfolgung von Ammoniumchlorid. Dann wird die basische Komponente, das Ammoniak, durch Überführen in Harnstoff aus dem Säure-Basen-Gleichgewicht ausscheiden, und nur die saure Komponente zurückbleiben. Es ist der umgekehrte Vorgang wie bei der Einnahme von Natriumbicarbonat, wo der saure Anteil, die Kohlensäure, mit der Lungenluft den Körper verlassen kann und nur der basische Anteil im Körper zurückbleibt. So kommt es nach Ammoniumchlorid nicht nur zu einer Säuerung des Harnes, z. B. zum Zweck

---

[1] Die in Klammern stehenden Zahlen beziehen sich auf das Literaturverzeichnis.

der Desinfektion oder der Herbeiführung der Spaltung von Hexamethylentetramin, sondern auch zu einer Entquellung der Gewebe; die Zellen geben ihr Wasser ab und dies führt zur Diurese. Umgekehrt führt Alkalinisieren zu Wasserretention durch Wasseraufnahme der Gewebe.

Das zweite extrarenale Diuretikum ist das Thyreoidin oder auch das Thyroxin. Das bekannte Krankheitsbild des Myxödems, wie es bei Insuffizienz der Schilddrüsentätigkeit auftritt, führt zu einer teigigen Schwellung der Gewebe, die sich vom gewöhnlichen Ödem, der Ansammlung von Flüssigkeit in den Gewebsspalten, unterscheidet. Bei Eingabe von Schilddrüsenpräparaten ist dieser Zustand zur Norm zu bringen, sie führen zu einer Entquellung der Gewebe. HILDEBRANDT und FUJIMAKI sahen nach Thyroxininjektionen beim Kaninchen die Blutmenge bis zu 40% zunehmen, es fand also ein reichlicher Einstrom von Wasser aus den Geweben statt.

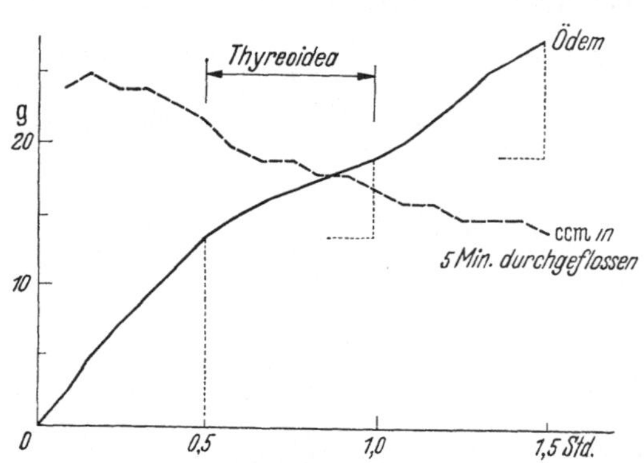

Abb. 2. Ödem bei Durchspülung eines Frosches mit Ringerlösung. (E. FREY, Naunyn-Schmiedebergs Arch. 110, 329, 333, 1925.)

Auch GOLLWITZER-MEYER und BRÖKER sahen in 2 Versuchen (von 4) eine Abnahme der Sauerstoffkapazität (von 21,30 Vol.% auf 16,35 Vol.% und von 19,00 auf 15 Vol.%) nach 4 oder 3 mg Thyroxin intravenös; in 2 Versuchen fehlte die Blutverdünnung. Und so hat EPPINGER (1), (2) die Schilddrüsenstoffe als Unterstützungsmittel für die Diurese empfohlen. Man kann eine solche entquellende Wirkung am Gewebe selbst experimentell zeigen, und zwar auf zwei Weisen: an der Entwicklung des Froschödems beim Durchströmen mit Ringerscher Flüssigkeit und an der Quellung isolierter Froschsartorien. Durchströmt man einen Frosch von der Aorta aus bei angeschnittenen Vorhöfen mit Ringerlösung, so entwickelt sich ein Ödem wegen Fehlens von Kolloiden in der Durchströmungsflüssigkeit. Setzt man dieser Flüssigkeit Thyreoidin zu, so nimmt das Froschgewicht sehr viel weniger zu, was man deutlich sieht, wenn man erst 30 min mit reiner Ringerschen Flüssigkeit durchströmt, dann solche mit Thyreoidinzusatz durchleitet und dann wieder reine Ringerlösung anwendet; die Kurve der Gewichtszunahme zeigt einen deutlichen Knick, sie steigt vor und nach der Thyreoidinperiode etwa gleich steil an, nur während der Durchleitung des Schilddrüsenstoffes weniger (E. FREY (22)). Die Quellung von Froschsartorien unter der Thyroxinwirkung studierte KLÜNDER. Er legte den einen Sartorius eines Frosches in Ringerlösung, den anderen in Thyroxinlösungen verschiedener Konzentration, wobei sich eine geringe Gewichtabnahme der vergifteten Muskeln zeigte. Deutlicher wurde der entquellende Einfluß des Thyroxins bei analogen Versuchen mit verdünnter Ringerscher Flüssigkeit. (Siehe Tabelle auf S. 11 oben.)

Es zeigt sich also bei der Wägung nach 90 min schon bei geringem Mehrgehalt an Blutjod der Beginn einer quellungshemmenden Wirkung, wenn man nach TRENDELENBURG den Jodgedalt des Blutes mit $10-20\gamma\%$ und den J-Gehalt des Thyroxins zu 65% ansetzt.

Auch vom Hypophysenhinterlappenhormon ist mehrfach eine Gewebswirkung beschrieben worden. KONSCHEGG und SCHUSTER sahen den Wassergehalt des Blutes von 84,8% auf 86,2% zunehmen. VEIL, MODRAKOWSKI und

HALTER, FROMHERZ, POULSSON und BLUMGART beschreiben eine Abnahme der
Serumproteine, letzterer von 9,25 auf 8%. Den Hb-Gehalt geben MODRAKOWSKI
und HALTER als gesenkt an, GOLWITZER-MEYER dagegen findet eine Blutein-

Ringerlösung	Thyroxinzusatz mg %	Gewichts-veränderung %	Zahl d. Versuche	J-Gehalt im Vergleich zum Blut-J
gebräuchl.	2,0	—4,15	8	70—80-fach
,,	0,1	—1,06	5	3—4-fach
,,	0,01	0	3	½-fach
,,	0	0	5	—
½ Ringerlös.	2,0	+15,85	12	70—80-fach
½ ,,	0,2	+18,95	7	7—8-fach
½ ,,	0,1	+19,04	14	3—4-fach
½ ,,	0,05	+19,65	7	2-fach
½ ,,	0,025	+20,06	7	normal
½ ,,	0,01	+20,02	8	½-fach
½ ,,	0	+20,05	27	—

dickung beim Kaninchen, da die Sauerstoffkapazität anstieg und zwar von 14,3
auf 18,50 Vol.% nach 3 min nach 1 ccm Pituitrit oder von 10,3 auf 14,6 Vol.%
nach 2 min und nach 10 min auf 14,1 Vol.% oder auf Pituitrin 0,5 ccm hin von
14,9 auf 17,8 oder von 9,2 auf 11,3 Vol.% nach 5 min, was vielleicht auf einer
Ausschüttung von Blutkörperchen aus der Milz oder der Blutdrucksteigerung
beruhen könnte. Auch fanden BAUER und ASCHNER keine eindeutige Wirkung
auf Serumeiweiß, HELLER und SMIRK beim Kaninchen nur einen unbedeutenden
Unterschied nach Wassergaben allein und nach solchen mit Hypophysenstoff.
OEHME (2) konnte einen Einfluß auf den Wasseraustausch zwischen Blut und
Gewebe nach Abbinden der Nieren bei Kaninchen und Katzen nicht finden. Die
Blutverdünnung war mit und ohne Pitutrin nach Zufuhr von Flüssigkeit per os
oder bei intravenöser Infusion oder nach Aderlaß gleich; auch quellen rote Blutkörperchen oder Froschnieren in hypotonischen Lösungen ohne Rücksicht auf
den Pituitrinzusatz.

In analogen Versuchen, wie sie oben bei der Thyreoidinwirkung beschrieben
wurden, fanden E. FREY (22) und KLÜNDER das Hormon des Hypophysenhinterlappens ohne jede Wirkung auf Ödembildung oder den Quellungszustand
der Zellen. Auf die Resorption von Wasser aus dem Magen-Darm-Kanal hat
Hypophysenhinterlappenhormon bei Hund und Katze keinen Einfluß (DIXON)
und CRAIG fand zwei Stunden nach Eingabe von 70 ccm Wasser per os und
subcutaner Injektion des Hinterlappenpräparates kein Wasser mehr.

Es ist also ein ins Gewicht fallender Einfluß des Hypophysenhinterlappens
auf den Flüssigkeitaustausch zwischen Blut und Gewebe nicht nachzuweisen,
besonders, wenn man bedenkt, daß es sich um einen gefräßaktiven Stoff handelt
und die Wassergaben das Bild trüben.

Wohl ebenfalls auf extrarenalen Einflüssen beruht die Carotispolyurie, welche
JANSSEN und SCHMIDT (4) beschrieben und welche nach Carotisunterbindung
zwei bis drei Stunden später auftritt, und zwar auch an der entnervten Niere,
nicht dagegen nach Durchtrennung der Carotisnerven. Es muß sich also um
eine reflektorische Umstellung des Kreislaufes mit Veränderung der Blutflüssigkeit handeln. Eine Diurese tritt auch nach Unterbindung der Femoralis oder
nach Vagusdurchtrennung auf (JANSSEN (4)).

B. Die Bedingungen der Nierentätigkeit.

I. Bau der Niere und ihres Gefäßsystems.

Die Niere ist ein paariges Organ, liegt zu beiden Seiten der Wirbelsäule, aber nicht in gleicher Höhe. Die linke Niere liegt tiefer als die rechte, dies ist experimentell ausgenutzt worden. Man kann nämlich von der Aorta aus von unten eine Kanüle soweit einführen, daß das Ende der Kanüle gerade an dem Abgang der linken Nierenarterie liegt und dann langsam eine Lösung injizieren, die vom Blutstrom in die linke Niere sofort eingeschwemmt wird, die rechte Niere aber erst mit dem allgemeinen Kreislauf, also mit merklicher Verspätung, erreicht (JANSSEN). Ferner hat man diese Lage benutzt, um den Blutdruck in einer Niere herabzusetzen. Man kann nämlich zwischen die Abgänge der beiden Nierenarterien eine Schraubklemme um die Aorta legen und so den Blutdruck für die linke Niere herabsetzen. Man mißt dabei den Blutdruck für die rechte Niere in der Carotis, für die linke Niere in der Femoralis und hat so einen Vergleich der Tätigkeit einer Niere mit herabgesetztem Blutdruck links und dem Kontrollorgan rechts bei normalem Blutdruck (SELKURT, HALL und SPENCER).

Die menschlichen Nieren wiegen etwa 300 g zusammen.

Die Niere ist ausgezeichnet durch die Verbindung des Gefäßsystems mit dem Parenchym derart, daß beide Systeme aufeinander eingestellt sind, wie es sonst auch im Körper zutrifft, z. B. in Leber, Darm und Lunge; aber doch wohl nicht in so sinnfälliger Weise. So besteht bei den einzelnen Tieren nach v. MÖLLENDORFF (3) ein bestimmtes Verhältnis der Größe der Glomeruli zur Länge der Hauptstückschlingen, indem zu großen Glomeruli lange Kanälchen, zu kleinen kurze gehören. So faßt v. MÖLLENDORFF die Niere „als ein in weitestem Maße dem Gefäßsystem untergeordnetes System auf, das sich aus quantitativ gleich zusammengesetzten Röhrensystemen großer Zahl zusammensetzt".

Die Harnkanälchen beginnen mit dem becherförmigen Glomerulus mit Gefäßpol und Harnpol mit einem Durchmesser von 200 bis 300 μ (H. BECHER in E. BECHER (7)); man spricht von der äußeren Umhüllung als der Bowmanschen Kapsel. Sie setzen sich in die Hauptstücke fort, verlaufen zunächst gewunden (Tubulus contortus I. Ordnung) mit einem Durchmesser von 41 bis 61 μ, dann gestreckt (Durchmesser 9 bis 16 μ und werden zum absteigenden Schenkel der Henleschen Schleife, der jetzt Überleitungsstück heißt. Daran schließt sich der aufsteigende Teil der Henleschen Schleife, gestreckter Teil des Mittelstückes genannt (Durchmesser 23 bis 28 μ), und wird nun zum Tubulus contortus II. Ordnung oder gewundenem Teil des Mittelstückes (Durchmesser 40 bis 45 μ), daran schließt sich Zwischenstück und Schaltstück. Hier endet das eigentliche Nephron und geht als Verbindungsstück zu den abführenden Sammelröhren, die auf der Papille enden. Dabei tragen die Gefäßschlingen des Glomerulus ein dünnes Häutchen mir Deckzellen, was als viszerales Blatt des Nierenkörperchens aufgefaßt wird. Das Epithel der Harnkanälchen zeigt eine stäbchenförmige Steifung im Hauptstück sowohl wie auch im Tubulus contortus II. Ordnung; dagegen unterscheiden sich diese beiden gewundenen Kanälchen dadurch, daß das Hauptstück (Tub. cont. I. Ord.) einen Bürstenbesatz aufweist, der den tieferen Kanälchen fehlt. Es ist zu bemerken, daß sich das Harnkanälchen, kurz bevor es sich zu dem gewundenen Teil des Mittelstückes (Tub. cont. II) ausbildet, an seinen Glomerulus mit einer löffelförmigen Zellanhäufung anlegt (Macula densa).

Die Blutgefäße der Niere treten in mehreren Ästen im Sinus renalis ein und werden zur Arteria interlobaris, terminales, arcuata, basilaris. Von diesem Gefäß

gehen die Arteriae interlobulares, corticales, radiatae, lobulares ab, welche die
Arteriae afferentes zum Glomerulus abgeben; außerdem entspringen dort die
Vasa recta vera zum Mark. Die Hauptmenge des Blutes erhält das Mark wohl
durch die marknahen Glomeruli mit ihren weiten Vasa efferentia als Vasa recta
spuria. Die Vasa efferentia versorgen dann die Kanälchen durch ein rundmaschiges
und langmaschiges Kapillarnetz. Von Einzelheiten, welche für die Funktion der
Niere von Bedeutung sind, sind zunächst die Anastomosen, sowie die Schwellkörper zu erwähnen (Polkissen). Unter Umgehung des Glomerulus führt der
sogenannte LUDWIGsche Ast das Blut direkt zu den Kapillaren, welcher sich vom
Vas affens abspaltend, in das Kapillarsystem mündet. Doch sind diese Verbindungen an Zahl so gering, daß ihnen eine größere physiologische Bedeutung
wohl nicht zukommt. Auch sonst werden direkte Aufsplitterungen, besonders
an den Endästen der Art interlobularis zu den gewundenen Kanälchen beschrieben (ELZE-DEHOFF), ferner Verbindungen zwischen Vas afferens und Vas
efferens (KOSUGI), die von v. MÖLLENDORFF (*4*), (*5*), (*6*) für unwesentlich gehalten
und von SPANNER (*1—4*) als Überschneidungen angesehen werden. Funktionell
wichtiger sind wohl die Anastomosen, wie sie mit hervorragender Technik
SPANNER (*1—4*) und CLARA (*1—3*) feststellten, welche zwischen Arteria und
Vena interlobularis dicht an der Art. arcuata das Blut zum Capillarsystem
führen können. Daß die Blutfülle der einzelnen Nierenabschnitte sehr verschieden
sein kann, hat zuerst EBBECKE beschrieben, der von einer Glomerulusniere und
einer Tubulusniere spricht und den Antagonismus beider betont. Ähnliches
haben TRUETA, BARCLAY, DANIEL, FRANKLIN und PRICHARD in schönen Abbildungen dargetan; sie schließen, daß es in der Niere einen Abkürzungskreislauf
gibt, wenn die Hauptmenge des Blutes durch die juxtamedulläen Glomeruli
und weiter zum Mark fließt, ein Weg, der kürzer ist als der über die corticalen
Glomeruli. Einen solchen Antagonismus finden KAHN, SKEGGS und SHUMWAY,
einen ,,medullären Nebenweg'', nicht, aber in ihren Bildern sind die marknahen
Glomeruli häufig besser gefüllt als die corticalen. Dies scheint immer so zu sein,
wohl weil der Druck in den Vasa afferentia der juxtamedullären Glomeruli größer
ist als in den corticalen. Weil TRUETA und Mitarbeiter nach Nervenreizung eine
Ischämie der Niere sahen (wie auch die drei eben genannten Autoren), ver-
suchten BLACK und SAUNDERS diesen Kurzschluß nach Ischiadicusreizung auszulösen; sie fanden beim Kaninchen immer noch einen Durchfluß von 10 ccm/min,
durch die arterio-venöse Differenz der p-Aminohippursäure bestimmt. Dabei
war die Ausscheidung dieser Substanz herabgesetzt, stärker als die Inulin-
ausscheidung, etwa auf 80%. Sie messen daher geradeso wie REUBI und
SCHROEDER diesen Kurzschlüssen keine wesentliche Bedeutung zu. Daß aber
überhaupt zwischen Arterien und Venen Kurzschlüsse vorhanden sind, zeigten
SIMKIN, BERGMAN, SIVER und PRINZMETAL, welche Glaskugeln von 90 bis 440 μ
injizierten und sie in der Vene fanden; dabei beträgt der Capillardurchmesser
nur 8 μ. Weite Anastomosen liegen im Bezirk der Papille. Es ist ja auch die
Ausnutzung des Sauerstoffes im Nierenblut eine geringe, was für Kurzschlüsse
sprechen könnte, aber ein sicheres Zeichen dafür ist, daß das Blut nicht so sehr
als ernährender Faktor bei der Nierentätigkeit in Betracht kommt, sondern daß
der hydrostatische Druck bei der Nierentätigkeit benötigt wird. Neuerdings
haben KRAMER, SEXTON und TIMONS einen Kurzschluß in der Nierenzirkulation
nachgewiesen, indem sie die Zeit bestimmten, welche die Wellen des Sauerstoffgehaltes brauchen, um von der Nierenarterie zur Rinde oder zur Vene zu gelangen.
Die arterio-corticale Zeitdifferenz beträgt $3,6\pm1,8$ sec und die arterio-venöse
nur $1,9\pm0,25$ sec. Die Zeit ist also bis zur Vene kürzer; dabei wechseln die
Zeiten von Arterie zur Rinde stark, die zur Vene sind viel weniger schwankend.

Die Autoren schließen, daß die Markdurchblutung konstanter ist. Doch könnten die Anastomosen im Sinus renalis eine Rolle spielen. Diese Umleitungen treten wohl nur unter bestimmten Bedingungen hervor und können daher der Beobachtung entgehen; sie sind für gewöhnlich geschlossen und vielleicht nur bei der Wasserdiurese offen. Sie treten auf, wenn eine Drosselung durch die Zimmermannschen Polkissen erfolgt. Diese wurden von RUYTER bei der Maus und Ratte gefunden; v. MÖLLENDORFF leugnet sie noch 1930. OVERLING fand sie beim Menschen, ebenso GOORMAGHTIGH und MATHIS, ferner OKKELS beim Frosch. Vor allem aber hat ZIMMERMANN diese epitheoiden Zellen als Metaplasie typischer glatter Muskelzellen bei Mensch und anderen Säugern beschrieben; SCHUMACHER gab diesen Gebilden den Namen Zimmermannsche Polkissen. Sie liegen kurz vor der Eintrittstelle des Vas afferens in den Glomerulus und können durch Quellung den Blutstrom zum Glomerulus verschließen. Der Blutstrom muß dann andere Wege nehmen. Ferner hat H. BECHER Zellengruppen in der Achsel zwischen Vas afferens und Vas efferens beschrieben, die sekretorischen Charakter haben sollen, wodurch die Quellung der Polkissen veranlaßt wird.

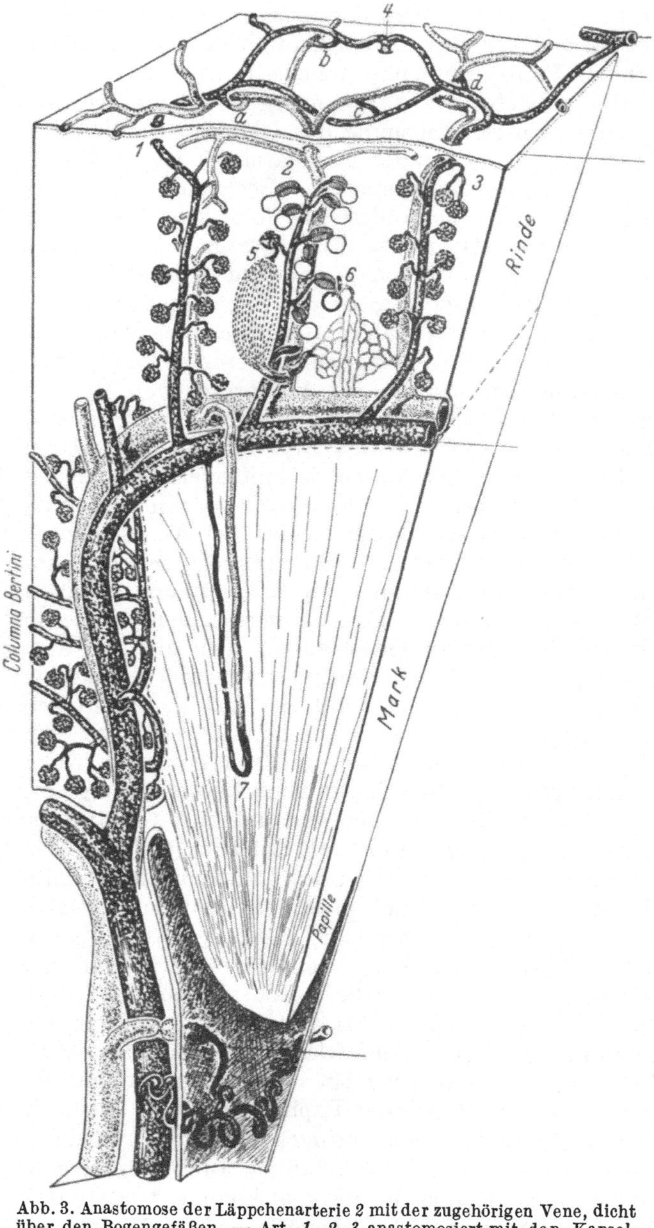

Abb. 3. Anastomose der Läppchenarterie *2* mit der zugehörigen Vene, dicht über den Bogengefäßen. — Art. *1, 2, 3* anastomosiert mit den Kapselgefäßen (Art. *4*. Venen *a, b. c, d*). — Mittlere Art. *2* durch geschwollene Polkissen verlegt. — Bei Glomerulus *6* Bechersche Zellen in der Achsel zwischen Vas aff. u. eff. — Unten Anastomose im Sinus renalis. (SPANNER, Klin. Wschr. **1937**, 1421.)

FEYRTER hat diese Sprossungen des Mittelstückes genauer beschrieben; er findet sie besonders in höherem Alter bei Hochdruck. Es kann also durch die Drosselung des Vas afferens durch die Zimmermannschen Polkissen zu einer rückläufigen Durchströmung der Capillaren kommen, wenn sich die Anastomosen öffnen, wie das Schema von SPANNER darstellt. Es würde dann zu einem Druckanstieg in den Tubuluscapillaren kommen, auch wenn der rückläufige Blutfluß zu den Tubulusgefäßen gar nicht groß ist. Denn wir werden später sehen, daß die Druckverhältnisse für die Nierentätigkeit außerordentlich wichtig sind. Jedenfalls finden sich Veränderungen der Durchblutung je nach dem Funktionszustande der Niere — ob Einengung des Glomerulusfiltrates oder Verdünnung desselben — statt, wie E. FREY 1906 vermutete und 1937 zeigen konnte. Dabei ist der Druckzuwachs im Capillargebiet wichtiger als die ihm zufließende Blutmenge.

Solche funktionellen Umschaltungen hat neuerdings auch J. FREY (5), (6) in großer Zahl abgebildet.

Es sind also in der Niere zweifellos Vorrichtungen vorhanden, welche den Blutstrom verändern können, ihn vom Glomerulus fernhalten und anderen Gebieten, den Capillaren, direkt Blut, und damit auch Blutdruck, zuführen. (Am deutlichsten sieht man diese Umschaltung an Injektionspräpa-

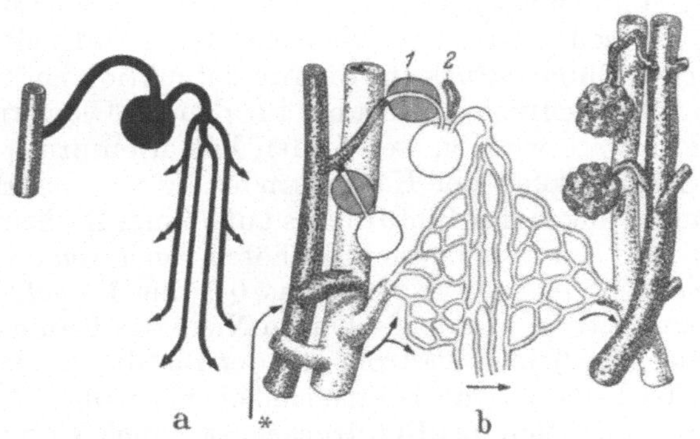

Abb. 4. Schema der Durchblutung der Glomeruli bei *a*. — Bei *b* Schema der Versorgung des Rinden-Capillarnetzes durch die art.-ven. Anastomosen bei Verschluß des Vas aff. durch das Polkissen (*1*). — *2*.Bechersche Zellinseln. (SPANNER, Anat. Anz. 85, 81, 1938.)

raten nach Hypophysenhinterlappenhormon, wofür später Abbildungen gegeben werden.) SPANNER spricht von einer Leistungszweiteilung des Nierengefäßsystems und CLARA (4) sagt: „Alle diese Beobachtungen sprechen jedenfalls eindeutig dafür, daß erstens Gefäßverbindungen vorhanden sind, durch welche das Blut die Glomeruli umgehen kann, und zweitens, daß diese Gefäßverbindungen keinesfalls als nebensächlich oder bedeutungslos angesehen werden können".

Die Glomeruli liegen in vielen Schichten übereinander, die juxtamedullären sind größer als die corticalen, besonders beim Fötus. Die Zahl der Glomeruli beider Nieren schätzt man auf 2 Millionen, PÜTTER gibt 1,7 Millionen für beide Nieren an. Ein Glomerulus besitzt eine filtrierende Fläche von 0,293 qmm, der Tubulus I. Ordnung (= Hauptstück) eine solche von 2,500 qmm, der dünne Teil der Henleschen Schleife 0,282 qmm, der dicke Teil von ihr 0,910 qmm, der Tubulus cont. II. Ordnung (= gewundener Teil des Schaltstückes) 0,578 qmm, so daß die sezernierende Fläche eines Nephrons 4,563 qmm im ganzen beträgt. (PÜTTER, S. 91). Bei 1,7 Millionen von Nepronen ergibt dies nach PÜTTER:

	Ges. Fläche qm	% der Ges. Fläche %
Glomeruli	0,50	6,4
Tub. I. = Hauptstück	4,25	55,0
Dünner Teil der Schleife	0,48	6,2
Dicker Teil der Schleife	1,55	20,0
Tub. II = Schaltstück	0,98	12,4
	7,76 qm	100,00 %

H. STRAUB gibt etwas andere Zahlen: Fläche der Glomeruli ¾ bis 1½ qm, Fläche der Kanälchen 7,26 qm und Länge der Glomeruluscapillaren beider

Nieren 50 km. W. v. Möllendorff gibt als Durchmesser des Glomerulus 192:159 μ an, als Länge des Kanälchens 34 mm, als Länge des Hauptstückes 14 mm und als sein Durchmesser 57 μ beim Menschen. Rehberg schätzt die Filterfläche der Glomeruli auf 0,88 qm bei 2 Millionen Glomeruli.

Gremels (7) gibt für die Hundeniere (56 g) eine Filterfläche des Glomerulus von 0,78 qmm an, das macht bei 786 250 Glomeruli eine Gesamtfläche von 0,613 qm aus.

II. Der Blutdruck (und die Adrenalindiurese).

Unter den Bedingungen für die Harnbereitung steht nach übereinstimmenden Ergebnissen vielfältiger Versuche der Blutdruck obenan. Genaue Angaben, welcher Minimaldruck für die Nierenfunktion notwendig ist, lassen sich nur für den Arteriendruck, nicht aber für den im Glomerulus machen. Und diesen zu kennen wäre wichtig, weil er den Filtrationsdruck darstellt. Unverkennbar ist die Abhängigkeit der Harnabsonderung von der Höhe des Blutdruckes. Denn beim Absinken des Blutdruckes auf 75 mm Hg beim Hunde sahen Janssen und Rein die Harnabsonderung aufhören, auch wenn der Blutstrom durch die Niere noch recht lebhaft war und das 0,9- bis 1,5fache des Nierengewichtes in der Minute betrug. An der isolierten Niere des Kaninchens konnten Richards und Plant (1), (2) den Blutstrom und den Blutdruck unabhängig voneinander ändern und beobachten, daß bei gleichbleibender Durchströmung die Harnmenge eine lineare Funktion des Blutdruckes ist. Auch Dreyer und Verney stellten den überwiegenden Einfluß des Druckes vor der durchgeleiteten Blutmenge beim Hunde fest. Ebenso sah Winton bei etwa 70 mm Hg arteriellen Druckes an der isolierten Hundeniere die Harnabsonderung aufhören. An der isolierten Froschniere ist die Harnmenge in erster Linie nach Hohl und Hartwich (1) vom Aortendruck abhängig. Bei stufenweiser Herabsetzung des Blutdruckes bestimmten Selkurt, Hall und Spencer die Ausscheidung von Kreatinin und Natrium und gleichzeitig den Blutdurchfluß durch die Ausscheidung von p-Aminohippursäure, welche in geringer Konzentration eingegeben, bei einmaliger Passage von der Niere restlos ausgeschieden wird, so daß das Nierenvenenblut frei davon ist. Sie legten eine Schraubklemme um die Aorta (vom Rücken aus) zwischen die Abgänge der beiden Nierenarterien, so daß der Blutdruck in der linken Niere herabgesetzt werden konnte; die rechte Niere diente als Kontrolle. Dabei maßen sie den Blutdruck für die rechte Niere in der Carotis, den für die linke Niere in der Femoralis. Bis zu einem Druck von 104 mm Hg ergaben sich keine Unterschiede, wenn er von 146 mm Hg in der linken Niere absank, während er in der rechten normal blieb. Darunter aber litt die Ausscheidung und der Durchfluß, bei 50 mm Hg leidet die Kreatininausscheidung mehr als der Plasmastrom durch die Niere. Die Harnmenge fiel von 2,25 ccm/min bei einem Druck von 146 mm Hg auf 0,20 ccm/min bei einem Druck von 55 mm Hg. Diese Untersuchungen fanden während einer intravenösen Infusion von 0,9%iger Salzlösung statt, stellen also keine Normalwerte dar, denn die vorherige Injektion von 200 bis 300 ccm Salzlösung und der daran anschließende Dauereinlauf führte zu einer Glomerulusdiurese.

Allgemein ist wohl heute die Ansicht vorherrschend, daß dieser Druck einen Filtrationsdruck darstellt, der zum Abpressen eines eiweißfreien Blutfiltrates erforderlich ist; denn die Beweise für das Vorliegen einer Filtration im Glomerulus sind so vielfältig, daß andere Vorstellungen einer gesonderten Besprechung nicht mehr bedürfen. Zunächst ist die Beobachtung alltäglich, daß der in der Norm abgesonderte Harn bei jeder Zunahme seiner Menge verdünnter wird, so daß diese Tatsache als gesetzmäßig angesehen wird, obwohl es auch Fälle gibt, in denen der Harn konzentrierter wird, wenn er reichlicher fließt, z. B. wenn nach Wassertrinken später ein Diuretikum gegeben wird. Immer aber ist bei solchen vom Glomerulus ausgehenden Diuresen — und dies ist gesetzmäßig der Fall — blutähnlicher geworden, wenn man ein Diuretikum gibt. Dies erstreckt sich nicht nur auf die Gesamtkonzentration, d. h. auf seinen Gefrierpunkt, sondern auch auf die Einzelbestandteile, z.B. das Kochsalz, den Harnstoff usw., ja auf alle im Plasma gelösten Stoffe wie Bromnatrium, das man vorher den Tieren eingegeben hat (E. FREY (14)). Bei solchen Glomerulusdiuresen, die, wie schon damals bekannt war, mit einer Zunahme des Nierenvolumens einhergehen, was auf eine Blutfülle des Glomerulus deutet, erwies E. FREY (1), (15), (16) die Filtration des provisorischen Harnes durch die Feststellung, daß bei zunehmender Glomerulusdiurese der Harn blutähnlicher wird, bis er auf der Höhe der Harnflut ein reines Blutfiltrat ist, weil bei dem schnellen Fließen des provisorischen Harnes die modifizierende Tätigkeit der Tubuli in den Hintergrund treten muß. Später ist es WEARN und RICHARDS gelungen, durch direkte Punktion des Kapselraumes Glomerulusprodukt zur chemischen Analyse zu gewinnen und zu zeigen, daß in ihm Kochsalz in der Konzentration des Plasmas enthalten ist, wie auch Zucker trotz zuckerfreiem Harn, so daß es jetzt keinem Zweifel unterliegt, daß das Glomerulusprodukt ein Blutfiltrat ist. Oder eben ein Ultrafiltrat, weil das Plasmaeiweiß zurückgehalten wird. Zum Abpressen eines solchen Ultrafiltrates ist ein Druck erforderlich, welcher den kolloidosmotischen Druck überwinden kann, der bei 7 bis 8% Plasmaeiweiß etwa 25 mm Hg beträgt (z.B. STARLING (1), (2) und SCHADE und CLAUSSEN (3)). Etwas höher als dieser Betrag muß der Blutdruck in den Glomerulusschlingen sein, um eine Absonderung von provisorischem Harn zu veranlassen. Wir wissen heute, daß in der Mitte der Capillare dieser kolloidosmotische Druck gerade dem Innendruck der Blutflüssigkeit die Waage hält (SCHADE (1)), was verallgemeinernd so ausgedrückt werden kann: Der Capillardruck der Tiere ist auf die Eiweißprozente im Plasma eingestellt. Da der Glomerulus der arterielle Schenkel der Capillare ist, so liegt hier der Blutdruck über dem kolloidosmotischen Druck und treibt Flüssigkeit aus dem Gefäßrohr; in den Tubuluscapillaren tritt wieder Flüssigkeit ins Blut zurück, weil dort die Saugkraft des Eiweißes größer ist als der inzwischen gesunkene Innendruck der Capillare. Es muß vielleicht erwähnt werden, daß die hier geschilderten Verhältnisse nur für die Glomerulusdiurese Geltung haben, nicht für die Wasserdiurese, wie sie nach Trinken von Wasser auftritt. Diese geht nicht vom Glomerulus, sondern vom Tubulus aus.

Es kann durch „Verdünnen des Blutes" eine Erleichterung der Glomerulusfiltration eintreten, wie andererseits durch Erhöhen des kolloidosmotischen Druckes eine Erschwerung entstehen kann. Dies hat einmal zu einem Fehlschluß Veranlassung gegeben. MAGNUS (2) erzielte durch Transfusion von Blut eines Tieres auf das andere zwar eine Steigerung des Arterien- und des Venendruckes, also auch des Capillardruckes, aber er sah keine Diurese eintreten, was ihn veranlaßte, den Druck im Glomerulus als treibende Kraft für den Flüssigkeitsdurchtritt abzulehnen. Dagegen hat CUSHNY (2) und KNOWLTON mit Recht eingewandt, daß das Plasmawasser sehr schnell ins Gewebe übertritt und im Blut eine an Kolloid (und Blutzellen) angereicherte Flüssigkeit zurückbleibt, und die Zunahme des Blutdruckes daselbst hinsichtlich des Abpressens von Filtrat überkompensiere.

Die Adrenalindiurese.

Die Abhängigkeit der Harnbereitung vom Blutdruck geht auch aus Versuchen mit Adrenalin hervor. Nach HARTMANN, ØRSKOV und REIN verengern sich zwar die Nierengefäße ebenso wie die aller anderen Gefäßprovinzen nach Adrenalin, aber die Schwellendosis liegt erwa 100mal so hoch als die der Muskel- und Hautgefäße. Und so muß sich bei kleinen und mittleren Gaben, die zu einer Blutdrucksteigerung führen, der erhöhte Blutdruck an den unbeeinflußten Nierengefäßen auswirken. Es wird also der Effekt von der Dosierung abhängen. So sah POLLAK nur manchmal nach intravenöser Injektion am Kaninchen eine Diurese eintreten, ARNSTEIN und REDLICH nach wiederholter subcutaner Beibringung am Hund nach Wasser- oder Kochsalzgaben immer eine Hemmung der Harnflut. ZIPF und GEBAUER beobachteten Zunahme der Diurese durch Tyramin bei einer solchen durch Ringereinlauf. Am schönsten geht die Abhängigkeit der Nierenwirkung von der Blutdruckwirkung aus den Versuchen von HOLTZ, CREDNER und HEEPE hervor: Die Adrenalindiurese wird am gewässerten Meerschweinchen durch Oxytyramin vermindert, an der Ratte nicht, weil Oxytyramin nur beim Meerschweinchen blutdrucksenkend wirkt, bei der Ratte aber blutdrucksteigernd, wie bei den meisten anderen Tieren. Das Meerschweinchen verwandelt das Oxytyramin wegen des hohen Gehaltes an Aminoxydase schnell zum blutdrucksenkenden Dioxyphenylacetaldehyd. Auch hemmt Yohimbin bei Meerschweinchen und Ratten die Adrenalindiurese, weil der pressorische Adrenalineffekt bei beiden Tieren in einen depressorischen verwandelt wird, wie HOLTZ und CREDNER (*11*) zeigten; Ergotoxin mußte vorher gegeben werden, wegen der langsamen Resorption, um diese Hemmung zu erreichen. Dagegen kehrt Yohimbin und Ergotoxin die blutdrucksteigernde Wirkung von Arterenol nicht um, sondern schwächt sie nur ab, vermindert also die diuretische Wirkung des Arterenols, führt aber nicht zu einer „Harnsperre". (Auf Veritol trat beim Meerschweinchen Diurese ein, bei der Ratte hemmt es in hohen Dosen; ebenso verschieden verhielt sich auch die Wirkung von Ephedrin und Sympatol (CREDNER)).

Eine besondere Gewebswirkung des Adrenalins wegen der überschießenden Diurese anzunehmen, erübrigt sich wohl; die Diurese nach Wassertrinken beim Menschen ist ja auch überschießend und es kann bei derartigen gefäßwirksamen Mitteln eine Wasserverschiebung im Körper eintreten. Die Kochsalzabnahme im Harn nach Adrenalin hatte schon BIBERFELD als Folge der Glykosurie gedeutet, und wenn auch Kochsalz bei solchen Glomerulusdiuresen zunimmt, so fügt sich dies in andere Beobachtungen ein. Eine spezifische Adrenalinwirkung auf die Kochsalzausscheidung anzunehmen, ist wohl nicht nötig (KRONEBERG und OCKLITZ).

Man könnte also sagen, die diuretische Wirkung des Adrenalins beruht auf seiner Unwirksamkeit auf die Nierengefäße.

III. Die Blutdurchströmung.

1. Normal.

Bei jedem Organ, welches ein Sekret liefert, ist die Ergiebigkeit der Quelle, aus der es schöpft, von entscheidender Bedeutung, also die Blutmengen die ihm zu Gebote steht. Dies wird in besonderem Maße bei der Niere der Fall sein, an der sich ein verhältnismäßig einfacher Prozeß wie eine Filtration abspielt. So sehen wir, daß die Filterfläche eine Rolle spielt und diese ist mit der Gefäßweite eng verknüpft. Die Filterfläche kann stark wechseln: durch Eröffnen oder Verschließen einzelner Schlingen in einem Glomerulus (FREMONT-SMITH) oder durch Ausschalten eines ganzen Glomerulus durch die Polkissen. Eine vollständige Entfaltung der ganzen Filterfläche wird wohl sehr selten sein; aber zur Druckfortpflanzung genügt eine Schlinge des Glomerulus.

Die Frage, ob der Blutdruck oder die Blutdurchströmung wesentlicher sei, ist in dem Sinne entschieden, daß der Druck im Vordergrunde steht. Aber bei gleichbleibendem Druck hängt die Abscheidung von der Gefäßweite ab, und zwar hauptsächlich von der Weite der Glomeruluscapillaren. Denn jede festgestellte Durchblutungsvermehrung wird in erster Linie den Glomerulus betreffen, weil der Blutdruck dort am höchsten ist und sich durch Herausdrängen von Harn, Blut und Lymphe Platz schafft. Die Niere ist ja von einer ziemlich festen Kapsel umgeben und diese läßt starke Volumenänderungen nicht zu.

Der Durchfluß durch die Nieren ist verhältnismäßig konstant, auch bei geringen Veränderungen des Blutdruckes kann der Durchfluß gleich bleiben. Dies deutet auf eine intrarenale Vasomotorik. So ergaben sich bei Herabsetzen des Blutdruckes von 146 mm Hg auf 104 mm Hg nach SELKURT, HALL und SPENCER (s. o.) keine Veränderungen des Blutstroms durch die Niere. Ja bei schwachem Sinken kann die Durchblutung sogar etwas zunehmen, was auf die Betätigung von Regulationseinrichtungen hinweist. Die Niere wird zur Druckregulierung nicht herangezogen, wie andere Gefäßprovinzen (HARTMANN, ØRSKOV und REIN und HERRIN), z. B. bei der Druckregulation vom Carotissinus aus oder nach Hämorrhagien. Nur bei Sauerstoffmangel tritt als Notfallsfunktion eine Verengerung der Nierengefäße ein, indem die Zentren für Vasomotion und Atmung gegenüber dem CO_2-Reiz empfindlicher eingestellt werden, so daß der Blutfluß durch das Organ sinken kann (KREIENBERG, PROKOP und SCHIFFER).

Im einzelnen werden folgende Werte angegeben: BURTON-OPITZ teilt den Wert von 1,5 ccm pro g Niere und Minute mit, TRIBE und BARCROFT einen solchen von 2 ccm für das Kaninchen, BARCROFT und BRODIE am Hund ebenfalls 2 ccm. Mit der REINschen Thermostromuhr, die die unblutige Messung in mehreren Gefäßen gleichzeitig gestattet, und damit einen Einblick in die Regulationseinrichtungen des Kreislauf gewährt, fanden JANSSEN und REIN bei Hunden von 8 bis 30 kg und bei Blutdrucken von 90—130 mm Hg einen Durchfluß von 1,6 bis 3,7 ccm pro g Niere und Minute, was im Durchschnitt 2,5 ccm ergibt, einen Wert, der wohl als sehr zuverlässig gelten kann, weil er ohne Wassergaben oder Infusionen erhalten wurde (s. u.). Es fließt dann so viel Blut durch die Niere wie durch die untere Körperhälfte. Nach Zahlen von SPÜHLER errechnet sich der Durchfluß zu 4,7 ccm/g Niere/min; maximal werden 7 ccm/g Niere/min beobachtet.

Viele Versuche sind durch die Messung des Venenausflusses durchgeführt worden, so verbanden BARCROFT und STRAUB diese Durchblutung mit der Bestimmung des Sauerstoffverbrauches, indem sie zeitweise den Rückfluß in den allgemeinen Kreislauf durch Abklemmen der Vena cava oberhalb der Nierenvenen unterbanden und das Blut unterhalb der Nierenvenen auffingen; dann wurde der Ausfluß unten geschlossen und der Strom oben wieder freigegeben. Neuerdings sind nun Methoden eingeführt worden, den Blutfluß durch die Nieren durch chemische Analyse des Harnes zu bestimmen. Es gibt nämlich Stoffe, die bei einer einzigen Passage durch die Nieren vollständig dem Blute entzogen werden, so daß das Nierenvenenblut davon frei ist. Dies gilt nur für geringe Konzentrationen solcher Stoffe im Plasma, die durch Tubulussekretion eliminiert werden, und daher in hohen Plasmakonzentrationen zur Bestimmung der Tubulusleistung herangezogen werden. Zuerst wurde zur Messung der Nierendurchblutung Perabrodil (= Diodrast = Diodon), eine organische Jodverbindung, verwandt, das im Nierenvenenblut fehlt, wenn seine Plasmakonzentration nicht größer als 5 mg% ist. BRADLAY und BRADLAY geben nach der Diodrastmethode für den normalen Mann 1209 ccm/min Blut = 697 ccm/min Plasma und für die Frau 982 ccm/min Blut = 597 ccm/min Plasma an. Zahlen, welche den Bestimmungen anderer Autoren, die sehr zahlreich vorliegen, entsprechen. Man nimmt etwa 700 ccm/min Plasma für beide Nieren an. Ein zweiter Stoff, welcher den Anforderungen genügt, bei einem einzigen Durchfluß dem Blute vollständig entzogen zu werden, ist die p-Aminohippursäure, wenn ihre Konzentration im Plasma unter 4 mg% gehalten wird. Bei höheren Konzentrationen verwendet man auch sie zur Bestimmung der Leistungsfähigkeit der Tubulusfunktion. Will man bei hohen Plasmakonzentrationen gleichzeitig den Blutstrom durch die Niere bestimmen, so kann man nach der Methode von Warren, Brannon und Murill aus der arterio-venösen Differenz auf den Blutstrom schließen. Man führt dabei von der linken Armvene einen Katheter bis in die rechte Nierenvene ein und bestimmt nach Smith, Finkelstein, Aliminosa, Crawford und Graber die p-Aminohippursäure im Blut der Nierenarterie und Nierenvene; auch den Sauerstoffverbrauch kann man auf diese Weise messen. Beim normalen Menschen fanden Cargill und Hickam den Durchfluß zu 1155 ccm/min Blut, Zahlen, die etwa 3,85 ccm/min/g Niere ergeben. In einer anderen Arbeit gibt Cargill die Menge Plasma zu 710 ccm/min an, was mit den Zahlen anderer Autoren übereinstimmt. Gleichzeitig berechnete auf die gleiche Weise, Bestimmung der arterio-venösen Differenz für einen zweiten Stoff, der nur durch Filtration in den Harn gelangen soll, das Inulin, und erhielt denselben Wert von 713 ccm/min. Er tat dies deswegen, um den Durchfluß durch die Glomeruli mit der durch die Tubuli vergleichen zu können, welche die p-Aminohippursäure ausscheiden. Normal betrug der Durchfluß durch die Tubuli 101%, bei Gefäßkranken 90% und bei Glomerulonephritis 88% des Glomerulusdurchflusses. Am Hunde beobachteten Handley, Sigafoos und LaForge bei der Messung mit p-Aminohippursäure, deren Konzentration im Plasma sie auf 1—2 mg% hielten, einen Plasmadurchfluß von 150—300 ccm/min und beim Menschen (Studenten) einen solchen von 525, 795 und 675 ccm/min, wenn die Werte auf eine Körperoberfläche von 1,73 m² reduziert werden. In sehr zahlreichen Versuchen sind gleichzeitig noch andere Maßsubstanzen eingegeben worden, um andere Funktionen der Niere zu bestimmen; sie können sich gegenseitig bei der Ausscheidung beeinflussen. Auf der anderen Seite hat man vor den Versuchen den Versuchspersonen oder Tieren reichlich Wasser zugeführt und außer einer Primärinfusion noch einen Dauereinlauf angeschlossen, um die Konzentration des Maßstoffes im Plasma konstant zu halten. Es befand sich also die Niere teils im Zustande der Wasserdiurese, teils im Zustande der Glomerulusdiurese, wie gleich zu besprechen sein wird.

An der isolierten Niere geben Dreyer und Verney maximal eine Durchblutung von 200 ccm/min bei einem Nierengewicht von 35 g an; dies würde 5,4 ccm/min/g Niere sein. Doch können wegen Fehlen des Hypophysenhinterlappenhormons am isolierten Organ die Gefäßverhältnisse geändert sein. Winton sah bei einem Durchströmungsdruck von 120 mm Hg an der isolierten Hundeniere eine Durchblutung von 100 ccm je Minute und bei Steigerung des arteriellen Druckes um 10 mm Hg nur eine Zunahme der durchfließenden Blutmenge um 4 ccm, während die Durchblutung des Hinterbeines eine solche um 10% aufwies, wieder ein Zeichen für eine interrenale Vasomotorik, eine selbständige Regulierung ihres Durchflusses bei Blutdruckschwankungen. Bei Abkühlen der Niere, welche Winton zum Zweck der Ausschaltung der vitalen Eigenschaften der Niere vornahm, stieg die Durchblutung um 7 ccm. Beweise, daß diese geringe Steigerung auf Viscositätsänderungen im Vas efferens durch die abgegebenen Filtratmengen beruhe, welche Winton nach Cushny als sehr groß ansieht und nach der Kreatininmethode berechnet, ließen sich aber nicht erbringen.

Man kann also wohl die Blutmenge, welche die beiden Nieren des Menschen am Tage durchströmt zu 1500 Liter ansetzen.

2. Durchblutung bei Glomerulusdiuresen.

Bei den Glomerulusdiuresen findet eine Erweiterung der Glomerulusschlingen statt, wenn man auch häufig für die „spezifischen Diuretika" diese nicht als Ursache der Harnvermehrung ansprechen wollte und sie nur für eine Begleiterscheinung der erhöhten Tätigkeit ansah.

a) Coffein.

Nach Anwendung von Diuretika ist der Durchfluß durch die Nieren gesteigert. Onkometrische Versuche ergaben eindeutig eine Zunahme des Nierenvolumens, die in der Hauptsache auf einer Gefäßerweiterung im Glomerulusgebiet beruht (Philipps und Bradford, Gottlieb und Magnus, Loewi, Fletscher und Henderson). Nicht immer war der Gang von Diurese und Nierenvolumen streng parallel, besonders in späteren Stadien nicht, während am Anfang der Zusammenhang deutlich war; es liegt nahe anzunehmen, die Einwirkung von Coffein auf die anderen Gefäße dafür verantwortlich zu machen. Auch ist ja die Harnmenge bei Vorliegen einer Rückresorption kein Maß für die filtrierende Fläche. Später wird sich eine solche Volumenzunahme durch Verdrängen von Harn, Venenblut und Lymphe ausgleichen. Zur Messung des Nierenvolumens verwendet man ein Onko-

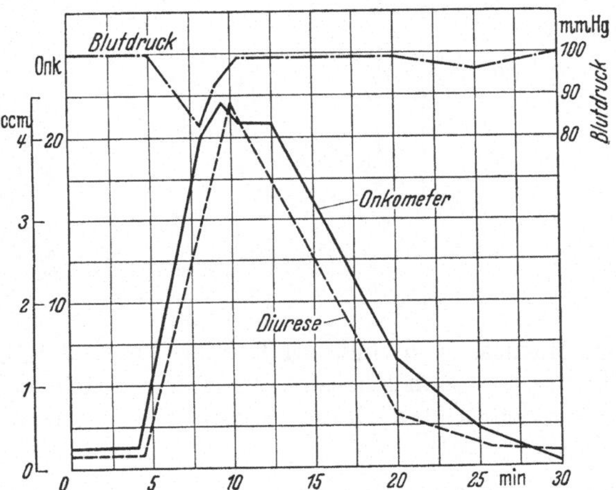

Abb. 5. ——— Onkometer; ----- Diurese. Kaninchen, 2000 g. — 0,06 Morph. mur. subkutan; Injektion von 1,0 g Kochsalz pro Kilo (10%), intravenös. (Gottlieb u. Magnus, Naunyn-Schmiedebergs Arch. 45, 223, 1901. (S. 235).

meter, welches die Niere umschließt. Dies besteht aus einer aufklappbaren Kapsel mit einem Loch für den Nierenstil. Die Niere liegt auf zwei hohlen Gummipolstern, deren Volumen durch ein Ansatzrohr auf dem Kymographion aufgezeichnet wird. Man vermeidet auf diese Art die Abdichtung des Nierenstieles, welche sonst erforderlich wäre, und wenn wirklich dicht, zu Venenstauung führen kann.

Eine Durchflußvermehrung beobachteten nach Coffein Cushny und Lambie; Osaki sah nach Anwendung eines Blutdruckregelers die Durchflußgeschwindigkeit um 20—40% steigen, ebenso Barcroft und Straub und Tashiro und Abe. Nur Miwa und Tamura vermißten eine Durchflußvermehrung, was Cushny und Lambie auf zu große Intervalle der Beobachtungen zurückführten, wodurch die schnellen Schwankungen nicht aufgefallen seien. Dann haben Janssen und Rein mit ihrer schönen Methode der Thermostromuhr eine Steigerung der Durchflußgeschwindigkeit nach Coffein festgestellt, die mit einer Zunahme des Blutstromes in der Aorta einherging; aber die Nierengefäße reagieren schneller und stärker als die anderen Gefäße. Es kommt also zu einer aktiven Erweiterung des Strombettes in der Niere.

Auch an der isolierten Niere im Herz-Lungen-Nieren-Präparat, welches ja wegen der Ausgangslage, die dem Wesen nach eine Wasserdiurese darstellt, bei welcher die Niere den provisorischen Harn verdünnt, für diesen Zweck nicht so geeignet erscheint, sahen VERNEY und WINTON nach Coffein immer eine Durchflußvermehrung, GREMELS meistens, während RICHARDS und PLANT (1), (2) eine solche vermißten. Wir werden sehen, daß das bei der Wasserdiurese — und in einer solchen befindet sich die isolierte Niere wegen Fehlen des Hypophysenhinterlappenhormons (Diabetes insipidus) — eine Umschaltung des Gefäßsystems der Niere auf Durchblutung derTubuli unter Drosselung der Glomeruli besteht, weswegen die jetzt gegebenen Diuretika, die auf den Glomerulus wirken, wie das Coffein, erst wieder den Blutstrom auf die Glomeruli umleiten müssen.

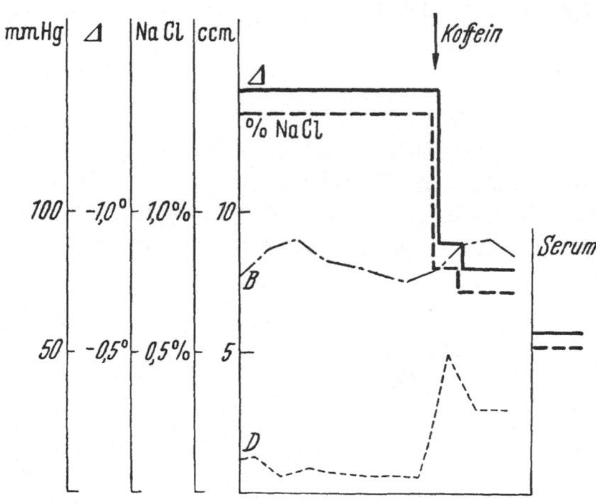

Abb. 6. Coffeindiurese am kochsalzreichen Tier. Kaninchen, männl.; 1900 g; Ablesungen alle 5'. (E. FREY, Pflügers Arch. **139.** 443 (1911)).

Daß die Coffeindiurese durch eine Erweiterung im Glomerulusgebiet zustande kommt, hat E. FREY (3) 1906 gezeigt; dabei kommt es zu einem Blutähnlicherwerden des Harnes, d. h. mit wachsender Diurese nähert sich der Gefrierpunkt des Harnes und sein Kochsalzgehalt dem des Blutes, und zwar sinkt letzterer bei salzreichen Tieren, die mehr Kochsalz im Harn als im Serum haben, bei salzarmen, deren Kochsalzgehalt im Harne unter dem des Serums liegt, steigt er. Dies erklärt manchen Widerspruch in der Literatur. Meist liegen ja die Kochsalzprozente höher als im Plasma, sie sinken also bei einsetzender Diurese, wo die modifizierende Tätigkeit der Tubuli auf den provisorischen Harn wegen schnellen Fließen desselben durch die Kanälchen zurücktritt.

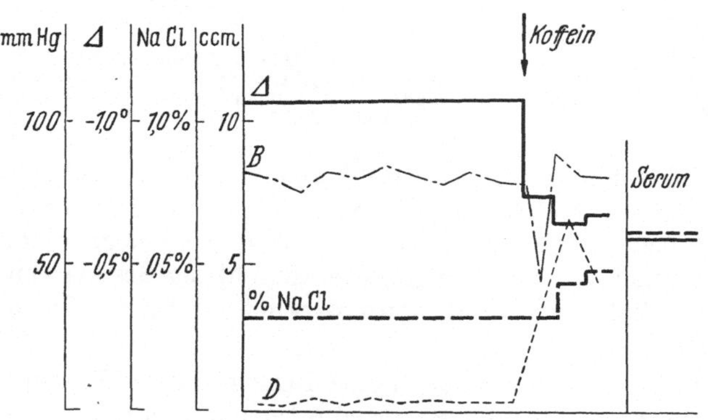

Abb. 7. Coffeindiurese am kochsalzarmen Tier. Kaninchen, männl.; 1500 g; Ablesungen alle 5'. (E. FREY, Pflügers Arch. **139.** 446 (1911)).

Die Autoren sprechen dann häufig von einer Herabsetzung der Kochsalzausscheidung. Dabei sind die absoluten Mengen von Kochsalz, die in der Zeiteinheit ausgeschieden werden, größer als vorher, dann wird dies Förderung der Kochsalzausscheidung durch Coffein von anderen Autoren genannt. Diese Erhöhung der absoluten Kochsalzausscheidung begrüßen die Kliniker als erwünschte Nebenwirkung des Coffeins, z. B. bei Ödemen. Man kann ja Tiere durch längere Gaben von Diuretika entsalzen. Manchmal werden die Verhältnisse unübersichtlich, wenn z. B. einem Tier zur Anregung des Harnflusses Wasser in den Magen gegeben wurde, oder zur Erleichterung des Einführens der Ureterenkanülen eine Ringerlösung intravenös injiziert wurde; ja in manchen Fällen sind mehrere solche Eingriffe vorgenommen worden und dann erst die Wirkung eines Diuretikum studiert worden.

Man kann also die Verhältnisse nur auf die Formel bringen: Nach Coffein wird der Harn blutähnlicher durch Erweiterung der Glomeruli.

Auch an der cyanvergifteten Froschniere, bei der also die Tubulustätigkeit ausgeschaltet ist, ist die diuretische Wirkung des Coffeins nach MASUDA voll erhalten. RICHARDS und SCHMIDT und BIETTER und HIRSCHFELDER sahen, daß bei der Froschniere immer nur ein Teil der Glomeruli in Tätigkeit ist, daß ferner in ein und demselben Glomerulus Zahl, Breite und Schlängelung der einzelnen Capillarschlingen wechseln. Die Zahl der „aktiven" Glomeruli steigt nach Harnstoff, Coffein, Glucose, Kochsalz und Glaubersalz, fällt nach Pituitrin und Adrenalin. Auch WATANABE beobachtete an der Froschniere zunächst Erweiterung der Vasa afferentia nach Coffein, dann eine solche der Glomeruluscapillaren, so daß die Zirkulation zunahm; das Vas efferens wurde nicht merklich erweitert. — An der isolierten Froschniere läßt sich der Einfluß von Coffein lokalisieren. Sie bietet bei ihren beiden Zuflüssen durch die Arteria renalis zu den Glomeruli und durch die Vena portae zu den Tubuli die Möglichkeit der getrennten Beeinflussung der beiden Anteile der Harnwege. Konzentrationen von $1:250$ bis $1:100$ führten nach WOHLENBERG zu Diurese, die niedrigen von der Arteria renalis aus, die hohen auch bei Zufuhr von der Vene aus, weil dabei Anastomosen etwas Coffein auch dem Glomerulus zuführten. Der O_2-Verbrauch wird durch Coffein nach MIWA und TAMURA nicht gesteigert.

Der besseren Löslichkeit wegen hat man vielfach die Doppelsalze des Coffeins benutzt, das Natrium coffeino-benzoicum oder Natrium coffeino-salicylicum, was dazu führte, daß der Sauerstoffverbrauch in die Höhe ging, weil die Ausscheidung solcher Beigaben mit vermehrtem O_2-Verbrauch einhergeht, während eine gesteigerte Filtration ohne einen Mehrverbrauch von Sauerstoff verläuft; natürlich wird für die Ausscheidung des Coffeins selbst ein geringer Anstieg des Sauerstoffverbrauchs eintreten, aber nicht für die Diurese an sich (s. O_2-Verbrauch).

Wirksamer als Coffein sind die verwandten Präparate, Theobromin (Diuretin, Agurin) oder Theophyllin. Mit modernen Funktionsprüfungen ist auch die Purindiurese untersucht worden. CHASIS, RANGIS, GOLDRING und SMITH fanden den Durchfluß am Menschen vermehrt, aber nur für kurze Zeit, später kam es sogar zu einem Abfall der Durchblutung. Ebenso war die Filtratmenge (nach der Inulin-Clearance, s. u.) nach SMITH auf 1—2 g Coffeino-Na-benzoat um 15% vermehrt, aber die Durchblutung, mit Diodrast gemessen, sank. Auch GREEN, BRIDGES, JOHNSON, LEHMANN, GRAY und FIELD sahen bei 20 Patienten nach 0,25 g Aminophyllin die Inulin-Clearance (als Filtratmenge) um 15% steigen, während sich die Na-Ausscheidung verdoppelte, was für erhöhte Filtration sprach. Den Durchfluß vermehrt fanden DAVIS und SHOCK nach 0,48 g Theophyllin-Äthylendiamin, mit der Diodrastmethode gemessen, wenn auch nur für kurze Zeit, also im Gegensatz zu dem Befund von SMITH; die Vergrößerung der Inulin-Clearance hielt 50—60 Minuten an. Bei dekompensierten Herzkranken steigerte sich der Durchfluß des Blutes bis zu 100%. Man muß dabei bedenken, daß sich bei den modernen Prüfungsmethoden der Nierenfunktion das Organ schon im Zustande der Diurese befindet, weil vorher Wasser und Infusionen von Salzlösung gegeben werden.

Wirksamer als Coffein ist nach GEBHARDT das chlorogensaure Kali-Coffein, welches gleichzeitig ungiftiger ist. Am Menschen wirkten per os 300 mg Coffein so stark wie 100 bis 150 mg Coffein als chlorogensaures Kali-Coffein oder 150 mg Coffein in einem Kaffeeabsud, der 0,5 g Chlorogensäure enthielt.

Der kolloidosmotische Druck des Serums ändert sich, wie KYLIN fand, nach Coffein, Diuretin oder Euphyllin auch am nephrektomierten Tier, indem er nach Coffein und Diuretin sank, nach Euphyllin steigt, manchmal erst nach einigen Stunden. Dies läßt eine alte Streitfrage wieder lebendig werden, nämlich die nach dem Einfluß von Coffein auf die

Eiweißstoffe hinsichtlich ihrer Filtrierbarkeit und Viscosität und auf die Permeabilität von Membranen, die immer noch nicht abgeschlossen ist. Ein erheblicher Einfluß auf die Diurese scheint einer solchen Permeabilitätsvermehrung jedenfalls nicht zuzukommen, wenn sie überhaupt besteht.

Daß das Coffein durch eine Erweiterung im Glomerulusgebiet diuretisch wirkt, kann man an der lebenden Kaninchenniere im auffallenden Licht direkt unter dem Mikroskop nach einem Flachschnitt beobachten: Die Glomeruli werden nach einer Coffein-Injektion in die Jugularis dunkler und der Flachschnitt der Niere, der vorher bis zur Blutstillung tamponiert war, fängt wieder zu bluten an (E. Frey (27)).

b) Salze, Harnstoffe und Zucker.

Den gleichen Verlauf wie die Coffeindiurese nehmen auch die anderen Glomerulusdiuresen, so daß E. Frey (1) von dem Typus der „Salzdiurese" sprach, weil er diese zuerst untersucht hatte, und damit zusammenfassend die Glomerulusdiurese meinte, also die Harnflut nach Kochsalz, Glaubersalz, Harnstoff, Zucker und Quecksilber. Zunächst liegen über die Diurese nach intravenöser Zufuhr von Kochsalz zahlreiche Untersuchungen vor, sowohl über die Folgen intravenöser Dauerinfusionen von physiologischer Kochsalzlösung wie über die Diurese nach intravenöser Injektion von hypertonischen Kochsalzlösungen. Die Harnflut nach isotonischer Kochsalzlösung kann außerordentlich hohe Grade erreichen, aber erst nach Zufuhr sehr großer Mengen; dagegen treten die Diuresen nach konzentrierten Lösungen sofort in starkem Maße auf. Hypotonische Kochsalzlösung vermehrt die Harnmenge nur wenig, bei destilliertem Wasser bleibt sie aus (s. u.). Dabei ordnen sich die Wirkungsstärken der einzelnen Salze nach der Hofmeisterschen Reihe, beginnen mit dem am schwächsten wirksamen Kochsalz und steigen dann über Nitrat, Acetat, Phosphat zum stark wirksamen Sulfat, wie Fischer und Sykes feststellten, nachdem schon v. Limbeck und Münzer die Unterschiede in der Wirksamkeit beobachteten. Vergleicht man, wie dies Magnus tat, die Blutverdünnung nach solchen Infusionen, so können sie nach Kochsalz und Glaubersalz vollkommen gleich sein und trotzdem ist die Sulfatdiurese viel größer; es ist also das Salz selbst, das den Reiz zur Diurese abgibt (E. Frey (7)). Bei diesen Diuresen nimmt das Nierenvolumen zu, wie Thompson, Gottlieb und Magnus und Lamy und Mayer beschrieben. Auch an der eingegipsten Niere zeigt sich eine solche Durchblutungssteigerung, indem nach Loewi und Alcock das Venenblut hellrot durch die Vene floß, wohl, weil die Glomeruli als Stelle des höchsten Druckes sich Platz verschaffen. — Ebenso wird der Venenausfluß gesteigert, wie Barcroft und Brodie, Barcroft und Straub und meist auch Lamy und Mayer sahen. Nur Janssen und Rein vermißten die Durchblutungsvermehrung, auch sahen sie nach Wasserzufuhr am narkotisierten Tier den Harn nicht dünner werden.

Man kann die Wirkung auf die Glomeruli im mikroskopischen Bilde am lebenden Kaninchen im auffallenden Licht ohne weiteres erkennen: die Glomeruli werden nach Sulfatinjektion dunkler und es treten an den Seiten des Glomerulus helle Halbmonde auf, ein Zeichen für die Dehnung der Bowmanschen Kapsel (E. Frey (27)). Dabei nähert sich wieder — ganz wie bei der Coffeindiurese — die Zusammensetzung des Harnes der der Blutflüssigkeit, um auf der Höhe der Diurese ein reines Blutfiltrat darzustellen (s. u. Wassereinsparung).

Es wird später durch Versuche belegt werden, daß auf der Höhe der Diurese der Harn passiv die Schwankungen der Blutzusammensetzung mitmacht: bei längerer Infusion von konzentrierter Kochsalzlösung wird die Zunahme des Blutgefrierpunktes von einer solchen des Harnes begleitet; beim Einlauf isotonischer

Nitratlösung sinkt der Kochsalzgehalt des Harnes mit der Abnahme der Chloride im Blut, die durch die großen Mengen chloridfreier Nitratlösung zustande kommt; und wenn der Harn vorher sehr kochsalzarm war und die Kochsalzprozente beim Einsetzen der Nitratdiurese gestiegen waren, so sinken sie wieder mit sinkendem Kochsalzgehalt des Blutes (E. Frey (15), (16)). Auch Magnus (1) sah bei der Sulfatdiurese zuerst viel Harn mit großem Kochsalzgehalt und geringem Sulfatgehalt auf der Höhe der Harnflut, dann beim Nachlassen der Diurese trat die Filtration zurück und es sank bei hohem Sulfatgehalt das Kochsalz bis null.

Die Reaktion des Harnes wird bei dieser Filtrationsdiurese nach der alkalischen Seite hin verschoben (Rüdel).

An der isolierten Froschniere sahen Richards und Schmidt (7), (8) auch unter dem Einfluß von Kochsalz und Glaubersalz eine gesteigerte Durchblutung der Glomeruli geradeso wie nach Coffein.

Nach intravenösen Zuckergaben wird eine starke Durchflußvermehrung beschrieben; so nimmt das Nierenvolumen nach Starling (2) und Albertoni zu und der Durchfluß ist nach Hèdon und Arrous sowie Lamy und Mayer beträchtlich vermehrt. Dabei steigt bei abfallender Diurese der Zuckergehalt des Harnes bei gleichzeitigem Sinken der Kochsalzprozente stark an, wie Galeotti und Becher (6) berichten, ein Verhalten also wie beim Sulfat, was für den später zu besprechenden Molekularaustausch wichtig ist. — Dieselben Veränderungen an den Glomeruli der Froschniere, Zunahme der Zahl der durchbluteten Glomeruli und Vermehrung der Blutfülle wie bei Salzen sahen Richards und Schmidt (5), (6) auch nach Harnstoff und Zucker; ein Bild von ihnen hat Cushny in sein Buch (S. 47) übernommen. Ferner ist bemerkenswert, daß Wearn und Richards beim Ansaugen des Glomerulusfiltrates aus der Bowmanschen Kapsel gewöhnlich nur 10 mg Glomerulusprodukt in 18 Stunden erhielten, bei der Zuckerdiurese dagegen 6 mg in 4 Stunden; auch dieser Befund verlegt die Zuckerdiurese in den Glomerulus. Sie beruht also nicht auf Hemmung der Wasserrückresorption.

Ähnliche Verhältnisse gelten für die Harnstoffdiurese; nur scheint die Gesamtdurchblutung wenig geändert. Wenigstens vermißten Lamy und Mayer eine solche, wie auch Janssen und Rein. Eine Ermüdung der Niere wie sie nach wiederholten Coffeingaben eintritt, zeigt sich nach Harnstoff nicht (E. Frey (3)).

c) Quecksilber.

Nach Quecksilbergaben kommt es ebenfalls zu einer Glomerulusdiurese, wie E. Frey (5) zeigte. Ebenso berichten Engel und Epstein in einer ausführlichen Zusammenstellung, daß alle Hg-Präparate eine Gefäßerweiterung in der Niere hervorrufen. Eine weitere Übersicht geben Ray und Burch. — An der isolierten Niere vermißte Gremels (3) nach Salyrgan und Novasurol — bei einem peripheren Angriffspunkt in der Niere selbst — eine Durchflußvermehrung trotz einsetzender Diurese und Erhöhung des O_2-Verbrauches. Die Bedenken gegen dies Versuchsobjekt hinsichtlich der Bewertung seiner Zirkulationsverhältnisse wurden oben schon erwähnt.

Aus Transplantationsversuchen von Govaerts (1) geht die spezifische Nierenwirkung des Novasurols hervor, während es erst als Gewebsdiuretikum angesprochen wurde. Er transplantierte Nieren von Hunden, die Novasurol erhalten hatten, auf der Höhe der Diurese an den Hals eines anderen Hundes, und normale Nieren an den Hals eines Hundes, der Novasurol erhalten hatte: in je vier Versuchsreihen lieferten die Novasurolnieren außerordentlich viel mehr Harn, es wurde also das Novasurol und seine Wirkung mit der Niere transplantiert. — Auch an der isolierten Froschniere wirkt Kalomel oder Novasurol diuretisch

(SCHMIDT und HARTWICH). — Mit den modernen Funktionsprüfungsmethoden ist auch die Quecksilberdiurese untersucht worden. Die maximale Tubulusausscheidung der p-Aminohippursäure, d. h. die Menge pro Minute, welche nach Abzug der filtrierten Menge im Harn gefunden wird, nimmt nach McDONALD und MILLER beim Menschen nach 2 ccm Mercuzantin (= 78 mg Hg und 70 mg Theophyllin) ab, und zwar von 73,3 mg/min auf 44,9 mg/min, es trat also eine Senkung auf 40% ein. Nun wurde die Filtratmenge durch die Inulin-Clearance bestimmt, also wohl zu hoch angenommen und daher zu viel von der im Harn gefundenen Menge abgezogen; aber dem Sinne nach bleiben die Zahlen richtig Die Glucoserückresorption wurde durch das Hg-Präparat nicht beeinflußt. Die Verf. schließen daraus, daß zwei verschiedene Transportsysteme, „Transfersysteme", von p-Aminohippursäure und Glucose benutzt werden. Einen Vergleich von drei organischen Hg-Präparaten führten HANDLEY, SIGAFOSS, und LA FORGE durch. Sie bestimmten die Ausscheidung von Kreatinin im Harne und sahen diese nach Thiomerin (= Dinatriumsalz von N-(γ-carboxymethylmercaptomercuri-β-methoxy)-propyl-Kampfersäure), nach Merallurid (= Mercuhydrin). und nach Mersalyl-Theophyllin (= Merthyl) stark abnehmen. Sie gaben durch 3—4 Wochen täglich 0,1 ccm/kg (= 0,39 mg Hg/kg/Tag); einige Hunde starben.

d) Digitalis.

Die Digitalisstoffe führen zu einer Vermehrung des Durchflusses durch die Niere mit Vermehrung des Harns und erst größere Dosen drosseln auch die Nierengefäße.

Die Vermehrung des Harnes selbst wurde von PHILIPPS und BRADFORD und BRUNTEN am Hund, von SIEGMUND und C. R. MARSHALL am Kaninchen und von BONSMANN bei der Maus festgestellt. Alle Untersucher beschreiben die Herabsetzung der Harnmenge nach großen Digitalisgaben, wie WINOGRADOFF und PFAFF; einige vermißten jede Diurese, wie z. B. BECO und BECO und PLUMIER nur bei gleichzeitiger Glycosurie trete sie auf. Wie bei jeder Glomerulusdiurese sinkt die Konzentration der Harnfixa und ihre absolute Menge nimmt zu (STEYRER). — Das Nierenvolumen nimmt nach Digitalis zu, wie PHILIPPS und BRADFORD und JONESCU und LOEWI fanden; nach den letzteren Autoren sind die Nierengefäße reaktionsfähiger als die Gefäße des Darmes. — So wurde eine starke Zunahme des Nierenvolumens bei einem Kaninchen von 2000 g nach 0,05 und 0,1 mg Strophanthin mit Diurese beobachtet, bei einem Hund trat erst nach dem Sinken des gesteigerten Blutdruckes die Harnvermehrung auf, nach kleineren Dosen kam es zu Diurese ohne Blutdrucksteigerung. Ebenso sah JOSEPH eine Volumenzunahme nach Strophanthin und Digipurat beim Kaninchen, nach größeren Dosen trat Volumenabnahme ein; eine solche Verengerung beobachtete JOSEPH besonders an den Darmgefäßen; die Nierengefäße haben eine „stärkere Neigung, mit Erweiterung zu reagieren". Gefäßverengerung beobachtete auch OSAKI nach größeren Gaben. Heilt man ein Onkometer ein, so werden nach REID (1) die Veränderungen des Nierenvolumens sehr viel deutlicher und halten länger an als am narkotisierten Tier, oft mehrere Stunden. Dabei reagiert die Niere wie die Milz auf äußere Reize (plötzliche und ungewohnte Geräusche, Geruch des Futters). Die Reaktionen waren nach Coffein, Theobrominnatriumsalicylat, Euphyllin, Pituitrin, Digitalis, Merbaphen, Nitrit, Epinephrin oder Spinalanästhesie die gleichen, wie sie an narkotisierten Tieren gefunden sind. (Nach intravenöser Injektion von 0,5—1,0 ccm destillierten Wassers pro kg kam es zu vorübergehender, aber ausgesprochener Verringerung des Nierenvolumens, die REID (2) auf die Auflösung der roten Blutkörperchen zurückführt, und die nur an der Niere wirksam sei; könnte es nicht grade deswegen eine spezifische Nierenwirkung sein?)

Von den Digitaloiden untersuchte ROTHLIN die Meerzwiebelstoffe und sah nach sehr kleinen therapeutischen Gaben Erweiterung der Extremitären- und Nierengefäße am Tier; am isolierten Organ beobachtete er nur Verengerung der Gefäße der Niere, des Darmes, des Kaninchenohres und der Froschbeine. Am ganzen Tier trat die Diurese unabhängig von der Blutdruckwirkung auf. — HERMANN und MALMÉJAC und HERMANN und JOURDAN sahen auf Adonidin hin zunächst Abnahme des Nierenvolumens und Sistieren der Harnabsonderung, später eine langdauernde Zunahme des Volumens mit starker Vermehrung der Harnmenge; es verläuft also die diuretische Wirkung in demselben Sinne wie die Gefäßwirkung, wenn auch nicht absolute Parallelität besteht.

An der isolierten Niere hat man ebenfalls eine Gefäßdilatation gefunden. Bei der Katze wirken an der Niere Dosen erweiternd, welche am Darm die Gefäße verengern, wie KASZTAN beobachtete; beim Kaninchen hat FAHRENKAMP und beim Hund GREMELS eine Gefäßerweiterung gefunden. Nur nimmt GREMELS geradeso wie für das Coffein eine von der Gefäßwirkung unabhängige Nierenwirkung auch bei den Digitalisstoffen an. „Die peripher bedingte Gefäßerweiterung durch Strophanthin und Digitoxin ist nur ein Teilfaktor für das Zustandekommen der Diurese." „Die eben angeführten Stoffe aus der Purinreihe und der Gruppe der Digitalisglycoside besitzen außerdem noch eine peripher angreifende die Nierengefäße erweiternde Wirkung, die eine durch die Steigerung der Durchblutung bedingte Diurese hervorrufen kann. Die Gefäßwirkung ist unabhängig von der spezifischen Nierenwirkung." Dies nimmt GREMELS deswegen an, weil nicht in allen Versuchen die Durchblutungszunahme der Harnvermehrung parallel geht. Aber dies wäre doch nur zu erwarten, wenn die Niere ein reines Filter wäre, bei dem die Menge Filtrat von der Oberfläche abhinge, deren Größe man nicht einmal aus der Gesamtdurchblutung genau beurteilen könnte. Außerdem ist das Herz-Lungen-Nieren-Präparat nicht für alle Fragen der Diurese geeignet, weil die isolierte Niere sich im Zustande eines Diabetes insipidus (= Wasserdiurese) befindet, und weil die Durchströmungsflüssigkeit, ein mit Kochsalzlösung verdünntes defibriniertes Blut mit 0,7 % NaCl, dem GREMELS noch 1—2 g Harnstoff zusetzte, eine Glomerulusdiurese anregt, wodurch eine Umschaltung von der Wasserdiurese auf die Glomerulusdiurese stattfinden muß. Und wenn man jetzt noch ein Diuretikum wie Coffein oder Digitalis gibt, so lassen sich die Verhältnisse der Durchströmung und Harnabscheidung nicht mehr mit Sicherheit übersehen.

Man kann also wohl schließen, daß die Digitalisglycoside eine Gefäßerweiterung der Nierengefäße veranlassen und man kann die einsetzende Diurese als Folge dieser Gefäßwirkung ansehen.

Übrigens könnten außerdem die Digitalisstoffe gradeso wie die Saponine eine Permeabilitätsveränderung oder eine Veränderung der Grenzflächen setzen, wie dies E. FREY (*31*) zusammenfassend berichtet und sich dabei auf Farbstoffabsorption nach Digitalis am Froschherzen stützt. Ähnliche Veränderungen der Permeabilität sind ja früher auch beim Coffein herangezogen worden; eine entscheidende Bedeutung für die diuretische Wirkung haben sie wohl kaum.

Gifte, welche die Nierengefäße schädigen, wie Cantharidin, hemmen die Digitalisdiurese; Stoffe, welche die Epithelien schädigen, vermehren die Digitalisdiurese sogar, wie HEDINGER beobachtete.

Auch bei der akuten Glomerulonephritis, wie sie durch Injektion von Serum von Enten, die vorher Kaninchennierenextrakt erhalten hatten, beim Kaninchen experimentell erzeugt werden kann (= Masugi-Niere) ist nach SARRE (*6*), (*7*) die Durchblutung keineswegs vermindert, sondern erhöht, wie er durch Messungen des Durchflusses durch die Vena renalis mit der Reinschen Stromuhr feststellte. Auch die Bestimmungen der arterio-venösen

Sauerstoffdifferenz (1, 2, 4) ergab eine verbesserte Durchblutung. Schwemmt man dabei Tusche in die Niere ein, so färben sich die Glomeruli schwarz. Erst bei lokaler Reizung der freigelegten Niere erhielt SARRE eine Aussparung an dieser Stelle von der Tuschefärbung, also einen Gefäßspasmus.

So sieht man bei dem Zustandekommen dieser Glomerulusdiuresen immer das gleiche Bild: eine Gefäßerweiterung im Glomerulusgebiet mit Zunahme der Harnmenge und Annäherung der Zusammensetzung des Harnes an die des Plasmas. Dies muß zu dem Schluß führen, daß hier überall derselbe Mechanismus zu Grunde liegt und spezifische Einflüsse der verschiedenen Diuretika keine maßgebende Rolle spielen. Bemerkenswert ist die ähnliche gefäßerweiternde Wirkung, wie sie hier an der Niere sich findet, an den Kranzgefäßen des Herzens nach Stoffen wie die Purinkörper, die Digitalisstoffe und des Zuckers.

J. FREY (6) faßt die Filtrationsdiuresen — wenn sie nicht durch gefäßwirksame Stoffe wie Coffein herbeigeführt werden — als das Zeichen einer Tubulusinsuffizienz auf, worauf pathologische Befunde hindeuten. Er meint, die Niere reagiere, wenn sie an der Grenze ihres Ausscheidungsvermögens der Tubuli, z. B. beim Sulfat sei, mit einer erhöhten Filtration.

IV. Der Sauerstoffverbrauch.

Der Sauerstoffverbrauch der Niere ist ein sehr großer, wenn sie auch vom Sauerstoff ihres arteriellen Blutes weniger verbraucht als die anderen Organe. Natürlich ist es von Wichtigkeit, den Sauerstoffbedarf mit der Tätigkeit der Niere in Beziehung zu setzen. Es wird sich zeigen, daß man sich ein Bild von der Arbeit der einzelnen Abschnitte machen kann, daß der Filtrationsvorgang ohne Sauerstoffverbrauch der Niere verläuft, weil die Energie dazu vom Herzen geliefert wird, daß dagegen die Transferfunktionen der Epithelien Sauerstoff verbrauchen, und Wärme erzeugen, denn die Niere ist ein wärmendes Organ. Nach REIN liefert sie am Tage 60—180 Cal und führt davon mit den 1500 lit Blut, die sie am Tage durchströmen 75—150 Cal wieder ab, da das Nierenvenenblut 0,05 bis 0,1° wärmer als das Arterienblut ist.

Ein Maß für die Tätigkeit der Niere ist schwer zu finden. In den unten angeführten Versuchen ist der Sauerstoffverbrauch häufig in Beziehung zur Harnmenge gesetzt worden, obwohl die Harnmenge eigentlich gar kein Maß für die Arbeit ist. Besser schon wäre es, wenn man die tubuläre Arbeit zur Beurteilung heranzöge. Die Ausscheidung von Stoffen, welche durch Sekretion der Tubuli im Harn erscheinen, ist vielfach bestimmt worden, so die von Diodrast oder p-Aminohippursäure. Natürlich wird ein Teil im Glomerulus filtriert, wenn sie in frei gelöster Form im Plasma vorliegen. Man hat oft die maximale Tubuluskapazität (= Tm) berechnet, indem man die Gesamtmenge (mg/min) um den Betrag des Filtrates verminderte. Dieses aber wurde als Inulin-Clearance angesetzt, also, wie wir später sehen werden, zu hoch; es müssen also die Zahlen für die tubuläre Ausscheidung größer sein als die von vielen Autoren angegebenen.

Der Sauerstoffverbrauch der Niere wechselt in weiten Ausmaßen und es zeigt sich eine Abhängigkeit von der Tätigkeit, weswegen der Verbrauch häufig auf ccm Harn berechnet wurde. Besondere Berücksichtigung fanden die Veränderungen durch diuretisch wirkende Substanzen. REIN gibt den O_2-Verbrauch zu 0,03—0,1 ccm pro g Niere und Minute an. PÜTTER setzt ihn nach TRIBE und BARCROFT bei einer Harnmenge von 0,134 ccm zu 0,07 ccm an, bei 0,260 ccm Harn zu 0,1 ccm und bei 1,0 ccm Harn zu 0,164 ccm O_2. BARCROFT und STRAUB bestimmten den Sauerstoffverbrauch im venösen Nierenblut durch zeitweises Abklemmen der Vena cava oberhalb der Nieren und Entnahme des Blutes unterhalb bei 1,0 ccm Harn zu 0,05 ccm. BARCROFT und BRODIE gaben für den Hund 0,008 bis 0,75 ccm Sauerstoffverbrauch pro g Niere und Minute an und CUSHNY (4) beruft sich auf BAINBRIDGE und EVANS, welche, mit besonderer Durchströmungsmethode arbeitend, 0,04 ccm Sauerstoffverbrauch pro g Niere und Minute angeben und sagt: ,,Es wurde bei einigen Formen der Diurese ein bedeutender Anstieg des O_2-Verbrauches gefunden, beispielsweise von 0,06 auf 0,28 ccm O_2 pro g Niere und Minute". Dabei sind die Zahlen von BARCROFT und STRAUB bei der Sulfat- und Ringerdiurese gefunden, zu ihnen äußert sich CUSHNY folgendermaßen: ,,Wie aus Abb. 8 ersichtlich ist, steigt der O_2-Verbrauch bei der Sulfatdiurese, während bei einer eingeschobenen Ringerdiurese kein solcher Anstieg zu bemerken ist, obgleich die Sekretion letzterenfalls stärker als bei einer der Sulfatdiuresen ist, und — merkwürdig genug — man kann den von den Autoren gegebenen Zahlen entnehmen, daß die während der Ringer- diurese ausgeschiedene Sulfatmenge wirklich größer als die während der zweiten Sulfatdiurese war, obgleich der Prozentgehalt an Sulfat im Harn geringer war. Das läßt vermuten, daß der größere Sauerstoffverbrauch in der Sulfatdiurese nicht auf der Ausscheidung des Sulfats beruht, sondern auf einer sekundären Folge dieses Vorganges, vielleicht einer Änderung der Konzentrationsarbeit." In der Tat konstatierte SHAH, daß nach isotonischer Natriumsulfatlösung kein vermehrter Sauerstoffverbrauch eintrat, dagegen nach hypertonischen Lösungen wie 5%iger Kochsalzlösung oder 10%iger Glaubersalzlösung. Ein solcher Ein- fluß der Konzentration zeigt sich auch darin, daß die Niere bei hochgestelltem Harn wesentlich weniger Wärme mit dem Venenblut abführt als bei hypo- tonischem Harn (JANSSEN und REIN). Vielleicht lassen sich die Verhältnisse so deuten, daß die Filtration des Sulfates ohne O_2-Verbrauch vor sich geht, daß dagegen die tubuläre Ausscheidung Sauerstoff verbraucht, daß daher der wech- selnde Anteil von Filtration und Sekretion des Sulfates die Unterschiede im Sauerstoffverbrauch bedingt. Diese Verhältnisse gibt die Kurve wieder, welche die Sulfatausscheidung schematisch darstellt und bei ,,Ausscheidung der Blut- bestandteile" abgebildet ist.

Am Menschen haben CARGILL und HICKAM die rechte Nierenvene kathete- risiert und einen Sauerstoffverbrauch von 16 ccm/min gefunden, dies würde einen Verbrauch von etwa 0,107 ccm/g Niere/min ergeben. Die arterio-venöse Sauerstoffdifferenz betrug für Nierenblut beim normalen Menschen im Durch- schnitt 1,42 Vol.%.

An der isolierten Niere fand GREMELS (3), der den Sauerstoffverbrauch zu 0,04 bis 0,199 ccm/g Niere und Minute angibt, daß er parallel der ausge- schiedenen Stickstoffmenge geht. FEE und HEMIGWAY sahen den O_2-Verbrauch am Herz-Lungen-Nieren-Präparat nach Kochsalz steigen, BAINBRIDGE und EVANS nur nach Sulfat, nicht nach Kochsalz vermehrt, während HAYMAN und SCHMIDT bei der Sulfatdiurese keine vermehrte Sauerstoffaufnahme fanden. Die oben angeführten Gründe erklären solche Differenzen der Befunde. — Die Zunahme des Sauerstoffverbrauches, welche BARCROFT und STRAUB nach Coffein beob- achteten, führten MIWA und TAMURA auf die Anwendung des Doppelsalzes als Coffeinonatirum salicylicum zurück, da sie selbst nach Coffein keine vermehrte Sauerstoffaufnahme sahen, und daher die Salicylsäure in den Versuchen der anderen Autoren für die Vermehrung des O_2-Verbrauches verantwortlich machen. Auch TSUKIOKE stellte nach Coffein keinen Mehrverbrauch von Sauerstoff fest. — Die Wärmeabfuhr mit der Nierenvene fanden JANSSEN und REIN während der Coffeindiurese vermehrt, was wegen der stärkeren Durchblutung keinen Schluß erlaube.

Der Sauerstoffverbrauch der Nieren ist also etwa der 20. Teil des Gesamt-sauerstoffverbrauches; dies bedeutet im Hinblick auf die große Blutdurch-strömung des Organpaares, daß das Blut wenig ausgenutzt wird und daß das Venenblut noch recht sauerstoffreich die Niere verläßt. SARRE und ANSORGE geben 2,8% arterio-venöse Sauerstoffdifferenz für die Niere an, während die Gesamtausnutzung des Blutsauerstoffs (in den Hohlvenen) 6% beträgt. Doch ist der Sauerstoffverbrauch der beiden Nieren an sich gegenüber dem Anteil am Körpergewicht (= 0,7%) sehr groß.

V. Der Einfluß des Nervensystems.

Der Charakter als Drüse ist bei der Niere nur angedeutet, indem sie fast alle Stoffe fertig mit dem Blute geliefert erhält und nur Konzentrationsarbeit an ihnen verrichtet. Während die eigentlichen Drüsen ihr Sekret nur auf Nervenreiz hin absondern, oder doch wie bei der Leber es aus dem Depot der Gallenblase entleeren, erweist sich die Nierentätigkeit weitgehend vom Nerveneinfluß un-abhängig. Man hat häufig versucht, einen Nerveneinfluß auf die Absonderung der einzelnen Stoffe nachzuweisen, obwohl durch die Annahme solcher Nerven, welche die Abscheidung von Harnstoff, von Kreatinin und Harnsäure oder von Kochsalz und Sulfat veranlassen, sofort die Frage nach den Rezeptorstellen und einem Nervenzentrum auftauchen muß; nimmt man einen Nerveneinfluß auf die Ausscheidung der Einzelbestandteile des Harnes an, so würde sich bei Ein-beziehung der Giftausscheidung eine fast unendliche Zahl solcher Einrichtungen (Rezeptorstellen, Fasern, Zentren) ergeben, die die Tätigkeit der Epithelzelle modifizieren. Auf jeden Fall muß die Epithelzelle imstande sein, diese Aus-scheidung zu besorgen. Ist es da nicht einfacher, ihr eine Autonomie zuzu-schreiben? Natürlich werden sich die Nerveneinflüsse, denen das Gefäßsystem unterliegt, auch an der Niere auswirken und so verlaufen viele Nerveneinflüsse über das Gefäßsystem. Auch darin zeigt die Niere eine große Selbständigkeit, sie wird nach REIN nicht zur Regulation des Blutdruckes herangezogen wie jede andere Gefäßprovinz, ihre Durchblutung ist relativ unabhängig vom Blutdruck usw. Ferner reagieren ihre Gefäße auf verschiedene Stoffe stärker als andere, z.B. gegenüber Coffein, Digitalis oder Zucker, weisen also eine Reaktion auf, die anderen Gefäßen nur angedeutet zukommt, wie den Coronargefäßen. Oder sie reagieren schwächer, z.B. auf Adrenalin.

Und so sind die Nerveneinflüsse wohl alle auf vasomotorische Beeinflussung zurückzuführen, welche ihrerseits die Abscheidung ändern. Dabei kann sehr wohl eine nervöse Beeinflussung der Harnabsonderung eintreten, aber sie nimmt nicht den Weg über die Nerven, — soweit es sich nicht um vasomotorische Reflexe handelt —, sondern über die Hypophyse, die ihren antidiuretischen Stoff nach verschiedenen Einflüssen in größerer oder geringerer Menge absondert, wie z.B. nach Schmerz, Aufregung oder Trinksuggestion, aber der efferente Schenkel dieses Reflexes ist in diesem Falle nicht der Nerv, sondern das Hormon.

Experimentell ist die Frage nach dem Einfluß des Nervensystems auf ver-schiedene Weise geprüft worden. Einmal waren es Eingriffe an zentraler Stelle, welche die Nierentätigkeit änderten; aber dabei ist schwer zu entscheiden, ob beim Einstich in die Gehirnsubstanz eine Reizung oder Lähmung den Erfolg darstellt. Sodann hat man die Niere entnervt, indem man die Hilusnerven vom Nierenstiel abpräparierte oder die Splanchnici einseitig durchtrennte und dann die Tätigkeit beider Nieren miteinander verglich; dies hat den Nachteil des großen Eingriffs, der zur Adrenalinausschüttung führen kann und es haben sich beim Ureterenkatheterismus häufig diuretische Maßnahmen als erforderlich erwiesen, um die Gerinnung der Ureterenwunde zu verhüten, wodurch die Absonderungsverhältnisse z. B. des Kochsalzes unübersichtlich werden. Die besten Resultate ergeben chronische Versuche mit einseitiger Nervendurchtrennung und solche mit Transplantation der Niere.

Zentrale Eingriffe:

Seit CLAUDE BERNARD die Piqûre ausführte, hat man versucht, eine genauere Lokalisation dieses Stiches vorzunehmen, den Zuckerstich vom Diuresestich zu trennen, und eine Unterscheidung von der hypophysären Polyurie vorzunehmen. So haben LESCHKE und VEIL zwischen einer oligochlorurischen Zwischenhirnpolyurie und einer polychlorurischen Medullarpolyurie unterschieden. Erstere scheint eine Schädigung der Hypophyse, letztere eine Durchtrennung der vasomotorischen Nerven zu sein, d. h. die oligochlorurische Zwischenhirnpolyurie ist ein Diabetes insipidus, die polychlorurische Medullarpolyurie eine Filtrationsdiurese durch Erweiterung der Nierengefäße. Während man wohl annehmen muß, daß durch den Zuckerstich sympathische Zentren getroffen werden, deren Reizung zu einer Adrenalinausschüttung führt, und damit zu einer Glycosurie, scheinen auch Lähmungserscheinungen durch Verletzen der Rautengrube eintreten zu können, wodurch der Befund hinsichtlich der vermehrten Chlorausscheidung im Verein mit der Diurese erklärlich wird. So beschreiben JUNGMANN und MEYER ihre Versuche mit dem Einstich als eine Vermehrung des Harnes bei gesteigerter Kochsalzausscheidung und sprechen von einem „Salzstich". Diese Auslegung ist unrichtig: nicht die Vermehrung der Kochsalzprozente ist das regelmäßige Ergebnis des Stiches, sondern das Blutähnlicherwerden des Harnes. Denn als die Autoren, die immer mit kochsalzarmen Kaninchen experimentierten, einmal in Versuch 9 (zweimal abgedruckt) dem Tier statt Wasser physiologische Kochsalzlösung eingaben, und dadurch eine dem Blut gegenüber erhöhte Kochsalzkonzentration im Harn fanden, sanken die Kochsalzprozente im Harn von 1,06% auf 0,74% nach der Operation, dem Salzstich; als das Tier wieder salzfrei ernährt wurde und die Kochsalzprozente auf 0,19% gesunken waren, führte der Stich auf der anderen Seite wieder wie bei den anderen kochsalzarmen Tieren zu einer Zunahme der Kochsalzprozente auf 0,39%. Es handelt sich also um eine Angleichung des Harnes an die Blutkonzentration, um eine Filtrationsdiurese, um ein Blutähnlicherwerden des Harnes (wie übrigens schon damals bekannt war), nicht um eine spezifische Beeinflussung der Kochsalzausscheidung. Dasselbe trat nach einseitiger Durchschneidung des splanchnicus auf, hier natürlich nur auf der operierten Seite. Es scheint also so, als würden an der Stelle des Einstiches die sympathischen Zentren vasomotorischer Art getroffen und außer Funktion gesetzt, geradeso wie die sympathischen Nervenbahnen peripher durch die Splanchnicotomie ausgeschaltet werden. — Man kann also die Befunde wohl so deuten: der Zuckerstich ist eine Reizung sympathischer Zentren, die polychlorurische Medullarpolyurie ist eine Lähmung sympathischer Zentren und verläuft wie bei einer entnervten Niere, die oligochlorurische Zwischenhirnpolyurie ist ein Diabetes insipidus durch Schädigung der Hypophyse.

Die Frage nach einer Zentralstelle, von welcher die Impulse ausgehen können, ist von VERNEY (6) behandelt worden. Er fand nämlich Osmorezeptoren, welche die Absonderung von Hypophysenhinterlappenhormon beeinflussen. Injiziert man in den Blutstrom der Carotis osmotisch wirksame Lösungen, d. h. konzentrierte Lösungen von Kochsalz, Zucker (oder Harnstoff), so tritt eine Hemmung der Diurese ein. Physiologische Kochsalzlösung ist unwirksam, stark dagegen Kochsalz in konzentrierter Form, weniger stark Zucker und gar nicht Harnstoff. Die gleichen Gaben intravenös sind wirkungslos. Und zwar genügt eine Erhöhung des Kochsalzgehaltes im Carotisplasma von 8 mg% (bei Annahme eines Blutstromes von 2,5 ccm/sec), um eine Hemmung auszulösen, welche einer Menge von Hypophysensekret von 0,000 001 E entspricht. Es müssen also osmotisch empfindliche Stellen vorhanden sein, welche die Erhöhung der Blutkonzentration mit einer Absonderung von antidiuretisch wirksamer Substanz beantworten. Entfernen des Hypophysenhinterlappens schwächte die Wirksamkeit um 90% ab. (Es handelte sich wohl um gewässerte Hunde; die Harnmengen betrugen vor der Injektion 5—7 ccm in der Minute.)

Einseitige Durchtrennung der Nierennerven.

Wenn man die Nierennerven durchtrennt, so beobachteten fast alle Untersucher eine Zunahme der Harnmenge. Zuerst fand v. Schröder eine solche bis zum neunfachen; dabei wurde der Harn alkalischer, wie es immer bei solchen Diuresen der Fall ist (Rüdel). E. Frey (*10*) charakterisierte diese Diurese als eine Glomerulusdiurese. Durch Schockwirkung kann sie nach Loewi, Fletscher und Henderson ausbleiben. Daher war es zweckmäßig, als Rhode und Ellinger im chronischen Versuch einwandfrei feststellten, daß diese Harnvermehrung der entnervten Niere bestehen blieb, wenn Wochen und Monate vorher die Operation vollzogen war. Dabei ist, wie gesagt, der Harn verdünnter und alkalischer, was auch Mauerhofer fand. Diese Harnveränderung ließ sich nach Yoshimura durch Abdrosseln aufheben. Nicht nur die Zunahme der Harnmenge und Abnahme des spezifischen Gewichtes, sondern auch des Gehaltes an Harnstoff, Phosphat, Sulfat und Kreatinin wurde von Marshal und Kolls gefunden und noch nach Monaten von Hara und Kichikawa festgestellt. Abweichend davon sah Meyer-Bisch eine geringe Abnahme der Harnmenge, vielleicht durch Schockwirkung.

Splanchnicusreizung und -durchtrennung.

Außerordentlich häufig sind die Versuche mit Durchtrennung der Splanchnici durchgeführt worden. Schon Bernard beobachtete danach eine Vermehrung der Harnmenge, nach Splanchnicusreiz Herabsetzung derselben. Auch Eckard und Knoll geben Zunahme der Harnmenge mit Verminderung der Konzentrationen der Harnbestandteile und des spezifischen Gewichtes an; die absoluten Mengen, besonders des Harnstoffes sind dabei vermehrt. Der Reiz der Nerven setzt die Harnmenge herab. Bestätigt wurden die Befunde von vielen Seiten, so von Burton-Opitz, von v. Klecki, von Grek, von Jungmann und Meyer, von Rhode und Ellinger, von Marshall und Kolls. Dabei ist die Blutdurchströmung durch die Niere nach Ozaki nach Splanchnicusdurchtrennung vergrößert, nach Splanchnicusreiz nimmt sie ab. Es kann bei Splanchnicusreiz auch zu einer Vasokonstriktion der anderen Niere kommen, und zwar nach Tournade und Hermann durch Adrenalinausschüttung. Auch das Volumen der Niere nimmt nach Bradford, Beco und Plumier, Dieker und Demoor nach Reizung des Splanchnicus ab. Nur Schmidt und Simon beobachteten nach Splanchnicusanästhesie eine Herabsetzung der Harnmenge und der Chloridausscheidung, besonders aber der Elimination des Stickstoffes.

Abweichend hiervon stellt Verney (*3*) fest, daß ein Einfluß des Splanchnicus auf die Harnabsonderung nicht vorhanden sei. Verney nahm dabei die Durchtrennung des Splanchnicus bei weiblichen Hunden so vor, daß er nach Verlagerung der Ureteren an die Körperoberfläche einen Schlauch durch Uterus und Tube an den Splanchnicus heranführte und eine Fadenschlinge um den Nerv legte, die er durch den Schlauch herausleitete. Dann wurde nach Injektion eines Lokalanästhetikums die Schlinge angezogen und so der Nerv durchtrennt. „Solche Versuche haben gezeigt, daß beim Normaltier die einseitige Durchschneidung der Splanchnici nicht nur die sofortige Reaktion der Niere auf eingeflößtes Wasser unbeeinflußt läßt, sondern auch nicht jene Vermehrung der

Harnabsonderung in der Ruhe hervorruft, welche beim narkotisierten Tier als charakteristische Folge dieser Operation erkannt worden war. Man kann deshalb wohl mit Sicherheit schließen, daß weder die Reaktion der Niere nach Wasseraufnahme in Abhängigkeit von den Nierennerven vor sich geht, noch bei der „Ruheausscheidung" der Niere diese irgendwelche die Wasserausscheidung hemmenden Impulse fortleiten." Der Gegensatz zwischen diesen Versuchen — Einflußlosigkeit der Nervendurchtrennung und diuretische Wirkung nach Durchtrennung, die andere Autoren sahen —, kann nicht auf die Narkose zurückgeführt werden. Denn ELLINGER (1 auf S. 353) schreibt: „Die Veränderung der Nierenfunktion nach der Durchschneidung erhält sich über Monate hinaus unverändert, nämlich die Zunahme der Harnmenge der Niere mit durchtrennten Splanchnici." Die Reaktion auf eingeführtes Wasser wäre verständlich, weil an der Wasserdiurese die Glomerulusschlingen nicht beteiligt sind, aber die Ruheausscheidung müßte nach Durchtrennung der Nerven vermehrt sein, weil sich die nervenlose Niere im Zustande der Glomerulusdiurese befindet.

Eine Unterscheidung des Einflusses einzelner Nervenfasern ist von ELLINGER und HIRT (2) angegeben worden. Sie schreiben ihnen folgende Funktionen zu: Die Splanchnici minores regeln die Wasser- und Elektrolytausscheidung ohne Beeinflussung der anderen Fixa und sind die eigentlichen Vasokonstriktoren; die unteren Grenzfasern, die Nervi inferiores, regulieren die Wasserstoffionenkonzentration, hemmen die Ammoniakbildung, die Gesamtsäure- und Phosphatausscheidung; der Splanchnicus major ist der Antagonist der unteren Grenzfasern, er fördert die Ammoniakbildung, die Gesamtsäure- und Phosphatausscheidung und hemmt stark die Stickstoffelimination. Diese Folgerungen sind wohl zu weitgehend und die Beobachtungen wegen der vielen Infusionen und subcutanen Injektionen von Salzlösungen unübersichtlich.

Neuerdings haben AVERBECK, MEITNER und SCHNEIDER Reizung der Hilusnerven mit Kondensatorentladungen, die nach Frequenz, Dauer und Form variiert werden konnten, beim Hund vorgenommen. Dadurch war Durchblutung und Harnabsonderung getrennt zu beeinflussen. Es kám dabei z. B. zu einer Diuresehemmung ohne Verminderung der Durchblutung; die Verfasser glauben, daß es sich dabei nicht um eine Einwirkung auf die Epithelien der Tubuli handelt, sondern um eine Kontraktion der glatten Muskulatur der Nierenkelche, also um eine mechanische Abdrosselung (s. Schluß dieses Kapitels).

Auch bei der experimentellen Nephritis des Kaninchens nach MASUGI (durch Injektion von Serum von Enten, die vorher Kaninchennierenextrakt intraperitoneal erhalten hatten) sahen SARRE und WIRTZ (6) nach Nervendurchtrennung eine Vermehrung der Durchblutung.

Die Reizung oder Durchschneidung des Vagus hat keine Übereinstimmung auffälliger Resultate geliefert. Spielt doch bei der Innervation der Niere der Vagus nach HIRT keine entscheidende Rolle, weder bei Hund, Kaninchen, Katze oder Mensch. Dabei ist die Versorgung nicht einseitig getrennt, es bestehen viel Anastomosen, die Fasern gehen durch das Ganglion coeliacum.

Transplantation der Niere.

Der beste Beweis für die weitgehende Autonomie der Niere ist die völlige Leistungsfähigkeit nach Transplantation des Organs. CARREL und GURTHRIE beobachteten an einer transplantierten Niere, daß sie 4—5mal so viel Harn als eine normale lieferte und daß dabei die Konzentration der Harnfixa herabgesetzt war, wie eben an einer nervenlosen Niere. STICH schreibt darüber: „Die autoplastische Transplantation einer Niere, im Jahre 1902 zum ersten Male von ULLMANN versucht, hat in CARRELS Meisterhand die besten Resultate gezeitigt; es ist ihm einwandfrei gelungen, Hunden beide Nieren zu exstirpieren und die eine dann wieder in der Nierengegend funktionsfähig einzuheilen. Eine solche Hündin lebte fast $2\frac{1}{2}$ Jahre nach der Operation, warf 1 Jahr bzw. $1\frac{1}{2}$ post operationem 11 bzw. 3 Junge und zeigte stets einen tadellosen Gesundheitszustand, bis sie schließlich unter Ileuserscheinungen zugrundeging. Die Sektion zeigte, daß keine Veränderungen an den Nahtstellen eingetreten waren, der Ureter und die Niere erschienen völlig normal, und auch die mikroskopische Untersuchung der Niere ließ nicht die geringsten pathologischen Veränderungen erkennen.'' Auch LOBENHOFFER fand nach Entfernen der anderen Niere die transplantierte völlig funktionsfähig; sie reagierte wie eine normale auf Wasser, Kochsalz, Milchzucker und Phlorrhizin. Dasselbe beobachteten QUINBY und LURZ, die die linke Niere an die Milzgefäße anschlossen, nämlich, daß der vermehrte Harn absolut mehr Kochsalz enthielt und sein spezifisches Gewicht, seine Gefrierpunktserniedrigung und sein Stickstoffgehalt herabgesetzt war wie bei einer entnervten Niere. Neuerdings hat LEFEBVRE eine Niere an den Hals von nephrektomierten Hunden transplantiert und sie gut funktionsfähig hinsichtlich des Blutharnstoffes bis zu 19 Tagen unter Penicillinschutz gefunden; sie reagierte auf Kochsalzinjektionen und Wassereingießungen normal, bis die Infektion vom Ureter aus dem Versuchen ein Ende setzte.

Es sind also die Nierennerven vasomorische Fasern: ihr Reiz führt zu Gefäßkontraktion, ihre Durchtrennung zu einer Gefäßerweiterung wie überall im Körper. Letztere läßt eine Glomerulusdiurese entstehen, die so verläuft, wie Harnfluten nach Salz, Coffein, Harnstoff, Zucker, Digitalis oder Quecksilber: Vermehrung der Harnmenge mit Blutähnlichwerden des Harnes. Daher unterliegt die Niere wie alle anderen Organe reflektorischen Einflüssen, die sie über das sympathische System erreichen, wenn auch ihr Gefäßsystem verhältnismäßig selbständig ist. HIRT spricht sogar von einem ersten vasomotorischen Zentrum im Spinalganglion, weil dort zuführende Fasern auf zentrifugale übergehen. Beachtenswert ist unter diesem Gesichtspunkt vielleicht die Beobachtung von BAYLISS und FEE, daß am Hund nach Decerebrieren die Harnabsonderung erst nach Durchtrennung der Nierennerven auftrat.

Schwer zu deuten ist ein neuerdings von KOELLA im Hessschen Institut erhobener Befund mit hypothalamischer Reizung (1,5—3 Volt, 8 Hz). An narkotisierten und gewässerten Katzen wurde die eine Niere 5—15 Tage vor dem Versuch entnervt. An beiden Nieren trat eine Hemmung der Harnabsonderung auf den Reiz hin ein. Was aber auffällig war, war der zeitliche Unterschied der Reaktion auf diesen Reiz. An der Niere mit intakten Nerven nahm die Tropfenzahl sofort bei Beginn des Reizes ab, mit einer Latenz von wenigen Sekunden; an der entnervten Niere trat die Hemmung erst nach 2—3 min ein, beruhte also offenbar auf Ausschütten von Hypophysenwirkstoff. Der Verfasser nimmt an, daß eine Nervenübertragung stattgefunden hat. Das Fehlen der Hormonwirkung an der intakten Niere, die doch auch von dem Stoff erreicht wird und sich in einer ebenso langen Hemmung wie bei der entnervten Niere zeigen müßte, führt er auf Unempfindlichkeit zurück, denn die Hemmung hörte sofort nach Reizende auf.

Auch pharmakologisch hat man Nerveneinflüsse auf die Nierentätigkeit nachweisen wollen und hat den Einfluß von Pilokarpin und Atropin geprüft. Die Wirkung von Pilocarpin wird verschieden angegeben: RENÉ sah danach eine Zunahme der Harnmenge, LAZZARO und MCCALLUM eine Abnahme, SCHMIEDEBERG und CUSHNY (3) vermißten eine Einwirkung. — Auch vom Atropin sah MCCALLUM nur hin und wieder eine Einschränkung der Harnabsonderung. Das Gleiche beobachteten THOMPSON (1), WALTI und GINSBERG. Nach KUSCHINSKY und LANGECKER (7) ,,wirkt Atropin beim Hunde unter den Bedingungen der

Grunddiurese fördernd auf die Wasser- und Chloridausscheidung", während es nach Wassergaben die Harnmenge herabsetzt. Dasselbe geschah bei Infusionen von 0,6%iger Kochsalzlösung. Nach Cow beruht die Wirkung von Atropin in der Hauptsache, wenn nicht ausschließlich auf einer Wirkung auf die glatte Muskulatur der Ureteren; er führte einen Metallkatheter in das Nierenbecken der einen Niere und verglich den Harn derselben mit dem der anderen Seite, wo die natürlichen Abflußwege benutzt wurden. Nach Kuschinsky und Lang-ecker (7) hemmt Atropin die Ausscheidung von Phenolrot und ebenso die Krea-tininausscheidung; ersteres soll auf Beeinträchtigung der Sekretion, letzteres auf Förderung der Rückresorption beruhen. Auch die Diurese nach Phenolrot wird durch Atropin gehemmt. Die Autoren gaben starke Dosen von Atropin (150 mg), welche den Blutdruck von Hunden (33 kg) für 20 Minuten senkten. Es erscheint daher nicht sicher, ob man durch Atropin die Tubulusdiurese von der Glomerulus-diurese unterscheiden kann. wie die Autoren meinen. (Eine Infusion von 0,6%iger Kochsalzlösung führt zu zweifacher Diurese: die Kochsalzzufuhr veranlaßt eine vermehrte Filtration, die Blutverdünnung eine Wasserdiurese der Tubuli. Diese doppelte Beeinflussung haben fast alle modernen Untersucher bei ihren Ver-suchen vorgenommen, gleichzeitige Wassergaben und Infusionen von Salz-lösung.) — An der isolierten Froschniere, die mit Zuckerlösung von 0,08 bis 0,1% von der Aorta oder der Vena portae aus durchströmt wurde, studierte Manzini den Einfluß von Atropin und Pilocarpin. Der Zusatz beider Stoffe zur arteriellen Flüssigkeit war wirkungslos. Dagegen steigen bei venöser Gabe nach Pilocarpin die Zuckerprozente im Harn, die etwa 0,025 bis 0,06% betrugen, an, nach Atropin sanken sie. Der Verfasser legt die Versuche so aus, daß Pilocarpin die Zuckerrückresorption hemme, Atropin sie fördere. Ebenfalls an der isolierten Froschniere fand Hartwich Atropin und Pilocarpin wirkungslos.

Eine Wirkung dieser Stoffe auf die Ureterenmuskulatur könnte eine Nieren-wirkung vortäuschen.

Im allgemeinen kann man sagen, daß die Niere die Reize zu ihrer Tätigkeit nicht durch das Nervensystem empfängt, sondern durch die Blutzusammen-setzung. Sie unterliegt nur dem Spiel der vasomotorischen Nerven und nervöse Beeinflussung kann über die Hypophyse stattfinden.

VI. Die Hypophyse als übergeordnetes System zur Regulierung des Wasserhaushaltes.

Für die Regulierung des Wasserhaushaltes stellt die Hypophyse die über-geordnete Zentralstelle dar, welche die Wasserausscheidung der Niere, beeinflußt und zwar durch Absondern eines antidiuretischen Prinzips. Diese hormonale Tätigkeit ist nicht eine Notfallsfunktion, sondern die Niere unterliegt dauernd dieser Diuresehemmung. Besser würde man sagen, sie unterliegt diesem „Kon-zentrierungszwang". Dies folgt aus dem Verhalten der isolierten Niere, die einen stark verdünnten Harn abscheidet; es muß also dauernd ein Einfluß vor-handen sein, der die Absonderung eines konzentrierten Produktes herbeiführt. So stellt sich die Regulierung der Wasserabsonderung als das Wirken eines wassersparenden Prinzips dar, dessen Bildung von der Blutbeschaffenheit ab-hängt und auf welches nervöse Einflüsse möglich sind. Aber diese Einflüsse werden der Niere nicht durch das Nervensystem zugeleitet, sondern durch Aus-schütten einer chemischen Substanz, welche die Niere auf dem Blutwege erreicht.

Im Hypophysenhinterlappen sind zwei wirksame Stoffe enthalten, das Vasopressin (= Tonephin) und das Oxytocin (= Orasthin), deren Trennung gelungen ist; die in Klam-mern angeführten Namen sind die der Handelspräparate, während mit Hypophysin oder

Pituitrin das Gesamtextrakt bezeichnet wird. Das Vasopressin ist der blutdrucksteigernde und diuresehemmende Stoff, während Oxytocin der uteruswirksame Körper ist. Man nimmt an, daß beide Teilsubstanzen mit etwa 10% der anderen Substanz verunreinigt sind (KUSCHINSKY und BUNDSCHUH (1) und SCHAUMANN). Dosiert wird nach Voegtlin-Einheiten = ½ mg des internationalen Trockenpulvers.

Entdeckt wurde die diuresehemmende Wirkung beim Diabetes insipidus durch VON DEN VELDEN. Die Ergebnisse der experimentellen Untersuchungen, die in großer Zahl vorliegen, sind nicht immer gleichlautend. Man sah nämlich neben der Wirkung, die die Harnabsonderung einschränkte, auch eine diuretische. Dies liegt in der Hauptsache in der Dosierung; denn man kann im allgemeinen sagen, daß geringe Gaben die Harnabsonderung einschränken, große selbst eine Diurese hervorrufen. (v. KONSCHEGG und SCHUSTER, FROMHERZ, MOLITOR und PICK (1—4)). Sehr schön zeigt die Gegenüberstellung von DE MUYLDER die verschiedene Wirkung kleiner und großer Gaben des Hypophysenpulvers: Er setzte es intravenösen Einläufen von Kochsalzlösung zu und erhielt nach Zugabe von 2 Milli-E eine Hemmung, bei Zugabe von 2 E eine Verstärkung der Diurese. Beide Erscheinungen, Hemmung der Wasserausscheidung und Diurese, beruhen auf einer Lenkung des Blutstromes auf die Glomeruli bei Einschränkung der Blutfülle der Tubuli (E. FREY (26),(28)), wie wir noch sehen werden.

Die Blutdurchströmung der Niere wird verschieden angegeben, was bei der Messung der Gesamtdurchblutung des Organs, die ja nur möglich ist, nicht anders sein kann. So sahen MAGNUS und SCHÄFER (3) und ebenso CUSHNY und LAMBIE (5) eine Erweiterung der Nierengefäße oder eine Steigerung des Blutflusses, OZAKI und FEE und HEMINGWAY eine Abnahme desselben, SCHÄFER und HERRING, OEHME (1) und JANSSEN und REIN keine Beeinflussung der Nierendurchblutung. An der isolierten Niere beobachteten RICHARDS und PLANT (4) trotz Zunahme des Nierenvolumens keine Vermehrung des Durchflusses. Dabei ist die Wärmeabgabe mit dem Nierenblut nach JANSSEN und REIN vermindert, was der allgemeinen Beobachtung entspricht, daß Konzentrieren des Harnes die Wärmeabfuhr einschränkt.

Über den Angriffspunkt des Hypophysenhinterlappenhormons sind die Ansichten geklärt; es ist die Niere selbst, wie die angeführten Versuche beweisen, nicht nur die am isolierten Organ, sondern auch am Gesamttier (FROMHERZ); ebenso sah JANSSEN (2) bei lokaler Injektion in die linke Nierenarterie die Hemmung der Harnabsonderung zunächst links auftreten. VERNEY (3) stellte fest, daß auch nach Durchschneidung der linken Splanchnici und aller sichtbaren Nervenäste 10 Tage vor dem Versuch (und Einpflanzen der Ureteren an die Oberfläche) die Beeinflussung beider Nieren durch das Hinterlappenhormon übereinstimmend verlief. Es erwies sich also die Diuresehemmung als gänzlich unabhängig vom Nervensystem, wie schon berichtet.

Die Hypophysinwirkung wird durch Narkose aufgehoben (MOLITOR und PICK) (1—4). Daß dies peripher geschieht, zeigte JANSSEN (2) dadurch, daß er die Hemmung durch lokale Einspritzung von Urethan in die Nierenarterie beseitigte. Auch in einem Fall von pathologischem Ausbleiben der Wasserdiurese (vielleicht durch zu starke Absonderung des Hormons) trat die Wasserdiurese in der Narkose wieder auf (J. FREY (5)).

Durchbrochen wird die Diuresehemmung durch Eingabe von Kochsalz, von Harnstoff und Zucker (MOLITOR und PICK (1—4)), was wie wir gleich sehen werden, verständlich erscheint. Auch beim Menschen mit Diabetes insipidus wird die Harnflut nach MEYER und VEIL durch Theocin oder Novasurol gehemmt, d. h. durch Anregen einer Glomerulusdiurese, weil der Mechanismus der Wasserdiurese ein anderer ist als der der Filtrationsdiurese.

Der Blutdruck steigt nach Hinterlappenhormon an, doch bei wiederholten Gaben immer weniger (MAGNUS und SCHÄFER). Eine Einwirkung auf den Wasseraustausch von Blut und Gewebe besteht nicht, Hypophysin ist also kein Gewebsdiuretikum, wie besprochen.

Die Herabsetzung der Harnmenge tritt besonders nach Wassergaben auf; so zeigt sich auch an der isolierten Niere der Konzentrierungszwang; das Organ befindet sich eben wegen Fehlens des Hormons im Zustande der Wasserdiurese oder des Diabetes insipidus. Durch Zugabe des Hormons erfolgt Umstellung der Harnverdünnung auf Konzentrieren, wie STARLING und VERNEY (4), BRULL und EICHHOLTZ, EICHHOLTZ und STARLING (1) angeben; FEE und HEMINGWAY sahen dabei den O_2-Verbrauch sinken.

Aber man beobachtet auch bei der Filtrationsdiurese ein Absinken der Harnmenge nach dem Hormon (DE MUYLDER, LINDQUIST und ROWE), obwohl die Hemmung durch Anregen einer Filtrationsdiurese durchbrochen wird. Merkwürdig ist es, daß Narkose die Wasserdiurese hemmt und daß Narkose die Hypophysinhemmung aufhebt.

Exstirpiert man einem Tier die Hypophyse, so kann es zu Polyurie kommen. Dies erscheint VERNEY (3) auffallend, da kleine Mengen des Hormons in den Kreislauf geraten können und die zur Diuresehemmung erforderlichen Dosen minimal sind, nämlich 1 Teil des Pulvers auf $2{,}5 \cdot 10^9$ Teilen Plasma. „Das Erstaunliche ist daher nicht, daß manchmal eine Polyurie ausbleibt, sondern daß sie überhaupt auftritt." Er selbst sah bei 18 von 33 hypophysektomierten Hunden eine Harnvermehrung.

Neuerdings hat VERNEY (6), wie schon erwähnt, gefunden, daß die Einspritzung von konzentrierten Lösungen in der Carotis zur Hemmung der Wasserdiurese führt, während isotonische Lösungen unwirksam blieben. Besonders kräftig wirken konzentrierte Kochsalzlösungen, weniger stark Zuckerlösung, gar nicht solche von Harnstoff. Und zwar entspricht dem Anstieg des Kochsalzes im Carotisplasma (bei Annahme eines Blutdurchflusses von 2,5 ccm/sec) um 8 mg% (= 2%) eine Absonderung von 0,000 001 E des Hypophysenpulvers je Sekunde. Es müssen also „Osmorezeptoren" im Verbreitungsgebiet der Carotis liegen, deren Reiz zur Absonderung des antidiuretischen Wirkstoffes führt.

Große Dosen des Hormons veranlassen eine Diurese, wie E. FREY (28) zeigte, und zwar verläuft diese Diurese nach dem Typus der Glomerulusdiurese eine Erscheinung, die durch eine Blutfülle der Glomeruli zustandekommt (F. FREY (26)). Auch dem Oxytocin kommt eine diuretische Wirkung zu, wie E. FREY (28) 1937 fand. Sie verläuft ebenfalls nach Art der Filtrationsdiurese, geht also vom Glomerulus aus und führt infolgedessen zu keiner starken Harnverdünnung. Mit dieser Diurese geht dann eine vermehrte Kochsalzausscheidung einher, wie KUSCHINSKY und BUNDSCHUH (1), (2) gezeigt haben. Die gleiche Vermehrung des Cl fand auch SCHAUMANN in Versuchen an gewässerten Ratten, sowohl nach Tonephin wie nach Orasthin.

FRASER hat darauf aufmerksam gemacht, daß wechselnde Beimengungen von Oxytocin die Bestimmung des Hinterlappenhormons nach der Diurese-Hemmung ungenau gestalten könnten. Aber LINDQUIST und ROWE benutzten sie am Kaninchen, um Hinterlappenpräparate zu standardisieren. Sie machten an demselben Tier nach Narkotisieren mit Morphin und Urethan und Eingeben von Wasser und Glucoselösung mehrere Versuche und beobachteten die Harnabsonderung jedesmal 45 min lang nach einem jeweiligen Salzeinlauf; dann machten sie nach halbstündiger Pause wieder einen Salzeinlauf (50 ccm) mit einem Hypophysenpräparat und konnten auf diese Weise 2 bis 3 Präparate in einem Versuch prüfen. Sie fanden mit dieser Methode eine Wirksamkeit von 75 % derjenigen nach der Wirkung auf Uterus oder Blutdruck.

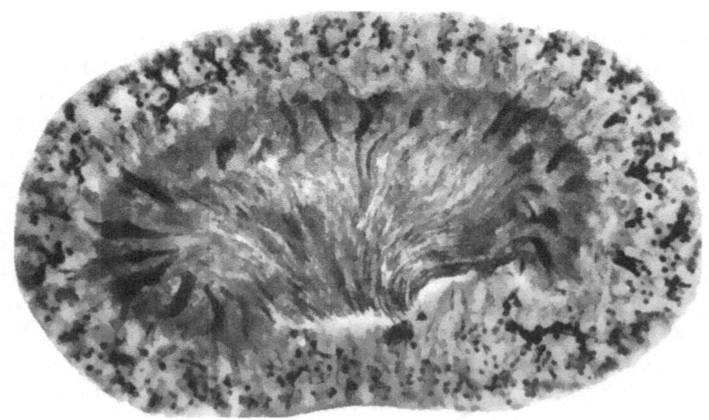

Abb. 8. Mauseniere nach 0,001 E pro g Maus. Benzidinfärbung. (J. FREY (5)).

Nach Wassergaben fand KUSCHINSKY (3) 24 Stunden später den Gehalt des Hinterlappens an antidiuretischer Substanz vermehrt, während LIEBERT nach Kochsalzentzug und Wasserbelastung durch 4 bis 7 Tage keine deutliche Vermehrung des antidiuretischen Faktors an Ratten beobachtete. Daß dieser Stoff nicht aus dem Vorderlappen stammt, ist von HOTOVY festgestellt worden.

Belege für die Lenkung des Blutstromes auf die Glomeruli durch das Hinterlappenhormon werden im Kapitel „Theorie" abgebildet werden. Man sieht außerordentlich deutlich das Hervortreten der Glomeruli, nicht so sehr der Rindencapillaren, so daß man fast wagen könnte, an eine Verengerung der Artt. efferentes zu denken. Ebenso tritt auf den Abbildungen von J. FREY (5), S. 95, 96, 97; die mittleren Bilder; Benzidinmethode) nach subcutaner Gabe bei

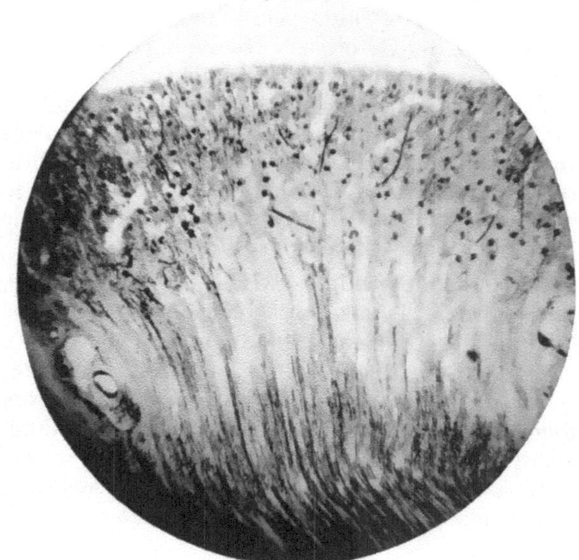

Abb. 9. Tonephin-Diurese. Kaninchen, 3000 g Blasenharn: $\triangle =$ —1,12°. — 0,1 ccm Tonephin in 0,5 ccm Ringer: Harn in 5 min: 0,0 — 0,8 — 0,6 — 0,3 — 0,4 — 0,1 — 0,1 — 0,0 — 0,1 — 0,3 (dieser Harn $\triangle$ = —1,56°); nochmals 1,0 ccm Tonephin intravenös: 0,2 — 6,0 — 3,3 (dieser Harn $\triangle$ = —1,06°); weiter 3,8 ccm Harn ($\triangle$ = — 0,98°). (Sofort nach der Injektion heftige Peristaltik.) (E. FREY, Naunyn-Schmiedebergs Arch. 187. 221 (1937)).

der Maus deutlich das Abheben der dunklen Glomeruli von der blassen Rinde hervor; erst die Zugabe von Coffein, Euphyllin oder Harnstoff, die zu starker Filtrationsdiurese führt, füllt die Rindencapillaren richtig auf (Vergleich der mittleren und unteren Bilder). Merkwürdigerweise halten Höpker und Meesen die Bilder von E.Frey (*26*) durch Störfaktoren bedingt, besonders beim Arbeiten am Nierenstiel; warum binden dann die Autoren selbst die Nierengefäße ab ? Sie erhalten dann die Arterien leer und die Venen gefüllt, was sie Läppchenbezeichnung nennen, besonders bei Polyurie (z. B. bei tödlicher Salyrganvergiftung und Wasserdiurese, die sie als Polyurie zusammenfassen). Man erhält die Bilder, die E. Frey wiedergab, ja auch bei Einschwemmen von Collargol oder Tusche in die linke Carotis, was den Autoren entgangen ist; dasselbe sieht man nach J. Frey (*5*) bei der Maus nach subcutaner Eingabe von Hypophysin ohne Tuscheinjektion mit der Benzidinfärbung, und zwar nach viel kleineren Mengen, die den Kreislauf noch nicht schädigen, wie drei E bei der Ratte. Wenn man der Anschauung folgt (s. u.), daß bei der Wasserdiurese durch Druckvermehrung in den Tubuluscapillaren eine Wasserabsonderung der Tubuli zum provisorischen Harn erfolgt, so versteht man beim Betrachten dieser Bilder die Hemmung dieses Vorganges durch das Hinterlappenhormon ohne weiteres: die Glomeruli sind strotzend gefüllt bei blassen Capillaren.

Die Diurese, welche auf große Gaben von Hypophysin erfolgt, geht ebenfalls vom Glomerulus aus, nach Art einer Filtrationsdiurese — nach der Gefäßzeichnung und dem Verhalten des Harnes. Auf der Abbildung der Tonephindiurese sieht man die Rindencapillaren gut gefüllt, der blasse Streifen unterhalb der Rinde weist die Zeichen einer eindickenden Niere auf; der Harn war zwar verdünnt, gefror aber immer noch bei 1,0° unter Null.

Es steht also die Niere dauernd unter dem Einfluß des Wirkstoffes des Hypophysenhinterlappens, welcher einen Konzentrierungszwang ausübt. Die Ausschüttung des Hormons wird nervös geregelt oder von dem Organ selbständig.

Neuere Untersuchungen von Hild und Zetler zeigen, daß die Hypophysenhinterlappenhormone von den Ganglien des Zwischenhirnes gebildet und der Hypophyse als Speicherorgan zugeleitet werden. Sie konnten färberisch eine Substanz nachweisen, die extrahiert, im Experiment die Reaktionen von HHH aufwies. Benachbarte Hirnteile zeigten dies nicht. Schon Trendelenburg hatte dies wahrscheinlich gemacht.

C. Die Leistungen der Niere.

I. Die physikalische Leistung der Niere.

1. Wassereinsparung.

Die Wassermengen, welche wir mit der Nahrung zuführen, werden teils durch die Lungen, den Schweiß, den Kot und den Harn ausgeschieden. Die Ausscheidung durch die Lungen ist rein passiv, indem die Ausatmungsluft mit Wasserdampf bei 34° gesättigt entlassen wird, also der Wasserverlust lediglich vom Wassergehalt der Einatmungsluft abhängt; dies sind täglich ungefähr 300 ccm. Auf den Kot entfallen etwa 100 ccm; der Verlust durch den Schweiß ist von der Wärmeregulation ohne Rücksicht auf den Wasserbestand des Körpers beherrscht und kann außerordentlich stark wechseln, von etwa 300 ccm täglich bis zu 8 lit in einer Schicht eines Bergmanns, wo hohe Außentemperatur und starke Muskeltätigkeit zusammentreffen. Die Niere ist also der alleinige Regulator des Wasserhaushaltes des Körpers. Da nun im Stoffwechsel aus wenigen großen Molekülen viele kleine entstehen und der osmotische Druck einer Lösung nur von der Zahl, nicht dem chemischen Charakter oder der Größe der gelösten Teilchen abhängt, so entsteht dauernd ein Überschuß von gelöstem Stoff, eine Zunahme des osmotischen Druckes im Gesamtkörper, und bei der Ausscheidung

von Wasser muß, um das Verhältnis von gelöstem Stoff und Lösungsmittel im
Körper zu wahren, ständig mit Wasser gespart werden, und mit dem Harn ein
Überschuß von gelöstem Stoff den Körper verlassen; d. h. der Harn ist für
gewöhnlich konzentrierter als das Blut, wenn nicht übergroße Wassermengen
zugeführt werden. Es findet bei der Harnbereitung eine Einsparung von Wasser
statt.

Die Mittelwerte des spezifischen Gewichtes des Harnes liegen zwischen 1017
und 1020, in Einzelportionen kann die Wassereinsparung bis zum spezifischen
Gewicht von 1030 gehen; beim Diabetiker, wo reichliche Zuckermengen zur
Ausscheidung kommen, kann es noch höher steigen. Die größte Gefrierpunktserniedrigung beträgt 2,6°, das sind 33 Atm gegen die 7 Atm des Plasmas.

a) Filtration und Rückresorption.

Bei der erwiesenen Filtration im Glomerulus muß diese Veränderung der
Konzentration in den tieferen Harnwegen stattfinden. Dies könnte entweder
durch Dazufügen von festem Stoff oder einer konzentrierten Lösung von Harnbestandteilen erfolgen oder durch Wiederaufnahme von Wasser ins Blut; während
früher, besonders unter dem Eindruck der Farbstoffgranula in den Zellen der
Tubuli die erste Ansicht vorherrschte, glaubt man heute, die Konzentrierung gehe
durch Wasserrückresorption vor sich. Manche Autoren haben auch diese Wasserrückresorption lokalisieren wollen und sie in die Henlesche Schleife verlegt, weil
nur die Landtiere eine solche besitzen, ein Schluß, der, wie wir sehen werden, nicht bin-
dend ist; freilich ist die Henlesche Schleife für die Konzentrierung des Harnes
verantwortlich, aber sie dient als Widerstand, als Stau,

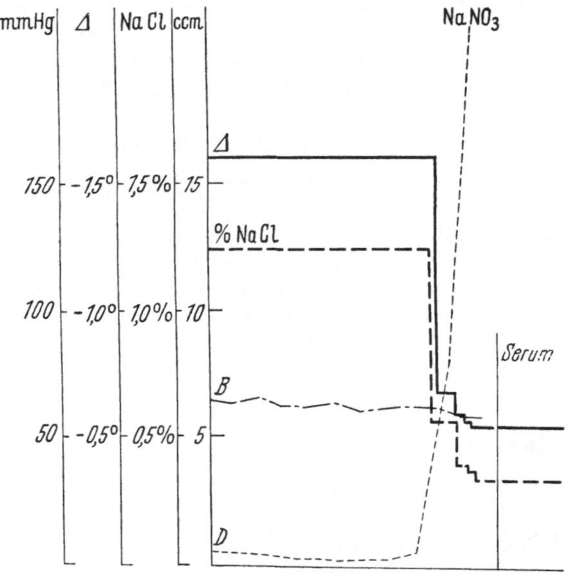

Abb. 10. Nitratdiurese am kochsalzreichen Tier. Kaninchen, männl.;
1750 g; Abl. alle 5'. (E. Frey, Pflügers Arch. **139**. 451 (1911)).

so daß Wasser durch den entstehenden größeren Druck „zurückresorbiert"
werden kann. Da der alte Streit um Filtration-Rückresorptionstheorie oder
Sekretionstheorie — wenigstens soweit es sich um die physikalische Arbeit der
Niere handelt — zugunsten der ersteren entschieden ist, handelt es sich nur
noch um Fragen des Ausmaßes dieser Vorgänge.

Das Vorliegen eines Glomerulusfiltrates hat E. Frey (1) 1906 dadurch erwiesen, daß bei allen Diuresen, die mit einer Erweiterung im Glomerulusgebiet
einhergehen, wie die Harnfluten nach Coffein, nach Salzinfusionen usw. der
Harn mit Einsetzen der Diurese blutähnlicher wird, um auf der Höhe großer
Diuresen ein reines Blutfiltrat zu werden, ein Blutfiltrat hinsichtlich der Gesamtkonzentration und der Konzentration der Einzelbestandteile, z. B. des Kochsalzes oder auch vorher gegebenen Bromnatriums. Der Harn wird blutähnlicher,

d. h. in den meisten Fällen wird er verdünnter als vor der Diurese, da der Harn
für gewöhnlich konzentrierter als das Blut ist. Beim kochsalzreichen Tier sinken
die Kochsalzprozente, beim kochsalzarmen steigen sie (E. FREY (3)). Hat man
wasserreiche Tiere vor sich, so wird im Laufe der Glomerulusdiurese der Harn

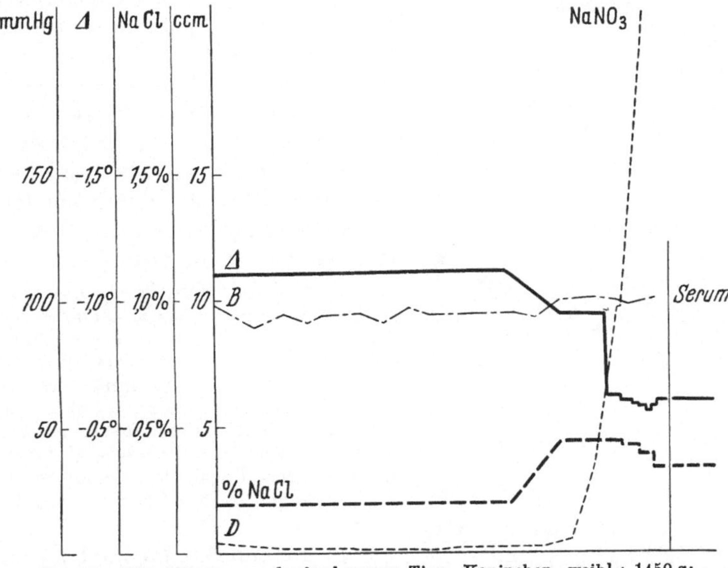

Abb. 11. Nitratdiurese am kochsalzarmen Tier. Kaninchen, weibl.; 1450 g;
Abl. alle 5′. (E. FREY, Pflügers Arch. 139. 454 (1911)).

konzentrierter, wenn mehr Harn fließt (E. FREY (15), (16), (17)). Also nicht das
Dünnerwerden des Harnes oder die Abnahme oder Zunahme des Kochsalzes ist
das Charakteristikum solcher Diuresen, sondern das Blutähnlicherwerden. — Auf

der Höhe der Glomerulusdiurese ist der
Harn ein reines Blutfiltrat. Auch macht
es dann die Schwankungen der Blutzusammensetzung passiv mit: ist das Blut
z. B. durch intravenöse Injektionen
von konzentrierter
Kochsalzlösung im
ganzen konzentrierter geworden, so

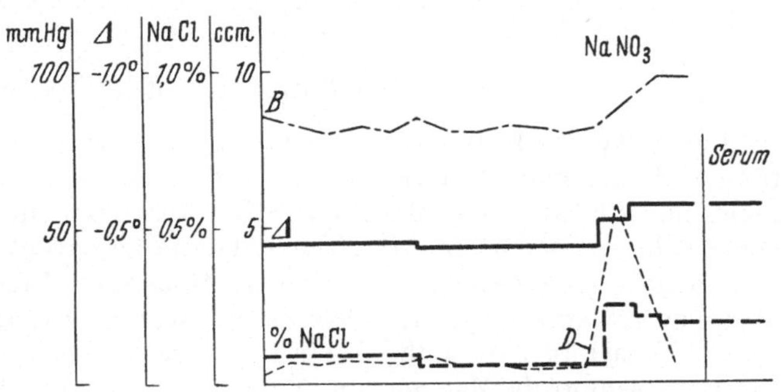

Abb. 12. Nitratdiurese am wasserreichen Tier. Kaninchen, männl.; 1550 g;
Abl. alle 5′. (E. FREY, Pflügers Arch. 139. 457 (1911)).

sinkt während der einsetzenden starken Diurese die Gefrierpunktserniedrigung
zunächst auf das Blutniveau, dann aber steigt sie während des Einlaufes
gradlinig an, weil inzwischen die Gesamtkonzentration des Blutes größer
geworden ist. Und als Gegenstück: Bestimmt man den Kochsalzgehalt
während eines Einlaufes isotonischer Natriumnitratlösung in die Vene bei einem
wasserreichen (oder kochsalzarmen) Tier, so steigen zuerst die Kochsalzprozente
im Harn an, stellen sich auf das Blutniveau ein, dann aber sinken sie wieder,
weil inzwischen der Kochsalzgehalt des Plasmas durch den Einlauf der
chloridfreien Lösung gesunken ist. Immer aber herrscht völlige Gleichheit

des Gefrierpunktes und der Kochsalzkonzentration, wenn man auf der Höhe der Diurese Harn und Blut analysiert. Dabei zeigen die Kurven der Gefrierpunkte und der Kochsalzprozente manchmal ein gleichsinniges, manchmal ein gegensinniges Verhalten, indem bei konzentriertem Normalharn die Gefrierpunkte bis auf die des Blutes steigen, aber die Kochsalzprozente einmal bei kochsalzreichen Tieren mit einsetzender Diurese fallen, das andere Mal bei kochsalzarmen Tieren steigen. Die gemeinsame Formel dafür lautet also: Der Harn wird bei der Glomerulusdiurese blutähnlicher, bis er auf der Höhe der Diurese ein reines Blutfiltrat ist. Damit ist eine Filtration im Glomerulus erwiesen.

Es wird im Schrifttum häufig so ausgedrückt, daß gesagt wird, nach dem oder jenem Eingriff wird die Kochsalzsauscheidung gefördert oder gehemmt, wobei man erst durch Nachsehen im Protokoll feststellen muß, wie hoch vorher die Kochsalzprozente waren. Solche Auslegungen gehen dann in Zusammenfassungen und Referate über. Da diese Verhältnisse seit 1906 klar liegen, so wäre der Überblick erleichtert, wenn man der hier angewandten Beschreibungsform folgen würde.

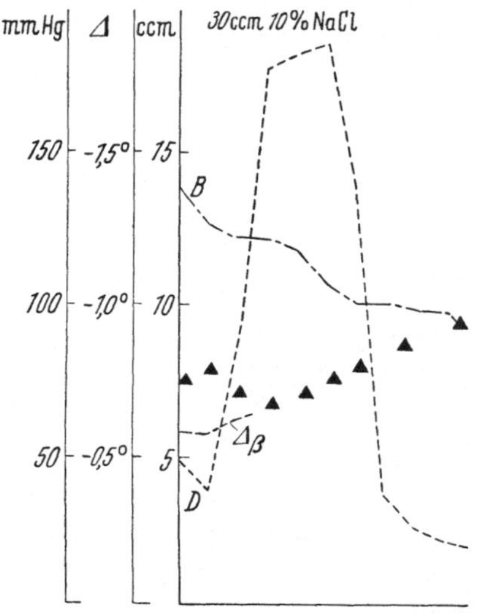

Abb. 13. Kaninchen, weibl.; Das Blut wird konzentrierter, daher auch der Harn. (E. Frey, Pflugers Arch. **139**. 435 (1911)).

Nun haben Wearn und Richards durch Punktion der Bowmanschen Kapsel Glomerulusprodukt gewinnen können und durch chemische Analyse nachgewiesen, daß es Kochsalz in derselben (oder etwas höheren) Konzentration enthält als das Plasma und außerdem eine reduzierende Substanz, während der definitive Harn zuckerfrei war. Damit ist der endgültige Beweis für das Bestehen einer Filtration im Glomerulus erbracht.

b) Größe der Filtration und Rückresorption.

Damit muß man eine Rückresorption von Wasser annehmen, weil ja der Harn für gewöhnlich konzentrierter als das Blut ist. Nun hat man diese Rückresorption nicht nur für die Gesamtkonzentration verantwortlich gemacht, worauf sich eigentlich eine solche physikalische Theorie beschränken müßte, sondern man hat auch die Herstellung der Konzentrationen der Einzelbestandteile auf diese Weise zu erklären versucht. Doch ist die Konzentrierung von Harnstoff, Harnsäure, Kreatinin usw. außerordentlich verschieden, und so sah man sich gezwungen, sehr große Mengen von Filtrat und auch von Rückresorbat anzunehmen. Wenn nämlich überhaupt keine Sekretion in den Tubuli stattfände, so richtet sich das Ausmaß der Filtration und Rückresorption nach der Anreicherung des am stärksten konzentrierten Stoffes. Ein solcher Stoff sollte dann nicht rückresorbiert werden, und natürlich auch nicht sezerniert werden; denn nach dieser Theorie findet ja keine Sekretion statt. Und so hätte man ein Maß für die Menge Glomerulusfiltrat. Als Maß der Filtration diente zuerst das Sulfat (Cushny (4)), dann das Kreatinin (Rehberg), dann das Inulin (Shannon und Smith (2)). Die Kritik dieser Theorie hat sich hauptsächlich mit der Menge des Glomerulusfiltrates beschäftigt und gezeigt, daß die dort geforderten Mengen im Bereich des Möglichen liegen. Das Bestechende der Cushnyschen Theorie liegt in der Meinung, daß eine Art von Tyrodelösung von den Tubuli aufgenommen wird. Dies erscheint deshalb so vereinfachend, weil dann die Niere nicht alle Giftstoffe zu kennen braucht, welche sie ausscheiden soll, sondern nur das normale Milieu der Körperzellen, und alles, was nicht dahinein gehört, weise sie bei der Rückresorption zurück, z. B. Stoffwechselschlacken, Gifte oder Kochsalz, wenn es in höherer Konzentration im provisorischen Harn erscheint, ja auch Wasser, wenn mehr, als einer Tyrodelösung entspricht, im Glomerulusfiltrat enthalten ist. Aber wenn man die rückresorbierte Flüssigkeit nach Cushny berechnet, so resultiert keineswegs eine physiologische Flüssigkeit, sondern in ihr sind harnpflichtige Substanzen in reicher Menge vorhanden, wie z. B. Harnstoff, der reichlich zurückresorbiert werden müßte oder zurückdiffundiert, wie man als Ausdruck für einen passiven Vorgang sagt (Poulsson (4)). Bei der Sulfatdiurese enthält die nach der Kreatininmethode berechnete rückresorbierte Flüssigkeit z. B. 0,33 bis 0,64% Sulfat; man kann dann doch wohl kaum mehr von einer „optimalen" physiologischen Flüssigkeit sprechen (E. Frey(25)); da liegt es doch wohl nahe, anzunehmen, daß die Cushnysche Rechnung nicht stimmt. Nach ihr werden 90% des Filtrates wieder aufgenommen, natürlich damit auch große Mengen eben filtrierter Harnschlacken wie Harnsäure, Harnstoff usw. Später wurde nach der Kreatininmethode von Rehberg gerechnet; zur Ausscheidung bedarf es der Filtration von etwa 20% der durchfließenden Plasmamenge, um die Konzentration des Kreatinins zu erreichen; von 1 lit Durchfluß etwa 200 ccm. Dabei unterscheidet Cushny Schwellensubstanzen, die erst bei Erreichen einer gewissen Konzentration im Plasma zur Ausscheidung gelangen, und Nichtschwellensubstanzen, die immer restlos ausgeschieden werden; zu letzteren rechnen z. B. die Gifte, zu ersteren das Kochsalz, ja eigentlich alle Substanzen bis auf die eine, nach der man rechnen will. Nach Cushny sollen, um 1 lit Harn zu bilden, 90 lit filtriert werden und davon 82 lit rückresorbiert werden. Am Tage werden nach Smith 187 lit filtriert und in ihnen sind 1100 g Kochsalz enthalten; beides wird zum allergrößten Teil wieder zurückgenommen. Etwas größere Zahlen gibt Gremels (7) an: er nimmt beim Menschen die Durchblutung zu 3 ccm/g Niere/min an, also bei 300 g, die beide Nieren zusammen wiegen, ein Blutvolumen von 1295 lit pro Tag und eine Filtratmenge von 150 ccm/min, also am Tage 216 lit; das sollen 8,42% sein, es sind aber 16,6%. „Nachdem durch Reabsorption die Filtratmenge um 80—90% reduziert worden ist, geschieht die weitere Konzentrierung durch Wasserrückdiffusion, die man im wesentlichen in den Abschnitt der dünnen Henleschen Schleife lokalisiert. Die bei diesem Vorgange aufgenommenen Wassermengen sind klein. Werden bei einer Filtratmenge von 20 ccm 90% reabsorbiert, so bleiben 2 ccm nach Passieren der Hauptstücke, die am Konzentrationsindex des Kreatinins gemessen eine 10fache Konzentrierung aufweisen. Wenn die Urinmenge 0,2 ccm/min beträgt, so müssen also 1,8 ccm durch Rückdiffusion verschwinden und die Konzentration für die undurchlässigen Stoffe würde Konzentrationsindex = 100 betragen." Die Gründe für die Unterscheidung von Reabsorption und Rückdiffusion sind nicht durchsichtig; man würde eigentlich nicht von Diffusion, einem freiwillig verlaufenden Vorgang, sprechen können, wenn Wasser entgegen dem osmotischen Druck wandert. Cooke macht darauf aufmerksam, daß man nicht von Rückdiffusion sprechen sollte, weil die Reabsorption nicht der Diffusionskonstante entspricht.

Die größten Schwierigkeiten zeigen sich bei der Wasserdiurese, wenn man annimmt, daß alles Wasser vom Glomerulus geliefert wird. Denn dann steigen die rückresorbierten Kochsalzmengen ins Ungeheure, da ja ein solcher Harn fast kein Kochsalz enthält und das Glomerulusfiltrat es doch mitbringen müßte. Und zwar werden die Kochsalzmengen, die reabsorbiert werden, immer größer, je schneller das Glomerulusfiltrat die Tubuli passieren würde. So ergeben sich nach der Kreatininrechnung gänzlich unwahrscheinliche Tatsachen. In dem Kapitel „Wasserausscheidung" wird ein Beispiel angeführt werden, in dem ein Kaninchen nach Wassergaben bei Berechnung nach Kreatinin in 5 min 168,4 ccm Filtrat liefern müßte, wovon 162,8 ccm wieder rückresorbiert würden, und das bei einer Wasserdiurese mit einem Harn vom Gefrierpunkt —0,135°! Vom Kochsalz wäre dann in 5 min 0,977 g filtriert und 0,971 g resorbiert worden (E. Frey (25)). — Berechnet man nach der Kreatininmethode die Mengen des Rückresorbates bei Wasserdiuresen und ordnet sie nach fallenden Mengen Glomerulusfiltrat pro kg Kaninchen, so ergibt sich:

Glomerulusfiltrat ccm	% Wasser zuruckresorbiert
über 30	97
30—20	95
20—10	94
unter 10	84

Also je größer das angebliche Glomerulusfiltrat, desto umfangreicher die Rückresorption! Und das bei Wasserdiuresen! (E. Frey (25)).

Ebenso eigenartig ist die Zusammensetzung der angeblich resorbierten Flüssigkeit: bei einer Diurese nach einem Sulfateinlauf, wobei die Blutkonzentration von 0,688% auf 0,405% absank, ergeben sich folgende Sulfatkonzentrationen im Resorbat, wenn man nach der Kreatininmethode rechnet: 0,35; 0,32; 0,33; 0,37; 0,39; 0,32; 0,30; 0,29; 0,43; 0,23; 0,64% Sulfat. Zum Schluß wird also Sulfat in höherer Konzentration in der resorbierten Flüssigkeit zurückgenommen als es im Blute enthalten ist. (Auf diese Widersprüche wurde 1932 aufmerksam gemacht, sie sind bis 1950 unberücksichtigt geblieben.)

c) Clearance.

Man hat in die Nierenphysiologie den Begriff der Clearance eingeführt (van Slyke) und man versteht darunter die ccm Plasma, welche durch die Harnausscheidung von dem betreffenden Stoff gereinigt würden, wenn das Blut von ihm völlig befreit würde. van Slyke gab für den Harnstoff die Formel an: $U \cdot V/B$, wobei unter U die Harnstoffkonzentration im Harne in mg%, unter V die Harnmenge pro Minute in ccm, und unter B die Plasmakonzentration zu verstehen ist. Bei kleinen Harnmengen muß für V die Quadratwurzel von V gesetzt werden. Die Clearance ist also gleich der Harnkonzentration durch Blutkonzentration multipliziert mit der Harnmenge. Z. B. für Harnsäure (Zahlen nach Cushny): Harnkonzentration 0,05%; Blutkonzentration 0,004%; Harnmenge 1 ccm/min, also Clearance gleich 12,5 ccm/min. Diese Clearancebegriffe sind deswegen für die Nierenphysiologie so wichtig geworden, weil man danach die Filtration bestimmt hat.

Die Clearance ist also ein hypothetischer Begriff, zum Vergleich der Ausscheidung verschiedener Stoff. Er erlangt nur in zwei Fällen eine reelle Bedeutung, nämlich einmal, wenn ein Stoff bei einmaliger Passage vollständig dem Blute entzogen wird und zweitens, wenn er lediglich vom Glomerulus filtriert wird, aber keine Verminderung durch Rückresorption im Tubulus oder keine Vermehrung durch Tubulussekretion erfährt.

Im ersten Falle ist seine Ausscheidung in der Minute ein Maß für die in der Minute durch die Niere fließende Plasmamenge, dann enthält das Nierenvenenblut diesen Stoff nicht mehr. Dies ist beim Perabrodil (= Diodrast = Diodon) der Fall, seine Clearance entspricht dem Plasmastrom durch die Niere. Dabei darf seine Konzentration im Plasma nicht höher als 5 mg% betragen, soll das Venenblut frei von Perabrodil bleiben. Ein zweiter solcher Stoff ist p-Aminohippursäure, wenn ihre Konzentration im Plasma nicht höher als 4 mg% ist.

Man erhält dann durch Messung der Clearance dieser beiden Substanzen den Blutdurchfluß durch die Nieren, welcher 600—700 ccm/min beträgt.

Der zweite Fall, wo die Clearancebestimmungen einen tatsächlichen Wert haben sollen, ist die Messung der Filtratmenge des Glomerulus durch Substanzen, die lediglich im Glomerulus filtriert werden, und deren Clearances die Filtratmengen darstellen sollen. Die Clearance von Kreatinin ist nach SPÜHLER 80 bis 181 ccm/min, GUKELBERGER (2) gibt für Kreatinin 98 ccm/min im normalen Durchschnitt an, während für Inulin, einer zweiten Maßsubstanz der Filtration, die Clearance 159 ccm/min ausmacht. Man hat die Annahme, die Filtration gehe nach dem Maß der Kreatininclearance vor sich, das nur filtriert, aber weder rückresorbiert noch sezerniert werde, dadurch zu stützen versucht, daß man nach anderen Substanzen suchte, welche in gleicher Weise ausgeschieden würden, so daß beide Werte der Clearance übereinstimmen müßten. (Es gibt aber auch Gleichheit der Clearance-Werte bei Stoffen, welche sicher vom Tubulus ausgeschieden werden, wie Diodrast und p-Aminohippursäure, deren Clearance-Werte, untereinander gleich, etwa 5mal so groß sind als die der gebräuchlichen Maßsubstanzen. Es beweist also Übereinstimmung ihrer Clearance-Werte nicht ihre Filtration, wenn es auch eine naheliegende Annahme ist.) Zunächst der Zucker nach Phlorrhizinvergiftung (s.d.). Nach VERZÁR (2) und LUNDSGAARD (1), (2) hemmt es die Phosphorylierung der Zucker und vermindert so seine Rückresorption. POULSSEN (2) fand die Anreicherung von Kreatinin und Zucker bei phlorrhizinvergifteten Hunden sehr ähnlich; das Verhältnis der Ausscheidungen von Zucker zu Kreatinin betrug 76—110%; meist wird Kreatinin etwas mehr konzentriert. Beim Vergleich der Sulfat- und der Zuckerausscheidung nach Phlorrhizin fand MAYRS, daß immer noch Zucker zurückresorbiert würde, das Verhältnis der beiden Konzentrierungen schwankt um 1,37. Auch fand nach ROBBERS und WESTENHOEFFER MOSBERG nach Unterbindung der Nierenarterie beim Frosch, welche die Glomerulustätigkeit ausschaltet, unter Phlorrhizin eine Glycosurie, was eine Zuckerausscheidung durch die Tubuli beweist. Auch wird nach ROBBERS und WESTENHOEFFER nach Phlorrhizin die Zuckerausscheidung beim Menschen durch die Harnmenge nicht beeinflußt. 5 Personen schieden nach Wasserstoß (1500 ccm) zusammen 110,1 g Zucker aus, im Konzentrationsversuch 101,2 g. GUKELBERGER (1) hat am Menschen eine Rückresorption von endogenem und eine Sekretion von exogenem Kreatinin festgestellt. KUSCHINSKY und LANGECKER (6) halten das exogene Kreatinin zur Bestimmung der Filtratmenge geeignet (s.u.). Inulin, das weder zurückresorbiert noch sezerniert werde, sei die geeignete Substanz als Ersatz des Kreatinins (SHANNON (1—4)); dieser Autor nimmt eine Ausscheidung von Kreatinin durch die Tubuli an. So ist von sehr vielen Untersuchern Inulin zur Filtratbestimmung gewählt worden. Die Anreicherung von Kreatinin und Inulin dem Blute gegenüber ist nach RICHARDS, WESTFALL und BOTT (7) fast dieselbe. An einem uranvergifteten Hunde fanden sie bei Berechnung der Filtratmenge nach der Inulinmethode, daß vom filtrierten Kreatinin 13% und vom filtrierten Harnstoff 65% wieder rückresorbiert wird, und sprechen von „einer Verminderung der normalerweise vorhandenen Impermeabilität der Tubuli für Kreatinin". GUKELBERGER (2) fand im Durchschnitt vieler Versuche die Inulin-Clearance zu 159 ccm und die von Kreatinin zu 98 beim normalen Menschen, also recht große Unterschiede. Neuerdings haben KUSCHINSKY und LANGECKER (6) wiederum die Ausscheidung von Kreatinin und Inulin verglichen. Dabei wies die Clearance des endogenen Kreatinis große Schwankungen auf, z. T. bis zum Doppelten beim Hund, der 1 mg% im Plasma hatte. „In 5 Versuchen wurde die Clearance des endogenen Kreatinins und des Inulins verglichen. In 4 von ihnen lag die Inulinclearance mit dem 2- bis 5 fachen Wert wesentlich höher und nur in einem Versuch waren beide gleich." Infundiert man aber das Kreatinin, dann geben beide die gleiche Zahl und unter diesen Umständen könne man das exogene Kreatinin als Maß der Filtration betrachten. Andere bevorzugen das endogene Kreatinin, so BROD und SIROTA, die das Verhältnis beider Werte für die Clearance nur zwischen 0,88 und 1,10 beim Normalen schwanken sahen. Auffällig ist die verhältnismäßig geringen Schwankungen der Clearance-Werte, auch wenn die Harnmenge auf den 15 fachen Betrag ansteigt. So muß alles auf veränderte Rückresorption zurückgeführt werden, aber dies spricht mehr für Sekretion, die unabhängig von der Wasserbearbeitung der Niere erfolgt, weil das Wasser bei der Wasserdiurese nicht filtriert, sondern vom Tubulus ausgeschieden wird; denn Mensch und Tier scheiden die täglichen Schlacken in ganz verschiedenen Harnmengen aus. Nach KUSCHINSKY und LANGECKER (7) hemmt Phenolrot die Ausscheidung von Kreatinin, wie dies bei zwei sezernierten Substanzen häufig der Fall ist, und als „competition" bezeichnet wird (s. Sekretion). Nun ist auch Na-Thiosulfat zur Messung der Filtration angewandt worden. Bei der Messung der Clearance von Thiosulfat und Inulin nach einmaliger Gabe und anschließender Dauerinfusion zur Aufrechterhaltung der Plasmakonzentration fanden DICK und DAVIES die Filtratmenge nach Thiosulfat berechnet zu 142—165, im Mittel zu 146 ccm/min/1,73 m², nach Inulin berechnet zu 144 ccm/min/1,73 m², also recht gut stimmende Werte. Nach EGGLETON und HABIB ist beim Hund die Thiosulfatclearance der von Kreatinin gleich, beim Menschen der des Inulins. Bei der Katze dagegen ist die Kreatininclearance bei gleichzeitiger Thiosulfatgabe stark erniedrigt. Das Verhältnis Thiosulfatclearance/Kreatininclearance schwankt zwischen 3,5 (bei 4,5 mg % Thiosulfat im Plasma) bis zu 1,3 (bei 100mg % im Plasma). Nach diesen Autoren wird die Ausscheidung von Kreatinin so stark durch eine Thiosulfatgabe herabgesetzt, daß die Glomerulusfiltration nach Kreatinin berechnet, auf $^1/_5$ sinken kann; nach kleinen Dosen, wie man sie beim Menschen gibt, sinkt sie auf 50 %, was für eine Tubulussekretion beider Stoffe spricht. McCANCE und ROBINSON fanden, daß exogenes Kreatinin beim Menschen und Affen vom Tubulus sezerniert wird. Thiosulfat fällt Inulin aus, daher müssen diese Stoffe hintereinander gegeben werden. Da nach NYIRI Thiosulfat filtriert, aber nicht resorbiert werde, haben RILLIET und FERRERE gleichzeitig Thiosulfat und Phenolsulfophthalein in einer Mischspritze (1 g Thiosulfat und 0,06 g Phenolsulfophthalein) gegeben, um festzustellen, ob die Filtration des Thiosulfates normal sei, und gleichzeitig zur Prüfung der Tubulussekretion des Farbstoffes. Nach 2 Stunden ist vom Thiosulfat 210—570 mg ausgeschieden, danach enthält der Harn nur Spuren; der Rest wird oxydiert, vielleicht in der Lunge (die Sulfatausscheidung im Harn steigt an). Vom Farbstoff erscheinen in den 2 Beobachtungsstunden 43—92% im Harn. Bei akuten Nephritiden ist die Thiosulfatausscheidung unzureichend, bei guter Ausscheidung des Phenolsulfophthaleins; bei Nephrosen dagegen leidet die Farbausscheidung, während Thiosulfat gut eliminiert wird. — Auch Mannit (= Mannitol) ist zur Filtratbestimmung benutzt worden. BERGER, FARBER, EARLE und JACKENTHAL verglichen die Mannitolclearance mit der von Inulin; Mannitol wird schlechter ausgeschieden, das Verhältnis war beim Menschen 0,79—0,96, beim Hund 0,88.

Mit diesen Clearancemethoden ergeben sich für normale Personen folgende Zahlen Plasmadurchfluß 600—700 ccm/min und Filtratmenge 120 ccm/min, also 20 % der Plasmadurchströmung oder Filtrationsfraktion 0,20.

Nach SPÜHLER wird nur 6—12 % des durch die Niere fließenden Harnstoffes entfernt; die Clearance beträgt nach diesem Autor für Kochsalz 1,8—7,1 ccm, im Mittel 4 ccm; für Harnsäure 6,7—28,4 ccm, die Harnstoffclearance ist gleich 15—50 ccm, im Mittel 37,7 ccm; die für Kreatinin 80—180 ccm; für Inulin 7,1 bis 260 ccm.

Bei diesen Messungen müssen häufig viele Blutbestimmungen gemacht werden, um die Schwankungen der Plasmakonzentrationen festzustellen. Nun haben ROBSON, FERGUSON, OLBRICH und STEWART eine Methode angegeben, bei der man aus zwei Plasmabestimmungen die Plasmakonzentrationen interpolieren kann. Rechnet man nämlich das Verteilungsvolumen aus, d. h. die Menge Liter, in denen die im Körper vorhandene Menge des Stoffes (Diodon) enthalten ist — und diese kennt man ja aus der Injektion und der ausgeschiedenen Menge im Harn, — wenn sie in diesem Verteilungsvolumen in plasmagleicher Konzentration enthalten wäre. Dieses Verteilungsvolumen steigt gradlinig mit der Zeit an, z. B. von 23 auf 61 lit oder von 12 auf 18 lit. Man braucht also nur zwei Plasmaanalysen und es können die Harnperioden länger sein, was die Abmessung des Harnes genauer macht. Die errechneten Werte stimmen mit den experimentell gefundenen außerordentlich genau überein. Es kann hierbei die Dauerinfusion nach der Primärgabe wegfallen, die man sonst zur Aufrechterhaltung der Konzentration im Plasma braucht; man benötigt also nur eine Primärgabe.

Inzwischen ist von BARCLAY ein Befund erhoben worden, der dartut, daß diese Festsetzung des Glomerulusfiltrates nach der Inulinclarance unrichtig ist, und zwar zu hoch angenommen wurde. Er berechnet die tubuläre Ausscheidung von p-Aminohippursäure und Diodrast, indem er von der Gesamtmenge im Harn den filtrierten Anteil abzog und erhielt mitunter negative Werte. Er hatte also zu viel abgezogen, den filtrierten Anteil nach der Inulinmethode zu hoch bemessen. Demnach sind die Bestimmungen des Glomerulusfiltrates mit Kreatinin oder Inulin unrichtig; man müßte denn eine Rückresorption von Diodrast annehmen. — Zweitens kommen nach DEAN und McCANCE beim Kinde Fälle vor, in denen die Clearance von Inulin niedriger als die von Harnstoff, Phosphat, Natrium und Chlorid ist, das heißt aber, daß entweder Inulin als Maß der Filtratmenge unbrauchbar ist oder daß die anderen Stoffe durch Sekretion in den Harn gelangen, was ja vielfach geleugnet wird. Offenbar kann die kindliche Niere noch nicht genügend Inulin durch den Tubulus sezernieren; filtrieren müßte sie es wohl können trotz des höheren Belags der Glomeruluscapillaren. Und so sind Stimmen laut geworden, welche den Clearancemethoden für die Diagnose und Prognose nur geringen Wert zusprechen (PATT und HIMSWORTH). Bei dieser Hypothese (Inulinclearance = Filtrat) erweist sich die fast völlige Anurie nach subcutanen Zuckergaben als — Diabetes insipidus (DE MUYLDER und REUL). — Es sind die Auslegungen dieser Bestimmungen nicht immer leicht. Wenn z. B. der Durchfluß durch die Niere mit kleinen Mengen von Perabrodil bestimmt wird und mit großen die tubuläre Ausscheidung und es sind beide gesunken, so kann der Plasmadurchfluß abgenommen haben und eine Insuffizienz der Tubuli vortäuschen oder es kann die tubuläre Ausscheidung gelitten haben, was man fälschlich als Durchflußverminderung auslegen könnte.

Man muß bei diesen modernen Methoden immer bedenken, daß sie nicht unter normalen Bedingungen der Nierentätigkeit angestellt wurden, sondern daß Eingriffe vorausgegangen sind, welche die Nierenfunktion weitgehend verändern. Zunächst läßt man 1 lit Wasser vor dem Versuch trinken und gibt manchmal nach Bedarf weitere Wassergaben, wonach eine deutliche Wasserdiurese eintreten muß. Dann macht man eine Primärinfusion von einigen ccm, und daran anschließend eine Dauerinfusion von 500 ccm einer Salzlösung, wodurch eine Glomerulusdiurese ausgelöst wird. Die Zahlen, die man erhält, sind also untereinander vergleichbar, wenn die Methoden die gleichen waren, stellen aber keine physiologischen Werte dar. Zweitens liegt die unrichtige Annahme zugrunde, daß die Inulinclearance das Maß für die Filtratmenge sei. Man hat immer auf die geringe Dicke der Glomerulusmembran hingewiesen, die der Filtration einen geringen Widerstand entgegensetzte, so daß täglich 187 lit (mit 1100 g Kochsalz) durchtreten können, hat aber übersehen, daß fast dieselbe Menge Flüssigkeit reabsorbiert werden muß, also ein hoch differenziertes Epithel durchwandern muß.

d) Andere Bezeichnungen.

Unter Exkretionsindex verstehen die Autoren, welche eine so ausgiebige Filtration annehmen, die Prozente des wirklich im Harn erscheinenden Stoffes von dem angeblich filtrierten. Beim Harnstoff sind es nur 8,2—57%, das Fehlende soll rückresorbiert sein; von der filtrierten Harnsäure erscheinen nach dieser Rechnung nur 11,5% im definitiven Harn (SPÜHLER). Noch höhere Zahlen der prozentualen Rückresorption nennt GUKELBERGER (2): als rückresorbiert gibt er für Wasser 98,5%, für Cl 98,2%, für H_3PO_4 91,0%, für K 86,3%, für Harnstoff 75,5%, für Harnsäure 92,0% und für Kreatinin 31,0% an. So stimmen auch die beiden Werte für die Clearance von Inulin (159 cmm/min) und von Kreatinin (98 ccm/min) im Durchschnitt nicht überein; außerdem kann Kreatinin auch sezerniert werden. Nach HERRIN werde vom Harnstoff 40—50% wieder aufgenommen.

Das Verhältnis von Filtratmenge zum Plasmadurchfluß bezeichnet man mit Filtrationsfraktion, es beträgt 0,20 gleich 20%.

Zum Vergleich der Ausscheidungsgeschwindigkeit verschiedener Stoffe hat DOST neuerdings die Halbwertzeit vorgeschlagen, d. h. die Zeit, in welcher die Plasmakonzentration einer injizierten Substanz auf die Hälfte sinkt. Bei nichtaktiven Stoffen fällt die Blutkonzentration in einer e-Kurve ab, die im Harn ausgeschiedene Menge ist immer der Plasmakonzentration proportional, z. B. der Quotient aus Harnstoffkonzentration im Blute und seiner Menge im Harn ist konstant (= ,,Urea ratio“ nach ADDIS und DRURY).

e) Ausschaltung der Tubulustätigkeit.

Wenn wirklich so große Mengen filtriert und zurückgenommen würden, wie die meisten Forscher annehmen, so müßte sich dies beim Ausschalten der Tubulustätigkeit zeigen, bei welcher man annimmt, daß die Tubuli zu einem undurchgängigen Rohr werden. Aber dies Ausschalten der Kanälchenfunktion führt nicht zu einer so starken Harnvermehrung. MARSHALL und CRANE (2) sahen nach zeitweisem Abklemmen der Nierenarterie und späterem Wiederfreigeben der Zirkulation, wobei die Tubuli stärker leiden als die Glomeruli, sogar eine Harnverminderung. STARLING und VERNEY (3) beobachteten eine nur geringe Zunahme der Harnmenge nach einer Vergiftung einer isolierten Niere mit Cyan (m/600), in dem Harnstoffversuch eine solche von 12 auf 18 ccm, in dem Sulfatversuch gar keine; während der Vergiftung wurde die Durchleitung des Blutes durch eine Pumpe, sonst durch ein Herz-Lungen-Präparat besorgt. BICKFORD und WINTON sahen, als sie die isolierte Niere von 40° auf 0° abkühlten, die Harnmenge sich von 2, 4, 5 ccm auf 8, 8, 14, 4 und 2 ccm verändern. Der Harn war während der Schädigung immer reich an Kochsalz und arm an Harnstoff, Sulfaten und Phosphaten, er glich in den Versuchen von WINTON beim Abkühlen einem reinen Blutfiltrat hinsichtlich der Konzentration von Kreatinin und Chlor. — Eine Vergiftung mit m/600 Cyan nahm NICHOLSON an der Niere in situ vor, indem er die Arterien und Venen beider Nieren durch Schläuche mit den entsprechenden Beingefäßen verband; in diese Verbindung war ein T-Rohr eingeschaltet, durch welches die Blutproben entnommen werden konnten, die Injektion der Giftlösung gemacht und sie wieder abgelassen werden konnte. Das Blut wurde durch Injektion in die Jugularis wieder ersetzt. Die linke Niere wurde 13 min lang vergiftet und der Harn der rechten Niere diente als Kontrolle. Hierbei beobachtete er eine Zunahme der Harnmenge auf das 10fache, sie war also erheblicher, als die anderen Autoren angaben. Die Chloride entsprachen denen des Plasmas und ebenso die H-Ionen. Die Phenolrotausscheidung durch die Tubuli war aufgehoben, die Harnstoffausscheidung hatte außerordentlich gelitten, was der Autor auf vermehrte Rückresorption zurückführt. Die Konzentrierung des Kreatinins hatte etwa der Harnvermehrung entsprechend abgenommen. Die Konzentration der Glucose war erhöht und betrug das 2- bis 3fache. Auffallend ist das gleiche Verhalten der Clearance von Kreatinin vor und nach der Vergiftung oder beim Vergleich von rechts und links. Dem widerspricht der Befund von MARSHALL und CRANE (2), sie erhielten ebenfalls an der Niere in situ nach Durchschneidung der Nerven und Abklemmen der Gefäße durch 20—25 min lang einen Harn, der Chloride und Bicarbonat reichlich enthielt, aber Harnstoff, Sulfat, Ammoniak und auch Kreatinin waren herabgesetzt.

f) Reabsorbierte Flüssigkeit.

Die Zusammensetzung des Resorbates wird natürlich immer blutähnlicher, je größer man die Filtratmenge beziffert, immer mehr einer physiologischen Lösung ähnlich, die CUSHNY als resorbiert annahm. Setzt man nicht das 100fache, sondern das 500fache des definitiven Harnes als Filtrat an, so wird das Resorbat noch mehr einer Lockeschen Lösung gleichen, weil jedesmal nur der Harn abgeht. Daß das Resorbat aber, wenn man es nach der Kreatininmethode berechnet, eine merkwürdige Zusammensetzung aufweist, hat E. FREY (25) gezeigt; es enthält beim kochsalzreichen Tier mehr Kochsalz als beim normalen und kann bei Sulfatzufuhr mehr Sulfat enthalten als das Blut (s. o.).

g) Berechnung auf Körperoberfläche.

Man hat in letzter Zeit alle diese Werte, die Harnmenge, das Glomerulusfiltrat, die Ausscheidung in mg usw. immer auf eine Körperoberfläche von 1,73 m² berechnet, um bessere Vergleichswerte zu erhalten. Die Berechnung der Körperoberfläche geschieht nach der Formel von DUBOIS: 167,2 mal Wurzel aus Körpergewicht in kg mal Wurzel aus Länge in cm; dann erhält man die Oberfläche in cm². Ich entnehme hier ein Nomogramm dem REINschen Lehrbuch (S. 166). Die linke Skala stellt die Körpergröße in cm, die rechte das Körpergewicht in kg dar. Verbindet man die Zahlen dieser beiden, so ergibt die Verbindungslinie an der mittleren Skala die Körperoberfläche in m².

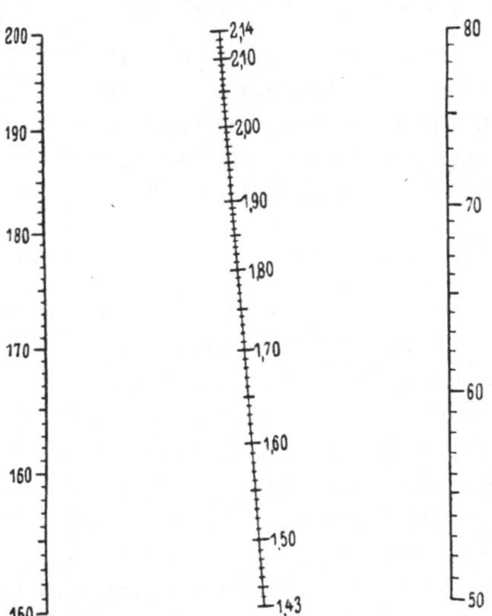

Abb. 13a. „Nomogramm" oder „Leiter" zur bequemen Ermittlung der Körperoberfläche (mittlere Leiter) aus der Körpergröße (linke Leiter) und dem Körpergewicht (rechte Leiter). Man verbindet den Wert der jeweils vorliegenden Körpergröße mit jenem des Körpergewichtes durch ein Lineal und liest den auf der mittleren Leiter anliegenden Wert der Körperoberfläche ab.

Zusammenfassend kann man sagen: Als nach dem Vorgange von CUSHNY die gesamte Harnbereitung durch alleinige Filtration und Rückresorption erklärt wurde, war es sinnvoll, die Menge des Filtrates nach dem am meisten angereicherten Stoff anzusetzen. Heut, wo alle Autoren eine Sekretion zugeben, sind diese

Maßsubstanzen für die Filtration — Sulfat, Kreatinin, Inulin, Mannitol, Thiosulfat — dieses Ranges verlustig gegangen und zu willkürlich herausgegriffenen Harnsubstanzen geworden. Daß dabei häufig die Ausscheidung solcher Stoffe gleich oder sehr ähnlich ist, liegt wohl daran, daß sie durch die gleichen Transfersysteme im Tubulus ausgeschieden werden; denn es gibt Substanzen, welche sich bei der Sekretion gegenseitig hemmen, andere, die dies nicht tun und wohl andere Sekretionswege benutzen. Wir werden bei Besprechung der Sekretion noch sehen, wie weit eine Anreicherung gehen kann, z. B. bei den bakteriostatischen Stoffen wie Penicillin oder Streptomycin, deren Konzentrierung das 700- bis 1000fache erreichen kann, und dabei von Stoffen wie Caronamid beeinflußt wird. Aber es ist merkwürdig, daß allgemein noch Filtratbestimmungen nach der ursprünglichen Ansicht vorgenommen werden und an der alleinigen Filtration-Rückresorption als Grundlage der Harnbereitung festgehalten wird; denn es wird ja immer wieder versucht, die mangelhafte Ausscheidung auf gesteigerte Rückresorption zurückzuführen.

Man kann eine solche physikalische Theorie wie die Filtrations-Rückresorptionstheorie nur zur Deutung physikalischer Vorgänge verwenden, nicht aber zur Auslegung für die Ausscheidung chemischer Substanzen heranziehen, eben nur zur Deutung der Herstellung des osmotischen Druckes und die Filtratmenge nur nach der Gesamtkonzentration des Harnes, d.h. nach seinem Gefrierpunkt ansetzen.

Nach der hier vertretenen Ansicht muß man die Filtratmenge nach dem Gefrierpunkt des Harnes ansetzen. Danach wird erheblich weniger filtriert. Man braucht dazu keine Fremdsubstanzen und keine Blutanalysen.

Der Harn wird etwa aufs dreifache dem Blut gegenüber konzentriert. Normalerweise beträgt seine tägliche Menge 1500 ccm, das sind pro min 1,79. Dreimal soviel wird die Menge des Glomerulusfiltrates betragen, also 5,37 ccm/min, das sind bei 600 ccm Durchfluß etwa 0,9 % des Plasmastroms. Nach der Inulin·berechnung wird etwa 20 % des Durchflusses filtriert.

2. Wasserausscheidung.

Ist der Körper durch Wassertrinken wasserreich geworden, so antwortet die Niere mit einer Diurese, einer Vermehrung der Harnmenge und gleichzeitig mit einer Verdünnung des Harnes. Diese Diurese ist die einzige physiologische. Sie verläuft ganz anders als die nach Eingabe von Salz oder Coffein oder den anderen Diuretika, welche Glomerulusdiuresen darstellen. Die Harnverdünnung ist bei der Wasserdiurese außerordentlich stark. Es wird häufig so dargestellt, als sei die Harnverdünnung nach Wasser nur quantitativ von der Harnverdünnung nach den Diuretika verschieden, sie stellt aber etwas ganz Andersartiges dar: die Zusammensetzung des Harnes wird mit zunehmender Harnmenge nicht blutähnlicher, sondern entfernt sich weitgehend von der Blutzusammensetzung, der Harn strebt nach dem Extrem des destillierten Wassers. Bei der Wasserdiurese gilt der Satz: je mehr Harn fließt, desto dünner wird er; bei der Glomerulusdiurese dagegen, desto blutähnlicher wird er. Wenn man auf der Ansicht beharrt, daß eine Wasserausscheidung nur durch vermehrte Filtration oder durch verminderte Rückresorption stattfinden kann, so müßte man annehmen, daß bei der Wasserdiurese mit steigender Harnflut immer mehr Kochsalz rückresorbiert wird, je schneller der provisorische Harn durch die Tubuli fließt. Ja, es müßte, wenn man nach der Kreatininmethode rechnet, auch mit steigender Harnmenge immer mehr Wasser rückresorbiert werden, weil auch dieser dünne Harn noch mehr Kreatinin enthalten kann als das Blut.

Ein Beispiel möge dies zeigen: Kaninchen, männl.; 2600 g; 200 ccm Wasser per os und 10 ccm 10% Kreatinin sbc. Harnportionen nach 2—3 Stunden. Harn pro 5 Min. 5,66 ccm; $\triangle = -0,135°$; Kr/Kr = 29,79; 5,5 mg NaCl; $\triangle/\triangle = 0,232$. Es müßten also bei der Rechnung nach Kreatinin in 5 Minuten 168,4 ccm filtriert und davon 162,8 ccm rückresorbiert sein, vom Kochsalz würde in 5 Minuten fast 1 g filtriert und zu 99% rückresorbiert worden sein (E. Frey (35)).

Dieser grundlegende Unterschied zwischen den beiden Diuresen, der Glomerulusdiurese und der Wasserdiurese, auf den E. Frey (1) schon 1906 hinwies, ist 1932 nur Molitor und Pick (5) aufgefallen, die diesen Unterschied als neue Beobachtung hinstellen. Es kann sich bei einer solchen Wasserdiurese nur um ein

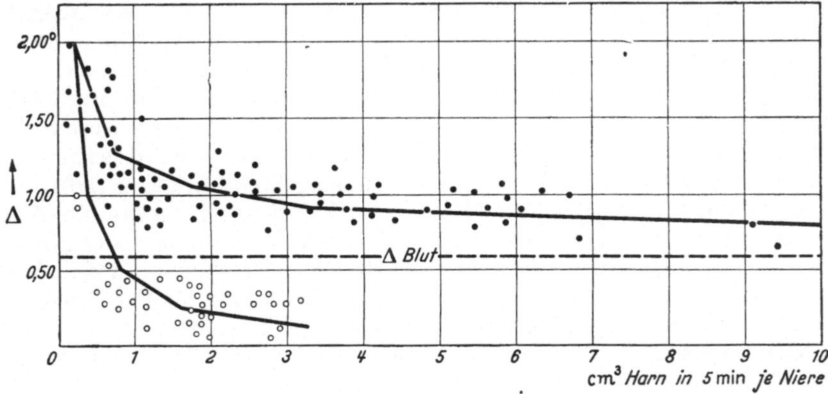

Abb. 14. Gefrierpunkte des Harnes in Abhängigkeit von der Harnmenge. Glomerulusdiurese und Wasserdiurese. (Ohne Rücksicht auf das Gewicht der Tiere oder den Eingriff.) (E. und J. Frey (5)).

Dazufügen von Wasser in den späteren Harnwegen bei gleichbleibendem Glomerulusfiltrat, für das E. Frey den Namen provisorischer Harn vorschlug, handeln. Wir werden später sehen, daß sich nicht nur die Harnzusammensetzung, sondern auch die Druckverhältnisse im Ureter und die Blutverteilung in der Niere bei der Verdünnungsarbeit gegensätzlich zu den Verhältnissen bei der Eindickungsarbeit, wie sie gewöhnlich stattfindet, stellen. Häufig wird aber bei Kochsalzinfusionen oder solchen von Glaubersalzlösungen von einer „Hydrämie" gesprochen, und diese gleich der Hydrämie nach Wassertrinken gesetzt oder schlechtweg von „Verdünnungsdiuresen" gesprochen. Und doch ist der Effekt ein ganz anderer! Schon Magnus (1) hatte beim Vergleich der diuretischen Wirkung verschiedener Salzlösungen gefunden, daß bei gleicher Blutverdünnung die diuretische Wirksamkeit der einzelnen Salzlösungen ganz verschieden sein kann, daß also nicht die Hydrämie, sondern das Salz das Maßgebende ist.

Daß ein Gegensatz zwischen Wasserdiurese oder dem Diabetes insipidus und den Diurese nach Eingabe von Diuretika besteht, ist den Klinikern schon lange bekannt. E. Meyer und Veil stellten einen Antagonismus der Theocin- und Novasurolgaben bei Diabetes insipidus fest, weil sich die Filtrationsdiuresen durch die Diuretika gegen die Wasserdiurese durchsetzen. Diese gegensätzliche Einstellung der Niere bei der Glomerulusdiurese und bei der Wasserdiurese erschwert übrigens die Auslegung der Beobachtungen an der isolierten Niere, weil sie wegen Fehlens des Hypophysenhinterlappenhormons sich im Zustande des Diabetes insipidus (= Wasserdiurese) befindet und nach Eingabe von Diuretika eine Umstellung auf Filtrationsdiurese erfolgen muß, also von Tubulusdiurese auf Glomerulusdiurese. Es ist also der Ausgangspunkt beim Herz-Lungen-Nieren-Präparat nicht die „Norm". Dazu kommt noch, daß häufig eine Erhöhung des Kochsalzgehaltes in der Durchströmungsflüssigkeit wegen Verdünnen des Blutes mit Tyrodelösung stattfindet, was bekanntlich die Niere in den Zustand der Glomerulusdiurese versetzt; manchmal wird gar noch Harnstoff oder Zucker zugesetzt. Es kämpfen dann also zwei Einflüsse um zwei grundsätzlich verschiedene Einstellungen des Gefäßsystems.

Die Wasserdiurese kommt nur nach Wassertrinken zustande, nicht aber nach intravenösen Einläufen, wie THOMPSON zuerst beobachtete. E. FREY (8) hat ebenfalls nur bei ganz langsamem Einfließen von Wasser in eine Vene eine Wasserdiurese auftreten sehen, eher schon, wenn man eine Darmvene benutzt. Dabei hindert Narkose — auch bei durchtrennten Nierennerven — die Wasserdiurese, wirkt also auf die Nierenzellen selbst, ein Zeichen, daß diese Tubulusdiurese im Gegensatz zur Glomerulusdiurese ein aktiver Vorgang ist (E. FREY (6)). Daher vermißten auch JANSSEN und REIN eine Harnverdünnung am narkotisierten Tier nach Wassergaben. Ähnliche Erwägungen wie E. FREY (8) hat dann Cow angestellt und Wasser ebenfalls in die Vene oder Darmvene gegeben usw. und erhielt die gleichen Resultate. Gleichfalls im Wiener Institut hat HASHIMOTO daraufhin Extrakte von Leber, Darm usw. auf ihre diuretische Fähigkeit untersucht und ihrem Salzgehalt entsprechend wirksam gefunden. Auch GOVERTS und CAMBIER sahen nur nach intravenösen Gaben von wenig Wasser bei großen Hunden einen diuretischen Effekt. E. FREY (8) führt die Wasserdiurese auf eine Druckvermehrung im sogenannten zweiten Capillarsystem der Niere zurück, und eine Umleitung des Blutstromes auf die Tubulusgefäße (E. FREY (26)).

Zur Funktionsprüfung der Niere dient in der Klinik der VOLHARDsche Wasser- und Durstversuch; durch ihn stellt man die Reaktionsfähigkeit der Niere auf Ausscheidung und Einsparung von Wasser fest. Nach Trinken von $1\frac{1}{2}$ lit Wasser setzt eine Diurese (meist überschießend) ein, welche ihren Höhepunkt nach 1 bis $1\frac{1}{2}$ Stunden hat. Sie soll 500 ccm in einer halben Stunde erreichen. Das spezifische Gewicht des Harnes fällt bis 1002—1001. Nachmittags bei Trockenkost soll das spezifische Gewicht wieder bis auf 1030 steigen. In Krankheitsfällen kann eine Insuffizienz bestehen (= Hyposthenurie) oder völlige Nierenstarre (= Isosthenurie) mit einem spezifischen Gewicht von 1010 wie das enteiweißte Serum und einem Gefrierpunkt von dem des Blutes.

Bei den größten Harnverdünnungen sinkt das spezifische Gewicht des Harnes bis 1001 und der Gefrierpunkt kann bis auf 0,075° unter null steigen. Der Harn repräsentiert dann also einen Druck von $^9/_{10}$ Atm gegen die 7 des Plasmas.

Daß nach Wassertrinken eine Blutverdünnung auftritt, wird in dem Teil „Wasserhaushalt" abgehandelt werden; man muß natürlich das Blut kurz nach einer größeren Wassergabe untersuchen, nicht bei chronischen Trinkversuchen, weil der Bestand an Wasser sich in letzterem Falle wegen der prompten Ausscheidung durch die Nieren nicht ändert.

3. Theorie der Eindickung und Verdünnung des Harnes als Folge der Druckverhältnisse.

Wenn man sich auf Grund des anatomischen Bildes und der physiologischen Tatsachen eine Anschauung vom Geschehen in der Niere machen will, so kann sich diese Anschauung eigentlich nur auf die physikalischen Verhältnisse erstrecken, für welche man physikalische Kräfte zur Erklärung heranziehen kann, muß aber notgedrungen die eigentlich chemische Arbeit der Niere beiseite lassen, als für eine physikalische Erklärung unzugänglich. Merkwürdigerweise haben sich bisher alle Erklärungsversuche nur mit der Anreicherung der Stoffe im Harn beschäftigt.

Nun sahen wir, daß eine Filtration im Glomerulus als sichergestellt gelten kann; das gleiche gilt von einer Sekretion, wie wir später sehen werden. Trotzdem hält sich die CUSHNYsche Vorstellung von einer weitgehenden Rückresorption, welche E. FREY (25) die maximale genannt hat, weil sie sich nach dem am meisten angereicherten Stoff damals richtete, dem Kreatinin. Dabei müßten recht große Mengen eben filtrierten Harnstoffes, Harnsäure, Phosphaten usw. im Tubulusapparat ins Blut zurückkehren, nur um eine bestimmte Kreatininkonzentration zu erklären. Eine solche ausgiebige Rückresorption ist aber unmöglich, weil bei der Absonderung eines sehr verdünnten Harnes, der aber immer noch mehr Kreatinin enthält als das Plasma, auch jetzt noch bei Überschwemmen des Körpers mit Wasser eine außerordentlich ausgedehnte Rückresorption von Wasser von der CUSHNY-Lehre gefordert wird. Damit ist dann eine ausgiebige Rückresorption des filtrierten Kochsalzes verbunden. Daß ein solches Mißverhältnis bisher niemals aufgefallen ist, liegt daran, daß man sich experimentell fast nur mit den Glomerulusdiuresen durch ein „Diuretikum" befaßt hat, und immer Diusese gleich Diurese setzte, und Zunahme der Harnmenge als gesteigerte Nierentätigkeit auffaßte, aber im Grunde immer als den gleichen Vorgang ansah. Wenn man nun nach einem Maß für die Filtration und für die Rückresorption sucht, so kann dies nur eine physikalische Größe sein, der osmotische Druck. Wir werden sehen, daß im Tubulus, der Anschauung von v. KORÁNYI folgend, ein Austausch von filtriertem gegen sezerniertem Stoff stattfindet, daß also für die Wasserwanderung lediglich die Gesamtkonzentration in Frage kommt. Diese ist also minimal, nur so groß, als sie physikalisch zur Herstellung des osmotischen Druckes notwendig ist. Mit anderen Worten: die Menge „provisorischen Harnes" läßt sich vom Gefrierpunkt ableiten; gefriert der Harn doppelt so tief unter Null als das Blut, so ist die doppelte Menge provisorischer Harn geflossen als definitiver (E. FREY (1)). Macht man die Tiere durch größere Kochsalzgaben in den Magen sehr kochsalzreich, so stimmt die Einengung nach dem Kochsalzgehalt mit derjenigen nach dem Gefrierpunkt überein (s. Abb. 31). Dies stellt den quantitativen Beweis dieser Vorstellung dar, während die qualitative der Filtration das Blutgleichwerden des Harnes bei großen Glomerulusdiuresen war. Da ergibt sich denn, daß bei der Glomerulusdiurese, kenntlich an der Volumenzunahme der Niere und bei der direkten Betrachtung im mikroskopischen Bilde, der provisorische Harn zunimmt, bei der Wasserdiurese gleich bleibt. Letztere muß also durch ein Dazufügen von Wasser im Tubulusapparat zum provisorischen Harn zustande kommen. Es wird bei der gewöhnlich stattfindenden Konzentrierung des Glomerulusfiltrates dem provisorischen Harne Wasser entnommen, bei der Wasserdiurese dazugefügt. Es wird Lösungsmittel bei der Konzentrierung des Harnes im Tubulus entfernt, bei der Verdünnung hinzugegeben.

Nun unterscheiden sich die beiden Arten der Diurese nicht nur durch die Konzentration des Harnes, sondern auch durch die Druckverhältnisse, unter denen der Harn abgesondert wird. Mißt man den Ureterendruck (immer nur für kurze Zeit), so sieht man bei der Glomerulusdiurese, bei der sehr reichlich Harn abgesondert wird, nur ein langsames Ansteigen des Druckes; bei der Wasserdiurese, bei welcher im Vergleich zur ersten Art der Harnvermehrung viel weniger Harn abgesondert wird, steigt der Ureterendruck dagegen sehr schnell (E. FREY (1)). Der Druck im Ureter ist der Widerstand, den das Glomerulusfiltrat bei der Rückresorption findet. Man kann nun die Wasserwanderung vom Druck herleiten, im Tubulus geradeso wie im Glomerulus, wo der Blutdruck das Filtrat abpreßt. Es herrscht also für gewöhnlich im Glomerulus ein hoher Druck, der sich teils auf die Capillaren der Tubuli, teils auf den provisorischen Harn in den späteren Harnwegen fortpflanzt. Für gewöhnlich wird durch die Enge das Vas efferens gegenüber dem Vas afferens im Glomerulus der Druck in den Gefäßschlingen hoch gehalten und sich nur in geringem Grade auf das Capillarsystem der Tubuli fortpflanzen. Dieser hohe Druck lastet aber auf der Flüssigkeit im Kanälchen, ist höher als der Capillardruck und preßt Wasser ins Blut zurück, besonders deswegen, weil durch den langen Kanal der Henleschen Schleife in den Kanälchen ein Widerstand für den schnellen Durchfluß gegeben ist. Man kann entscheiden, ob die Einengung des provisorischen Harnes durch einen Druck oder einen anderen Vorgang stattfindet: trägt man auf einer Zeichnung als Abszisse die Zeit des Verweilens des Harnes in den Tubuli und als Ordinate die Einengung, also das Verhältnis $\triangle$Harn/$\triangle$Blut auf, so steigen diese

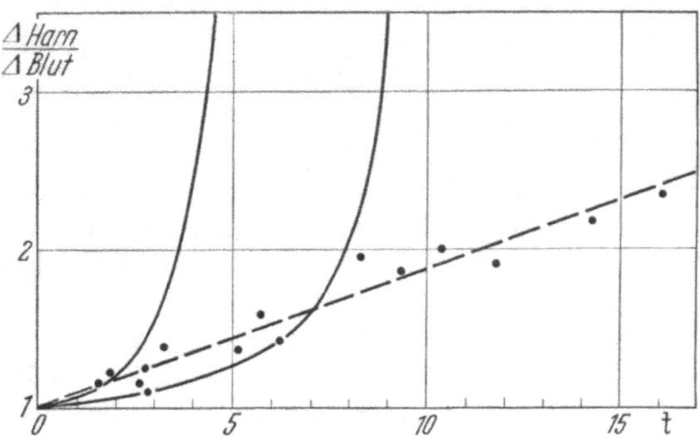

Abb. 15. Einengung des Filtrates durch einen hydrostatischen Druck. Kaninchen, männl.; 1600 g; 50 ccm 2,1% NaJ ($\triangle$ = —1,05° intravenös am Anfang; später Coffeininjektion.) (E. Frey, Pflugers Arch. **177**, 157 (1919)).

Kurven steil an, wenn man annimmt, daß in der Zeiteinheit immer ein bestimmter Prozentsatz der Flüssigkeit zurückresorbiert wird, oder wenn man annimmt, daß immer in der Zeiteinheit dieselbe Anzahl von ccm zurückgenommen wird. Nimmt man aber an, daß immer in der Zeiteinheit dieselbe Zunahme des osmotischen Druckes stattfindet, so steigt die Kurve geradlinig an. Und trägt man jetzt die wirklich im Versuch gefundenen Werte ein, so liegen sie auf dieser geraden Linie. Das heißt also nichts anderes, als daß die Konzentrierung durch einen Druck erfolgt, der auf dem provisorischen Harn lastet; dieser Druck wirkt sich bei längerem Verweilen des provisorischen Harnes mehr aus als bei schnellem Durchfluß. Daher ist als Zeit die des Verweilens des provisorischen Harnes in den Tubuli eingesetzt, die umgekehrt proportional der Harnmenge ist, weil viel Harn schneller durch die Tubuli fließt als wenig Harn; die Zeit des Verweilens wird also als wirkliche Zeit/Harnmenge gemessen (E. Frey (*20*)). (Hier mittlere Harnmenge = (prov. + def. Harn)/2).

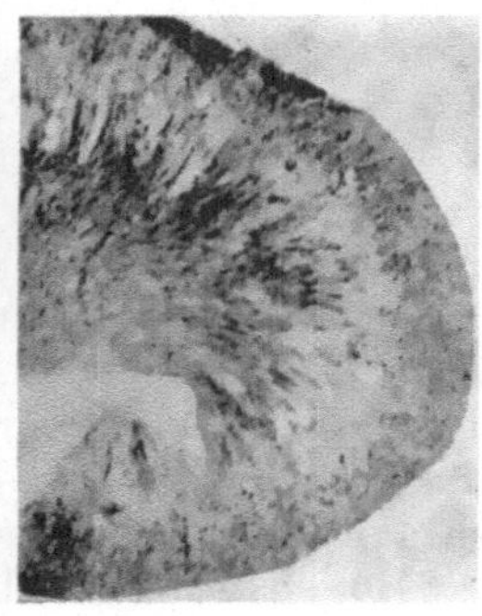

A. Verdünnung   *B.* Eindickung an demselben Tier.

Abb. 16. Kaninchen, 4000 g; *A.* Linke Nierenarterie: 20 ccm Halbringer (37°); gleich darauf 5 ccm chin. Tusche. *B.* Rechte Nierenarterie: 20 ccm Doppeltringer, gleich darauf 5 ccm chin. Tusche. (E. Frey, Naunyn-Schmiedebergs Arch. **182**, 633 (1936)).

Es ist also der Überdruck im Lumen der Kanälchen, welcher Wasser durch die Epithelien ins Blut zurücktreibt. Daß dabei ein geringer Überdruck genügt, um sehr große Unterschiede im osmotischen Druck hervorzurufen, liegt daran, daß der hydrostatische Druck sich sofort dem gesamten Kanälcheninhalt mitteilt und dauernd auch in den tieferen Abschnitten wirksam ist, die Konzentration dagegen allmählich sich ausbildet und daher der osmotische Druck von Kranz zu Kranz der Epithelien zunimmt. — Bei der Wasserdiurese dagegen ist der Druck bei der Messung im Ureter hoch, und daher auch in den Capillaren um die Tubuli; dann findet der Vorgang in umgekehrter Richtung statt: jetzt wird Wasser dazugefügt oder von den Capillaren ins Lumen hineingepreßt. Es muß also in den Capillaren der Tubuli ein hoher Druck herrschen, die Durchströmung der Niere muß sich geändert haben. Injiziert man die Nieren mit Tusche, und zwar einmal im Stadium der Einengung des Harnes, das andere Mal im Stadium der Harnverdünnung bei der Wasserdiurese, so erhält man verschiedene Bilder: Bei der einengenden Niere sind die Glomeruli stark blutgefüllt und die Gefäße des Marks wenig blutreich, am wenigsten an der Stelle des Marks, die an die Rinde stößt; bei einer verdünnenden Niere sind die Glomeruli kaum durchblutet, erscheinen nur als graue Flecke, ihr Blutstrom ist gedrosselt (durch Quellung der Polkissen), dafür aber ist das an die Rinde stoßende Mark sehr blutreich (E. Frey (26)). Man kann solche Bilder durch Einschwemmen von Tusche oder Collargol in die linke Carotis oder durch direkte Injektion in die Nierenarterie oder die Aorte von unten erhalten; letztere gibt bessere Bilder. Meist werden dabei nur die Arterien und Capillaren gefüllt. Oder man kann auch den Gefäßinhalt sichtbar machen, indem man die Blutkörperchen mit Benzidin färbt, wie es J. Frey (5) getan hat;

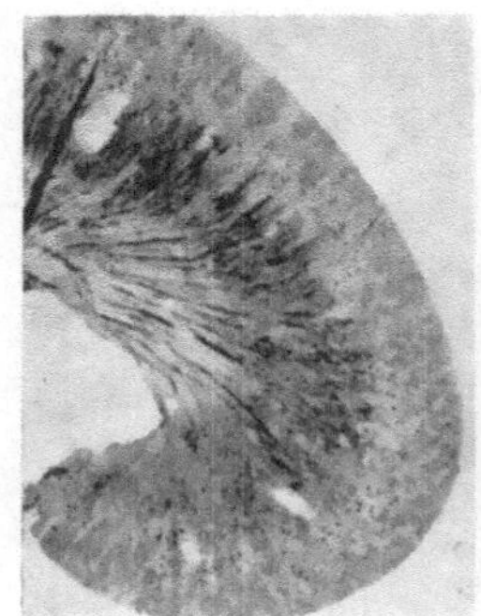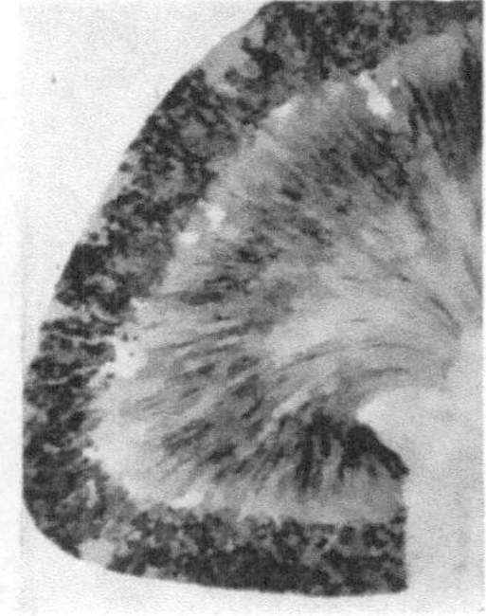

<table>
<tr><td align="center">A. Verdünnung.</td><td align="center">B. Verdünnung, durch Hinterlappenhormon auf Konzentrieren umgestellt, an demselben Tier.</td></tr>
</table>

Abb. 17. Kaninchen, 3500 g; 150 ccm Wasser in den Magen. Nach 1 Stunde: 25 ccm Harn ($\triangle$ = —0,60°). Nach 2 Stunden 2,5 cm Pernocton intravenös; Einbinden einer Kanüle in die Aorta von unten und Injektion von 0,0004 Voegtlineinheiten Physhormon in 1 ccm Ringer in 15 sec.; darauf Zudrücken der Aorta oberhalb der Nierenarterien und Injektion von 20 ccm Tusche. Blasenharn $\triangle$ = —0,155°. (E. Frey, Naunyn-Schmiedebergs Arch. 182, 633 (1936)).

<table>
<tr><td align="center">A. Rechte Niere im Zustande der Wasserdiurese.</td><td align="center">B. Linke Niere desselben Tieres nach Injektion von Hinterlappenhormon auf Konzentrierung umgestellt.</td></tr>
</table>

Abb. 18. Kaninchen, 2700 g; 150 ccm Wasser in den Magen. Nach 1 Stunde 30 ccm Harn ($\triangle$ = —0,60°), nach 2 Stunden 2,7 ccm Pernocton intravenös und Einbinden einer Kanüle in die Aorta abdominalis von unten bis zum Abgang der linken Nierenarterie; Injektion von 0,000 04 Voegtlineinheiten in 1 ccm Ringerlösung in 10 sec, darauf Abbinden der Aorta oberhalb der Nieren und Injektion von 25 ccm Tusche. Blasenharn jetzt $\triangle$ = —0,16°. (E. Frey, Naunyn-Schmiedebergs Arch. 182, 633 (1936)).

hierbei werden auch die Venen sichtbar. — Am deutlichsten sieht man eine solche Umstellung dann, wenn man eine Niere im Zustande der Wasserdiurese

mit einer solchen vergleicht, die man durch direkte Injektion von Hypophysenhinterlappenhormon zum Konzentrieren gebracht hat. (Es wurden z. B. 0,0004

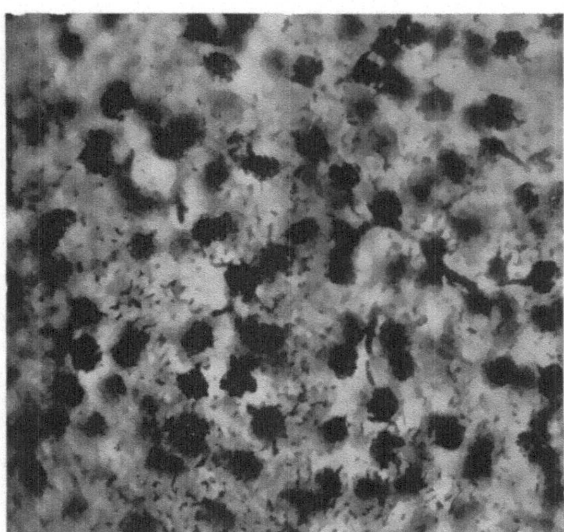

Abb. 19. Salzdiurese. Kaninchen weibl. 2500 g; Urethan; 30 ccm
12,3 % Na₂SO₄ in die Ohrvene. Anschließend 9 ccm chinesischer
Tusche in die linke Carotis. Glomeruli stark blutgefüllt.
(E. Frey, Naunyn-Schmiedebergs Arch. **177**, 134 (1935)).

Vögtlineinheiten bei einem Tier gegeben, dessen Blasenharn nach Wassergaben bei —0,155° gefror). Man kann also das Gefäßsystem der Niere durch Hypophysenhinterlappenhormon vom Verdünnen auf Konzentrieren umstellen. Es ist für die Richtung der Wasserwanderung durch die Epithelien der Druck in den Capillaren der Tubuli maßgebend. Bei den Einrichtungen zur Regulierung dieser Blutverteilung innerhalb des Organs — und das sind die Zimmermannschen Polkissen und die Anastomosen — kann trotz einer solchen Umleitung der Blutstrom durch das ganze Organ unverändert bleiben, wie ja aus zahlreichen Versuchen hervorgeht. Dabei braucht es nicht so sehr zu einem veränderten Durchfluß zu kommen, indem der Hauptteil des Blutes etwa durch Öffnen von Anastomosen den Tubuli zu-

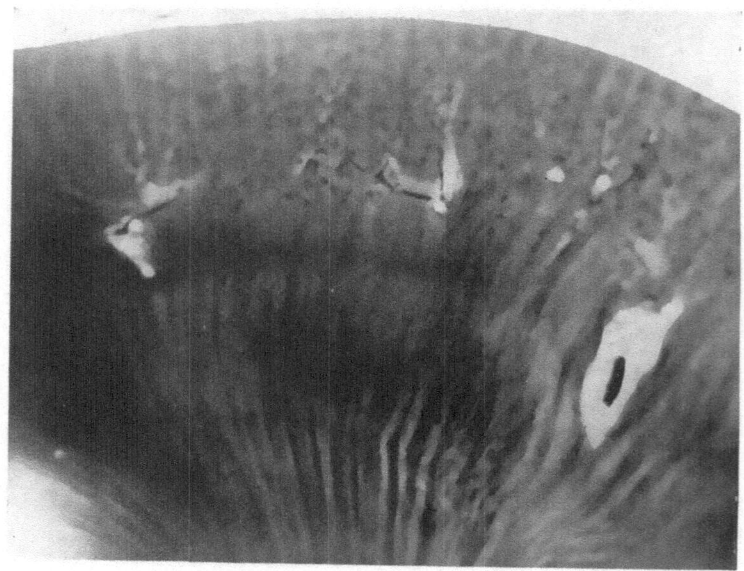

Abb. 20. Wasserdiurese. Kaninchen, 2500 g; 250 ccm Wasser per os. Nach
2¾ Stunden Urethan intravenös. Glomeruli grau, nur die juxtamedullären besser
gefüllt, wie sie Trueta und Mitarbeiter als Abkürzungskreislauf beschreiben.

strömte, sondern es würde genügen. wenn eine Druckfortpflanzung auf die Gefäße
der Tubuli stattfände.

E. Frey (*32*) hat ein solches Schema der Druckverhältnisse in der Niere gegeben und darauf aufmerksam gemacht, daß die geringe Weite des Vas efferens gegenüber dem Vas afferens einen Stau im Glomerulus bedeutet, wie ja bekannt, daß aber auch durch die langen Kanäle der Henleschen Schleife im Lumen der Tubuli I. Ordnung, den Hauptstücken, ein solcher Stau entstehen muß, welcher Wasser aus dem provisorischen Harn ins Blut zurücktreibt. Man wird also für die Einengung des Harnes die Hauptstücke verantwortlich machen. Es gibt aber noch eine zweite Sorte von Tubuli contorti, die der zweiten Ordnung, hinter denen keine Henlesche Schleife stromabwärts liegt, wo also ein solcher Stau fehlt; sie können bei Druckzunahme in den peritubulären Capillaren ohne weiteres Wasser zum provisorischen Harn dazufügen. Es würde dieser Gesichtspunkt das Vorhandensein zweier gewundener Kanälchen verständlich machen.

Das kann natürlich nur ein grobes Schema sein; es werden wohl Funktionsüberschneidungen der einzelnen Nephronabschnitte oder auch Umstellungen vorkommen. Die ,juxtamedullären Glomeruli sind bei der Wasserdiurese immer besser blutgefüllt als die der äußeren Rinde, sie haben auch wie bekannt, ein weites Vas efferens, so daß sie den Blutdruck auf die Tubuluscapillaren in größerem Umfange übertragen können. Und sie erhalten wohl auch einen höheren Blutdruck, weil sie zuerst von den Arteriae radiatae abgehen.

Zusammenfassend hat J. Frey (*5*) die Blutfülle bei verschiedenen Funktionszuständen der Niere schematisch ab-

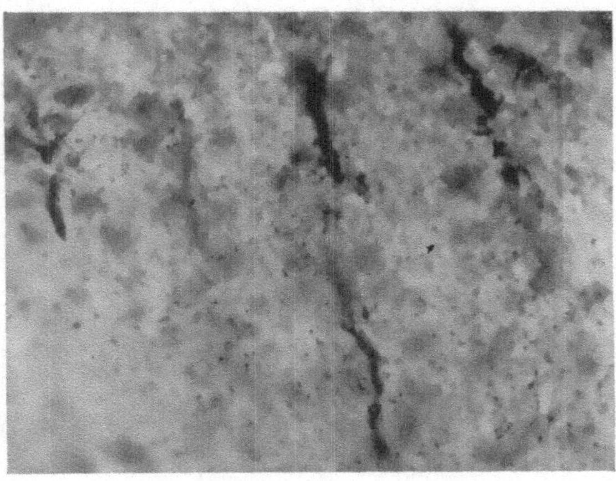

Abb. 21. Wasserdiurese. Kaninchen, weibl.; 2800 g; 200 ccm Wasser per os; nach 3 Stunden 1 ccm Evipan in die Ohrvene, darauf 10 ccm chinesische Tusche in die linke Carotis. Letzter Harn: $\triangle = -0{,}32°$. Glomeruli gedrosselt, nur graue Flecke. (E. Frey, Naunyn-Schmiedebergs Arch. 177, 134 (1935)).

gebildet, wie er es in zahlreichen Bildern durch Benzidinfärbung oder durch Tuscheinjektion darstellte. Die Befunde selbst sind auch durch Fuchs und Popper bestätigt worden.

Lymphbildung und Harnbildung (E. Frey (*27*)).

Bei dieser Betrachtung reiht sich nun das Gefäßsystem der Niere in die allgemeinen Verhältnisse des Körpers ein und stellt im Grunde nichts anderes dar als eine Capillare, die freilich für den speziellen Zweck besonders gebaut ist, an der sich aber die Vorgänge zeigen, wie sie auch an anderen Stellen des Körpers vorkommen. Man nimmt mit Schade (*1*) an, daß auf der arteriellen Seite der Capillaren der Blutdruck eine eiweißfreie Flüssigkeit gegen den kolloidosmotischen Druck der Eiweißkörper des Plasmas als Lymphe ins Gewebe treibt, weil der Blutdruck im Innern des arteriellen Schenkels höher ist als die Saugkraft der Eiweißstoffe. Dann kommt ein Nullpunkt, wo sich Blutdruck und kolloidosmotischer Druck die Waage halten. Und auf der venösen Seite, wo der Blutdruck darin gesunken ist, überwiegt die wasseranziehende Kraft der Eiweißkörper und es tritt wieder Wasser ins Blut zurück. Genau dasselbe findet sich auch bei der Niere. Nur ist alles verstärkt. Wenn wir den Austritt von Lymphe ins Gewebe verstärken wollten, würden wir den arteriellen Teil vergrößern, ihn möglichst lang machen, etwa durch Aufteilung, und wir würden dafür sorgen, daß der Druck an dieser Stelle groß ist, z. B. indem wir einen Stau dahinter in der Blutbahn anbringen, wie es das engere Vas efferens gegenüber dem weiten Vas afferens darstellt. Wenn wir nun auch im venösen Teil den Rücktritt von Flüssigkeit verstärken wollten, so würden wir wieder eine Verlängerung vornehmen, etwa durch Schlängelung und einen dahinter liegenden Stau, jetzt aber

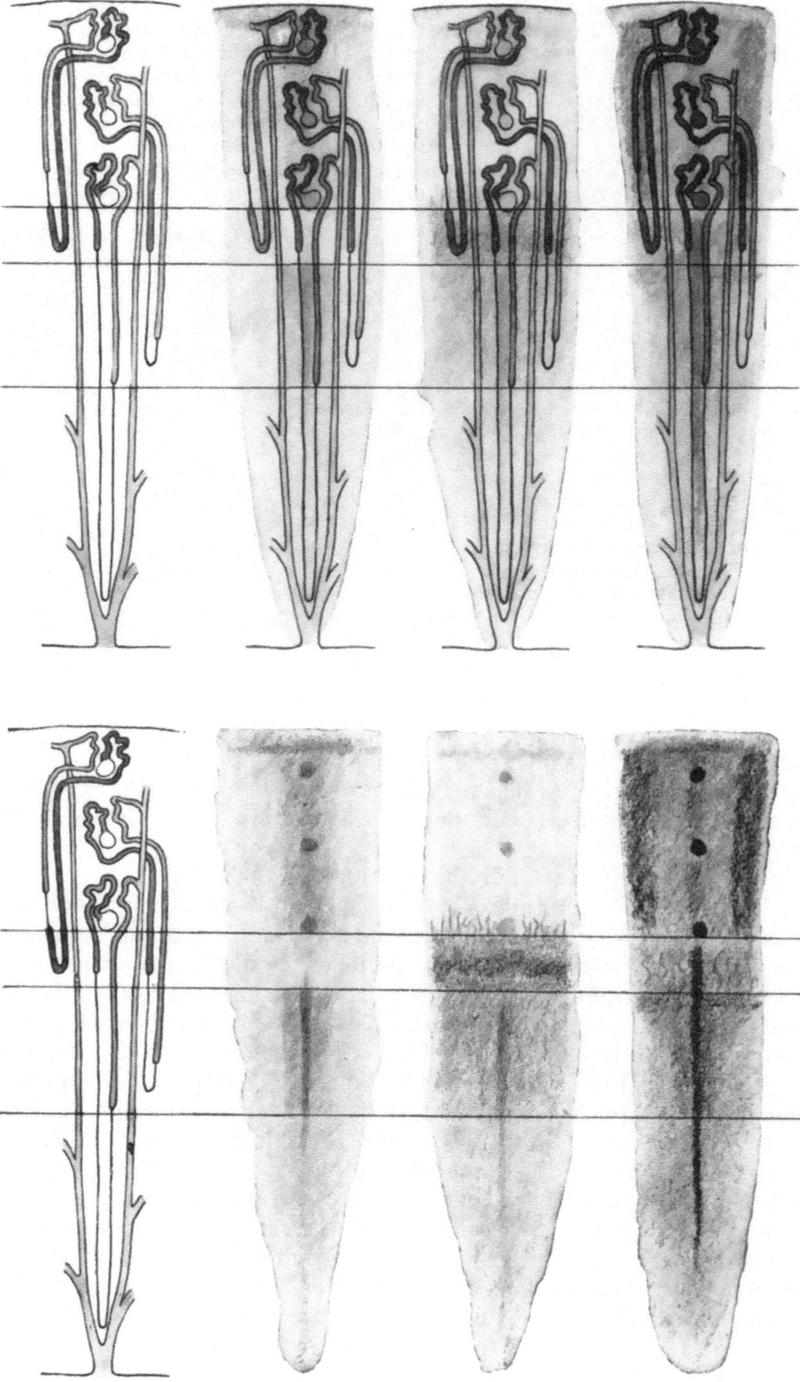

Abb. 22. Schema der Blutfülle bei verschiedenen Funktionszuständen der Niere.
(E. und J. Frey (5), (1950)).

in den Harnwegen, in Form der Henleschen Schleife, um die Rückresorption zu fördern. Nun soll aber der Apparat auch der Verdünnung des Harnes dienen, d. h. dem Abgeben von Wasser, die Rückresorption, müßte wegfallen und dafür ein neuer Übertritt von Flüssigkeit aus dem Blute stattfinden; dies könnte nur geschehen, indem die Absonderung an Stellen stattfindet, hinter denen im Abfluß — hier dem provisorischen Harn — kein solcher Stau vorhanden ist, also durch Anlage von Tubuli contorti II. Ordnung. Zur Funktion einer solchen Einrichtung müßte es möglich sein, bald dem einen System, bald dem anderen

Blut und Blutdruck, je nach der Art der Betätigung zuzuführen. Daß letzteres geschieht, ist gezeigt worden. Freilich ist dies nichts anderes als eine Analogie, stellt aber die Nierentätigkeit an die Seite allgemeiner Vorgänge im Körper.

Eine solche Auffassung der Niere als ein Organ, dessen Ausbildung vom Gefäßapparat ausgeht, findet sich auch bei v. MÖLLENDORFF (*3*).

4. Die osmotische Arbeit der Niere.

Die osmotische Arbeit der Niere besteht in der Herstellung einer Flüssigkeit, welche eine andere Zahl von Teilchen enthält als das Plasma, aus dem sie stammt. Den osmotischen Druck beobachtet man an einer Membran, die der freien Diffusion der ge-

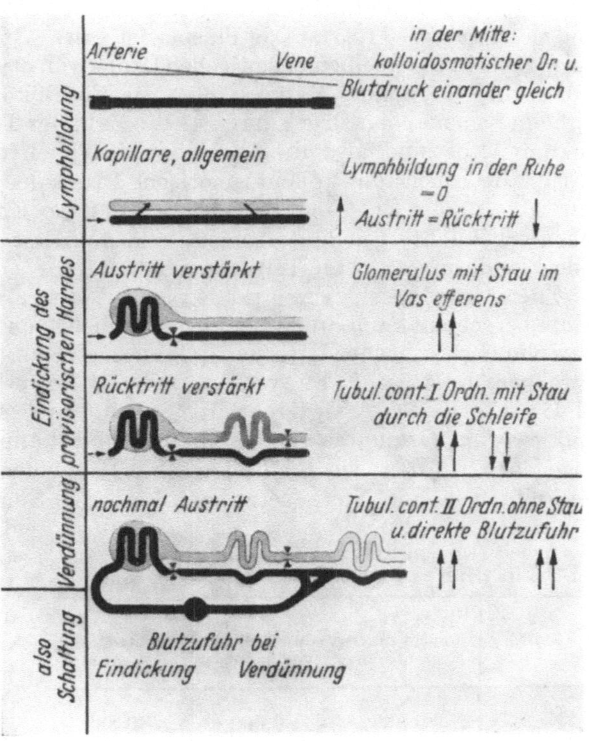

Abb. 23. Harnbildung und Lymphbildung. (Nach E. FREY, Klin. Wschr. **1937**, 289).

lösten Teilchen ein Hindernis entgegensetzt. Dann üben die gelösten Teilchen durch ihren Anprall auf die Wand einen Druck aus. Bringt man Blutkörperchen von demselben osmotischen Druck wie das Plasma, so stoßen von innen und außen gleich viele Teilchen auf die Wand und es herrscht Gleichgewicht. Bringen wir sie in eine hypotonische Lösung, die weniger Teilchen als ihr Inneres enthält, so quellen sie, ihr Inneres zieht Wasser an. Umgekehrt schrumpfen sie in einer konzentrierten Lösung. Es üben also gelöste Teilchen im Wasser eine Wasseranziehung aus, einen osmotischen Druck; Druck deswegen, weil man durch einen hydrostatischen Druck den Übertritt von Wasser in die Lösung verhindern kann. Voraussetzung ist die freie Beweglichkeit der Teilchen, die wie bei einem Gas in dem ihnen zur Verfügung stehenden Raum wegen ihrer Wärmebewegung auszubreiten suchen. Nun sind die Gesetze der Osmose die gleichen wie die Gasgesetze, d. h. der Druck nimmt gradlinig mit der Temperatur zu und ist proportional der Konzentration. Bei Gasen heißt dies, daß der Druck umgekehrt proportional dem Volumen ist, weil die Gasmasse doppelt so konzentriert ist, wenn ihr nur die Hälfte des Raumes zur Verfügung steht. Dabei ist das Produkt: Druck mal Volumen konstant, für molekulare Mengen gleich der Gaskonstante RT. Mißt man nun in Zuckerlösungen den osmotischen Druck, so zeigen sich nicht nur die Gasgesetze, sondern auch die gleichen Konstanten, d. h. die Zuckerteilchen verhalten sich so, als seien sie Gasteilchen unter denselben Bedingungen von Raum und Temperatur. — Der osmotische Druck der physiologischen Flüssigkeiten ist sehr hoch. Ein Mol eines Gases nimmt Atmosphärendruck einen Raum von 22,4 lit ein; eine molare Lösung, die ein Mol in einem Liter enthält, hat also einen Druck von 22,4 Atm und gefriert bei —1,85°. Das Plasma ist etwa $\frac{1}{3}$ molar und gefriert ungefähr bei —0,6°, hat also einen osmotischen Druck von etwa 7 Atm; das ist eine Quecksilbersäule von 5,3 m. Dabei spielen die Eiweißkörper keine große Rolle, weil es beim osmotischen Druck nur auf die Zahl der Teilchen, nicht auf die Größe ankommt, es sind also die Salze hauptsächlich daran beteiligt, oder besser gesagt die Ionen; der kolloidosmotische Druck des Eiweißes im Plasma beträgt nur 25 — 30 mm Hg. — Es bestehen also an der Epithelzelle zwischen Blut und Harn erhebliche Druckunterschiede und das Erstaunliche ist, daß dabei noch eine Wanderung gelöster Teilchen möglich ist.

Zuerst hat DRESER gezeigt, auf welche Weise man die osmotische Arbeit der Niere berechnen kann, und es sind später mehrfach Formeln für eine abgekürzte Berechnung ausgegeben worden (GALEOTTI, ROHRER, CUSHNY (4)). Wirklich durchgerechnet hat E. FREY (30) für die 11 Hauptbestandteile des Harnes Na, Cl, U+, U−, K, PO₄, SO₄ Kreatinin, NH₄, Ca und Mg die Konzentrationsarbeit, und zwar auf Grund der Zahlen, die in dem bekannten Schema von CUSHNY (4) angegeben wurden; sie mußten nur in Millimolen umgerechnet werden. Die Gesamtarbeit der Niere setzt sich aus der Summe der Arbeit zusammen, die für jeden einzelnen Stoff aufgewandt werden muß. Verbraucht wird Arbeit bei der Konzentrierung, gewonnen wird Arbeit bei der Verdünnung, wie sie das Blut durch den Harnverlust erfährt. Die osmotische Arbeit wird nach der Formel berechnet: Arbeit in Liter - Atmosphären = Molenzahl mal RT mal log nat c/c. Man setzt darin die Zahlenwerte R (= 0,082), T (= 310) und den natürlichen Log durch den dekadischen, multipliziert also mit 2,3, so daß die Formel lautet: 58,5 mal Molenzahl mal (log c_1 — log c_2).

Arbeit tgl. in lit-Atm bei 1500 lit Blut tgl., bei 1,5 lit Harn und normalen tgl. Schlacken.

Stoff	lit-Atm verbraucht durch Konzentrieren	Gewonnen durch Blutverdünnung	Gesamtverbrauch in lit-Atm
Na	0,896	0,000	0,896
Cl	2,773	3,855	—1,082
U+	53,235	11,758	41,476
U−	0,290	0,115	0,175
K	2,991	1,147	1,844
PO₄	1,664	1,913	—0,249
SO₄	3,250	0,761	2,489
Kreat.	1,054	0,402	0,652
NH₄	3,058	1,173	1,885
Ca	0,093	1,539	—1,446
Mg	0,109	1,398	—1,290
	69,413	24,062	45,351
	—24,062		
	45,351		

a) Normal; ohne jede physiologische Voraussetzung berechnet.

Die Arbeit für die Konzentrierung der Einzelbestandteile des Harnes beträgt also zusammen 69,413 lit-Atm; gewonnen wird dabei durch Blutverdünnen wegen der ausgeschiedenen Schlacken eine Arbeit von 24,062 lit-Atm und so beträgt die osmotische Arbeit der Nieren bei 1500 lit Blut, das die Nieren täglich durchströmt, und bei einer Harnmenge von 1,5 lit täglich und normalem

Schlackengehalt 45,351 lit-Atm. Das entspricht 1,087 Cal oder 473,14 kgm, also kein sehr großer Arbeitsbetrag. Nach REIN liefert die Niere am Tage 60—180 Cal und führt davon mit den 1500 lit Blut, welche die Nieren in 24 Stunden durchströmen 75—150 Cal wieder ab, da das Nierenvenenblut 0,05—0,1° wärmer ist als das Arterienblut. Es wird also für die Konzentrierungsarbeit der Niere von diesen Calorien wenig mehr als eine Calorie verbraucht.

Dies stellt die osmotische Arbeit dar, zu welcher physiologisch chemische Arbeit (Zwischenreaktionen, Synthesen, Spaltungen usw.) dazutritt.

b) Osmotische Arbeit unter Annahme verschiedener Filtratmengen bei normaler Eindickung des Harnes.

Die angeführten Zahlen wurden durch Vergleich der Konzentration von Blut und Harn ausgerechnet, ohne jede Voraussetzung des Weges, auf welchem diese Konzentrierung erfolgt, lediglich auf Grund der Formel für die osmotische Arbeit. Man kann diese osmotische Arbeit aber auch unter verschiedenen Annahmen des physiologischen Vorganges berechnen, d. h. den Konzentrationsvorgang im einzelnen verfolgen. Man kann z. B. eine Filtratmenge, wie sie der Einengung nach dem Gefrierpunkt entspricht (E. FREY) voraussetzen, also etwa eine Filtratmenge vom dreifachen des definitiven Harnes, oder bei Annahme des Hundertfachen des definitiven Harnes, etwa der Annahme von CUSHNY entsprechend. Dann erhält man im einzelnen außerordentlich verschiedene Zahlen, da im ersteren Falle neben der Rückresorption einiger Stoffe auch eine Anzahl dazusezerniert werden müssen, im zweiten Falle fast alle Stoffe durch Rückresorption von Wasser angereichert werden und von sehr vielen auch ein Teil zurückresorbiert werden muß. Immer aber ist die Schlußsumme der osmotischen Arbeit die gleiche, wie hoch man auch die Filtratmenge ansetzen mag.

Eine Anzahl von Stoffen werden teilweise zurückresorbiert, andere Substanzen werden dazugefügt. Die Berechnung gestaltet sich also folgendermaßen: Bei der ersten Gruppe kann man die Konzentrationsarbeit so berechnen, daß man zunächst eine Konzentrierung auf das Harnvolumen annimmt und von dieser Arbeit die durch den Verlust der rückresorbierten Molen gewonnene Arbeit abzieht; weiterhin wird Arbeit gewonnen durch die Verdünnung der verbleibenden Molen auf Harnkonzentration. — Bei der zweiten Gruppe, den Stoffen, die dazu sezerniert werden, setzt sich die Arbeit zusammen aus der Konzentrationsarbeit der filtrierten Molen auf Harnkonzentration, der sezernierten Molen (von Blutkonzentration auf Harnkonzentration) und der Konzentrierung der filtrierten durch die dazugekommenen sezernierten. — Die Blutverdünnung durch den Verlust des Harnes und seiner Fixa bleibt natürlich immer die gleiche, solange sich die Harnmenge nicht ändert; es bleibt ein Arbeitsgewinn von 24,062 lit-Atm, der von der Konzentrierungsarbeit in Abzug kommt.

Bei Annahme einer dreifachen Konzentrierung des provisorischen Harnes ergibt sich eine Arbeit von 69,432 lit-Atm; es gehen davon die durch Blutverdünnen gewonnenen von 24,062 lit-Atm ab, und so ergibt sich die gleiche Zahl, nämlich 45,370 wie oben ohne jede physiologische Annahme berechnete Arbeit (= 45,351).

Wenn man nun die Menge des Glomerulusfiltrates zu dem Betrag von 150 lit, also dem Hundertfachen des definitiven Harnes annimmt, so sind die Zahlen während der Berechnung außerordentlich von denen bei geringem Glomerulusfiltrat verschieden, doch die Gesamtsumme der osmotischen Arbeit ist wieder die gleiche, nämlich 69,547 lit-Atm, von denen wieder die durch Blutverdünnen gewonnenen von 24,062 abgehen; es ergeben sich also auch unter dieser Annahme wieder 45,485 lit-Atm.

Eine solche Übereinstimmung ist vom physikalischen Standpunkt zu erwarten; die aufgewendete Arbeit ist ja vom Wege unabhängig. (Man kann also auf diese Weise keine Entscheidung zwischen beiden Annahmen treffen).

c) Osmotische Arbeit unter Annahme verschiedener Filtratmengen bei verdünntem Harn.

Wie gestaltet sich nun die osmotische Arbeit bei der Absonderung eines gegenüber dem Blute verdünnten Harnes? Nimmt man die tägliche Harnmenge von 9 lit an, so ergibt sich eine Arbeit von 17,623 lit-Atm für die Ausscheidung der Einzelbestandteile zusammen, dazu kommt hier die Arbeit für die Bluteindickung von 41,600 lit-Atm, also eine Gesamtarbeit zur Herstellung des Harnes von 59,223 lit-Atm, wenn die täglichen Schlacken in 9 lit Harn am Tage ausgeschieden werden.

Nimmt man wieder verschiedene Filtratmengen an, z. B. eine solche von 4,5 lit und dem Dazufügen von 4,5 lit Wasser durch die Kanälchen, so beziffert sich die osmotische Arbeit auf 17,231 lit-Atm, also auf die gleiche Größe, wie ohne Voraussetzung berechnet (= 17,623). Dazu kommen die 41,600 lit-Atm für die Bluteindickung, also ein Gesamtbetrag von 58,831 lit-Atm (oben 59,223). Variiert man auch hier die Filtratmengen und setzt sie auf 150 lit fest, so resultiert eine Arbeit von 17,070 lit-Atm für die Einzelbestandteile und ein Gesamtarbeitsaufwand von 58,670 lit-Atm. — Auch bei Annahme von 9 lit Filtrat ist die Arbeit die gleiche.

Also auch bei verdünntem Harne ist es gleichgültig, wie hoch man die Filtratmenge ansetzt, immer ergibt sich der gleiche Arbeitsaufwand. Dieser ist aber verschieden von der Arbeit bei 1,5 lit Harn; er ist hier bei der Verdünnung des Harnes dem Blut gegenüber größer als bei der normalen Eindickung.

Nierenarbeit in lit-Atm täglich bei 1500 lit Blut

	Ohne Vorauss. berechnet	Bei einer Annahme Filtratmenge von:		
		4,5 lit	9 lit	150 lit
Einengung (1,5 lit Harn):				
Einzelbestandteile	+69,413	+69,432		+69,547
Blutveränderung	−24,062	−24,062		−24,062
	45,351	45,370		45,485
Verdünnung (9 lit Harn):				
Einzelbestandteile	+17,623	+17,231	+17,124	+17,070
Blutveränderung	+41,600	+41,600	+41,600	+41,600
	59,223	58,831	58,724	58,670

d) Osmotische Arbeit bei verschiedenen Harnmengen, in denen die täglichen Schlacken ausgeschieden werden.

Es ist also die osmotische Arbeit je nach der Harnmenge verschieden. Und es erhebt sich die Frage, bei welcher Harnmenge die osmotische Arbeit für die täglich anfallenden Schlacken am geringsten ist. Könnte man durch Einschränken der Wasserzufuhr oder durch Wassertrinken der Niere ihre Arbeit erleichtern? Werden die täglich auszuscheidenden Stoffmengen in 0,75 lit Harn eliminiert, so erfordert dies einen Arbeitsaufwand von 87,061 lit-Atm, bei 1,5 lit Harn sind es 45,351, bei 4,5 lit Harn werden 37,147 lit-Atm gebraucht, bei 9 lit Harn 59,217 und bei 18 lit Harn 80,940 lit-Atm. Es liegt also ein Minimum bei isotoinischem Harn; für die Gesamtkonzentration ist dies eine Selbstverständlichkeit, aber auch zur Herstellung der Einzelkonzentrationen ist die Arbeit in diesem Falle am geringsten.

Nierenarbeit in lit-Atm bei verschiedenen Harnmengen, in denen die täglichen Schlacken ausgeschieden werden:

Bei	0,75 lit Harn	1,5 lit Harn	4,5 lit Harn	9 lit Harn	18 lit Harn
Einzelbestandteile	+89,133	+69,413	+37,524	+17,622	− 2,746
Blutveränderung	− 2,062	−24,062	− 0,377	+41,595	+83,686
	87,071	45,351	37,147	59,217	80,940

Diese osmotische Arbeit, wie sie bei isotonischem Harn erforderlich ist, müßte übrig bleiben, wenn man die Einengung oder Verdünnung des Harnes im ganzen ausschaltet. Zieht man von der Arbeit zur Herstellung der Einzelkonzentrationen bei verschiedenen Harnmengen die Arbeit der Einengung oder Verdünnung des Gesamtharn ab, dickt man also gewissermaßen einen isotonischen Harn ein oder verdünnt ihn, so resultiert in der Tat überall dieselbe Zahl.

Von der Arbeit, die zur Herstellung der Einzelkonzentrationen im Harn notwendig ist, wird die Arbeit abgezogen, die für die Einengung oder Verdünnung zu einem isotonischen Harn erforderlich ist; es ergibt sich als Differenz:

Bei	0,75 lit Harn	1,5 lit Harn	4,5 lit Harn	9,0 lit Harn	18 lit Harn
Einzelbestandteile	+89,133	+69,413	+37,524	+17,622	− 2,746
Gesamtveränderung	−52,299	−32,084	0,0	+20,241	+40,190
	36,834	37,329	37,524	37,863	37,444

Einengung ←——————————————— Isosthenurie ———————→ Verdünnung

Es wird also bei isotonischem Harn mit dem spezifischen Gewicht von 1010 und einem Gefrierpunkt von −0,60° die Ausscheidung der täglichen Schlacken mit einem Minimum an osmotischer Arbeit geleistet. So ist die Isosthenurie hinsichtlich des Wasserhaushaltes ein Versagen der Niere, aber dieser Vorgang spart an osmotischer Arbeit.

Bei der normalen Harnmenge von 1,5 lit am Tage liegt zwar die Arbeit etwas über dem Minimum, aber doch nur wenig. Diese Harnmenge hat den Vorteil, daß außer dem Kochsalz alle Stoffe in konzentrierterer Form im Harn er-

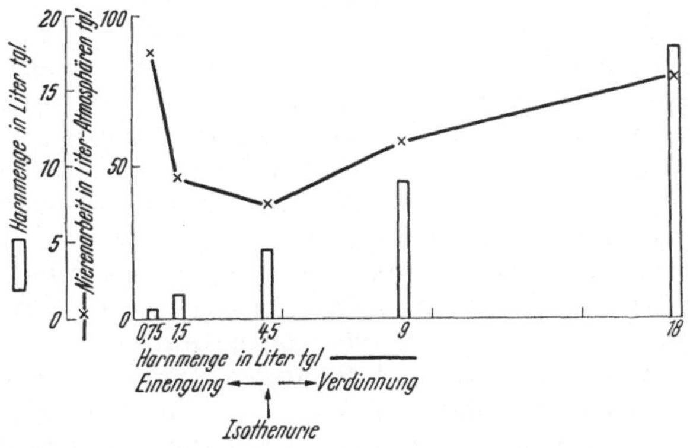

Abb. 24. Osmotische Arbeit der Niere bei verschiedenen Harnmengen, in denen die täglichen Schlacken ausgeschieden werden. (E. FREY, Naunyn-Schmiedebergs Arch. 202, 646 (1943)).

scheinen, als sie im Blute sind, daß also bei normaler Harnmenge die Rückresorption am geringsten ist und nur das Kochsalz (und das Bicarbonat) betrifft. Deutet dies nicht darauf hin, daß die Rückresorption beschränkt ist und daß dies vielleicht vorteilhaft ist?

II. Die chemische Arbeit der Niere.

Die chemische Arbeit der Niere besteht in der Ausscheidung der einzelnen chemischen Stoffe des Blutplasmas in einem Ausmaß, daß die chemische Zusammensetzung des Plasmas erhalten bleibt. Es wird also nur der mit der Nahrung zugeführte Überschuß ausgeschieden oder die Schlacken des Stoffwechsels in der Größe ihrer täglichen Entstehung oder zugeführte körperfremde Stoffe. Bei insuffizienter Niere sehen wir die unvollständige Abscheidung der Stoffwechselschlacken und das Ansteigen ihrer Konzentration im Blut. Ein Maß dafür ist der Reststickstoff, d. h. der nach Enteiweißung des Plasmas verbleibende Rest. Nach REIN beträgt er:

Reststickstoff:	mg %		Normale Schwankungen:	%
Gesamt-Reststickstoff	20—35		Harnstoff	0,020 —0,030
Harnstoff-N	10—15		Harnsäure	0,001 —0,003
Aminosäuren-N . . .	5—10		Kreatin	0,0025—0,005
Harnsäure-N . . .	0,6—1,8		Kreatinin	0,001 —0,002
Kreatin-N	4—5			

Bei Niereninsuffizienz kann auch die Ausscheidung des Wassers leiden, was zur Ausbildung von Ödemen führt, wobei auch Kochsalz retiniert wird.

Dabei ist die Reinigung des Blutes nicht restlos, sondern ein Teil bleibt bei einmaliger Passage des Blutes durch die Niere im Venenblut, so wird vom Harnstoff nur 6—12% von der die Niere durchströmenden Menge ausgeschieden. Nur wenige künstlich zugeführte Stoffe werden so kräftig eliminiert, daß das Nierenvenenblut frei davon ist. Ferner ist zu bedenken, daß immer nur ein Teil einer auszuscheidenden Substanz der Niere angeboten wird; es fließt ja nur $^1/_5$ der zirkulierenden Blutmenge durch die Niere, der Hauptteil aber durch andere Organe, die sie nicht aus dem Blut entfernen. So muß sich schon deswegen ein dynamisches Gleichgewicht einstellen, das sowieso zwischen Ausscheidung und Entstehen bei den Stoffwechselschlacken vorliegt, auch wenn die Niere das Streben hätte, solche Stoffe restlos zu eliminieren. Man könnte glauben, daß solches Ausscheidungsbestreben für Harnstoff, Harnsäure usw. vorliege, nur ist bei dem schnellen Fließen des Blutes keine Zeit zur restlosen Erledigung dieser Aufgabe. Man hat zwischen Schwellensubstanzen und Nichtschwellensubstanzen unterschieden und man bezieht — wenn auch nicht ausgesprochen — die Stoffwechselschlacken in den Kreis der Nichtschwellensubstanzen. Unter den Begriff der Schwellensubstanzen fallen Zucker und Kochsalz, d. h. sie werden von der Niere erst bei Überschreiten einer gewissen Konzentration mit dem Harne entleert. Erst bei Erhöhung des Blutzuckers auf eine gewisse Höhe über den normalen Gehalt von 0,1% erscheint Zucker im Harn. Beim Kochsalz liegen die Verhältnisse nicht so offen, weil — wie wir noch sehen werden — die Kochsalzausscheidung nicht nur von seiner Konzentration im Plasma abhängt, sondern im Austausch mit harnpflichtigen Stoffen auch von deren Menge. Jedenfalls bleibt ein beträchtlicher Anteil des Salzes im Blute.

Es fließen die meisten Stoffe der Niere in fertiger Form zu oder doch in nahezu fertiger Form; denn in einzelnen Fällen erscheinen sie im Harn frei gelöst, während sie im Plasma an kolloidale Substanzen gebunden sind (z. B. Phenolrot) und die Niere löst sie erst aus dieser Verbindung. Von der synthetischen Tätigkeit (Hippursäuresynthese, Ammoniakbildung) wird noch zu reden sein, ebenso von der Herstellung der aktuellen Harnreaktion.

Für die Ausscheidung der chemischen Körper stehen der Niere ihre beiden Abschnitte, der Glomerulus und der Tubulus zur Verfügung. Alle im Plasma frei gelösten Substanzen werden im Glomerulus filtriert und gelangen so in den Harn, Kochsalz, Natriumbicarbonat, alle Salze. Dabei ist aber nicht gesagt, daß trotzdem die Tubuli sie nicht noch dem Glomerulusfiltrat zufügen könnten, wie es wohl für Phosphate und Sulfate zutrifft. Sicherlich gibt es eine aktive Sekretion der Tubuli für einzelne Stoffe, wie Phenolrot, Perabrodil, p-Aminohippursäure, Penicillin, aber diese Substanzen werden auch, wenigstens zu einem Teil, durch die Glomerulusmembran treten können. Man könnte annehmen, daß prinzipiell allen Stoffen beide Wege offen stehen, und es gibt einige Befunde, die dafür sprechen, aber beim Kochsalz weiß man, daß es nur filtriert wird. So hat BARCLAY von den drei Komponenten der Harnbereitung gesprochen: Filtration, Rückresorption und Sekretion. Eine Rückresorption kommt für den filtrierten Zucker in Frage, denn der Harn ist für gewöhnlich frei von Zucker, obwohl er im Glomerulusprodukt enthalten ist (WEARN und RICHARDS); der Harn kann auch ganz kochsalzfrei sein. Ja, es liegt die Möglichkeit vor, daß für ein und denselben Stoff unter Umständen eine Rückresorption, unter anderen eine Sekretion in Frage kommt. Wir müssen ja, wie schon auseinandergesetzt, annehmen, daß Wasser für gewöhnlich bei konzentriertem Harn vom Glomerulus geliefert und vom Tubulus wieder aufgenommen wird, daß aber bei Überschwemmen des Körpers mit Wasser das Wasser in umgekehrter Richtung, also vom Blut ins Lumen der Tubuli tritt. Und ebenso liegen die Verhältnisse für den Zucker, der für gewöhnlich vom Blut der Tubuli wieder absorbiert wird, aber im Falle des Diabetes mellitus wohl auch vom Tubulus geliefert werden kann, geradeso wie bei der Phlorrhizinvergiftung (MOSBERG). Die Schwierigkeit die Stellen der Herkunft eines Stoffes anzugeben, lassen viele Zweifel entstehen. Wenn man wie allgemein üblich annimmt, daß man die Menge des Glomerulusfiltrates durch Stoffe bestimmen kann, welche nur filtriert und nicht vom Tubulus geliefert werden, so kennt man auch den Anteil der filtrierten Menge einer Substanz, welche tubulär sezerniert wird und kann die filtrierte Menge von der Gesamtausscheidung im Harn abziehen. Dabei ist es vorgekommen, daß sich negative Werte für die Tubulusausscheidung ergaben (BARCLAY). Daraus kann man folgern, daß man zuviel abgezogen hat, daß die filtrierte Menge zu hoch angesetzt wurde. Das würde bedeuten, daß die Tubulusausscheidung viel größer ist als bisher angenommen wurde.

Nun sollen im folgenden die Einzelheiten besprochen werden.

1. Synthesen und Spaltungen; Reaktion des Harnes.

Die synthetische Tätigkeit der Niere wurde zuerst bei der Bildung der *Hippursäure*, der Benzoylverbindung des Glycokolls, durch BUNGE und SCHMIEDEBERG 1877 beschrieben; sie stellten fest, daß diese Kuppelung ausschließlich in der Niere beim Hunde vor sich geht. Dabei stammt die Benzoesäure aus Zersetzungsprodukten im Darm. Analog wird die Salicylsäure behandelt.

Bei der Durchströmung der isolierten Kaninchenleber beobachteten FRIEDMANN und TACHAU ebenfalls eine Hippursäuresynthese; dabei kann das Glycokoll aus Eiweiß abgespalten werden oder aus Glyoxalsäure und Ammoniak synthetisiert werden. Sie erwähnen die Möglichkeit, „daß die Hippursäuresynthese beim Kaninchen und Hund nicht nur in verschiedenen Organen, sondern auch auf prinzipiell verschiedenen Wegen entsteht". Nicht so beweisend erscheinen die Versuche von DELPRAT und WHIPPLE mit Chloroform vergiftung.

Während die gepaarten Schwefelsäuren (mit Phenol) oder Verbindungen der Glycuronsäure mit Chloralhydrat, Kampfer usw. wohl in anderen Körperorganen wie der Leber synthetisiert werden und der Niere fertig geliefert werden, so daß sie an ihnen nur Konzentrationsarbeit zu verrichten hat, ist sie die Quelle des *Ammoniaks*, der ausschließlich in der Niere entsteht. Und zwar stammt er aus Glutaminsäure (PETERS und VAN SLYKE), nicht aus dem Harnstoff. Das Nierenvenenblut enthält 2—3 mal so viel Ammoniak als das Kreislaufblut. Seine Menge richtet sich nach dem Säuregrad des Harnes, indem bei Säuerung des Körpers viel Ammoniak, bei Alkalose wenig oder kein Ammoniak im Harn erscheint (RYBERG). Die Niere besitzt also die Fähigkeit, Säuren durch Ammoniak abzusättigen und so den Körper vor Alkaliverlust zu schützen. Im normalen Harn beträgt die Ausscheidung täglich etwa 0,7 g Ammoniak=0,58 g N. Bei diabetischen Acidosen kann die Menge auf 12 g in 24 Stunden ansteigen. Diese Ammoniakbildung bei Acidosen haben FÖLDI, ST. LAZAROVITS und SZABÓ benutzt, um die synthetische Fähigkeit der Niere zu prüfen. Da sich Sekretionsprozesse gegenseitig beeinflussen (p-Aminohippursäure, Diodrast, Phenolrot,

Penicillin) untersuchten sie den Einfluß von Fermentgiften auf die Ammoniakausscheidung bei Acidose. Nur Chinin hat einen stark hemmenden Einfluß,
wenig Phlorrhizin, gar nicht Benzoesäure (oder Dextrose).

Ebenso dient die Freisetzung der *Phosphorsäure* der Regulation des Säure-
Basen-Gleichgewichtes; sie entsteht aus organischen Verbindungen wie den
Nucleinen und Lipoiden und wird in der Niere selbst in Freiheit gesetzt, wie
Eichholtz und Starling (*1*) zeigten. Die Niere ist also imstande, sowohl Alkali
wie Säure zu machen. Aber noch in einem zweiten Sinne wird das Säure-Basen-
Gleichgewicht durch die Phosphorsäure beeinflußt; sie wird nur zum Teil mit
dem Harn, zum Teil mit dem Kot entleert. Dabei ist die Größe der Alkali-
absättigung verschieden: bei Alkalose wird die Phosphorsäure mit allen drei
Valenzen an Alkali gebunden ausgeschieden, z. B. als Calciumphosphat, wie sie
im Knochen liegt und nur in geringem Maße im Harn, wo sie weniger Alkali
mit sich nehmen würde. Im Plasma ist das Verhältnis von saurem Phosphat
zu alkalischem, also von Mononatriumphosphat zu Dinatriumphosphat wie 1 : 4
bei einem p_H von 7,3. Dies Verhältnis von NaH_2PO_4 zu Na_2HPO_4 liegt im Harn
etwa bei 9 : 1, kann sogar bei sehr saurem Harn 50 : 1 betragen (Engel).

Nun wechselt die Reaktion des Harnes, aber nur in verhältnismäßig engen
Grenzen, indem für gewöhnlich niemals freie Phosphorsäure auftritt, ebensowenig wie eine dreifach gesättigte Phosphorsäure. Es schwankt also die Reaktion
in den Grenzen, daß alle Phosphorsäure als Mononatriumphosphat oder im
anderen Extrem als Dinatriumphosphat vorliegt, d. h. für gewöhnlich reagiert
der Harn niemals sauer auf Methylorange und niemals alkalisch auf Phenolphthalein; sein p_H schwankt also zwischen 5 und 8. Nur in extremen Fällen,
z. B. bei Muskelkrämpfen sind p_H von 4,0 beobachtet worden oder nach Verfütterung von Borsäure an Frösche von 4,5 (Rohde); auf der anderen Seite durch
Verfütterung von Soda bis 9,5. An Kindern fand Ylppö nach Trinken von Emser
Wasser Werte von 9,5. Die Umwandlung der Reaktion des Glomerulusfiltrates
haben Ellinger und Hirt (*4—7*) sehr deutlich am Bilde des Fluorescenzlichtes
zeigen können, wo man den allmählichen Übergang der grünen Farbe des
Fluoresceins in gelb im Lumen der Kanälchen sieht, da der Farbstoff bei alkali-

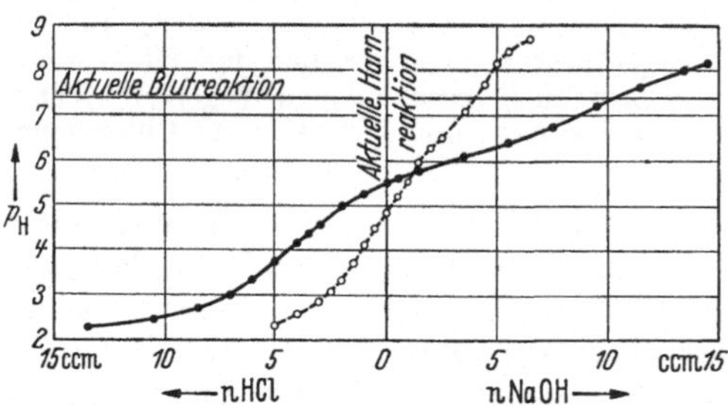

scher Reaktion grün, bei saurer gelb erscheint. — Bei Diuresen, die auf vermehrter Filtration beruhen, hat Rüdel beobachtet, daß die Reaktion des Harnes sich nach der alkalischen Seite verschiebt.

Der Gehalt an starken oder schwachen Säuren geht aus der Änderung der Titrationsacidität mit HCl (bis zum Umschlag des Methylorange) oder mit NaOH (bis zum Umschlag des Phenolphthaleins) hervor. Der p_H-Wert ändert sich bei starken Säuren sehr schnell (die Kurve verläuft steil), bei schwachen langsamer (die Kurve ist flach), wie die Zeichnung von Straub zeigt.

Abb. 25. Titrationskurve zweier Urinportionen. Abszisse *o*
entspricht der ursprünglichen Harnbeschaffenheit. Abs-
zissenwerte stellen die Mengen Normalnatronlauge bzw.
-salzsäure dar, die zu 100 ccm Harn hinzutitriert, die auf
der Ordinate angegebene aktuelle Reaktion ergeben. Die
Menge der bis zur Erreichung aktueller Blutreaktion
zutitrierter Lauge heißt Titrationsacidität. Der Harn I ist
besser gepuffert, trotz geringerer aktueller Acidität hat
er die viel größere Titrationsacidität. (H. Straub, Lehrb.
inn. Med. II, Springer-Berlin, 1931.)

Die Reaktionsfähigkeit auf Säuren und Basen benutzt Rehn zu einer Funktionsprüfung (s. d.).

In der Kurve von Straub tritt uns der Begriff der Pufferung des Harnes entgegen, in der Säure-Alkali-Umschlagprobe von Rehn der p_H-Wert. Der Kör-

per kann nämlich seine Reaktion auch dadurch aufrechterhalten, daß er organische Säuren, z. B. die Citronensäure verbrennt, also vernichtet oder bestehen läßt, also gewissermaßen zur Alkalibindung benutzt, und mit dem Harn ausscheidet. Gibt man Natriumsalze organischer Säuren ein, so findet man sie häufig im Harn wieder und man hat daraus geschlossen, sie würden im Körper nicht verbrannt. Das ist ein Fehlschluß gewesen. Denn nur die alkalische Reaktion dieser Natriumsalze hat ihr Auftreten im Harn bewirkt. Aus der STRAUBschen Kurve geht sehr deutlich die Bedeutung der starken und schwachen Säuren hervor, das verschiedene Verhalten von p_H und Titrationsacidität. Ganz allgemein sind ja die Körpersäfte stark gepuffert, verändern also ihre aktuelle Reaktion nicht so leicht. Das Pufferungsvermögen wird durch die Salze schwacher Säuren und schwacher Basen bewirkt, deren Salze bei Abfangen eines Bestandteiles nachdissoziieren können, weil sie noch undissoziiert vorliegen. Im Plasma kann einmal die schwache Eiweißsäure bei Acidose ihr Natrium hergeben, sodann puffert die Kohlensäure Säuren ab, indem sie das Na des Natriumbicarbonats abgibt und selbst durch die Lungen den Körper verläßt; daher spricht man von ihr als der Alkalireserve und meint damit, daß die Kohlensäure ein Alkalidepot als Bicarbonat darstellt. Umgekehrt kann die ständig im Stoffwechsel entstehende Kohlensäure zur Bindung von Alkaliüberschuß benutzt werden. Ein dritter Puffer ist das Hämoglobin. Es ist im reduzierten Zustande, also im Venenblut, fast neutral, dort ist Natrium an Kohlensäure gebunden. In der Lunge wird Hb zu Oxyhämoglobin, das eine verhältnismäßig starke Säure ist, welche zur Absättigung des Natriums bedarf, das die dort entweichende Kohlensäure hergibt. So bleibt in Arterie und Vene die Reaktion gleich. Auch die Phosphate beteiligen sich an der Pufferung des Plasmas. Wegen dieser Pufferung hat man den Begriff der aktuellen Reaktion eingeführt, weil die Titration nicht den augenblicklichen Zustand wiedergibt, sondern nur die Möglichkeit der Abbindung. Nimmt man eine Salzsäurelösung und titriert sie mit Natronlauge, so ist der Umschlag scharf, die Wasserstoffionenkonzentration springt im Neutralpunkt in die Höhe, im gleichen Augenblick bei Anwesenheit von Phenolphthalein (p_H 8) oder von Methylorange (p_H 4). Hat man Essigsäure von der gleichen Wasserstoffionenkonzentration vor sich, so ist der Umschlag unscharf, man bekommt verschiedene Werte bei Phenolphthalein und Methylorange, weil immer wieder die undissoziierte Essigsäure sich spaltet und neue Wasserstoffionen nachliefert.

2. Blut als Stammflüssigkeit des Harnes.

Von der Zusammensetzung des Blutes, der Stammflüssigkeit des Harnes, interessieren uns zunächst die Eiweißkörper, weil sie beim Filtrieren des Blutes im Glomerulus zurückbleiben und daher das Filtrieren gegen ihren osmotischen Druck erfolgen muß. Dieser ist zwar nicht groß gegenüber dem gesamten osmotischen Druck des Blutes, der 7 Atm = 5,3 m Quecksilber beträgt, der aber an der Glomerulusmembran keine Rolle spielt, weil er in der Hauptsache von den Salzen herrührt, die mit dem Wasser zugleich durchtreten. Dann spielen die Eiweißstoffe noch eine Rolle, als sie eine elektrische Ladung tragen, welche als Aminosäuren negativ ist und daher nach dem Donnan-Gleichgewicht die ebenfalls negativ geladenen Anionen wie Cl hinausdrängen, die Katinen aber im Blute festhalten, wenn dies auch nicht in sehr großem Ausmaß geschieht. Für das Zurückhalten des Wassers im allgemeinen ist es wichtig, daß der osmotische Druck der Eiweißkörper, der kolloidosmotische Druck, in der Mitte der Capillare gerade so groß ist als der Blutdruck daselbst, daß also hydrostatischer Druck und die Saugkraft des Eiweißes dort gleich sind. Bei Erhöhung des Capillardruckes kann es daher zu einem vermehrten Austritt von Flüssigkeit kommen, zu Ödem, zu Stauungsödem, wie andererseits auch durch Abnahme des Eiweißgehaltes des Plasmas; auch dann kommt es zu Ödem, in Form des Hungerödems oder des Ödems bei Nephrose durch Eiweißverlust mit dem Harn (bis zu 100 g täglich) (SCHADE (1), (3)). Der kolloidosmotische Druck wird angegeben:

25—30 mm Hg von STARLING (1), (2),
20—25 „   „   „ MOORE und PARKER,
30—34 „   „   „ MOORE und ROAF
21—28 „   „   „ SCHADE und CLAUSSEN (3),
21—22 „   „   „ FAHR und SWANSON.

Die Verschiedenheiten der Angaben erklären sich aus dem Filtermaterial, welches die einzelnen Autoren benutzten, Gelatine, Cellophan, Collodium.

Bei der Herabsetzung des kolloidosmotischen Druckes wird also die Filtrierbarkeit der Blutflüssigkeit zunehmen und so ist vielfach die „Hydrämie" als Ursache der Diurese angesprochen worden; diese Hydrämie sollte bei den Diuresen nach intravenösen Einläufen von Salzlösungen der Grund für die Harnflut sein wie auch nach Wassergaben in den Magen. Man übersah dabei, daß diese beiden Arten der Harnvermehrung etwas grundsätzlich Verschiedenes darstellen, also keine gemeinsame Ursache haben können. Auch sah FISCHER und SYKES, ebenso wie SMITH und MENDEL, daß sich die Salzlösungen hinsichtlich ihrer diuretischen Wirksamkeit in eine Hofmeistersche Reihe ordnen ließen, indem Chlorid am schwächsten, Sulfat am stärksten diuretisch wirksam war. Die Hydrämie bestimmte MAGNUS (1) und fand nach Chlorid und Sulfat diese gleich, obwohl Sulfat eine sehr viel stärkere Harnvermehrung machte als Chlorid. Es ist also nicht die Hydrämie, nicht die leichtere Filtrierbarkeit, die zur Diurese führt, sondern die Reaktion der Nierengefäße auf das zugeführte Salz, die eine Glomerulusdiurese veranlaßt (E. FREY (7)). Die reine Verdünnung des Plasmas ohne Erhöhung des Salzgehaltes veranlaßt eine Wasserdiurese, die vom Tubulus ausgeht. Man kann also die verschiedenen Diuresearten nicht als Verdünnungsdiuresen zusammenfassen.

Man muß dabei bedenken, daß eine solche durch Salzlösungen hervorgerufene Glomerulusdiurese etwas Unphysiologisches ist, das der Niere aufgezwungen wird. Mit einer solchen Filtrationszunahme ändert sich die Zusammensetzung des Harnes und die Niere, welche sonst unter den Verhältnissen des täglichen Lebens die harnpflichtigen Stoffe mit so großer Präzision ausscheidet, verläßt ihre Tätigkeit zum Zweck des Konstanthaltens der Blutbeschaffenheit und sondert eine plasmaähnliche Flüssigkeit ab. Dies ist zweifellos eine abnorme Reaktion. Sie ist auch unzweckmäßig, weil nach einer Eingabe einer konzentrierten Salzlösung durch die Vermehrung der Harnmenge der Körper das Mißverhältnis von Salz zu Wasser vergrößert wird und erst das Durstgefühl einsetzen muß, um es auszugleichen. Normalerweise sehen wir — und dies ist eine erstaunliche Tatsache —, daß die Ausscheidung der Schlacken gänzlich unabhängig von der Harnmenge vor sich geht, daß also die Wasserbearbeitung getrennt von der Ausscheidung spezifischer Harnbestandteile verläuft. Die täglich anfallenden Schlacken des Stoffwechsels können in wenig oder viel Wasser den Körper verlassen, bei Wassermangel, wo schon Durstgefühl auftritt, wie auch bei recht großer, auch chronischer Zufuhr von Flüssigkeit; es kommt unter gewöhnlichen Verhältnissen nie zu einer Retention harnpflichtiger Substanzen oder zum Auslaugen des Salzbestandes bei gewohnheitsmäßigen Vieltrinkern. Nur bei den pharmakologisch herbeigeführten Glomerulusdiuresen sehen wir die qualitative Veränderung der Harnzusammensetzung mit wechselnder Harnmenge, aber unter normalen Verhältnissen ist die Veränderung der Harnzusammensetzung nur ein Konzentrationsunterschied, der quantitativ alle Stoffe gleichmäßig betrifft. Man kann also durch Verdünnen oder Eindicken des Harnes die gleiche Zusammensetzung aller normaler Harne erhalten, und die täglichen absoluten Mengen der harnpflichtigen Stoffe bleibt bei gleicher Nahrung und Lebensweise gleich. Nur bei den unphysiologischen Glomerulusdiuresen verliert die Niere die Unabhängigkeit von Stoffausscheidung und Wasserausscheidung; hier kann es zu Kochsalzverlusten, zur Entsalzung, kommen.

Die Zusammensetzung des Blutes ist nach ENGEL:

Gehalt an	Plasma	Blut
Gefrierpunkt	—0,565°	—
Spez. Gewicht	1027—1032	etwa 1055
Blutkörperchenvolumen	—	42—48%
Wassergehalt	89—91%	75—82%
Trockenrückstand	9—11%	18—25%
Wasserstoffexponent p_H	7,28—7,40	—
Alkalireserve	45—60 Vol.%	—
Natrium	315—330 mg%	170—200 mg%
Kalium	16—22 mg%	180—220 mg%
Magnesium	1,8—3,6 mg%	3—4,6 mg%
Calcium	9,0—11,0 mg% (7 = Krämpfe)	5—7 mg%
Chlor	330—390 mg%	290—330 mg%
Kochsalz	570—620 mg%	460—510 mg%
Gesamtphosphor	8—18 mg%	35—45 mg%
Anorganischer Phosphor	2—5 mg%	2—5 mg%
Säurelöslicher Phosphor	2—4 mg%	22—30 mg%
Lipoidphosphor	6—10 mg%	10—13 mg%
Gesamtschwefel	110—160 mg%	200 mg%
Sulfatschwefel	1 mg%	0,5 mg%
Jod	10—12 γ%	10—16 γ%
Eisen	80—120 γ%	50 mg%
Kupfer	80—140 γ%	—
Sauerstoff, arteriell	0,24—0,30 Vol.%	16—21 Vol.%
Sauerstoff, venös	0,12—0,30 Vol.%	11—16 Vol.%
Kohlensäure, artriell	55—60 Vol.%	45—60 Vol.%
Kohlensäure, venös	60—65 Vol.%	50—65 Vol.%
Gesamteiweiß	6,5—7,5%	—
Albumin	3,8—4,4%	2,8%
Globulin	2,2—3,4%	0,95%
Fibrinogen	0,4%	0,25%
Gesamt-N	1,04—1,2%	2,6—3,4%
Rest-N	20—40 mg%	20—40 mg%
Harnstoff-N	10,0—25,0 mg%	10,0—25,0 mg%
Harnsäure	1,5—4,0 mg%	1,5—4,0 mg%
Kreatin	2,6—6,0 mg%	—
Kreatinin	0,8—2,0 mg%	—
Aminosäure-N	2,9—5,0 mg%	5,0—8,0 mg%
Ammoniak	0,1—0,3 mg%	0,2 mg%
Indikan	0,026—0,082 mg%	—
Xanthoprotein	15—25 Einheiten	—
Gesamtfettsäure	120—421 mg%	360 mg%
Neutralfett	0—200 mg%	100 mg%
Gesamtcholesterin	100—250 mg%	150—250 mg%
Cholesterinester	40—160 mg%	—
Gallensäuren	5—10 mg%	—
Hämoglobin	—	13—15,6%
Bilirubin	0,1—0,5 mg%	—
Dextrose	81—120 mg%	80—120 mg%
Milchsäure	5—25 mg%	5—20 mg%
Acetonkörper	1—3 mg%	—

3. Die Sekretion der Tubuli.

Als man noch allgemein eine Sekretion in den Tubuli annahm, sprach man von den Partialfunktionen der Niere und meinte damit, daß jeder Stoff getrennt von den anderen ausgeschieden werden könnte. Eine solche Unabhängigkeit besteht aber nicht. Schon bei einer Glomerulusdiurese sahen wir alle Blutbestandteile in gleichem Schritt die Niere verlassen und zweitens weist der Antagonismus von Kochsalz gegen die harnpflichtigen Stoffe auf einen Zusammenhang hin. Später ersetzte man die Sekretion durch eine auswählende Rückresorption. Aber es lassen sich auch direkte Beweise für eine Sekretion der Tubuli erbringen.

STARLING und VERNEY (*3*) haben an der isolierten Niere, die teils von einem Herz-Lungen-Präparat, teils von einer Pumpe mit m/600 Blausäure durchströmt wurde, gefunden, daß bei der Vergiftung der Tubuli eine deutliche Vermehrung der Chloride und eine beträchtliche Verminderung der Sulfate und der Harnstoffausscheidung stattfand, daß also Kochsalz zurückresorbiert wird, Sulfat und Harnstoff dagegen von den Tubuli aktiv ausgeschieden werden. Eine solche Trennung der Glomerulustätigkeit und der Tubulustätigkeit ist auch durch zeitweises Abklemmen des Blutstromes, wodurch ebenfalls wie bei der Blausäurevergiftung hauptsächlich die Tubuli gelitten haben (MARSHALL), oder auch durch Abkühlen der isolierten Niere (WINTON) vorgenommen worden. MARSHALL und CRANE (*2*) sahen nach zeitweisem Abklemmen der Arterie die Ausscheidung von Phosphat, Sulfat, Ammoniak und Kreatinin leiden. Nach WINTON ist bei Abkühlen der isolierten Niere der Harn hinsichtlich des Gehaltes Cl und Kreatinin ein reines Filtrat. Eine aktive Sekretion wiesen MARSHALL und VIKERS (*3*) auch für Phenolrot nach. Die Nieren enthielten stets — auch beim Versiegen der Harnabscheidung nach Halsmarkdurchtrennung, wodurch der Blutdruck unter 40 mm Hg sank, — erheblich mehr Phenolsulfophthalein (40—50 mg %) als das Blutserum (etwa 5 mg %) und andere Organe (Leber 2—6 mg %; Muskel unter 1 mg %). Sie schlossen aus diesem Befund auf eine Sekretion. Phenolsulfophthalein geht durch ein Ultrafilter in wässriger Lösung durch, in Serum gelöst nur zu 20—40 % und es genügt das im Blut, das die Niere durchströmt, frei gelöste Phenolsulfophthalein nicht, um die Ausscheidung zu erklären. Auch STARLING und VERNEY (*4*), (*5*) sahen Körnchen von Phenolrot in den Epithelien. Und SHANNON (*3*), welcher die Filtration nach der Inulinmethode berechnet, beschreibt die Sekretion von Phenolrot und beziffert den sezernierten Anteil bei geringer Plasmakonzentration (0,5—1,5 mg %) auf 83 %, bei Plasmakonzentrationen von 40 mg % nur auf 35 % der Gesamtausscheidung. Auch GOLDRING, CLARKE und WELSH vergleichen die Phenolrotausscheidung mit der von Inulin und erhalten beim Menschen ein Konzentrationsverhältnis von 3,2 (beim Hund von 1,7). Es können 92 % tubulär und nur 8 % glomerulär ausgeschieden werden, und es wären 2000 ccm Glomerulusfiltrat pro Minute notwendig, um diese Mengen zu filtrieren. — Eine solche Speicherung wie hier für das Phenolsulfophthalein haben MARSHALL und CRANE (*4*) auch für den Harnstoff bei der Froschniere gefunden; sie enthält dreimal mehr Harnstoff als das Blutserum und zweimal so viel als der Harn.

Die Niere hat also offenbar die Fähigkeit, Stoffe aus kolloidaler Bindung zu befreien (= Abhängevermögen (BENNHOLD)) und auf diese Weise ausscheidungsfähig zu machen. Aber auch das Gegenteil kommt vor: Stoffe, die weder gallen- noch harnfähig sind, wie Trypanrot M oder Trypanrot Stand werden durch gleichzeitige Kollidongaben harnfähig, gehen nach Bindung an ein Kolloid in den Harn über. Kollidon kann dabei noch nach Tagen wirken, wenn bisher der Harn farbstofffrei war; auch intraperitoneale Kollidon-Injektionen sind wirksam (SCHUBERT und Bilder von OSTERTAG, SCHUBERT und FRIZ).

Es müssen also in den Tubuli Transportsysteme vorhanden sein, welche die einzelnen Stoffe in den Harn geleiten. Nun hat man die Beobachtung gemacht, daß vielfach eine Beeinflussung der Sekretion eines Stoffes durch einen anderen erfolgt, aber nicht immer. Daraus wird geschlossen, daß es mehrere solcher „Transfersysteme" gibt. Smith, Goldring und Chasis sprechen von gegenseitiger Hemmung (= mutual depression) oder von Konkurrenz (= competition). Auch am Menschen hat man solche Hemmungen gesehen und praktisch ausgenutzt, um die schnelle Ausscheidung von Penicillin zu hemmen, das zu 20% durch den Glomerulus, zu 80% durch den Tubulus nach Irmer ausgeschieden werden soll. Diese Ausscheidung wird durch die Zufuhr von Perabrodil, von p-Aminohippursäure (Wettstein und Adams), sowie von Caronamid (= 4-Carboxyphenylmethansulfonanilid, jetzt Carinamid genannt, auch in USA Staticin) so stark gehemmt, daß die Penicillinkonzentrationen im Blute auf das 2- bis 7fache erhöht werden (s. Hunter und Wilson und Irmer und Meads). Caronamid setzt auch diese Phenolrotausscheidung herab, wie Boger und Crosson angeben; beim Hund hatte dies schon Beyer gefunden. Es gibt noch viele Beispiele für die gegenseitige Sekretionshemmung. So sahen Kuschinsky und Langecker (7) die Kreatininsekretion nach Phenolrotzufuhr vermindert; die Phenolrotausscheidung durch p-Aminohippursäure herabgesetzt (Földi, Lazarovits und Szabó); die Ausscheidung von p-Aminohippursäure sank auf 2 ccm Mercuxanthin (= 78 mg Hg und 70 mg Theophyllin) beinahe auf die Hälfte, während die Zuckerresorption unbeeinflußt blieb (McDonnald und Miller). — Vielleicht findet auch durch solche Transfersysteme die Übereinstimmung oder doch Ähnlichkeit der Größe der Ausscheidung der Maßsubstanzen für die Filtration, Kreatinin, Inulin usw., ihre Erklärung, woraus man bekanntlich geschlossen hat, daß sie nur im Glomerulus filtriert würden.

Ausführlich haben Földi, Lazarovits und Szabó die Wirkung von Fermentgiften auf die NH_4-Bildung, eine synthetische Leistung der Niere, untersucht. Sie sahen die Ammoniakausscheidung bei Acidose nur nach Chinin wesentlich herabgesetzt, nur wenig durch Phlorrhizin. Auch Benzoesäure, die zu Hippursäure synthetisiert wird, vermindert die Ammoniakbildung nicht, sie ist sogar meist erhöht. Auch die gleichzeitige tubuläre Ausscheidung der p-Aminohippursäure hemmt die Ammoniakausfuhr nicht, auch nicht Dextrose.

Wenn man den Index E nach Barclay, Cooke und Kenny bestimmt, das Verhältnis des Konzentrationsindex zur prozentualen Wasserrückresorption, so bleibt er beim Vorliegen alleiniger Filtration gleich 1, wenn die Plasmakonzentration wächst. Liegt er unter 1, so wird Rückresorption angenommen. Dabei kommt es bei weiterer Steigerung der Plasmakonzentration zwar zu einem Ansteigen von E, aber nur bis zu einer Grenze, wenn nämlich die maximale Tubulusleistung (Tm) erreicht ist, ja die Ausscheidung kann wieder abnehmen (= self depression). Es setzt sich also die Nierentätigkeit aus drei Komponenten zusammen: Filtration, Rückresorption, Sekretion. So hat die Cushnysche Zweikomponententheorie ihre moderne Ergänzung erfahren. Dabei sind die Schwellen folgend, nicht stationär. Smith, Goldring und Chasis haben den Begriff der maximalen Tubulusleistung (Tm) eingeführt, entweder für die Rückresorption, z. B. für Glucose (Tm_G) oder für die Sekretion, z. B. von p-Aminohippursäure (Tm_{PAH}). Man zieht von der Gesamtmenge im Harn den filtrierten Anteil ab und erhält so die tubuläre Ausscheidung. Ähnliche Erwägungen stellten Landowne und Alving an. Zunächst steigt bei steigender Plasmakonzentration bei alleiniger Filtration die Ausscheidung linear an, später ebenfalls, wenn die maximale Tubulustätigkeit erreicht ist und nun die Zunahme der Ausscheidung nur mehr durch Filtration geschehen kann. Die Tm ist bei Diodrast nach Landowne und ALVING bei einer Plasmakonzentration von 15 mg% erreicht, nach JOSEPHSON bei 25 mg%. Bei Plasmadiodrast von 2 mg% reinigt die Niere das durchfließende Blut völlig davon, das Nierenvenenblut enthält dann kein Diodrast mehr. Diese Konzentration wird zur Clearancebestimmung benutzt oder zur Bestimmung des Plasmadurchflusses, während höhere Konzentrationen von 10—15 mg% nach BURN, HILDEN und RAASCHOU zur Feststellung von Tm nötig sind, weil erst die Selfdepressionsgrenze (bei 8 mg%) und die Sättigungsgrenze (bei 13 mg%) erreicht sein muß. Bei steigender und fallender Plasmakonzentration sind die Werte ungenau, zuverlässig nur bei gleichbleibender Plasmakonzentration, wie die Autoren betonen.

Der Wert der Tm-Bestimmung ist aber fraglich geworden. Denn in letzter Zeit haben BARCLAY, COOKE und DE MURALT in ausgedehnten Versuchen nachgewiesen, daß bei Varriieren der Plasmakonzentration sich keine Höchstausscheidung zeigt, indem die höchsten Werte der tubulären Ausscheidung nicht den höchsten Plasmakonzentrationen zukommen. Mit Erhöhung der Plasmakonzentration steigt zunächst die Ausscheidung an, bis sie plötzlich wieder stark absinkt. Da die tubuläre Ausscheidung berechnet wird, indem man den filtrierten Anteil von der Gesamtausscheidung abzieht und dabei den filtrierten Anteil nach der Inulinclearance (= Filtratmenge) ansetzt, so können nach BARCLAY auch negative Werte für die tubuläre Diodrastausscheidung auftreten, ein Zeichen, daß die filtrierte Menge zu hoch angenommen wurde, daß eben die Filtratbestimmung nach Inulin zu hohe Zahlen liefert; der Befund beweist die Unrichtigkeit dieser Filtratbestimmung. Sonst müßte man eine Rückresorption von Diodrast annehmen. Weitere Zweifel an der Zulässigkeit des Bemessens der Filtratmenge nach der Inulinclearance erheben sich durch die Befunde von DEAN und Mc-CANCE; sie fanden beim Kind einen niedrigeren Wert der Inulinclearance als den der Clearance von Harnstoff, Phosphat, Natrium und Chlorid. Es ist also hier das Ansetzen der Filtratmenge durch die Inulinclearance zu klein oder man muß eine Sekretion der anderen Stoffe annehmen. Oder beides. Es liegt wohl die Erklärung näher, daß die kindliche Niere erst langsam die Fähigkeit erlangt, Inulin zu sezernieren; filtrieren würde sie es wohl können trotz des höheren Belags der Gefäßschlingen. Ferner können, wie BARCLAY mitteilt, die Clearancewerte für Diodon und p-Aminohippursäure (= Blutdurchfluß) kleiner sein als die des Inulins (= Filtratmenge), was offenbar die übliche Auslegung widerlegt.

Bei dieser Hypothese (Inulinclearance = Filtrat) erweist sich die fast völlige Anurie, die zum Tode führt, nach subcutanen Zuckergaben als — Diabetes insipidus (E. DE MUYLDER und B. REUL).

Nach THER wird die Halbwertzeit des ausgeschiedenen Wassers durch Kochsalzzusatz erheblich verlängert, was im Abschnitt Wasserhaushalt besprochen wird. THER gibt eine Formel für die Harnabsonderung.

Es sind bei allen Berechnungen von Tm die Inulinclearancewerte für die Filtratmenge zugrunde gelegt worden, also wohl die Filtration zu hoch angesetzt worden, und dabei die Tm zu klein ausgefallen. Das schädigt die Vergleichbarkeit der einzelnen Stoffe nicht, wohl aber ihre absolute Größe. Es würde sich die tubuläre Abscheidung wesentlich höher stellen, wenn man die Filtratmenge nach dem Gefrierpunkt beziffert.

Es liegen für unsere Vorstellungen zwei Schwierigkeiten vor: einmal ist das Tubulussystem bei der Gesamteindickung des Harnes eine semipermeable Membran, müßte also impermeabel für gelösten Stoff sein; auf der anderen Seite findet aber ein Austausch von Stoffen statt. Man könnte nun annehmen, daß dies in getrennten Abschnitten vor sich ginge, also in einem der Stoffaustausch und in einem anderen die Konzentrierung, wie dies wahrscheinlich bei der Froschniere der Fall ist. Derartige Erwägungen hat WESSON angestellt: im proximalen Tubulus befindet sich eine isotonische Flüssigkeit und dort würden die Stoffe·ausgetauscht. Aber die meisten Autoren nehmen im proximalen Teil eine „obligatorische" Wasserreabsorption und im distalen Tubulus eine „fakultative" Wasseraufnahme an (SHANNON). Und es wächst nach Phlorrhizinvergiftung die Zuckerkonzentration schon im proximalen Tubulus nach OLIVER an, (während sie normalerweise dort abnimmt); dies spricht für Wasserreabsorption in diesem Teile, man müßte denn eine Sekretion von Zucker unter Phlorrhizin fordern.

Für die Berechnung der Filtratmenge nach der Inulin-Clearance erhebt sich ein zweites Bedenken; sie setzt eine dauernde Maximalleistung der Filtration voraus, die kaum variiert, obwohl bei Filtrationsdiuresen die Filtration zunimmt. Nach anderen physiologischen Erfahrungen ist es unwahrscheinlich, daß der Organismus dauernd an der Höchstgrenze seiner Leistungsfähigkeit tätig ist. Es würden dann alle Schlingen in jedem Glomerulus maximal durchblutet sein müssen und die Gesamtfläche, die für die Filtration zur Verfügung steht, ihr Maximum leisten.

4. Ausscheidung der Blutbestandteile.

In der Hauptsache erhält die Niere die auszuscheidenden Stoffe fertig mit dem Blute zugeführt und reichert sie gewöhnlich im Harn an. Ich gebe hier die bekannte Tabelle von CUSHNY (4) wieder, die diese Konzentrierung darstellt:

	Konzentration	Konzentrationsänderung	
	% im Blutplasma	% im Harn	in der Niere
Wasser	90—93	95	—
Eiweiß, Fett, Kolloide . .	7—9	—	—
Glucose	0,1	—	—
Na	0,3	0,35	1
Cl.	0,37	0,6	2
Harnstoff	0,03	2	60
Harnsäure	0,004	0,05	12
K	0,02	0,15	7
NH_4	0,001	0,04	40
Ca	0,008	0,015	2
Mg	0,0025	0,006	2
PO_4	0,009	0,15	16
SO_4	0,002	0,18	90
Kreatinin	0,001	0,075	75

Von diesen Stoffen erscheinen die Chlorionen und Natriumionen als solche im Harn, die Sulfat nur zum Teil, zum anderen als „Neutralschwefel" an organische Reste gebunden (z. B. Phenolätherschwefelsäure), Harnstoff als solcher, ebenso Harnsäure und Kreatinin. An ihnen leistet die Niere nur Konzentrationsarbeit.

Zusammensetzung des Harnes nach REIN:

Organische in g		Anorganische in g		
Harnstoff . . .	30—40	NaCl . . .	10—15	
Harnsäure . .	0,5—1,0	P_2O_5 . . .	3—4	(aus Phosphaten)
Kreatinin . . .	0,5—2,5	SO_3 . . .	1,5—3	(aus Sulfaten)
Hippursäure .	0,1—2	Na_2O . . .	4—7	(aus Chloriden, Phosph., Urat.)
Phenol, Kresol .	Spuren	K_2O . . .	2—4	(aus Chloriden, Phosph., Urat.)
Urochrom . .	Spuren	CaO . . .	0,33	(aus Chlorid, saures Phosphat)
Urobilinogen .	0,02—0,03	MgO . . .	0,16	(aus Chlorid, saures Phosphat)
Oxalsäure . .	0,01—0,025	NH_3 . . .	0,5—1,0	
Milchsäure wechselnd in Spuren.				

Die Zahlen bedeuten die täglichen Mengen.

Wenn man den Vorgängen nachgeht, die zur Sekretion der Stoffe führen, so könnte man glauben, daß die Ausscheidung dann am flottesten vor sich gehe, wenn im Glomerulusfiltrat nur wenig davon vorhanden sei. Man kann nun an einzelnen Stoffen wie Jodid und Nitrat prüfen, ob dies der Fall ist, oder in welcher Weise die Anreicherung erfolgt. E. FREY (*18*), (*20*) fand, daß die Sekretionsvorgänge dann am lebhaftesten verlaufen, wenn schon eine hohe Konzentration davon im Tubuluslumen vorhanden ist. Berechnet man die sezernierte Menge durch Abzug des filtrierten Anteils (nach △ Harn) von der Gesamtmenge, so erfolgt die Sekretion direkt proportional der schon erreichten Konzentration.

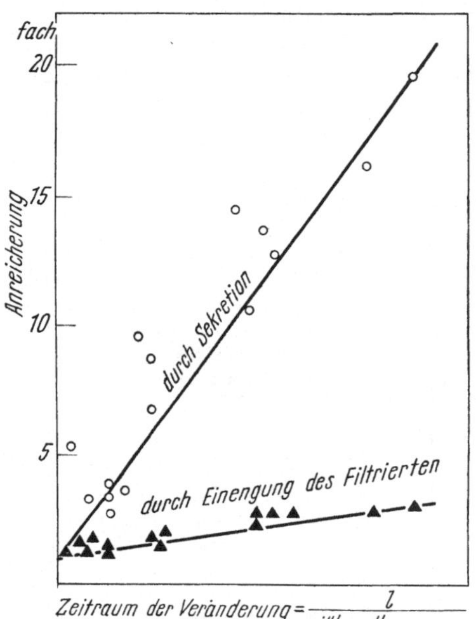

Abb. 26. Je größer die Einengung des filtrierten Anteils, desto größer ist auch die Sekretion. — Kaninchen, männl.; 1600 g; 50 ccm 2,1% NaJ (△ = —0,58°) = 1,05 g intravenös; später Coffein. (E. FREY, Pflügers Arch. 177, 157 (1919).)

Als Zeit muß man dabei die Zeit des Verweilens des Tubulusinhaltes ansetzen, weil bei langsam fließendem provisorischen Harn zur Konzentrierung mehr Zeit zur Verfügung steht, d. h. man nimmt als Zeit die wirkliche dividiert durch die mittlere Harnmenge (provisorischer Harn + definitiver durch 2). Es kommt also die Sekretion nicht dann am lebhaftesten in Gang, wenn nur ein geringer Gehalt der weiteren Anreicherung gegenübersteht, sondern das Gegenteil ist der Fall. Dies ist auf den ersten Blick verwunderlich, aber man muß bedenken: Soll ein Stoff aus den Epithelzellen der Tubuli austreten, so hören mit der Zellwand auch die lebenden Einflüsse auf Stoffwanderung oder Stoffkonzentrierung auf und es muß der Austritt durch die physikalische Diffusion erfolgen. Es muß also die Epithelzelle den Stoff in einer ein wenig höheren Konzentration in Bereitschaft halten, als er im Lumen der Kanälchen ist, soll er die Zelle verlassen können. Es muß also nicht nur die Konzentration des Stoffes im provisorischen Harn auf seinem Wege anwachsen, sondern auch seine Konzentration in den Epithelzellen zunehmen. In Übereinstimmung mit dieser Ansicht steht der Befund von MARSHALL und CRANE (*3*), (*4*), daß im Volumen der Froschniere fünfmal mehr Harnstoff als im Blut vorhanden ist und zweimal so viel als im Harn. Eine gleiche Speicherung in der Niere sahen MARSHALL und VICKERS (*3*) beim Phenolsulfophthalein; bei 5 mg % im Blutserum enthielt die Niere 40—50 mg %, dagegen die Leber nur 2—6 mg % und die Muskulatur unter 1 mg %.

Die Epithelien der Harnkanälchen sind also gewissermaßen nach innen, nach der Harnseite ausgerichtet, den Reiz für die Ausscheidung gibt die schon erreichte Konzentration in der Flüssigkeit, die das Kanälchen durchströmt, ab. Und so ergibt sich die Beobachtung, daß die in der Zeiteinheit ausgeschiedene Menge an Stoff der schon erreichten Konzentration im provisorischen Harn und in den Harnkanälchen proportional ist.

Dies könnte auch von Bedeutung für die Beurteilung von Versuchen an der isolierten Froschniere sein, wenn man dabei einen Farbstoff nur den Epithelien

anbietet, also von der Vena portae aus, aber ihn nicht von der Arterie aus zum
Glomerulus kommen läßt. Wird dann der Farbstoff nicht ausgeschieden, so hat
man auf die Unfähigkeit der Epithelien zu Ausscheidung geschlossen, es kann
aber vielleicht nur der Reiz zur Sekretion gefehlt haben. Und so ergeben sich
Unterschiede bei Eingabe von Farbstoffen an den ganzen Frosch oder nur bei
Durchströmung der Tubuli von der Vena portae aus.

Da alle krystalloiden Substanzen des Blutes durch die Glomerulusmembran
durchtreten, so werden die harnpflichtigen Stoffe teils im Glomerulus filtriert,
teils durch Sekretion von den Tubuli dazugeliefert werden, wie bei Besprechung
der Sekretion gezeigt wurde. Die Ausscheidung durch Filtration tritt am deutlichsten in Erscheinung, wenn eine Filtrationsdiurese besteht. Macht man also

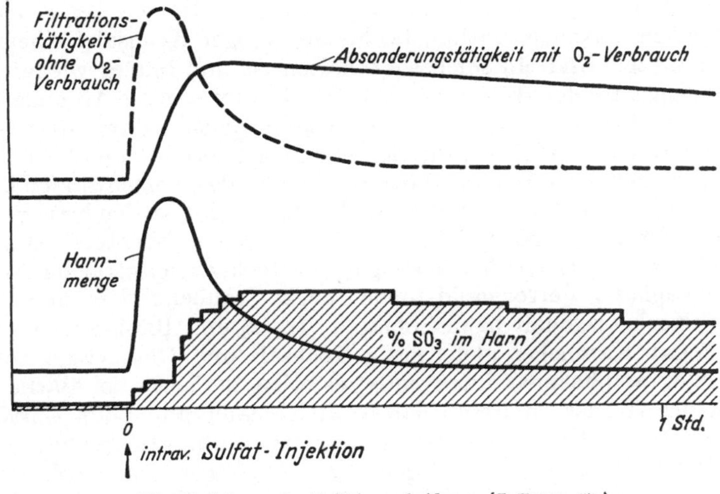

Abb. 27. Schema der Sulfatausscheidung. (J. FREY, (5).)

eine intravenöse Sulfatinjektion, so erscheint zunächst wenig Sulfat im Harn,
eben nur der filtrierte Anteil und erst später, wenn die starke Filtration nachläßt,
sezernieren die Tubuli große Mengen von Sulfat, und zwar im Austausch gegen
Kochsalz, eine Erscheinung, die sich immer wieder zeigt und die jetzt besprochen
werden soll. Dabei verläuft die Filtration des Sulfats ohne Sauerstoffmehrver-
brauch, die Sekretion dagegen mit einem solchen (s. Sauerstoffverbrauch). Man
kann diese Verhältnisse so darstellen, wie es J. FREY (5) in einem Schema getan
hat.

5. Der Antagonismus von Kochsalz und den harnpflichtigen Stoffen.

Von allen Stoffen, die in der Niere zur Abscheidung gelangen, nimmt das
Kochsalz eine Sonderstellung ein. Der Grund liegt darin, daß die Tubulustätigkeit in der Weise erfolgt, daß aus dem filtrierten Glomerulusprodukt Kochsalz
zurückgeholt wird und in molekularem Verhältnis dafür harnpflichtige Stoffe zur
Abscheidung kommen, daß also die Tubulustätigkeit in einem Austausch von
filtriertem gegen sezernierten Stoff besteht. Daher kann man die Menge des
provisorischen Harnes nach der Gesamtkonzentration (seinem Gefrierpunkt)
berechnen. Und daher findet sich ein Gegensatz, ein Antagonismus, von Kochsalz zu den übrigen Harnbestandteilen.

Dieser Gegensatz ist zuerst 1897 ALEXANDER V. KORÁNYI aufgefallen. Das
Plasma enthält 35,5% Cl von der Gesamtmolenmenge (104 mM Cl (1 mM Cl =

0,0355 g Cl) von 293 mM/lit), der Harn nur 21% (238 mM Cl von der Gesamtmenge von 721 mM/lit). Die anorganischen Molen machen im Plasma 93% der
Gesamtmenge aus (272 von 293 mM), im Harn 42% (308 von 721 mM) (s. S. 82).
Es ist also anorganischer Stoff, insbesondere Kochsalz, zurückgenommen worden
und dafür organische Bestandteile in den Harn übergetreten. Dieser Molekularaustausch ist dann von E. Frey (*17*), (*18*), (*19*) durch zahlreiche Beispiele
belegt worden und als Austausch von filtriertem gegen sezernierten Stoff beschrieben worden. Die experimentellen Unterlagen gehen auf Magnus (*1*)
zurück, der bei einem Sulfateinlauf in die Vene eine enorme Steigerung der
Harnflut beobachtete, die reichlich Kochsalz mitbrachte, weil zunächst ein
reiner Filtrationsvorgang vorliegt, wenn auch Magnus diesen Schluß nicht
zog. Dann aber, beim Abflauen der Diurese nach Abstellen des Einlaufes kam es
zu einer starken Steigerung des Sulfatgehaltes des Harnes bei gleichzeitigem
Sinken der Kochsalzkonzentration, das bis zur völligen Kochsalzfreiheit des Harnes gehen konnte. Und ein solches Verhalten ist nun immer wieder gefunden
worden, zunächst auf der Höhe dieser Glomerulusdiuresen die Absonderung eines
reinen Blutfiltrates mit entsprechendem Kochsalzgehalt, dann aber, wenn sich
bei sinkender Harnmenge die modifizierende Tätigkeit der Tubuli wieder in dem
nun weniger reichlich fließenden Harn durchsetzt, das Verschwinden des Kochsalzes aus dem Harn und die Zunahme der Konzentration an den betreffenden eingegebenen Substanzen. Bei fallender Zuckerdiurese beobachtete Galeotti das
Verschwinden von Kochsalz bei Ansteigen der Zuckerkonzentration. Auch nach
Acetyl-, Phosphat-, Ferrocyanid-Ionen, nach Traubenzucker und Harnstoff
nimmt der Kochsalzgehalt nach Sollman (*1*), (*2*) und Brodie und Cullis ab.
Cushny (*1*) gab Kaninchen gleichzeitig Kochsalz und Glaubersalz oder Harnstoff und Natriumphosphat intravenös; es stieg zunächst bei starker Diurese
der Gehalt des Harnes an diesen Salzen gleichmäßig an. Beim Abklingen der
Diurese aber fiel die Chlorausscheidung prozentual ab, während Phosphat, Sulfat und Harnstoff prozentual steigen. Das Ansteigen von Kochsalz bei der
Glomerulusdiurese vermißte Loewi (*1*), (*4*), wenn er Phlorrhizin gegeben hatte,
also Zucker im Harn auftrat. Bei der Glycosurie nach Phlorrhizin oder Adrenalin
sah Biberfeld ebenfalls das Kochsalz abnehmen. Ein gleicher Antagonismus
zeigt sich auch zwischen Kochsalz und Harnstoff (Becher und Janssen (*2*), (*3*)).
Auch in pathologischen Fällen ist dies beobachtet worden; so gibt Volhard zwei
Kurven des gegensinnigen Verhaltens der NaCl- und der N-Konzentration im
Harn bei Isosthenurie, der Konzentrationsstarre, woraus dieser Antagonismus
sehr deutlich hervorgeht. E. Becher (*7*) beschreibt die Verhältnisse folgendermaßen: ,,In Diureseversuchen an Kaninchen wird gezeigt, daß bei der Harnstoffdiurese zwei Phasen zu unterscheiden sind; in der ersten, die nur bei rasch einsetzender Diurese und namentlich bei intravenöser Zufuhr deutlich auftritt,
nähert sich die Konzentration des Kochsalzes und der übrigen harnfähigen Substanzen der Serumkonzentration an; in der zweiten Phase entfernen sie sich von
ihr. In der ersten Phase erleichtert sich also die Niere die osmotische Arbeit und
die Diurese nähert sich einem Filtrationsvorgang; es wird daraus geschlossen,
daß an diesem Stadium besonders die Glomeruli beteiligt sind, die das Wasser mit
dem Kochsalz ausscheiden. Im zweiten Stadium findet eine allmähliche Ver-
drängung der Partialfunktion der Cl-Ausscheidung durch gesteigerte Harnstoffausscheidung statt. In dieser Phase sinkt die Kochsalzkonzentration des Urins
ab, auch wenn der Kochsalzspiegel des Blutes durch vorherige NaCl-Anreiche-
rung gegenüber der Norm erhöht ist.'' Neuerdings hat J. Frey und Werz (*7*)
beim Diabetes mellitus diese Abhängigkeit der Chloridausscheidung von derjenigen des Zuckers beschrieben; der Antagonismus trat immer dann deutlich

zutage, wenn keine zu starke Filtrationsdiurese durch den Zucker beobachtet
wurde; denn diese bringt ja Kochsalz mit. Experimentell wurde dieser Antagonismus von Chloriden und Achloriden durch J. FREY und JOCKERS (8) durch
Belastung mit Harnstoff oder Kochsalz oder beiden Substanzen gleichzeitig gesichert; nach Harnstoffgaben sank die Kochsalzkonzentration stark ab. Auch
bei einer gesunden Versuchsperson gingen die Ausscheidungskurven, die J. FREY
(6) abbildete, streng gegensätzlich. Also überall ein Austausch von filtriertem
Kochsalz gegen die sezernierten harnpflichtigen Stoffe. Bei den Filtrationsdiuresen erst dann, wenn die Tätigkeit der Epithelien beim Nachlassen der über-
großen Filtration wieder hervortritt. Die herabgesetzte Kochsalzkonzentration
im Harn ist also ein Zeichen für den Austausch, weil seine Rückresorption erst

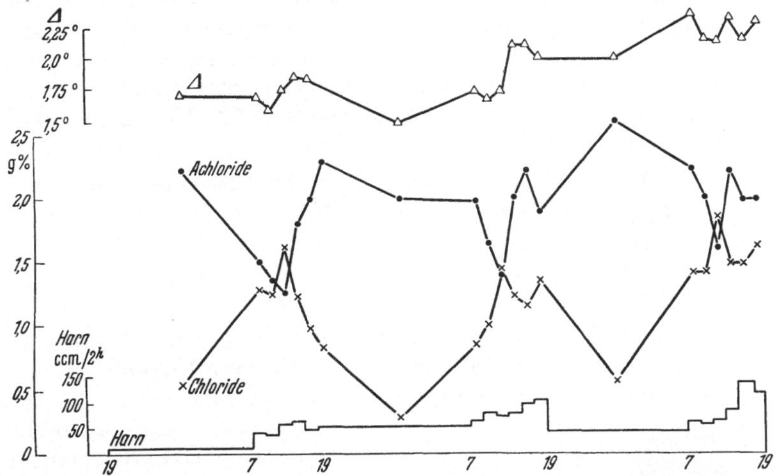

Abb. 28. Chloride und Achloride. Gesunde weibl. Versuchsperson bei gewohnter Lebensweise.
Δ des Harnes wurde als NaCl gerechnet, das Cl davon als NaCl abgezogen = Achloride.
Abszisse Uhrzeit. (J. FREY (6).)

die Abscheidung der harnpflichtigen Substanzen möglich macht, die nur im Austausch gegen Kochsalz in den Harn übertreten können. Daher dieser immer
wiederkehrende Antagonismus von Kochsalz und harnpflichtigem Stoff, den
v. KORÁNYI aufzeigte und E. FREY (19) als Gegensatz von filtriertem und sezernierten Stoff deutete. Die Ausscheidung von Kochsalz ist also zum Teil passiv,
sie hängt von der Menge der ausscheidungsbedürftigen Substanzen ab. Auf der
anderen Seite ist aber dieser Austausch zur Abscheidung der Stoffwechselschlacken notwendig. Fehlt das Kochsalz, so kommt es zur „achlorämischen
Azotämie" oder gar zur Urämie (J. FREY (4), (5)). Es ist bezeichnend, daß sich
die Retention von stickstoffhaltigen Abbauprodukten sofort bei Zufuhr von Kochsalz bessert (z. B. zur Vorbereitung der Operation bei Pylorustenose) und daß
dieser Vorgang durch gleichzeitige Gaben von Nebennierenhormon deutlich unter-
stützt wird (J. FREY (4), (5)), weil dieses Hormon den Kochsalzgehalt des Blutes
heraufsetzt, entsprechend der Kochsalzarmut des Blutes nach Nebennierenentfernung.

Wenn man durch wiederholte Spülung des Paritoneums mit Zuckerlösungen
Meerschweinchen entsalzt, so fanden J. FREY, LIEBEGOTT und WALTERSPIEL (3)
die Nebennieren arm an Lipoidgranula, was sie als Erschöpfung der Hormon-
bildung deuten; es entwickelt sich also ein circulus vitiosus durch das Fehlen
des Hormons, was zu weiterem Sinken der Blutkochsalzprozente führt (J. FREY
(4), (5)).

„Die Beweise, daß tatsächlich ein tubulärer Molekularaustausch von Kochsalz gegen harnpflichtige Stoffe vorliegt, geben aber noch zu einer anderen Überlegung und Berechnung Anlaß. Bei solchem äquimolekularem Austausch kann man diejenigen Filtratmengen berechnen, die notwendig sind, um die täglichen harnpflichtigen Stoffmengen auszuscheiden, bis völlige Kochsalzfreiheit des Harnes eingetreten ist. Dies ist selbstverständlich unter normalen Bedingungen, weil Kochsalz mit der Nahrung im Überschuß aufgenommen wird, nicht der Fall, sondern wird erst bei hyposalämischen Krankheiten erreicht. Man kann diese Filtratmengen/Tag dann als minimale Filtratmengen bezeichnen, die für die Suffizienz der Nieren unerläßlich sind. Werden diese Filtratmengen oder ihr Kochsalzgehalt unterschritten (Hydrosaloprivie), so entsteht eine funktionelle Niereninsuffizienz. Der Einfachheit halber wurden der Berechnung 30 g Harnstoff täglich als „harnpflichtige Stoffmenge" zugrunde gelegt. Es ist selbstverständlich, daß noch andere harnpflichtige Substanzen ausgeschieden werden und daß dieses Vorgehen nur approximativ, aber richtig dimensionierte Zahlen ergibt $\left(\text{J. Frey (5)}\right)$. Berechnung: 30 g Harnstoff = 500 Millimol = 14,6 g NaCl (als 2 Teilchen gerechnet). Diese sind enthalten

```
bei 0,58 %  NaCl  im  Plasma  in   2 500 ccm  Glomerulusfiltrat
 ,,  0,50 %  ,,    ,,    ,,      ,,   2 900  ,,              ,,
 ,,  0,40 %  ,,    ,,    ,,      ,,   3 700  ,,              ,,
 ,,  0,30 %  ,,    ,,    ,,      ,,   4 900  ,,              ,,
 ,,  0,20 %  ,,    ,,    ,,      ,,   7 300  ,,              ,,
 ,,  0,10 %  ,,    ,,    ,,      ,,  14 600  ,,              ,,
```

Auf der Kurve sind die Kochsalzprozente auf der Ordinate, die Filtratmengen auf der Abszisse eingetragen; der schwarze Teil bedeutete Niereninsuffizienz, die normalen Verhältnisse werden etwa durch den Stern angegeben. (In der Klinik kann man tatsächlich eine saloprive Niereninsuffizienz durch starke Flüssigkeitszufuhr bessern) $\left(\text{J. Frey (5)}\right)$.

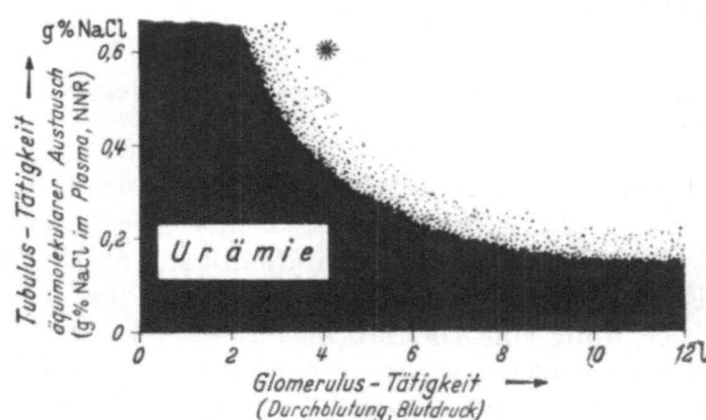

Abb. 29. Notwendigkeit der Filtration von NaCl zur Ausscheidung der Stoffwechselschlacken. (J. Frey in (5).)

Diese mehr passive Rolle, die das Kochsalz bei der Harnbereitung spielt, findet analoge Verhältnisse auch an anderen Stellen des Körpers. So sehen wir die Galle trotz erheblicher Anreicherung an spezifischen Stoffen durch Wasserresorption ihren ursprünglichen osmotischen Druck beibehalten, weil gleichzeitig mit dem Wasser auch Kochsalz die Galle verläßt $\left(\text{J. Frey (1), (2)}\right)$. Die gleiche Erscheinung, Auftreten von Kochsalz im Sinne eines Ausgleiches des osmotischen Druckes, finden wir bei den Austauschvorgängen im Dünndarm wieder: Gibt man Wasser oder verdünnte Lösungen von Zucker in eine Darmschlinge, so weist die Flüssigkeit im Darm nach einiger Zeit erhebliche Mengen von Kochsalz auf; füllt man den Darm aber mit konzentrierten Lösungen von Zucker oder Glaubersalz, so ist später Kochsalz nur in Spuren in der Darmflüssigkeit enthalten. Man hat den Eindruck, als diene die Kochsalzausscheidung in den Darm hinein direkt zur Vermeidung eines osmotischen Druckgefälles oder zu seiner Herabsetzung und sie fehle da, wo dies nicht vorhanden ist $\left(\text{E. Frey (12), (13)}\right)$.

So nimmt das Kochsalz bei der Harnbereitung eine Sonderstellung ein, indem es der einzige Stoff ist, welcher nur durch Filtration ausgeschieden werden kann. Von diesem filtrierten Kochsalz wird immer ein Teil zurückgenommen, weil die harnpflichtigen Stoffe nur im Austausch gegen Kochsalz eliminiert werden können. Und auch wenn man die Filtration und Rückresorption nach der

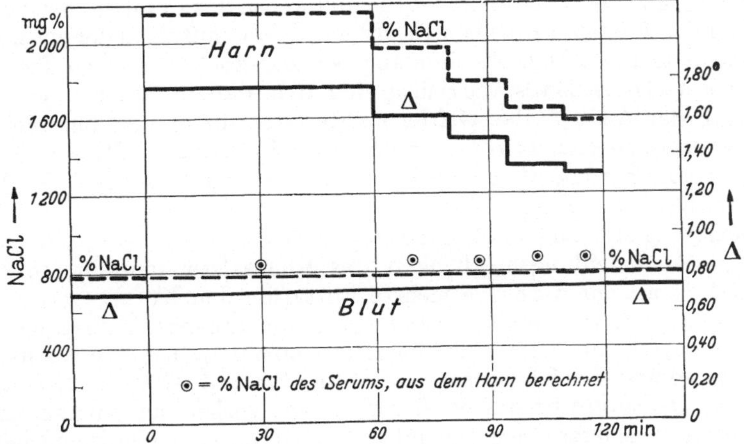

Abb. 30. Kaninchen, weibl.; 1600 g; vorher 150 ccm; 3% NaCl per os, 2 g Urethan. Blasenkanüle.

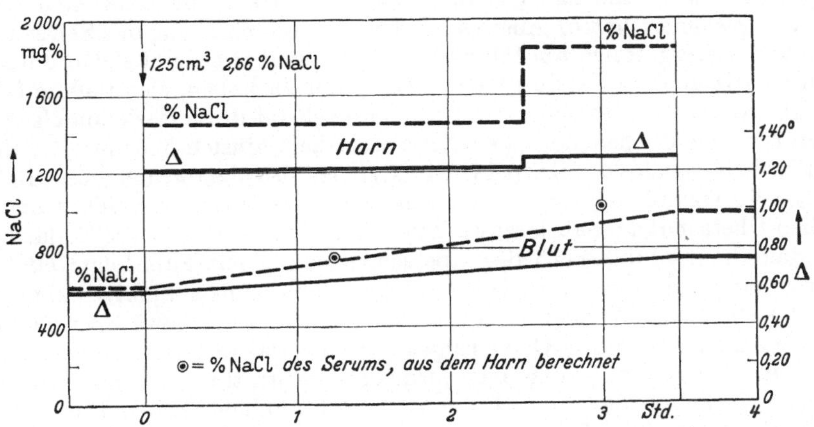

Abb. 31. Kaninchen, 1050 g; vorher 125 ccm 3% NaCl per os. Abdrücken des Harnes.

Orale Gabe von Kochsalz: Die normalen % NaCl im Serum (links) steigen während des Versuches auf den Wert rechts. Berechnung der % NaCl im Serum aus % NaCl und Δ des Harnes, unter der Voraussetzung, daß der Harn ein bis zum Harn-Δ eingedicktes Serum ist; es findet also bei sehr kochsalzreichen Tieren weder Rückresorption noch Sekretion von NaCl statt. (E. FREY in J. FREY (5).)

Gesamtkonzentration ansetzt, also den kleinsten Werten, die möglich sind, so wird stets ein Teil zurückresorbiert. Da lag es nahe, durch Anreicherung eines Tieres mit Kochsalz dieses selbst stark ausscheidungsbedürftig zu machen und so seine Rückresorption auf ein Minimum herabzusetzen. Und dann ergibt sich eine Übereinstimmung der Kochsalzkonzentrierung mit der Einengung nach der Gesamtkonzentration, nach dem Gefrierpunkt. Gibt man einem Kaninchen eine 3%ige Kochsalzlösung in den Magen und bestimmt den Gefrierpunkt des Harnes

und seinen Kochsalzgehalt, so zeigt sich Übereinstimmung der Einengung nach
diesen beiden Maßstäben: gefriert der Harn doppelt so tief unter Null als das Blut,
so enthält er auch doppelt so viel Kochsalz als das Serum. Wenn man, wie es in
dem beigefügten Beispiel geschehen ist, aus dem Kochsalzgehalt des Harnes und
seinem Gefrierpunkt die Kochsalzprozente des Serums berechnet, so liegen sie
tatsächlich in der Höhe des Kochsalzgehaltes des Serums; sie liegen eine Spur
höher, weil Cl chemisch bestimmt wurde und wegen des Donnan-Gleichgewichtes
im eiweißfreien Filtrat etwas mehr Cl enthalten sein muß als in der eiweißhaltigen
Blutflüssigkeit. Diese Übereinstimmung bei sehr kochsalzreichen Tieren liefert
den Beweis, daß diese Maßstäbe richtig sind, d. h. daß die Einengung des Harnes
im Ausmaß der Aussage des Gefrierpunktes stattfindet und nur hier bei mit
Kochsalz angereicherten Tieren auch nach dem Kochsalzgehalt. Für gewöhnlich
findet aber eine Zurücknahme von Kochsalz statt, ein Austausch der Moleküle,
wie dies v. KORÁNYI annahm.

Vielleicht ist eine andere Betrachtung noch von Wert. Wenn die Filtration
die einzige Ausscheidungsmöglichkeit des Kochsalzes darstellt, so kann ein
Überschuß daran nur durch vermehrte Filtration den Körper verlassen. Und
man versteht jetzt eine Reaktion der Niere, die zunächst außerordentlich unzweckmäßig erscheint. Gibt man einem Tier eine konzentrierte Kochsalzlösung
in die Vene, so wird der Körper salzreicher und verarmt relativ an Lösungsmittel,
an Wasser. Daraufhin produziert das Tier, das vorher nur eine geringe Harnmenge absonderte, jetzt einen gegenüber der Vorperiode außerordentlich dünnen
Harn in reicher Menge. Dadurch wird das Mißverhältnis zwischen Salz und
Wasser noch vergrößert; es wäre zweckmäßiger gewesen, wenn eine solche Diurese
ausgeblieben wäre und das Tier in wenigen ccm Harn eine konzentrierte Salzlösung abgesondert hätte. Aber es ist eben die Ausscheidung des Salzes nur auf
dem Wege einer gesteigerten Filtration möglich und so scheint sich die Reaktion
auf Kochsalz auch auf andere Salze ausgedehnt zu haben, sich auch auf Zucker
oder Harnstoff zu erstrecken. Immer aber erscheint diese Reaktion als ein Verlassen der eigentlichen normalen Nierentätigkeit hinsichtlich der Regulierung
des Wasserbestandes des Körpers. Die Niere ist also eben wegen dieses Reflexes,
auf Salzüberschuß mit einer Filtrationsdiurese zu antworten, nicht imstande,
solchen Überschuß an Salz loszuwerden. Und da tritt ein anderer Reflex helfend
ein: das Durstgefühl, das jeder Überschwemmung mit Salz folgt; eine Überschwemmung mit Wasser verläuft dagegen ohne jedes subjektive Empfinden,
weil die Niere den Wasserreichtum selbst ohne weiteres bewältigen kann. Wir
sehen also, daß alle diese Glomerulusdiuresen etwas der Niere Aufgezwungenes
sind, eine Gefäßerweiterung mit vermehrter Filtration und mit immer dem
gleichen Verhalten des Harnes, der dabei blutähnlicher wird. Diese Diuresen
durch die spezifischen Diuretika zeigen absolut nichts Spezifisches; es sind die
Coffein-, die Salz-, die Quecksilber-, die Harnstoff- und die Zuckerdiurese etwas
Unphysiologisches. Auch die letztere geschieht nicht wegen des hohen osmotischen Druckes, den die Niere vermeiden möchte, wie es immer bei der Harnflut
der Diabetiker gesagt wird; denn der osmotische Druck einer 6%igen Zuckerlösung entspricht ja nur einer Gefrierpunktserniedrigung von 0,6°, welche die
Niere zusätzlich ohne weiteres herstellen kann, aber sie sondert ja einen gegenüber der Norm verdünnten Harn ab. Es handelt sich also offenbar um eine
Reaktion der Niere, die vom Kochsalz ausgehend nun auch andere Stoffe um-
greift, und zu solch unzweckmäßigem Verhalten führt. Deswegen sind alle diese
Diuresen nicht eine Reizung des Organs zu besserer Tätigkeit, nicht eine Steigerung seiner normalen Funktion, sondern eine Erweiterung des Blutgefäß-
systems und betreffen nicht den spezifischen Tubulusapparat. Und die einzige

physiologische Vermehrung der Harnmenge tritt auf, wenn der Körper mit Wasser überschwemmt wird.

J. Frey (6) sieht in der Filtrationsdiurese ein Zeichen für das Versagen des Tubulusapparates, sie trete immer dann ein, wenn die Tubuli relativ insuffizient werden und die Ausscheidung bei zu starkem Angebot nicht mehr bewältigen können.

Zum Schluß füge ich ein Schema von J. Frey (6) bei, auf dessen oberer Hälfte die Blutkonzentrationen für einige Stoffe eingetragen sind, unten ihre Konzentrierung im Harn: die Ausnahmestellung des Kochsalzes tritt deutlich hervor.

J. Frey (6) macht auf die grundsätzliche Ähnlichkeit aufmerksam, welche zwischen der Salzwanderung in die Zellen arbeitender Organe und den Austritt von Salzen aus ihnen in die Interzellularräume besteht. Bei Organarbeit tritt Cl und Na aus der Lymphe in die Zelle ein, welche K, und Phosphat dafür hergibt. Es ist also derselbe Vorgang, der sich zwischen

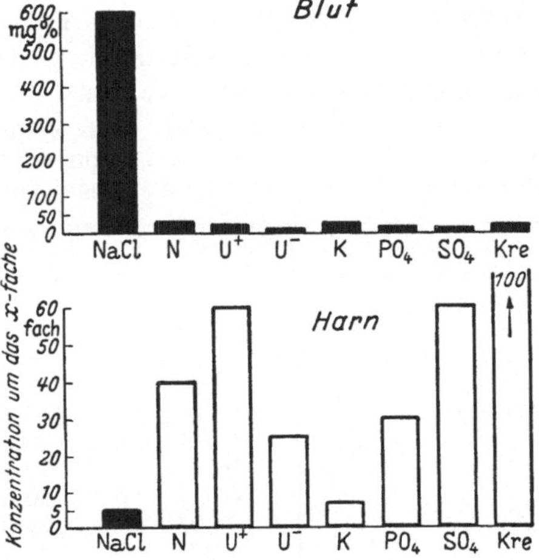

Abb. 32. Ausnahmestellung des Kochsalzes. Konzentration der Blutbestandteile und ihre Konzentrierung im Harn. (J. Frey in (5).)

provisorischem Harn und Tubuluszelle abspielt: Kochsalz wird aufgenommen und dafür treten andere Substanzen in den provisorischen Harn über.

6. Die Vorgänge bei der Filtration und Rückresorption.

Geradeso wie bei Berechnung der osmotischen Arbeit der Niere ist es auch hier zweckmäßig, die Vorgänge im einzelnen zu verfolgen und sich nicht mit einer allgemeinen Betrachtung zu begnügen; man erhält auf diese Weise manchen Aufschluß. Cushny (4) hat eine Tabelle, die in alle Lehrbücher übergegangen ist, für die Mengen Stoff angegeben, die nach seiner Meinung filtriert und rückresorbiert werden. Sie muß ergänzt werden durch eine Aufrechnung der Ionen, weil jede Flüssigkeit, also auch Filtrat und Harn gleich viel Kationen und Anionen enthalten muß.

Nimmt man verschiedene Mengen Filtrat an, so kann man bei jeder Menge Filtrat feststellen, wieviel von jedem Stoff filtriert, rückresorbiert und dazusezerniert werden muß, um den definitiven Harn herzustellen. Man setzt dabei eine normale Beschaffenheit des Blutes, also auch des Filtrates voraus, und ebenso die gewöhnliche Menge und Zusammensetzung des Harnes. Bei Annahme geringer Filtratmengen müssen sehr viele Stoffe zusätzlich sezerniert werden, damit sie in der richtigen Harnkonzentration erscheinen; bei großen Filtratmengen geschieht die Anreicherung hauptsächlich durch Rückresorption von Wasser. Dabei stellt sich heraus, daß nicht immer gleich viel Kationen und Anionen resorbiert werden und ebenso nicht immer gleich viel Kationen und Anionen sezerniert werden, sondern daß bei Resorption und Sekretion ein Überschuß einer Ionensorte verbleibt. Dieser Überschuß betrifft die Rückresorption und Sekretion in gleicher Weise, d. h. werden mehr Anionen rückresorbiert, so werden auch mehr Anionen sezerniert, und zwar in genau gleicher Menge. Dies muß so sein, denn die Ausgangslösung und die Endlösung enthalten ja natürlich gleich viel Anionen wie Kationen. Es muß also, wenn sich ein solcher Überschuß einer Ionensorte zeigt, ein Austausch von Ionen stattfinden, das „Resorbat" wäre dann nur im Augenblick des Austausches denkbar, aber selbst nicht existenzfähig. Nur bei der Annahme einer Filtratmenge, wie sie der Gefrierpunkt angibt, wo also ein Molekularaustausch stattfindet (E. FREY (1)), ergibt sich kein Überschuß einer Ionensorte, in diesem Falle könnte es ein solches Resorbat wirklich geben, oder mit anderen Worten, in diesem Falle könnten Moleküle durch die Zellen wandern, nicht nur Ionen.

Das Plasmafiltrat hat eine etwas vom Plasma verschiedene Zusammensetzung und zwar fehlt darin das Eiweiß und dafür müssen nach dem Donnan-Gleichgewicht die Anionen etwas vermehrt und die Kationen etwas vermindert im Filtrat auftreten (hier wurde

Stoff	%	Mol-Gew.	Millimol	Kationen	Anionen
1 lit Plasma:					
Zucker	0,1	180,0	5,55	—	—
Harnstoff	0,03	60,0	5,00	—	—
Harnsäure	0,004	168,1	0,24	—	0,24
Na^+	0,301	23,0	130,87	130,87	—
K^+	0,02	39,1	5,12	5,12	—
Ca^{++}	0,011	40,0	2,70	5,40	—
Mg^{++}	0,003	24,0	1,25	2,50	—
Cl^-	0,37	35,5	104,22	—	104,22
$HPO_4^=$	0,009	96,0	0,95	—	1,90
$SO_4^=$	0,002	96,0	0,21	—	0,42
HCO_3^-*	0,161	61,0	26,20	—	26,20
Eiweiß	7,5	—	10,66	—	10,66
			292,97	143,89	143,64

$\Delta = -0,542°$

* 36 ccm in 100 Plasma.

Stoff	%	Mol-Gew.	Millimol	Kationen	Anionen
1 lit Filtrat:					
Zucker			5,84	—	—
Harnstoff			5,26	—	—
Harnsäure			0,26	—	0,26
Na^+			132,24	132,24	—
K^+			5,25	5,25	—
Ca^{++}			2,73	5,46	—
Mg^+			1,28	2,56	—
Cl^-			114,09	—	114,09
$HPO_4^=$			1,04	—	2,07
$SO_4^=$			0,23	—	0,45
HCO_3^-			28,68	—	28,68
			269,90	145,51	145,55

$\Delta = -0,55°$

Stoff	%	Mol-Gew.	Millimol	Kationen	Anionen
1,5 lit Harn:					
Zucker	0		—	—	—
Harnstoff	30,00 g		500,00	—	—
Harnsäure	0,75		4,46	—	—
Na^+	5,075		220,52	220,52	—
K^+	2,565		65,62	65,62	—
Ca^{++}	0,04		1,00	2,00	—
Mg^{++}	0,09		3,75	7,50	—
Cl^-	8,45		238,01	—	238,01
$H_2PO_4^-$	2,91		30,00	—	30,00
$SO_4^=$	2,82		29,37	—	58,74
HCO_3^-	0		—	—	—
NH_4^+	0,56		32,11	32,11	—
			1124,84	327,75	326,75

$\Delta = -1,39°$

Bei Annahme von 1,5 lit Filtrat:

	Filtriert			Resorbiert			Sezerniert		
	Millimol	Kationen	Anionen	Millimol	Kationen	Anionen	Millimol	Kationen	Anionen
Zucker	8,76	—	—	8,76	—	—	—	—	—
Harnstoff	7,89	—	—	—	—	—	482,11	—	—
Harnsäure	0,39	—	0,39	—	—	—	4,07	—	—
Na^+	198,36	198,36	—	—	—	—	22,16	22,16	—
K^+	7,88	7,88	—	—	—	—	57,74	57,74	—
Ca^{++}	4,10	8,20	—	3,10	6,20	—	—	—	—
Mg^{++}	1,92	3,84	—	—	—	—	1,83	3,66	—
Cl^-	171,13	—	171,13	—	—	—	66,88	—	66,88
$HPO_4^=$	1,56	—	3,12	—	—	—	—	—	—
$H_2PO_4^-$	—	—	—	—	—	—	28,44	—	28,44
$SO_4^=$	0,34	—	0,68	—	—	—	29,03	—	58,06
HCO_3^-	43,02	—	43,02	43,02	—	43,02	—	—	—
NH_4^+	—	—	—	—	—	—	32,11	32,11	—
H^+	—	—	—	—	—	—	—	1,95	—
	445,35	218,28	218,34	54,88	6,20	43,02	724,37	117,62	153,38
						6,20			117,62
						36,82			35,76

Bei Annahme von 3,8 lit Filtrat (äquimolekularer Austausch):

	Filtriert			Resorbiert			Sezerniert		
	Millimol	Kationen	Anionen	Millimol	Kationen	Anionen	Millimol	Kationen	Anionen
Zucker	22,19	—	—	22,19	—	—	—	—	—
Harnstoff	19,19	—	—	—	—	—	480,01	—	—
Harnsäure	0,99	—	0,99	—	—	—	3,47	—	—
Na^+	502,51	502,51	—	281,99	281,99	—	—	—	—
K^+	19,95	19,95	—	—	—	—	45,67	45,67	—
Ca^{++}	10,37	20,74	—	9,37	18,74	—	—	—	—
Mg^{++}	4,86	9,72	—	1,11	2,22	—	—	—	—
Cl^-	433,54	—	433,54	195,53	—	195,53	—	—	—
$HPO_4^=$	3,95	—	7,90	—	—	—	—	—	—
$H_2PO_4^-$	—	—	—	—	—	—	26,05	—	26,05
$SO_4^=$	0,87	—	1,74	—	—	—	28,50	—	57,00
HCO_3^-	108,98	—	108,98	108,98	—	108,98	—	—	—
NH_4^+	—	—	—	—	—	—	32,11	32,11	—
H^+	—	—	—	—	—	—	—	4,94	—
	1128,20	552,92	553,15	619,17	302,95	304,51	615,81	82,72	83,05

Bei Annahme von 15 lit Filtrat:

	Filtriert			Resorbiert			Sezerniert		
	Millimol	Kationen	Anionen	Millimol	Kationen	Anionen	Millimol	Kationen	Anionen
Zucker	87,60	—	—	87,60	—	—	—	—	—
Harnstoff	78,90	—	—	—	—	—	421,10	—	—
Harnsäure	3,90	—	3,90	—	—	—	1,56	—	—
Na^+	1983,60	1983,60	—	1763,08	1763,08	—	—	—	—
K^+	78,80	78,80	—	13,18	13,18	—	—	—	—
Ca^{++}	41,00	82,00	—	40,00	80,00	—	—	—	—
Mg^{++}	19,20	38,40	—	15,45	30,90	—	—	—	—
Cl^-	1711,30	—	1711,30	1473,29	—	1473,29	—	—	—
$HPO_4^=$	15,60	—	31,20	—	—	—	—	—	—
$H_2PO_4^-$	—	—	—	—	—	—	14,40	—	14,40
$SO_4^=$	3,40	—	6,80	—	—	—	25,97	—	51,94
HCO_3^-	430,20	—	430,20	430,20	—	430,20	—	—	—
NH_4^+	—	—	—	—	—	—	32,11	32,11	—
H^+	—	—	—	—	—	—	—	19,50	—
	4453,50	2182,80	2183,40	3822,80	1887,16	1903,49	495,14	51,61	66,34
						1887,16			51,61
						16,33			14,73

4% angenommen), und dann ist das Volumen durch den Eiweißverlust verkleinert worden, z. B. von 1000 auf 950 ccm. Dann wurde eine Vereinfachung hinsichtlich der Reaktion vorgenommen: im Plasma wurde die Phosphorsäure als Dinatriumphosphat angenommen (also das Plasma etwas zu alkalisch), und im Harn als Mononatriumphosphat (also der Harn etwas zu sauer). Daher mußten H-Ionen sezerniert werden zur Umwandlung des alkalischen Phosphats in das saure. Außerdem wurden solche benötigt, um das harnsaure Natrium in Harnsäure umzuwandeln, die als undissoziiert angenommen wurde. Diese H-Ionen treten in den Molekülverband ein und verschwinden in der Äquivalentrechnung. Die Spuren von Ammoniak im Plasma sind weggelassen und die Gesamtmenge von Ammoniak im Harne wurde als von der Niere gebildet angenommen.

In den Tabellen ist die Zusammensetzung von Plasma, von Filtrat und von Harn angegeben, wie sie den Rechnungen zugrunde gelegt wurde. Es folgen drei Beispiele: Annahme einer Filtratmenge von 1,5 lit, also so viel wie definitiver Harn, zweitens bei Annahme einer Menge von provisorischem Harn von 3,8 lit, wie es einem Molekularaustausch, also dem Gefrierpunkt entspricht, und schließlich bei Annahme einer Filtratmenge von 15 lit, bei der schon eine starke Rückresorption sich einstellen muß. — Zum Schluß sind die Ionenüberschüsse noch bei der Annahme anderer Filtratmengen berechnet worden; vielleicht läßt sich daraus ein Wahrscheinlichkeitsschluß ziehen.

Aus diesen Tabellen geht hervor, daß im Filtrat natürlich immer gleich viel Kationen wie Anionen vorhanden sind. Dies ist aber bei der Resorption und Sekretion nicht so — oder doch nur im zweiten Beispiel. Denn bei Annahme einer geringen Filtratmenge von 1,5 lit sind bei der Resorption mehr Anionen vorhanden als Kationen (37); ebenso ist es bei der Sekretion (36). Es müßte also ein Ionenaustausch stattgefunden haben, das Resorbat als solches, die Flüssigkeit selbst ist nicht möglich, nur eben im Augenblick des Austausches denkbar. Im zweiten Beispiel, dem äquimolekularen Austausch, d. h. der Bemessung der Filtratmenge nach dem Gefrierpunkt, sind bei der Resorption gleich viel Kationen (303) wie Anionen (305) vorhanden; eine solche Flüssigkeit wäre selbst existenzfähig. Ebenfalls sind bei der Sekretion die Kationen (83) und die Anionen (83) einander gleich. In diesem Falle könnten die Substanzen als Moleküle durch die Membran treten. Bei Annahme einer größeren Filtratmenge (15 lit) ergibt sich wieder ein Anionenüberschuß, bei der Resorption 16 und bei der Sekretion 15. Hier müßten ebenfalls die Ionen ausgetauscht werden, das Resorbat ist selbst nicht existenzfähig.

Rechnet man nun wie in diesen drei Beispielen verschiedene Filtratmengen durch, so ergeben sich folgende Ionenüberschüsse (Kationen $=$ $+$; Anionen$=$$-$), die miteinander zu vergleichen sind.

Liter Filtrat	Rückresorbiert		Überschuß	Sezerniert		Überschuß
	Kationen	Anionen		Kationen	Anionen	
1,0	3,46	28,68	−25,22	186,90	211,16	−24,26
1,5	6,20	43,02	−36,82	117,62	153,38	−35,76
3,8	**302,95**	**304,51**	**− 1,56**	**82,72**	**84,05**	**− 0,33**
4,0	331,02	333,07	− 2,05	81,93	82,74	− 0,81
5,0	471,28	475,84	− 4,56	77,98	81,24	− 3,26
10,0	1172,58	1189,69	−17,11	58,23	73,74	−15,51
15,0	1887,16	1903,49	−16,33	51,61	66,34	−14,73
50,0	6979,86	6953,03	+26,83	66,57	35,74	+30,83
100,0	14255,36	14208,53	+46,73	66,57	0	+66,57
150,0	21532,36	21473,79	+58,57	66,57	0	+66,57

Die Überschüsse zeigen ein deutliches Minimum bei der Annahme einer Filtratmenge nach dem Gefrierpunkt des Harnes; es könnten also in diesem Falle Moleküle durch die Membran treten; in anderen Fällen müßte ein Ionenaustausch eintreten. Nur die Annahme sehr großer Filtratmengen ist unmöglich, weil da freie Ionen ohne Partner auftreten; in diese letztere Annahmen fällt auch die von Cushny (4). (Zahlen von E. Frey in J. Frey (5)).

7. Die Harnfarbe.

Im Harne kommen verschiedene Farbstoffe vor und zwar Urobilin, Uroerythrin und die Restfarbstoffgruppe (Urochrom). Dieses Urochrom konnte HEILMEYER (2) durch Aussalzen mit Ammonsulfat in zwei Komponenten trennen, Urochrom A und B. Man glaubte, daß Urochrom aus Tyrosin oder Tryptophan stammt (LEHNHARTZ), aber HEILMEYER hat es wahrscheinlich gemacht, daß es sich vom Blutfarbstoff ableitet. Von Farbstoffen, die auch sonst im Körper vorkommen, ist im Harn Bilirubin in ganz geringen Mengen und manchmal auch sein Oxydationsprodukt Biliverdin in Spuren vorhanden. Bilirubin tritt hauptsächlich bei Behinderung des Gallenflusses, Urobilinogen und Urobilin, wenn die Leber das ihr vom Darm zugeführte Urobilinogen nicht weiter verarbeiten und wieder in den Darm ausscheiden kann, auf. In sehr geringer Menge sind auch Porphyrine und zwar Koproporphyrin und Uroporphyrin enthalten; ihre Menge wächst außerordentlich bei Vergiftungen mit Blei oder Sulfonal. Urobilin ist häufig, Urobilinogen stets im Harne vorhanden. Letzteres gibt mit Dimethylaminobenzaldehyd in essigsaurer Lösung eine rote Farbe. Urobilinogen ist mit Mesobilirubinogen identisch. Urobilin ist ein Gemisch von verschiedenen Oxydationsstufen von Urobilinogen, die im Licht entstehen, aber auch im nativen Harn vorkommen. Uroerythrin, der rote Farbstoff des Ziegelmehlsedimentes, beteiligt sich an der Harnfarbe wesentlich mehr, beim Gesunden zu 0—15% in pathologischen Fällen bis zu 50%, an der Harnfarbe als Urobilin, das nur 1—2% ausmacht. Eine genaue spektrographische Analyse dieser Farbstoffe hat HEILMEYER (2) gegeben.

Um sich ein Bild des Harnfarbstoffes zu machen, besonders seine Ausscheidung in quantitativer Hinsicht zu verfolgen, hat HEILMEYER (1) grundlegende Untersuchungen angestellt. Zunächst war es wichtig, festzustellen, ob immer ein Gemisch derselben Substanzen vorliegt. Dies zeigte HEILMEYER (1) dadurch, daß er die durchgelassene Lichtmenge in verschiedenen Spektralbereichen beobachtete und das Verhältnis der Extinktionskoeffizienten für grün, eine Farbe, die er bei klinischen Messungen am meisten benutzte, und für rot usw. bestimmte. (Extinktionskoeffizient ist der negative Logarithmus der durchgelassenen Lichtmenge.) Diese Verhältnisse sind immer bei normalen Harnen dieselben d. h. sie haben die gleichen Absorptionsbanden; z. B. ε grün zu ε rot 2,45 (oder 2,25 oder 2,5); für ε blau zu ε grün 3,2 (oder 3,2 oder 3,1). Fremde Farbstoffe werden an anderen Verhältnissen erkannt. So weist Blutharn ein Verhältnis von ε grün zu ε rot von 7,8 und ε blau zu ε grün von 1,3 auf (bei F_0 von 3,2 s. u.). — Alkalischer Porphyrinharn: ε grün zu ε rot 3,2 und ε blau zu ε grün 1,27 (bei F_0 von 26,2). — Uroerythrin in wäßriger Lösung: ε grün zu ε rot 10,0 und ε blau zu ε grün 1,1. Uroerythrin in Chloroform: ε grün zu ε rot 7,4 und ε blau zu ε grün 1,1. — Pyramidonharn (Rubazonsäure): ε grün zu ε rot 5,6 und ε blau zu ε grün 2,0 (bei F_0 von 3,0).

Konzentrierte Harne sind dunkler als verdünnte. Um nun verschieden konzentrierte Harne vergleichen zu können und sich vom spezifischen Gewicht unabhängig zu machen, reduzierte HEILMEYER (1, I) den Farbwert auf ein mittleres spezifisches Gewicht des Harnes von 1020, da die Farbtiefe mit demselben ansteigt. Der mittlere Extinktionskoeffizient im grün ist bei einer Schichtdicke von 3 cm 0,05, die durchgelassene Lichtmenge beträgt 71%. Dies ist der Farbwert $F = 1$. Um nun das spezifische Gewicht zu berücksichtigen, werden alle Werte auf das spezifische Gewicht von 1020 zurückgeführt, d. h. mit dem Verhältnis 20/spez. Gew. × multipliziert, wobei die beiden letzten Stellen des spezifischen Gewichtes benutzt werden. Dies ist der Farbwert F_0. Er ist also gleich F mal 20 durch die beiden letzten Stellen des spez. Gewichtes. Relative Hypochromurie zeigt sich bei vermehrter Ausscheidung fester Stoffe (z. B. bei Diabetes, weil das spez. Gewicht ansteigt) und relative Hyperchromurie bei verminderter Ausscheidung fester Stoffe (Hunger, Schweiß), auch bei vermehrter Farbstoffausscheidung bei Leberschäden oder Blutzerfall. Im Fieber ist nicht die Konzentrierung des Harnes für die dunkle Farbe verantwortlich, sondern die Farbausscheidung ist tatsächlich vermehrt, es überwiegen die roten Anteile, also Uroerythrin (F_0 bis 8,18).

Am Tage schwankt die Farbsauscheidung mit den Mahlzeiten, nach dem Essen ist sie vermindert; gefärbte Nahrungsmittel (Heidelbeeren, Rotwein, Rotkraut, Spinat) haben keinen Einfluß auf die Harnfarbe; der Farbstoff ist endogenen Ursprungs. Im Hunger tritt eine starke Vermehrung des F_0-Wertes ein, hauptsächlich durch Abnahme der festen Stoffe, z. T. aber auch durch wirkliche Zunahme des Farbstoffes, vielleicht durch Umstellung der Lebertätigkeit bedingt. Bei Muskelarbeit (Tagesmärsche) sinkt die Farbstoffausscheidung ab. Beim Schwitzen steigt der Farbwert an, weil im Schweiß Wasser und Salz den Körper verlassen, der Farbstoff aber von den Nieren bewältigt werden muß (HEIL-MEYER (*1*, II)).

8. Die kindliche Niere.

Die kindliche Niere ist noch nicht voll funktionsfähig, wenigstens kann sie sich nicht wie die Erwachsenniere den wechselnden Anforderungen anpassen. Erst im Laufe der ersten 2 Jahre entwickelt sie die Variabilität, die der Erwachsene in so hohem Maße besitzt. Bei Säuglingen werden ja auch keine Veränderungen ihrer Tätigkeit verlangt.

HELLER berichtet, daß neugeborene Tiere Wasser sehr viel mangelhafter ausscheiden als erwachsene Tiere derselben Spezies. Es kann zu einem ,,physiologischen Ödem'' kommen. Aber nicht nur das Verdünnungsvermögen ist noch nicht ausgebildet, sondern auch die Fähigkeit, einen konzentrierten Harn zu liefern. Und so besteht Neigung zu Exsiccose. Vielleicht steht die Niere noch nicht unter dem Einfluß des Hinterlappenhormons der Hypophyse. Jedenfalls weisen neugeborene Ratten ein völliges Unvermögen, hypertonischen Harn zu bereiten, auf. DEAN und McCANCE haben die Reaktionen der Erwachsenen mit der von Kindern auf diuretisch wirkende Eingriffe verglichen. Sie infundierten Erwachsenen nach 15- bis 16 stündigen Dursten 25 ccm einer 10%igen NaCl-Lösung und anschließend daran einen Dauereinlauf von 0,5 ccm/min mit 10%igen Inulinzusatz; beim Kind wurde zur Infusion eine Fußvene benutzt. Inulin wurde in 10%iger Lösung (in 0,9%iger NaCl-Lösung) zu 10 bis 20 ccm in etwa 5 min in das Gewebe der Schenkel injiziert. Beim Erwachsenen stieg z. B. der Cl-Gehalt im Plasma von 101 auf 135 mÄq/lit in einer halben Stunde und fiel nach 4 Stunden auf 130 mÄq/lit. Beim Kind ging dies langsamer, es hatte vor der Infusion in die Fußvene 87 mÄq/lit, die Konzentration stieg nach einer Stunde auf 126 mÄq/lit, nach 3 Stunden auf 131 mÄq/lit und betrug nach $3\frac{1}{2}$ Stunden noch 124 mÄq/lit im Plasma. Der größte Harnstrom fiel zeitlich nicht mit dem Gipfel der Plasmakonzentration zusammen. Erwachsene hatten ihre maximale Diurese nach 1 bis $1\frac{1}{2}$ Stunde, als ihr Plasmachlor fiel. Kinder sonderten die größte Harnmenge zwischen 3 und 4 Stunden ab. Der osmotische Druck, der beim Erwachsenen wegen des Durstens im Harn sehr hoch war (837 mMol/lit), sank während der Diurese stark herab, bis auf 494 mMol/lit; die Kinder dagegen hatten vorher einen sehr niedrigen Ruhewert von 145 mMol/lit und er stieg während der Diurese auf 487 mMol/lit. Der Harnstrom nahm ja auch beim Kinde sehr viel weniger zu. Eine größere Diurese setzte nach Harnstoff beim

Kind nicht ein, eine Besonderheit des Kindesalters; es scheidet den Harnstoff viel langsamer aus als der Erwachsene. Bemerkenswert ist der Befund, daß die Clearance von Inulin, die allgemein der Filtratmenge gleich gesetzt wird, beim Kinde sehr viel kleiner sein kann als die von Harnstoff, Phosphat, Natrium und Chlorid, während die Clearance von Inulin beim Erwachsenen etwa 120 ccm/min und die von Harnstoff durchschnittlich 37,7 ccm/min beträgt. Dies spricht nicht für eine Filtration des Inulins. Man würde denken, daß die Filtration von Inulin auch von der kindlichen Niere zustande gebracht werden könnte, während eine Sekretion der Tubuli sich erst mit zunehmendem Alter ausbildet. Es ist also die kindliche Niere nur mangelhaft funktionsfähig und erreicht erst allmählich die Leistungen des Erwachsenen.

Diese Entwicklung der Nierenfunktion, die Reifung der Niere mit zunehmendem Alter haben RUBIN, BRUCK und RAPOPORT verfolgt; sie geht aus folgender Tabelle hervor, die ich nach den Zahlen der Autoren zusammenstelle.

Clearance des U^+ ccm/min	Plasmadurchf. PAH-Cl. ccm/min	Mann.-Cl. (= Filtrat) ccm/min	tub. Kap. für PAH mg/min	Harnmenge ccm/min	
Bei Kindern von 2—22 Tagen:					
1—6	15—40	6—7	2,5	—	absolut
20—50	210—300	40—60	15—38	1—3	auf 1,73 m² ber.
Bei Kindern von 30—350 Tagen:					
6—15	30—100	10—30	2,10—20	—	absolut
40—50	200—400	60—100—125	15—60—80	1—3—20	auf 1,73 m² ber.
Bei Kindern von 12—30 Monaten:					
16—20	130—200	30—50	10—25	—	absolut
60—90	550—700	110—130	40—84	2—3	auf 1,73 m² ber.
Bei Kindern von 31—142 Monaten:					
25—45	175—400	35—80	23—50	—	absolut
65—90	450—680	88—145	60—88	3—10	auf 1,73 m² ber.

Dabei wurde der Plasmadurchfluß durch die Clearance von p-Aminohippursäure = PAH) bei einer Plasmakonzentration von 0,5 bis 3 mg% und die Exkretionskapazität für PAH bei einer Plasmakonzentration von 50 bis 100 mg% bestimmt. Die Werte sind gleichzeitig auf die Körperoberfläche von 1,73 m² umgerechnet. Die Mannitol-Clearance, d. h. die Anzahl ccm/min Plasma, welche die ausgeschiedene Menge Mannitol enthalten, wurde als Filtratmenge angenommen, wie das üblich ist.

Die Reifung ging in den ersten 6 Monaten am schnellsten vor sich, um gegen Ende des

Nach POPONOWSKI nimmt die Harnmenge je kg Körpergewicht im Wachstum ab:

Alter	ccm in 24 Std. und je kg Körper-Gew.	Körpergew. kg	Harnmenge/Tag ccm
Am 1. Tage	7	3	21
In der 1. Woche . .	76	3	235
Im 1. Monat	80	4	320
1— 2 Jahre . . .	45	10	450
2— 5 ,, ...	40	13	520
5— 8 ,, ...	36	19	684
8—11 ,, ...	34	25	850
11—15 ,, ...	29	37	1073
15—18 ,, ...	22	52	1144
Erwachsener	18,5	65	1200

zweiten Lebensjahres die Werte der Erwachsenen zu erreichen. Die jüngsten Kinder, bei denen alle geprüften Funktionen die Erwachsenengröße aufwiesen, waren 7 Monate alt. Aber das durchschnittliche Kind zeigt erst nach 2 Jahren eine vollständige Reifung der Niere. Die Rinde ist beim Kind im Verhältnis zum Mark schmal.

9. Froschniere.

Zur Entscheidung der Frage, ob ein Stoff nur durch Filtration im Glomerulus oder auch durch Sekretion in den Tubuli ausgeschieden wird, ist häufig die Froschniere benutzt worden; sie eignet sich dazu deswegen, weil sie nach Nuss-baum eine doppelte und fast voneinander getrennte Blutversorgung besitzt. Es werden nämlich die Glomeruli von der Arterie aus, die Tubuli dagegen von einer Venae portae advehens aus durchströmt. So läßt sich einer dieser Zuflußwege verschließen oder am isolierten Organ getrennt durchströmen. Setzt man nun einer dieser beiden Durchströmungsflüssigkeiten einen Farbstoff zu, so kann man dessen Ausscheidung verfolgen. Eine solche Durchströmung wird mit einer Salzlösung nach Barkan, Broemser und Hahn vorgenommen, welche kolloid-frei und mit Carbonat gepuffert ist und einen p_H von 7,3 besitzt. Der Druck beträgt nach diesen Autoren und nach Bainbridge, Menzies und Collins (*3*), (*4*) in der Aorta 24 cm Wasser, in der Pfortader 12—14 cm Wasser. Bei Schlüssen aus derartigen Versuchen wird man aber vorsichtig sein müssen, da sich die Farbstoffausscheidungen ändern, je nachdem man den Farbstoff einer Salz-lösung oder dem Blute zugesetzt hat (s. u.). Sodann richtet sich die Ausscheidung der Tubuli nach der Konzentration im provisorischen Harn, wenigstens bei der Säugerniere; es kann also bei alleinigem Angebot des Farbstoffes von der Vene aus der Reiz zur Ausscheidung fehlen, wenn farblose Flüssigkeit vom Glomerulus herabfließt, obwohl die Tubuluszellen zur Ausscheidung befähigt sind. Ferner ist ja Salzlösung selbst ein Diuretikum, es befindet sich also die Niere während eines solchen Versuches im Zustand der Filtrationsdiurese und es liegt keine normale Ausgangslage vor. Bei den Permeabilitätsverhältnissen gibt es jahres-zeitliche Schwankungen (Robbins und Wilhelm und besonders Ellinger und Hirt (*6*), (*7*), ebenso Haan und Bakker).

Die Gesamtkonzentration des Froschharnes ist geringer als die des Plasmas (Bainbridge und Mitarbeiter (*1*), (*3*), (*4*)). Nach Botazzi gefriert der Harn von Rana esculenta bei —0,170° (Serum = —0,453°), nach Toda und Taguchi bei —0,085 bis 0,13°, durchschnittlich bei —0,105°, sein spezifisches Gewicht schwankt zwischen 1,0009 und 1,0018. Der Harn von Bufo vulgaris zeigt einen Gefrier-punkt von —0,155° (Serum = —0,445°) und der Harn von Kröten, welche 14 Tage lang kein Wasser bekommen hatten, einen solchen von —0,420° (Serum dieser Tiere = —0,541°), wie Botazzi mitteilt. Auch bei Eingabe von ver-schieden konzentrierten Salzlösungen in die Lymphsäcke können Frösche den Salzüberschuß nicht eliminieren, der Harn erreicht höchstens die Konzentration des Blutes (E. Frey (*1*)). Das Gleiche wie Frey sah auch Schürmeyer, wenn er den Fröschen ebenfalls Salzlösungen injizierte. Erhöht man bei der Durch-strömung die Konzentration der Durchströmungsflüssigkeit, so bleibt nach Deutsch der Harn immer verdünnter als das Blut, bis bei 1% Kochsalz die Harnbildung aufhört. Daß bei solchen Durchströmungen die Veränderung der Harnkonzentration dem Blut gegenüber aufhört, ist ja von den Salzdiuresen des Warmblüters bekannt.

Alle Autoren sind darüber einig, daß im Glomerulus eine Filtration statt-findet, welche Richards und Wearn direkt durch Funktion der Bowmanschen Kapsel und Analyse des Inhaltes nachwiesen. Sie führten mit bewunderns-werter Technik bei durchfallendem Licht (durch ein reflektierendes Metallrohr) eine scharfe 10—21 μ weite Capillare in das Kapsellumen ein, nachdem die Ober-fläche durch einen Luftstrom getrocknet war, und saugten durch Senken eines Quecksilbergefäßes um 1—2 cm den Harn ab. Auf diese Weise gewannen sie 10 mg Glomerulusharn in 18 Stunden, bei Zuckerdiurese 6 mg in 4 Stunden.

Der Glomerulusharn gibt immer stärkere Chlorreaktion als der Blasenharn,
auch wenn letzterer durch Aufenthalt der Frösche in destilliertem Wasser chlor-
frei ist. Von Indigokarmin, Phenolrot und Methylenblau trat soviel durch die
Glomerulusmembran, daß Filtrierpapier davon gefärbt wurde. Zucker war im
Glomerulusharn vorhanden und fehlte im Blasenharn. Für Carmin konnte die
glomeruläre Abscheidung durch BASLER und SUZUKI festgestellt werden; die
Anfärbung der Epithelien geschieht dabei durch Rückresorption. Die gleichen
Befunde erhielten GÉRARD und CORDIER bei Salamandern, die teils geschlossene
Nephrone, teils nach der Bauchhöhle offene Nephrostome haben, indem sie
Farbstoffe in die Bauchhöhle injizierten und nur eine Speicherung in den Epithelien der Kanälchen sahen, welche zu offenen Nephrostomen gehörten. Ist
dies Rückresorption oder fehlt bei den geschlossenen Kapseln nur der Reiz, der
vom Lumen her die Epithelien zur Absonderung veranlaßt ? Das Gleiche hat
RANDERATH beim Salamander für Eiweiß gefunden: die hyalinen Tropfen in
den Epithelien entstehen nur in den zu offenen Nephrostomen gehörigen Kanälchen, wenn man Menscheneiweiß den Tieren intraperitoneal injiziert. ,,Die
primäre Funktionsstörung bei der bisher hyalintropfige Degeneration genannten
Nephrose liegt somit nicht in den Kanälchen, sondern die Funktionsabweichung
befindet sich in den Glomeruli''. Diese Tropfen enthalten außer dem absor-
bierten Eiweiß Zelleelemente, Mitochondrien mit ihren Enzymen, Ribonuklein-
säure (nach Gram färbbar) und Lipoide, wodurch sie verdaut werden (OLIVER).
Auch die schönen Bilder von ELLINGER und HIRT (4), (5), (6), (7) zeigen das
allmähliche Anfärben vom Lumen aus nach Injektion von Fluorescein, das im
Glomerulus ausgetreten war, und zwar beim lebenden Frosch unter dem Mikroskop im Fluorescenzlicht. Erst tritt ein leuchtender Faden auf (Tubuluslumen),
der sich dann mit einem weniger leuchtenden Mantel umgibt (Tubuluszellen).

Dabei ist nur ein Teil der Glomeruli durchblutet, also ,,aktiv'' (RICHARDS
und SCHMIDT (5), (6), sowie BIETER und HIRSCHFELDER und ELLINGER und HIRT
(4—7)); nur im Winter fanden die letzteren Autoren alle Glomeruli durchblutet.
Zunahme der Zahl der aktiven Glomeruli oder Vergrößerung der Breite oder
Schlängelung der Schlingen tritt nach diuretisch wirkenden Stoffen ein, wie
Kochsalz, Glaubersalz, Glucose, Harnstoff und Coffein; bei dieser Diurese kommt
es nicht zu einer Zunahme des O_2-Verbrauches (MIWA und TAMURA) und sie findet
auch nach Cyanvergiftung der Niere statt (MASUDA). Von grundlegender Bedeutung ist die Beobachtung von EBBECKE über die Blutverteilung; er unterscheidet blasse Niere, Glomerulusniere und capillarhyperämische Niere und hebt
den Antagonismus von Glomerulus- und Tubulusdurchblutung hervor. Er gab
Harnstoff, Salz, Coffein, Euphyllin und Ferrocyankali.

An der isolierten Niere liegen zahlreiche Untersuchungen vor, besonders von
seiten der HÖBERSCHEN Schule, die wesentliche Erkenntnisse gebracht haben.
Man kann die Tätigkeit der Tubuli durch Cyanid, Sublimat oder Narkose ausschalten (HÖBER (1), (2). MITAMURA, YOSHIDA, SCHULTEN, BARKAN, BROEMSER
und HAHN, BAINBRIDGE, MENZIES und COLLINS (3), (4) und MASUDA). Dann wird
der Harn der isolierten Niere ein Blutfiltrat, während er sonst immer hypotonisch
ist und sehr wenig Kochsalz enthält, dafür aber größere Mengen von Sulfat,
Harnstoff oder Farbstoff. Die Farbstoffe werden teils filtriert, teils aber auch
durch Sekretion ausgeschieden; auch von letzteren Substanzen kann ein Teil
filtriert werden (WEARN und RICHARDS). HÖBER (2) beschreibt die verschiedene
Ausscheidung der Farbstoffe, zunächst des Cyanol (S. 855): ,,Führt man der
Niere nun von beiden Seiten Ringerlösung zu, die mit Cyanol, als einem diffu-
siblen Säurefarbstoff versetzt ist, so wird Harn ausgeschieden, der den Farbstoff
in erheblich höherer Konzentration enthält als die Durchströmungsflüssigkeit;

läßt man dagegen das Cyanol nur von der Pfortader aus zufließen, während die
Arterien reine Ringerlösung enthalten, dann erscheint ein Harn, der entweder
farblos oder ganz blaßblau gefärbt ist". HÖBER sagt weiter: „Die Tubulusepithelien sind also von der Blutseite her undurchgängig für den Farbstoff;
dieser gelangt allein von den Glomeruli aus in die Ausführungsgänge, hier wird
offenbar durch Rückresorption von Wasser konzentriert und kann von dieser
Seite her in die Epithelien eintreten. Dieser Auffassung entspricht die weitere
Beobachtung von SCHULTEN, daß die Konzentrierung von Cyanol aufhört, d. h.
daß Cyanol in der Konzentration der Durchströmungsflüssigkeit von den Glomeruli aus die Niere wie ein totes Filter passiert, wenn die Epithelien von der
Pfortader aus narkotisiert oder mit Kaliumcyanid vergiftet werden; die Epithelien vermögen dann ihre Konzentrationsarbeit nicht mehr zu leisten. Trotzdem zeigt sich, wenn man während dieser Lähmung Cyanol von der Pfortader
aus zuführt, daß es ebensowenig in den Harn übertritt wie vorher." Für alle
Farbstoffe trifft dies aber nicht zu. So faßt HÖBER (6) die Ergebnisse der
Arbeiten seiner Schule zusammen, indem er feststellt, daß die Sulfosäurefarb-
stoffe nur dann von den Tubuli konzentriert werden, wenn sie lipoidlöslich sind;
sie werden dann gespeichert und in 50- und mehrfacher Konzentration ausgeschieden, während das lipoidunlösliche Cyanol nur durch den Glomerulus austritt und 2—3fach konzentriert wird. Wie lipoidlösliche Farbstoffe verhält sich
auch Harnstoff. An der Niere von Lophius piscatorius, welche fast nur Tubuli
besitzt, wird Phenolrot konzentriert ausgeschieden, aber Cyanol nicht durchgelassen. SCHEMINSKY hat die Ausscheidung von Cyanol und Phenolrot verglichen und fand, daß Cyanol nicht von der Pfortader, leicht aber von der
Arterie aus in den Harn gelangen kann. Anders verhält sich Phenolrot; dies
tritt in konzentrierter Form im Harn auf, wenn man es der Niere von der Vene
aus anbietet. Ebenso verhalten sich die Sulfophthaleine (Brompatentblau, Brom-
kresolpurpur, Bromthymolblau). Von Wichtigkeit ist der Befund von ROBBINS
und WILHELM, welcher die Bedeutung der Durchströmungsflüssigkeit aufdeckte.
Lipoidunlösliche Stoffe werden, von der Pfortader aus in Ringerlösung zugeführt,
bei Sommerfröschen vom 2. Abschnitt nicht durchgelassen; wenn aber die Niere
mit Blut durchströmt wird, so findet eine sekretorische Konzentrierung statt;
ebenso, wenn der ganze Frosch mit farbstoffhaltiger Ringerlösung durchströmt
wird. In diesem Falle liefern wohl die Gewebe ausreichende Kolloidmengen.
Ein solcher Unterschied deutet auf Bindungsverhältnisse an Kolloide hin, wie
sie im Kapitel Sekretion bei der Ausscheidung des Phenolsulfophythaleins besprochen wurden, das aus der Plasma-Bindung durch die Niere gelöst wird
(MARSHALL und VIKERS (3)). Auch hier könnten die Verhältnisse des Transport-
mittels das Angebot an die Zellen verändern. Direkt unter dem Mikroskop haben
BENSLEY und STEEN die Ausscheidung von Indigokarmin und Phenolrot verfolgt
und gesehen, daß nach Unterbindung der Arterien und Eingabe der Farbstoffe
in den Lymphsack eine staubförmige Färbung in den Epithelzellen der proximalen Tubuli auftrat, und zwar zuerst an der dem Lumen zugewandten Seite
der Zellen, später erst im Lumen selbst. Am Ochsenfrosch und am Säugetier
halten MARSHALL und CRANE (4) die Ausscheidung von Phenolsulfophthalein
und Harnstoff für einen Sekretionsvorgang. Bei der isolierten Säugerniere wird
durch Abklemmen der Arterie 20—25 min lang die Tätigkeit der Tubuli
nach Freigeben der Zirkulation oder auch im akuten Blausäureversuch geschä-
digt, während die Glomeruli weiter funktionieren. (MARSHALL und CRANE (4)).
Dann leidet die Ausscheidung von Phosphat, Sulfat, Ammoniak und Kreatinin,
nicht die von Chlorid und Bicarbonat. In ähnlichen Versuchen stellten STAR-
LING und VERNEY (3), (5) die Sekretion von Harnstoff, Sulfat und Phenolrot

fest. Und MARSHALL und CRANE (*4*) gelang der Nachweis einer Speicherung von Harnstoff in der Froschniere; im Volumen der Froschniere fand sich 5 mal mehr Harnstoff als im Blute und 2 mal mehr als im Harn.

Die reichliche Versorgung der Gefäße, auch der Glomerulusschlingen und der Tubuli durch ein terminales Nervennetz hat KNOCHE in schönen Bildern nachgewiesen, ein Zeichen für die funktionelle Verbindung der Abschnitte des Nephrons.

Eine Erweiterung haben diese Befunde durch die Punktion der einzelnen Segmente der Tubuli gefunden; RICHARDS und WALKER (*8*) konnten den Inhalt der Segmente der Tubuli durch einen Tropfen Quecksilber oder gefärbten Mineralöles abtrennen und analysieren. Wie WALKER, HUDSON, FINDLAY und RICHARDS beobachteten, findet die Chlorrückresorption im distalen Teil der Tubuli statt; in den proximalen Tubuli ändert sich weder die Cl-Konzentration noch der osmotische Druck. Dagegen fällt beides im distalen Teil stark ab. Dieser Befund kann als gesichert gelten. Abweichend davon ist der Befund von WHITE und SCHMITT, wonach rote Blutkörperchen, wenn sie in den Kapselraum injiziert werden, schon im Tubulus I. Ordnung aufgelöst werden. Die Konzentration von Harnstoff nimmt von der Kapsel abwärts zu, im proximalen und im distalen Teil, bis zu einer Endkonzentration von 7,8 fachen der Plasmakonzentration, wie WALKER und HUDSON fanden. Setzt man nach LUEKEN der Durchströmungsflüssigkeit für die Arterie 1—3 mg% Lithiumurat zu, so wird die Harnsäure auf das 2—2½ fache konzentriert; aber der Vene zugeleitet, steigt ihre Konzentration auf das 10fache. — Alles dies zeigt eine Sekretion in den Tubuli für eine Anzahl von Stoffen an; außerdem könnte man noch bei dem hypotonischen Harn des Frosches an eine Wassersekretion im distalen Teil der Tubuli denken.

Einer Sonderbesprechung bedarf vielleicht noch der Zucker. Daß er im Glomerulus filtriert wird und dann im Harn fehlt, haben WEARN und RICHARDS nachgewiesen. Während WALKER und REISINGER im Kapselurin Zuckergleichheit mit dem Plasma fanden, hat VOGEL neuerdings an der isolierten Niere nach Abbinden der Vena renoportales, wodurch er ein reines Glomerulusprodukt gewinnen wollte, den Zuckergehalt immer geringer als den der Durchströmungsflüssigkeit gefunden; vielleicht aber verbrauchen die Tubuluszellen etwas Zucker. Bei der Narkose der Tubuli vermehrt sich der Zuckergehalt und zwar wird mehr Zucker in der Narkose ausgeschieden als beim Abbinden der Vena portae (42 mg% gegen 31 mg%); daraus schließt VOGEL auf eine Beeinflussung der Glomeruli durch das von der Vene aus zugeführte Urethan, und es bestehe eine gewisse Zuckerdichtigkeit der Glomerulusmembran; es könnte aber auch der geringe Zuckerverbrauch, den ich im vorigen Versuch vermutete, durch die Narkose in Wegfall gekommen sein. Bei der Druckdiurese — nach Unterbinden von Nierenvene und zuführender Vena portalis steigt mit zunehmendem Druck der Zuckergehalt bis zu dem der Durchströmungsflüssigkeit an. Dabei verhalten sich nach HÖBER (*9*) die verschiedenen Zucker verschieden, sie werden verschieden gut resorbiert. Die Funktion auf verschiedenen Höhen der Tubuli ergab im proximalen Teil ein Sinken der Glucosekonzentration bis nahezu null (WHITE und SCHMITT und WALKER und HUDSON), also dort, wo keine Chlorrückresorption oder Wasserrückresorption stattfindet (WALKER, HUDSON, FINDLAY und RICHARDS); man könnte auch hier wieder an einen Zuckerverbrauch denken. Bei der Phlorrhizinvergiftung denken alle Untersucher an eine Hemmung der Resorption und ziehen eine Zuckersekretion nicht in den Bereich der Möglichkeiten, wie früher schon auseinandergesetzt. HÖBER (*9*) schreibt dazu: „Ferner zeigte sich, daß die Rückresorption von Glucose durch Phlorrizin vollständig unterdrückt werden kann. Die Glucose-Konzentration nimmt dann längs des Nephrons zu, bis sie am Ende des proximalen Tubulus etwa 40% über dem Plasmaspiegel liegt, am Ende des distalen etwa 200%. Das rührt wahrscheinlich von Wasser-Rückresorption her, die hauptsächlich im distalen Tubulus stattfindet, ähnlich wie die Konzentrationszunahme, die man bei anorganischen und organischen Ionen beobachtet." (S. 598). Aber MOSBERG „zeigte an der Froschniere, daß nach Unterbindung der Nierenarterie, die also die Glomerulustätigkeit ausschaltet, unter Phlorrhizin eine Glycosurie auftritt. Nach intravenöser Traubenzuckerinjektion kommt es bei intakter Blutversorgung zur Zuckerausscheidung, nach Nierenarterienunterbindung ist der Harn zuckerfrei. Hieraus wird geschlossen, daß die Zuckerausscheidung nach Phlorrhizin durch die Kanälchenepithelien, die gewöhnliche Traubenzuckerglycosurie durch die Glomeruli erfolgt." Wie schon früher auseinandergesetzt, sezernieren die Tubulusepithelien einen Stoff nur dann, wenn sie der Reiz desselben von der Lumenseite trifft. Aber liegt die Annahme einer Zuckersekretion nach Phlorrhizin bei dem hypotonischen Harn der Frösche so fern, daß man die Konzentrationszunahme durch Wasserrückresorption erklären müßte ?

Auch durch Einlegen ausgeschnittener Froschnieren in Farbstofflösungen erhält man eine deutliche Anfärbung und Konzentrierung. RICHARDS und BARNWELL (9) sahen dunkelrote Fäden im Lumen nach Einlegen in 0,01 bis 0,03% Phenolrot, nach m/100 Cyanid aber nicht mehr.

Nach Hypophysenhinterlappenhormon sah BRUNN eine Abnahme der Harnmenge; besonders wenn der Stoff von der Aorta aus dem Glomerulus angeboten wurde; aber er beschreibt auch eine Zunahme.

Die Harnwege sind beim Frosch nach KRAUSE: Kanälchenabschnitt 1 = ein kurzer Hals mit Wimpertrichter darin; Abschnitt 2 = Hauptstück, d. h. gewundene Kanälchen, die auf der dorsalen Seite der Froschniere liegen; Abschnitt 3 = kurzer etwas engerer Abschnitt, wieder auf der ventralen Seite in der Nähe der Glomeruli; Abschnitt 4 = wieder geschlängelter Teil; Abschnitt 5 geht in leichter Schlängelung wieder dorsalwärts zu den Sammel-Kanälchen und entspricht dem Schaltstück.

Eine Schwierigkeit bei der Annahme einer Rückresorption von Wasser zur Anreicherung filtrierter Substanzen bleibt bestehen: Die Wasserrückresorption soll hauptsächlich im distalen Teil geschehen und es müßte dann bei dem hypotonischen Harn des Frosches noch weiter abwärts eine starke Wassersekretion einsetzen, das ist doch recht unwahrscheinlich. Eine Wassersekretion in der Froschniere hat neuerdings HOTOVY angenommen. Es ist auch die Harnmenge nach Ausschalten der Tubuli gar nicht stark vermehrt, nach GURWITSCH wird sie herabgesetzt, nach WOODLAND vermehrt, nach VOGEL meist vermehrt, ausnahmsweise vermindert, nach MIYAMURA bleibt sie unverändert, ab und zu vermehrt. HÖBER (9) hat in seinen ausgedehnten Untersuchungen an der isolierten Niere bei der Tubulusnarkose in der Regel ein Steigen der Harnmenge gesehen. Wenn auch manches für eine Wasserrückresorption spricht, so erscheint sie doch bei einem Frosch, der ständig seinen Wasserüberschuß durch einen hypotonischen Harn loswerden muß, recht unwahrscheinlich.

Die Granulafärbung, die man früher als Beispiel einer Sekretion auffaßte, hat offenbar mit Ausscheidungsvorgängen nichts zu tun; v. MÖLLENDORFF zeigte, daß die Granulafärbung erst dann deutlich wird, wenn schon der größte Teil des Farbstoffes ausgeschieden ist.

Man kann also aus dieser Übersicht schließen, daß es an der Froschniere eine Filtration und eine Rückresorption von Zucker und Kochsalz gibt, daß aber auch eine echte Sekretion in den Tubuli sichergestellt ist.

D. Einflüsse auf die Nierentätigkeit.

I. Phlorrhizin.

Eine besondere Beeinflussung der Nierentätigkeit kommt dem Phlorrhizin zu, einem Glycosid aus der Apfelrinde. Es veranlaßt eine Ausscheidung von Zucker im Harn, ohne daß dabei eine Hyperglykämie auftritt, wie zuerst v. Mehring feststellte; er führte also die Zuckerausscheidung auf eine Nierenwirkung zurück. Dieser Schluß wurde von Zuntz sichergestellt, der zunächst nur Zucker im Harn der Niere fand, in denen Arterie die Injektion von Phlorrhizin erfolgte, später erst im Harn der anderen Niere. Auch die isolierte Niere antwortet auf Phlorrhizingaben mit Zuckerausscheidung, der Durchfluß des Blutes bleibt unverändert, wie Pavy, Brodie und Siau, L. Schwarz und Barcroft und Brodie (2) beschreiben. Dabei ist nach den beiden letzteren Autoren der Sauerstoffverbrauch der Niere stark gesteigert; dies spricht mehr für eine aktive Ausscheidung des Zuckers als für gestörte Rückresorption. Auch die Versuche von Mosberg weisen auf die Abscheidung im Tubulus hin; er fand bei intravenöser Injektion von Zucker bei Fröschen mit unterbundener Nierenarterie keinen Zucker im Harn, wohl aber nach Phlorrhizin. Und Bainbridge und Beddard (1) sahen ebenfalls keinen Zucker bei unterbundener Arterie beim Frosch nach Harnstoffgaben, jedoch bei gleichzeitiger Zufuhr von Phlorrhizin. Man hat vielfach die Zuckerausscheidung nach Phlorrhizin im Anschluß an die Vorstellungen von Verzár (2), wonach Phlorrhizin die Phosphorylierung der Zucker und daher ihre Resorption hemmt, als Lähmung der Rückresorption aufgefaßt, wie es Lundsgaard (1—3) tut. Und man hat daher vielfach versucht, die Zuckerausscheidung nach Phlorrhizin durch das Hormon der Nebennierenrinde, welches die Phosphorylierungen veranlaßt, zu hemmen. Dies gelingt nach Hoff nur in geringem Maße, nach Langecker (1) gar nicht. Auch am Menschen sah Robbers und Westenhoeffer die Zuckerausscheidung nach Phlorrhizin weder durch Lactoflavin noch Corticosteron noch Pancortex beeinflußt werden. Sie stellten fernerhin fest, daß die Zuckerausscheidung fast völlig unabhängig von der sonstigen Nierentätigkeit verläuft, z. B. von der Diurese: Von 5 Personen wurde nach Phlorrhizin bei einem Wasserstoß von 1500 ccm im ganzen 110,1 g Zucker ausgeschieden, beim Konzentrationsversuch 101,2 g Zucker; dies spricht zweifellos für eine Sekretion, weil sich doch wohl bei alleiniger Ausscheidung durch Filtration die Mengen ändern müßten, wenn — wie vielfach angenommen wird — die Ausscheidung von Wasser und Zucker allein im Glomerulus erfolgt und nun aus dem Filtrat der Zucker nicht mehr resorbiert würde. Dann hat Poulsson (2) die Zuckerausscheidung nach Phlorrhizin mit der von Kreatinin verglichen, um die Anreicherung beider Substanzen durch Wasserrückresorption zu erweisen; im allgemeinen waren die Konzentrationsindices beider Stoffe ähnlich, der Index von Zucker zu dem von Kreatinin betrug 76—110%; meist wird Kreatinin etwas mehr konzentriert. Mayrs injizierte gleichzeitig Phlorrhizin und Natriumsulfat; das Sulfat diente dabei als Maßstab der Konzentrierung des Glomerulusfiltrates durch Rückresorption. Das Verhältnis der Konzentrierung von Sulfat zu der von Zucker im Harn betrug etwa 1,37 und Mayrs schließt daraus, daß Zucker immer noch etwa zurückresorbiert würde. Pfeffer und Wetzel sahen keinen Einfluß von Methylenblau, Lactoflavin oder Lactoflavinphosphorsäure auf die Phlorrhizinzuckerausscheidung. Wenn an Leberschnitten ein Einfluß sich zeigte, so war er unspezifisch; die Stoffe ersetzen nur die durch Phlorrhizin gehemmte Übertragung von H an das terminale Atmungssystem. Am Warmblüter hat Oliver durch Punktion der verschiedenen Abschnitte der

Tubuli festgestellt, daß das Verhältnis von Zuckerkonzentration in der Harnflüssigkeit zu der im Plasma im Glomerulus gleich 1 ist, daß dieses dann abnimmt, nach unten fortschreitend, 0,8; dann 0,5; dann 0,4; dann 0,1. In der Hälfte der proximalen Tubuli ist aller Zucker wiederaufgenommen. Nach Phlorrhizin dagegen betrug dieses Verhältnis 1,6 bis 2,0 und es findet eine Vollstopfung der unteren Teile des proximalen Tubulus mit Glykogen statt, mit Schwellung der Epithelien und Schängelung der Kanälchen (OLIVER). Nach BINCLEY verhindert das Gift die Phosphorylierung zu Hexose-6-phosphat und damit seine Rückresorption, nicht aber die zu Hexose-1-phosphat, der Vorstufe des Glykogens. Trotzdem enthält aber der Harn Zucker und seine Ausscheidung ist zur Stütze der Kreatininfiltration verwendet worden.

Man ist wohl nach diesen Fesstellungen berechtigt, die Zuckerausscheidung nach Phlorrhizin in einer Beeinflussung der Tubulustätigkeit zu suchen, ob sie allein in einer Hemmung der Rückresorption besteht, ist nicht sicher.

II. Nebennierenrinde.

Die Nebennierenrinde besitzt einen Einfluß auf den Wasserhaushalt, auf den Zuckerstoffwechsel und den Mineralstoffwechsel. Nach VERZÁR (2) besteht die Wirkung darin, daß sie die Phosphorylierungen der Zucker ermöglicht und damit ihre Resorption aus dem Darm wie auch die weitere Verarbeitung beim Abbau und Aufbau, wobei der Symplex Zucker–Phosphorsäure–Kalium gebildet wird. Dies führt zu einer Bindung des Kaliums, die nach Nebennierenentfernung wegfällt. So kommt es nach Nebennierenexstirpation zu einer Zunahme des Kaliums im Blute und zu einer Verarmung an Natrium daselbst. Auch die Verhältnisse der Wasserverteilung zwischen Zellen und extrazellularer Flüssigkeit ändern sich, wofür VERZÁR (2, S. 150) ein Schema gibt. Das erste und bedeutsamste Zeichen der Nebennierenexstirpation ist nach GAUDINO und LEVITT sogar diese Wasserverschiebung vom extrazellularen Raum (= Inulinraum) in die Gewebe; das Gesamtwasser wurde dabei durch schweres Wasser bestimmt. Das Gegenteil bewirkt Desoxycorticosteron oder der Gesamtextrakt. Dieser Zustand nach Entfernen der Nebennieren wird durch Kochsalzzufuhr weitgehend gebessert, durch Wassergaben oder Kaligaben verschlechtert. Im einzelnen wurde gefunden:

Wasser: Die Folge der Entfernung der Nebennieren ist die Eindickung des Blutes, kenntlich am Steigen des Hb-Gehaltes von 90% auf etwa 135% (THADDEA, S. 37) und der Zahl der roten Blutkörperchen von 9 Millionen auf durchschnittlich 14,2 Millionen, während die Eiweißprozente nur unwesentlich zunehmen. Die Viscosität des Blutes war erhöht.

Auch der Wassergehalt der Organe wird nach Exstirpation der Nebennieren geändert: Der Wassergehalt von Leber und Muskel ist bei nebennierenlosen Tieren größer als er vor der Operation war; er betrug bei 4 Katzen im Durchschnitt bei der Leber vor der Operation 74,5%, nach der Operation 78,8% und bei der Muskulatur vor dem Eingriff 77,3% und nach der Exstirpation 82,7% (THADDEA, S. 47). Die Muskelmembranen (aus der seitlichen Bauchhaut von weiblichen Fröschen) wurden nach der Nebennierenentfernung erhöht für Wasser durchlässig (MONAUNI (I)), die Muskeln selbst wiesen eine entquellende Tendenz auf, ebenso wie nephrektomierte Frösche bei Durchströmung mit Ringerscher Flüssigkeit eine geringere Ödembildung zeigten (MONAUNI (II)). Die Wasserverschiebung vom extrazellularen Raum in die Zellen haben am Hund Gaudino und Levitt ausführlich beschrieben; sie ist stärker als die Veränderungen des Plasmas (s. o.).

Einen Einfluß auf die Wasserausscheidung fanden Margitay-Becht und Petrányi; nach Adrenektomie ist sie vermindert; sie wurde durch Nebennierenrindensubstanz wieder erhöht. 3 Stunden nach der Zufuhr von Wasser (5% des Körpergewichtes) an Ratten wird von den nebennierenlosen Tieren nur 2—12% des eingeführten Wassers ausgeschieden, während nach Nebennierenextraktgaben 20—28% im Harn erscheinen. Bei gleichzeitigen Kochsalzgaben betrug die Harnmenge 18%, bei den mit Extrakt behandelten Ratten 35—50%. Petrányi baut auf dieser diuretischen Wirkung eine Bestimmung des Nebennierenhormons auf.

Die Empfindlichkeit gegen Wasser nimmt nach Nebennierenexstirpation zu. So erholen sich wasservergiftete Hunde nach Swingle, Taylor, Hays, Parkins, Collings und Remington (1—5) nach Eintritt der Krämpfe wieder, wenn man die weitere Wasserzufuhr einstellt, nebennierenlose aber nicht mehr. Auch gegen Wasserverlust in den Darm hinein sind die Tiere nach Laszt und Verzár sehr empfindlich; 2,5 g Glucose töten Ratten nach Nebennierenexstirpation unter Durchfall. Auch subcutane Zufuhr tut dies (wohl durch NaCl-Verlust des Plasmas (s. u.)); dabei werden 10fach hypertonische Lösungen von Harnstoff oder Kochsalz vertragen. Injiziert man eine Stunde vor der Zuckergabe Nebennierenrindenextrakt, so bleiben die Tiere am Leben und bekommen keinen Durchfall. Die Autoren schließen daraus, daß die Verarbeitung des Zuckers, d. h. seine Phosphorylierung durch den Ausfall des Nebennierenhormons gelitten hat.

Kalium und Natrium. Große Aufmerksamkeit ist dem Kochsalzgehalt und der Kaliumkonzentration des Blutes gewidmet worden. Nach Entfernen der Nebennieren fällt der Kochsalzgehalt des Serums und Kalium steigt an. Aber es scheint eine Gewöhnung vorzukommen. Kendall und Ingle sahen Tiere mit 40—50 mg% K im Serum noch in gutem Zustande, während andere mit 10 bis 15 mg% Kalium zugrunde gingen. Es wandert nach Nebennierenentfernung Cl und Na in die Zelle und K hinaus, es erfolgt also eine Elektrolytverschiebung zwischen extra- und intrazellularer Flüssigkeit (Swingle (3)). Dabei ist, was für die Beurteilung wichtig ist, der Kochsalzverlust durch den Harn nicht maßgeblich, denn Swingle, Parkins, Tayler und Hays (2) fanden, daß nebennierenlose Hunde, die durch Cortingaben am Leben erhalten wurden, nach Absetzen der Cortinzufuhr bei kochsalzfreier Kost kein Cl und Na im Harn ausschieden. Der K-Gehalt in Herz und Leber ist bei nebennierenlosen Ratten um etwa 20 bis 30% erniedrigt, in Muskel und Gehirn unverändert, im Serum um etwa 50% erhöht; der Gehalt an Na darin um 25% gesenkt (Marenzi). Dabei steigt der nichtdialysable Anteil des K (13—19% der Serum-K) nach Exstirpation der Nebennieren nicht an, nur der dialysable, dieser aber um 100—200% (Somogyi (1)). Liberti sah nach doppelseitiger Nebennierenexstirpation das Blutchlor nach 12 Stunden auf 78%, kurz vor dem Tode auf 74% sinken, das Natrium sich nach 12 Stunden auf 34% und kurz vor dem Tode auf 28% erniedrigen. Durch Kochsalzzufuhr kann dieses Mißverhältnis sich ausgleichen (Harrison und Darrow). Aber ein Kochsalzverlust durch die Nieren ist keineswegs ausschlaggebend; unter Cortinzufuhr ist die Überlebenszeit von nebennierenlosen Ratten ebensogroß (89 Stunden) wie bei solchen, denen man außerdem noch die Nieren entfernt hatte (87 Stunden). Ohne Cortinzufuhr lebten Ratten nach Entfernung der Nieren und Nebennieren nur 19 Stunden (Ingle und Kendall). Durch Eingabe von radioaktivem Na^{24} und K^{42} stellten Gaudino und Levitt die Verdünnung im Gesamtkörper und im Plasma fest und konnten so die Verteilung der Kationen auf extrazellularen Raum (=Inulinraum) und Intrazellularraum bestimmen. Nach der Rhodanverteilung gibt EICHLER und APPEL den extrazellulären Raum beim Hund zu 22—41, im Durchschnitt zu 30,03% des Körpergewichtes an; ODIER beim Menschen zu 22,2—30,0% (Mittel 26,4%) an.

Nun wirkt die Kochsalzverarmung des Blutes auf die Nebenniere zurück, wie aus dem Befund von MALATO hervorgeht, der an Ratten durch intraperitoneale Glucosezufuhr die Symtpome der Nebenniereninsuffizienz auftreten sah. Die Entsalzung durch peritoneale Spülungen mit Zuckerlösung führte nach den Untersuchungen von J. FREY, LIEBEGOTT und WALTERSPIEL (3) zu einem Schwund der Lipoidgranula der Rinde. Die Autoren weisen darauf hin, daß die Erschöpfung der Hormonproduktion, die dieser Befund anzeigt, zu einem circulus vitiosus führen muß, d.h. zu weiterem Kochsalzverlust. Zunächst steigt während des Entsalzens die Ausscheidung der Steroide im Harn an, darauf fällt sie steil ab, Cortison wie Desoxycorticosteron. Also zuerst gesteigerte Produktion, dann Erschöpfung (J. FREY (10)). Eine solche Erschöpfung der Lipoidgranula stellt sich nach SELYE auch als Endzustand der „Alarmreaktion" nach jeder Belastung (Stress) der Körpers als unspezifische Reaktion oder Adaptation ein.

Kohlehydrate. Den Zusammenhang des K-Stoffwechsels mit dem der Kohlehydrate betreffend, beobachteten SOMOGYI und VERZÁR (2—4) bei Katzen und Hunden nach intravenösen Gaben von Glucose, Fructose, Galactose, Zucker, die phosphoryliert werden können, nach 2 Stunden einen Rückgang des Blutzuckers auf normale Werte; die nicht selektiv resorbierbaren Zucker, Sorbose, Mannose, Xylose geben nach 2 Stunden noch einen Blutzuckerwert von 50% über der Norm. Nach Entfernen der Nebennieren verhalten sich alle Zucker gleich; die Nebennieren veranlassen also die Phosphorylierung. Auch die Phosphorylierungsvorgänge im Muskelgewebe wurden von VERZÁR und MONTIGEL (4—6) studiert; sie setzten zu Muskelbrei glycogen- und fluoridhaltige Bicarbonatlösung und fanden eine Zunahme von organischem Phosphat von 50 mg/100 g normalen Muskelgewebes; bei nebennierenlosen Ratten betrug die Zunahme des organischen Phosphors nach 4—6 Tagen nur 25 mg/100 g Muskel, und sank dann später noch mehr. Im Gegensatz dazu hatte HELVE in ähnlichen Versuchen keinen Einfluß der Nebennierenexstirpation gesehen.

Fermente. Die fermentative Tätigkeit der Niere ist nach Nebennierenentfernung vielfach untersucht worden, besonders die desamidierende Funktion, weil man annahm, daß die Ammoniakbildung aus den Aminosäuren in der Niere nach Nebennierenausfall gelitten hätte, und deswegen fixes Alkali hergegeben werden müsse, wobei der hohe Kaliumgehalt des Blutes immer noch nicht geklärt wäre. PUCCINELLI hat gefunden, daß die Oxydation der Milchsäure bei Lebern und Nieren nebennierenloser Tiere unerheblich gegenüber der Norm herabgesetzt ist, daß sich die Brenztraubensäure ebenso verhält; die Oxydation von Alanin durch Nierengewebe ist nach der Operation unverändert, die durch Lebergewebe bei nebennierenlosen Tieren nur um 40% vermindert. Dagegen war eine deutliche Herabsetzung des Buttersäureumsatzes bei der Leber nebennierenloser Tiere zu konstatieren (um 80%). Ebenso fanden BOULANGER, BIZARD und BARAS, daß L(+) Alanin von Nierengewebe normaler und nebennierenloser Ratten gleich gut abgebaut wurde, daß dagegen der Abbau von d(—) Alanin bei nebennierenlosem Gewebe im Durchschnitt etwas geringer war. Die synthetische Tätigkeit nebennierenloser Katzen war nach BLASZÓ hinsichtlich der Bildung der Ätherschwefelsäuren nach Phenolgaben von 0,01 g/kg ungestört, sie wurden ebenso wie in der Norm vermehrt gefunden, dagegen ist die Glycuronsäuresynthese nach Campfer und Avertin beim nebennierenlosen Tier aufgehoben, bei teilweiser Entfernung der Nebennieren vermindert. — Permeabilitätsstudien stellte RAUCHSCHWALBE an: Cortidyn wirkt in hypotonen Kochsalzlösungen hämolysefördernd, in Traubenzuckerlösungen hämolysehemmend. Der Quellungszustand von Froschmuskeln wurde nicht beeinflußt. Es verhindert den Durchtritt von Tropäolin durch die Froschhaut von außen nach innen, bei Methylenblau ist es unwirksam. Im Durchströmungsversuch am Frosch hemmt Cortidyn die Aufnahme von Methylenblau, fördert die von Eosin und ist gegenüber Tropäolin wirkungslos.

Pathologie. Nun liegen Befunde aus der Pathologie vor, die auf einen Zusammenhang zwischen Nebennierenrinde und Nierentätigkeit hinweisen. Es besteht nämlich bei Lebererkrankungen eine Minderleistung der Niere hinsichtlich der Ausscheidung von Stoffwechselschlacken, weniger der Wasserausscheidung. (ROCKITANSKY = hepatorenalis Syndrom, NONNENBRUCH (3)). Dabei scheint die Nebennierenrinde eine Rolle zu spielen, denn Gaben von Nebennierenrindenhormon heilen die Leberentzündung aus (EPPINGER (2), (3), BEIGELBÖCK, NONNENBRUCH (3), HENI); was aber dabei wichtig erscheint, ist, daß auch die Niereninsuffizienz durch Gaben von Nebennierenrindenhormon aufgehoben wird. Dafür bringt J. FREY (5) ein Beispiel, wo die Farbstoffausscheidung durch Percortenglycosidgaben wieder in Gang und die Retention, die Bilirubinämie, zum Schwinden kam, bei gleichzeitigem Ausheilen der Lebererkrankung. Einen zweiten Fall führt J. FREY an, in welchem eine hypochlorämische Azotämie durch Erbrechen auf Kochsalzgaben nur wenig gebessert wurde, dann aber bei einer erneuten Brechperiode durch gleichzeitige Percortenglycosidgaben und Kochsalz geheilt wurde, indem diese Kombination die entscheidende Ausschwemmung der harnpflichtigen Stoffe bewirkte und der Rest-N sank.

Am Zwerchfell-Phrenicus-Präparat der Ratte konnte FLECKENSTEIN zeigen, daß die Adynamie, die Schädigung der Muskeltätigkeit durch Nebenniereninsuffizienz auf dem extrazellularen Anstieg des Kaliums beruht. Die schädigenden Konzentrationen des Bades sind dieselben (35—45 mg%), wie sie bei adrenektomierten Ratten gefunden werden. Die Zwerchfelle können auch nach Exstirpation der Nebennieren noch Glucose verwerten. —

Es besteht also ein Zusammenhang zwischen Nierentätigkeit und Hormonabsonderung der Nebennieren. Wenn im Körper allgemein die Phosphorylierungsprozesse durch die Nebennieren zustande kommen, so könnte die Cofermentbildung aus den Vitaminen gelitten haben, da dazu eine Phosphorylierung nötig ist; für das Vitamin B_1 und das Lactoflavin hat dies LASZT nachgewiesen. Dann könnte ein vielgestaltiges Bild der Nebenniereninsuffizienz resultieren.

Daß eine direkte Wirkung der Nebennierenprodukte auf die Nierentätigkeit vorliegt, betont J. FREY (3) durch den Hinweis auf die starke Erhöhung des Rest-N bei Insuffizienz der Nebennieren: er steigt viel höher als der Eindickung des Blutes entspricht und sinkt nach Eingabe von Percortenglycosid; es handelt sich also um eine direkte Nierenwirkung, nicht um die sekundäre Folge der Bluteindickung.

Neuere Arbeiten lassen einen genaueren Einblick zu. In der Rinde sind zwei Steroide vorhanden, deren Absonderung durch Hormone der Hypophyse angeregt werden. Und zwar erfolgt die Bildung von Mineralo-Corticosteron, von Desoxycorticosteron, durch ungereinigten Hypophysenextrakt, die von Glucocorticosteron, von Cortison (17-Hydroxy-11-oxycorticosteron) durch das reine adrenocorticotrope Hormon der Hypophyse. Das Mineralo-corticosteron wirkt entzündungssteigernd, das Gluco-corticosteron entzündungshemmend (HENCH, KENDALL, SLOCUMB und POLLEY, SELYE), wie auch Hypophysenexstirpation die

Entzündungsbereitschaft beseitigt (Tonutti). Zusammenfassende Darstellung s. Heilmeyer.

Die Störungen der Nierentätigkeit, wie sie bei der Hypophysektomie nach White, Heinbecker und Rolf auftreten, die mangelhafte Ausscheidung der p-Aminohippursäure und des Inulins, führen die Autoren nicht auf das Fehlen des corticotropen Hormons zurück, wodurch die Tätigkeit der Nebennieren beeinträchtigt sein könnte; denn diese Störungen lassen sich nicht durch Desoxycorticosteron oder corticotropes Hormon beseitigen; sie folgern daraus, daß sie nicht auf einem Versagen der Nebennierenrinde beruhen, sondern vielleicht auf einem weiteren Hormon des Vorderlappens.

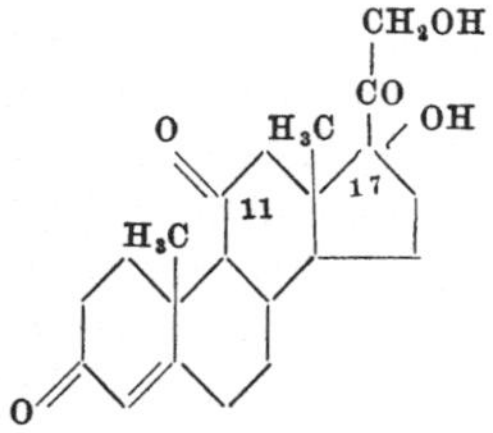

Gluco-Corticoid
Cortison

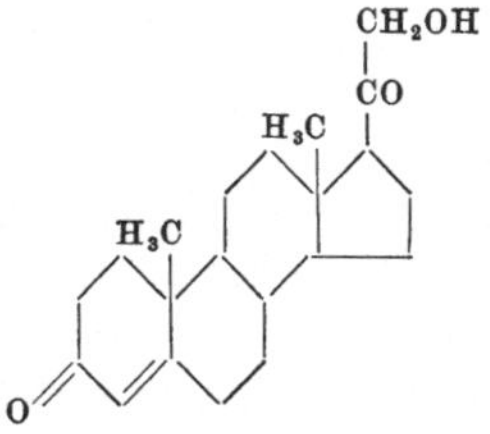

Mineralo-Corticoid
Desoxycorticosteron

Diese neueren Arbeiten beweisen das lebhafte Interesse an diesem Organ, und es haben die modernen Bestimmungen durch chemische Trennung der beiden Hormone erst einen näheren Einblick in die Hormonausschüttung des Organs und die Ausscheidung im Harne, die merkwürdig niedrig ist, ergeben. Es scheint die Entzündungshemmung durch Cortison sich im Körper vielfach auszuwirken (Aufhebung der erhöhten Senkungsgeschwindigkeit bei Rheumatismus, Nachlassen der Schwellungen und Schmerzen), eine unspezifische Wirkung, welche sich auch an künstlich gesetzten chemischen Entzündungen zeigt, z. B. nach Formalin (Selye, Heilmeyer), aber auch die Wundheilung hemmt, wohl weil dies Hormon ein Mitosegift darstellt. Die Wirkung auf die Niere ist bisher hauptsächlich an Gesamtextrakten, welche alle drei Hormone, das Ketosteroid, das Deoxycorticosteron und das männliche Sexualhormon enthalten, und am Desoxycorticosteron festgestellt worden. Unsere Erkenntnisse über die Funktion der Nebennierenrinde sind in raschem Fortschreiten begriffen, aber sie genügen noch nicht, um ein abgeschlossenes Bild zu entwerfen. Deswegen wurde hier ein kurzer Überblick über die vorliegenden so vielseitigen Beobachtungen gegeben, um spätere Befunde einfügen zu können, die vielleicht dem Leser eine zusammenfassende Betrachtung ermöglichen.

Lactoflavin. Auch dem Lactoflavin kommt eine diuretische Wirkung zu. Bei Patienten, bei denen eine Kochsalzretention nicht bestand (Asthma bronchiale, lymphatische Leukämie, Nephrose, myeloische Leukämie, Cholecystitis oder Pericholecystitis, Hypophysentumor und aleukämische Lymphadenose) trat nach Lindner eine vermehrte Ausschwemmung von Kochsalz zugleich mit einer Zunahme der Harnmenge nach intravenöser Injektion von 0,002 g Lactoflavin ein, während die Kaliumausscheidung zurückging. Im Blute dagegen sank das Kochsalz und das Kalium stieg. Dasselbe sah der Verfasser auch bei Ikterus und bei Herzfällen. Diese Veränderungen gingen nach Absetzen des Lactoflavins schnell zurück. Das gleiche beobachtete Kirchberger bei 5 Personen (1 Gesunder, 1 mit Ulcus ventriculi, 3 mit Harzinsuffizienz) nach 20—50 mg Beflavin: Zunahme der Harnmenge und vermehrte Kochsalzausscheidung. Auch Lüttgens berichtet von Diurese nach Lactoflavin-Nicotinsäureamid. Eine Beeinflussung der Zuckerausscheidung beim renalen Diabetes oder der Phlorrhizinglycosurie beim Menschen konnten Robbers und Westenhoeffer nicht finden, wenn sie Lactoflavin oder Lactoflavinphosphorsäure zuführten; ebensowenig, wenn sie Corticosteron gaben. Auch Pfeffer und Wetzel fanden Methylenblau, Lactoflavin und Lactoflavinphosphorsäure bei der Phlorrhizinvergiftung unwirksam. Dagegen sah Hoff eine

Herabsetzung der Zuckerausscheidung beim Phlorrhizindiabetes der Hunde. 5 Hunde schieden durchschnittlich nach Phlorrhizin 17,1 g Zucker aus, 5 andere, die gleichzeitig Lactoflavin erhalten hatten, nur 8,6 g. Ebenso verhielten sich Gaben von Corticosteron.

E. Blutdrucksteigernde Stoffe aus der Niere.

Ein außerordentliches Interesse bei Physiologen und Klinikern haben die blutdrucksteigernden Substanzen, welche sich aus der Niere gewinnen lassen, gefunden und so ist ein breites Schrifttum entstanden. Zur Zeit ist die Bearbeitung dieses Themas noch im Fluß, so daß ein Eingehen auf die Befunde notwendig erscheint, um einen Überblick zu gewinnen. Das Suchen nach Stoffen, welche beim renalen Hochdruck von der kranken Niere abgegeben werden, hat VOLHARD angeregt.

Es sind mehrere Substanzen beschrieben worden, welche aus der Niere gewonnen, eine Erhöhung des Blutdruckes herbeiführen. Zur Zeit kann man den Stand unserer Kenntnisse dahin zusammenfassen, daß in der Niere Fermente von Eiweißcharakter (Renin, Dopadecarboxylase) vorhanden sind, durch welche aus einer Globulinverbindung des Plasmas (Hypertensinogen, Activator) der eigentliche Wirkstoff (Angiotonin, Nephrin, Hypertensin) in Freiheit gesetzt wird. Dieser ist ein Gemisch, welches sich aus Tyramin, Oxytyramin, Adrenalin und Arterenol zusammensetzt, und sich im Blut und Harn (Urosympathin) bei Hochdruck nachweisen läßt. Das eben erwähnte Ferment ist zwar in normalen Nieren vorhanden, wird aber erst nach Drosselung der Nierenarterie freigegeben. Eine solche Drosselung nahm zuerst HARTWICH (3) 1929 an der VOLHARDschen Klinik und später GOLDBLATT (1) 1934 vor; ihnen folgten zahlreiche Forscher. Daß überhaupt eine blutdrucksteigernde Substanz im Blute bei Drosselung der Nierenarterie auftritt und nicht etwa nervöse Einflüsse daran schuld sind, geht aus den Versuchen von ENGER und GERSTNER (5) hervor, welche die Nieren nur durch Kanülen mit dem Körper in Verbindung ließen und auch dann noch Hochdruck sahen. Ebenso konnten HOUSSAY und Mitarbeiter zeigen, daß die gedrosselte an den Nacken transplantierte Niere Hochdruck verursacht, der nach Exstirpation wieder schwand. Sie sahen gleichzeitig durch das Blut hochdruckkranker Hunde am Kaninchenohr eine Gefäßkonstriktion. Ebenso haben VERNEY und VOGT (5) an einer Darmschlinge, die sie an ein Herz-Lungen-Präparat anschlossen, eine Vasokonstriktion beschrieben, wenn sie das Blut einer normalen Niere auf das Blut aus einer gedrosselten umschalteten. Die Ursache des Hochdrucks ist also ein von der gedrosselten Niere abgegebener Stoff.

Der Nachweis eines solchen im Blut hochdruckkranker Menschen oder Tiere ist außerordentlich häufig versucht worden, wie weiter unten besprochen werden wird, häufig auf der Suche nach bestimmten chemischen Substanzen, die bald gefunden, bald vermißt wurden, wenn das Blut in bestimmter Weise aufgearbeitet wurde. Der Nachweis gründet sich fast immer auf die physiologische Wirkung; als das empfindlichste Testobjekt gilt das isolierte Kaninchenohr. Im normalen Blut sind nach KAHLSON und WERZ keine vasokonstriktorisch wirkenden Substanzen vorhanden, dagegen im Blut von Kranken mit Hypertonie; es handelt sich dabei nicht um Adrenalin. VOGT sah ebenfalls das Blut Hochdruckkranker am Kaninchenohr stärker wirken als das Blut Gesunder; letzteres setzte die Tropfenzahl um 7,4% herab, das Blut von Kranken mit essentiellem Hochdruck dagegen um 11,9% und bei renalem Hochdruck um 11,2%. Durch Gynergenzusatz wurde erwiesen, daß der Stoff kein Adrenalin war.

Die einzelnen häufig gleichzeitig laufenden Versuchsreihen zu dieser Frage sind folgende:

I. Extrakte.

1. Hypertensin im Plasma, durch das Ferment Renin gebildet.

Einen blutdrucksteigernden Stoff in wäßrigen Auszügen von Nieren haben zuerst TIGERSTEDT und BERGMANN gefunden; er ist nur in den Nieren von Schweinen, Hunden, Katzen und Menschen enthalten, nicht in anderen Organen wie Hirn, Muskeln, Darm, Nebennieren, Milz oder Blut. Diese Substanz erhielt den Namen Renin.

Renin ist hitzeempfindlich und diffundiert nicht; es ist selbst unwirksam und setzt aus einer Globulinverbindung des Plasmas (= Hypertensinogen) den Wirkkörper (= Hypertensin, Aktivator) in Freiheit (HOUSSAY und Mitarbeiter (1—5) und PAGE und Mitarbeiter (1)); daher sprach man auch von einem Aktivator (PAGE (2)), dessen Renin bedürfe, um zu wirken, und der sich erschöpfen kann. Denn am Hundeschwanz führt Renin erst nach Zusatz von Blut oder Plasma normaler (oder nephrektomierter oder hypophysektomierter) Hunde nach KOHLSTAEDT, PAGE und HELMER (1) zur Gefäßverengerung; auch am Kaninchenohr muß man der Renin-Ringerlösung Blut zusetzen, um eine Vasokonstriktion zu erhalten (PAGE und HELMER (7)). Im Gegensatz zu Renin ist das entstehende Hypertensin dislysabel, kochbeständig nnd kann durch ein im Blut und vielen Geweben vorkommendes Ferment zerstört werden, durch eine Hypertensinase (v. EULER (4)).

Daher erniedrigen Nierenextrakte bei experimentellem Hochdruck und bei Hypertonie des Menschen den Blutdruck. Ebenso kann der künstlich gesteigerte Blutdruck von Hunden nach WAKERLIN und JOHNSON (3) durch Renin sinken und WAKERLIN, JOHNSON, GOMBERG und GOLDBERG (2) sahen dasselbe nach Schweinerenin; im Serum dieser Hunde, deren Blutdruck sank, findet sich ein Antirenin gegen Hunde- und Schweinerenin. Im Gegensatz zu Renin wirkt Hypertensin ohne Latenzzeit, und zwar immer wieder, Renin nicht, weil sich das Hypertensinogen erschöpfen kann, so daß Renin keine zersetzbare Substanz vorfindet. Die Wirkung des Renins wird immer schwächer, je schneller die Injektionen aufeinander folgen, wie McDWEN, HARRISON und IVY wie auch v. EULER fanden. Man muß also einige Zeit warten, will man einen Erfolg der späteren Renininjektionen sehen (REMINGTON, COLLINGS, HAYS und SWINGLE und SWINGLE, TAYLER, COLLINGS und HAYS (4)). Die Testhunde sind nach 72 Stunden sicher wieder normal.

Die Wirkung des Renins besteht in einer Blutdrucksteigerung am nichtnarkotisierten Kaninchen und an der Katze (decerebriert), an urethanisierten Kaninchen und Katzen wirkt es blutdrucksenkend (PICKERING und PRINZMETAL (1)). Ergotoxin oder Yohimbin schwächen die Wirkung nicht ab, wie es bei Adrenalin der Fall wäre, ebenso steigert Cocain die Wirkung nicht (HELMER und PAGE). Dagegen beschreibt v. EULER und SJÖSTRAND (2) eine Aufhebung der Blutdruckerhöhung durch Ergotamin, auch sie fanden keine Verstärkung durch Cocain. Am isolierten Hinterkörper von Katzen, Hunden und Kaninchen, auch in der Lunge und der Niere beobachteten v. EULER und SJÖSTRAND (1—4) eine Gefäßverengerung nach Renin.

Die Empfindlichkeit der Testtiere ist je nach den Eingriffen verschieden.

Nach den Versuchen von FRIEDMANN, SOMKIN und OPPENHEIMER sinkt die Empfindlichkeit nach Nebennierenexstirpation; gegen Tyramin bleiben sie so empfindlich wie normale. Dabei bessert Nebennierenextrakt wenig. Der Reningehalt in den Nieren nebennierenloser Tiere ist größer als normal.

Renin scheint im Körper gebunden zu werden.

v. Euler und Sjöstrand (*1—4*) beobachteten eine größere Blutdrucksteigerung durch Renin nach Zerstörung des Rückenmarks oder nach Decerebrieren und beziehen dies auf den Fortfall von Rezeptoren. Die gleiche Verstärkung der Wirkung sahen Merril, Williams und Harrison nach Abtrennen des Kopfes und Zerstören des Rückenmarks, wie auch nach Entfernen der Hypophyse, der Nebennieren, des Pankreas, der Leber oder der Nieren. Ebenso beobachtete Freedman eine größere Blutdrucksteigerung an nebennierenlosen Ratten, auch fiel der Blutdruck langsamer ab. Durch wiederholte Injektionen kann man einen Dauerhochdruck erzeugen, was Hessel als Zeichen einer Drosselung der Nierengefäße ansieht; diese Wirkung wird durch Narkose, wie Hill und Pickering zeigten, gehemmt. Die Reaktion von Kaninchen mit renalem Hochdruck ist die gleiche wie die normaler Tiere; dies dürfte nach Taggart und Drury nicht der Fall sein, weil nach Renin eine Tachyphylaxie eintritt.

Der Reningehalt menschlicher Nieren ist wechselnd (Landis). Am Menschen führt die Injektion von Hypertensin nach Corcoran, Kohlstaedt und Page (*3*) zu Blutdrucksteigerung, systolisch wie diastolisch. Nach Abschnüren der Nierenarterie entsteht in der Niere Renin, nicht aber im Bein (Kohlstaedt und Page (*2*)). Bei Drosselung der Nierenarterie durch Drahtring, wodurch Goldblatt, Lynch, Hanzal und Summerville (*1*) Hochdruck herbeiführten, wiesen die Nieren erhöhten oder gleichen Reningehalt wie normale auf. Die andere nicht gedrosselte Niere zeigte Hypertrophie und verminderten Reningehalt (Stollowsky). Bei Überbelastung (Stress) führt das Sinken des Blutdruckes zu vermehrtem Ausschütten von corticotropen Hormonen aus dem Vorderlappen der Hypophyse, das die Bildung der Cortinoide in der Nebennierenrinde anregt, wie auch die Bildung von α-2-Globulin (= Hypertensinogen) im Blut; so tritt vermehrte Reninbildung bei Drosselung ein (Selye).

Am Kaninchen kommt es nach Page (*3*) zur Kontraktion des Darmes; dabei werden die rhythmischen Bewegungen nach Volk und Page und Helmer (*7*) nicht beeinträchtigt.

Für die Entstehung der experimentellen Blutdrucksteigerung ist die Drosselung der Nierenarterie notwendig, gleichzeitige Abbindung von Arterie und Vene ist wirkungslos. Auch doppelseitige Unterbindung des Harnleiters führt zu Blutdruckanstieg, ebenso wie Unterbindung der Hauptarterie, nicht aber Verkleinerung des Nierengewebes (Hartwich (*3*)). Dabei scheint die Verkleinerung der Druckamplitude nach Kohlstaedt und Page (*3*) maßgebend zu sein. Sie prüften das Venenblut einer künstlich durchströmten Niere am Kaninchenohr. Bei einer Nierendurchblutung von 4 ccm/g/min und einem Druck von 112 mg Hg und einer Druckamplitude von 50 mm Hg macht das Venenblut nichts, auch nicht nach Zusatz von Aktivator. Dagegen tritt Verengerung der Ohrgefäße (nach Zusatz von Aktivator) ein, wenn bei einem Druck von 109 mm Hg und einer Amplitude von 17 mm Hg, wobei ein Durchfluß von 3,9 ccm/g/min erfolgte, durchströmt wurde. Der Durchfluß durch die Niere nimmt allmählich ab, wohl weil Renin aus den Epithelzellen austritt. Auf die Herkunft der drucksteigernden Substanzen deutet die Beobachtung von Verney und Vogt, daß Zufütterung von Fleisch zu lactovegetabiler Kost bei Hochdruckhunden zu einer weiteren Steigerung der Blutdruckerhöhung führt. — Renin mit 9 γ/ccm macht eine Blutdrucksteigerung von 30 mm Hg beim Hund, dreimal so stark wirkt es an der Katze; diese Menge nennt Volk eine Einheit.

2. Nephrin.

ENGER (*13*) gelang die Darstellung eines direkt blutdrucksteigernden Stoffes durch Extraktion mit Sublimat-Alkohol, des Nephrins. Er ist in saurer Lösung hitzebeständig, dialysabel und löslich in Wasser, in Alkohol von 80%, in Eisessig und geht aus alkalischer Lösung in Äther über, nicht aber in andere organische Lösungsmittel. Er wird im Gegensatz zu Hypophysin nicht durch Adsorbentien gebunden und kann aus den Nieren von Katzen, Kaninchen, Hunden, Hammeln und Menschen gewonnen werden, dagegen nicht aus anderen Organen; fraglich ist sein Vorkommen in Schweine- und Rindernieren. Normales Blut enthält nach ENGER und DÖLP (*10*) kein Nephrin. Dagegen ist der Stoff im Blut und Harn von hochdruckkranken Menschen nachweisbar, ebenso bei Tieren mit experimenteller Blutdrucksteigerung; auch nach ENGER, LINDER und SARRE (*4*) nach Drosselung bei hypophysen- und nebennierenlosen Hunden. Nephrin läßt sich im Plasma hochdruckkranker Hunde nachweisen, nur muß dabei die Gerinnung sorgfältig durch Paraffinieren der Gefäße und Heparinzusatz vermieden werden; sonst können die Spätgifte von FREUND oder die Constrictine von O'CONNOR auftreten, (das Frühgift ist ja nach ZIPF die Adenylsäure). ENGER und KULC-ZYCKYI-POLIVKA (*12*) stellten die aktivierende Wirkung eines Reninzusatzes zu den Extrakten fest und sind daher der Ansicht, daß Renin das Nephrin in Freiheit setzt, eine Ansicht, wie wohl heute allgemein gilt, da Nephrin und Hypertensin die gleiche Substanz darstellen. Ebenso konnte Nephrin beim renalen chronischen Hochdruck des Menschen festgestellt werden, auch meist bei der malignen Sklerose; nicht dagegen bei der akuten Glomerulonephritis. Auch im Harn findet man es nach Zerstörung des Harnstoffes durch Urease (ENGER (*13*)). Dort erscheint es auch bei der akuten Glomerulonephritis. Interessant ist, daß bei der Eklampsie die blutdrucksteigernde Wirkung des Harnes mit dem Blutdruck der Patientin gleichsinnig verlief.

Die Wirkungen des Nephrins bestehen in Steigerung des Blutdruckes, in Verengerung der Ohrgefäße des Kaninchens bei künstlicher Durchströmung und der Froschgefäße am Hinterbein. Am isolierten Darm von Katzen, Meerschweinschen und Kaninchen ruft Heparinplasma von Menschen mit blassem Hochdruck einen Stillstand der Bewegungen hervor, wie Adrenalin, dagegen ist es am Uterus unwirksam (Gegensatz zu Adrenalin). Cocain verstärkt die Wirkung nicht, Ergotamin hemmt nicht, was beides für das Adrenalin zutrifft. Die Froschpupille wird durch konzentrierte Lösungen erweitert. Eine Abschwächung der Wirkung bei wiederholter Injektion zeigt sich nicht; auch besitzt es keine antidiuretische Wirkung wie Hypophysin.

II. Chemische reine Substanzen.

1. Tyramin.

Als chemisch definierte Substanz ist von HEINSEN und WOLF das Tyramin als Ursache der renalen Blutdrucksteigerung herangezogen worden. Sie fanden im Blute von Kranken mit blassem Hochdruck mit der 1,2-Nitrosonaphtholreaktion Tyramin. Auch bei experimentellen Hochdruck nach Abbinden der Renalarterie ohne Unterbindung der Vene beim Hund konnten WOLF und HEINSEN Tyramin nachweisen. Dies gelang nur bei Hunden, deren Blutdruck sich bei der blutigen Messung als erhöht erwies, nicht, wenn die Unterbindung unvollständig war oder die Wunde vereiterte. Die Reaktion besitzt eine Empfindlichkeit von $1 : 10^6$ und erstreckt sich auf in Parastellung substituierte Phenole. Sie tritt nach ein paar Tagen im Blut auf; erforderlich sind 300 ccm Blut. — Im

Gegensatz zu diesen Befunden konnten ENGER und ARNOLD (*1—3*) nicht regelmäßig positive Resultate erhalten. Im gesunden Blut war die Reaktion negativ, selbst in 1100 ccm. Auch bei essentieller Hypertonie, bei Übergangsformen zur malignen Sklerose und bei chronischen Nephritiden wurde die Reaktion vermißt. Dagegen erhielten sie mit den Rückständen dieser Blutproben manchmal eine positive Reaktion. Auch eine Sammelprobe von 1000 ccm Blut von mehreren Kranken mit renalem Hochdruck lieferte nach Ätherextraktion eine schwache Farbreaktion. Dabei ziegt sich eine Verminderung der Tyraminausscheidung im Harn. Gibt man Hunden bis zum Auftreten einer Blutdrucksteigerung Tyramin, so sieht man eine ungeheure Tyraminausscheidung. Auch VERNEY und VOGT (*4*), (*5*) konnten kein Tyramin im Blute von Tieren mit experimentellem Hochdruck finden.

Langfristige Tyramininjektionen als Durant haben ENGER und LAMPAS (*8*) durch 2½ Jahre ausgeführt; der Blutdruck war dabei erhöht. — Dauernde Tonephininjektionen, auch als Durant, zeigten nach ENGER und GÖBEL (*7*) kein dem Hochdruck des Menschen vergleichbares Bild. — Langfristige Adrenalininjektionen (ENGER (*9*)) veranlaßten häufig Abszesse; der Blutdruck war erhöht, geringe Veränderungen der Netzhautarterien und der Glomerulusgefäße.

2. Oxytyramin.

Wirksame Amine werden aus den Aminosäuren bei Sauerstoffmangel bei Abspaltung der CO_2 durch eine Decarboxylase gebildet, während bei Sauerstoffzutritt eine Desamidierung der Aminosäuren erfolgt und weiterhin eine Zerstörung durch die Aminoxydasen. HOLTZ und CREDNER (*3*) untersuchten nun die Entstehung von Oxytyramin aus Dioxyphenylanin (= Dopa) in den fermenthaltigen Organen wie Leber und Niere, da Oxytyramin blutdrucksteigernd wirkt.

Bei Sauerstoffzutritt entsteht der blutdrucksenkende Dioxyphenylaldehyd und weiterhin die unwirksame Dioxyphenylessigsäure. Nun tritt nach Zufuhr von Dopa beim Kaninchen eine blutdrucksteigernde Substanz im Harn auf, und zwar Oxytyramin, das den Darm von Kaninchen und Meerschweinchen lähmt. Nach intravenöser Injektion von Dopa wirkt der Harn ebenfalls blutdrucksteigernd an der Katze. Die Ausscheidung erfolgt in gebundener Form, da Kochen mit Salzsäure die Wirkung verstärkt. Als Testtiere kommen besonders Katzen in Betracht, weil Kaninchen und Meerschweinchen sehr viel weniger mit Blutdrucksteigerung reagieren. Die Wirkung wird durch Cocain verstärkt im Gegensatz zur Tyraminwirkung. Es zeigen sich quantitative Unterschiede bei verschiedenen Tieren und Organen, wenn man Oxytyramin mit Adrenalin vergleicht (HOLTZ und CREDNER (*5*), (*6*)). Diese blutdrucksteigernde Substanz des Harnes nennen sie Urosympathin. Urosympathin wird mit einer für die Isolierung von Polyphenolderivaten spezifischen Methode in jedem menschlichen Harn gefunden und stellt wahrscheinlich ein Gemisch von Oxytyramin, Adrenalin und Arterenol dar. Die Mengen im täglichen Harn sind 2 bis 3 mg Oxytyramin am Katzenblutdruck äquivalent oder 100 bis 150 γ Adrenalin und Arterenol. Beim Hochdruck wird nach Injektion von Dopa kein Oxytyramin ausgeschieden, es tritt also eine Retention auf. Und auch beim renalen Hochdruck werden höchstens 1 bis 1,5 mg Oxytyramin-Äquivalente ausgeschieden, nicht wie normal 2 bis 4 (HOLTZ und CREDNER (*6*)). Dagegen ist bei Arbeitsleistung die Ausscheidung von Urosympathin gesteigert, auch in einzelnen Fällen von essentiellem Hochdruck.

CANNON und BACQ hatten zwischen zwei Sympathinen unterschieden, dem Sympathin E (= excitatory) und dem Sympathin I (= inhibitory), deren Absonderung sie verschiedenen Nerven zuschrieben. Nach GREER, PINKTON, BAXTER und BRANNON ist Sympathin E wohl Arterenol (ohne die Methylgruppe am N des Adrenalins). Eine Klärung dieser Verhältnisse haben HOLTZ und SCHÜMANN (9) herbeigeführt, indem sie zeigen konnten, daß Karotissinusentlastung Blutdruckanstieg und Kontraktion der Milz, nicht aber Erhöhung des Blutzuckers oder Lähmung des Darmes hervorruft. Adrenalin in Mengen gleicher Milzwirkung macht dagegen Darmhemmung. Es handelt sich um Arterenol — Noradrenalin — ohne die Methylgruppe am N des Adrenalins. Arterenol hat 20fach schwächere Blutzuckerwirkung als Adrenalin; es gibt nur ein Sympathin CANNONS, das Arterenol; Sympathin I gibt es nicht. Arterenol wird dauernd von der Nebenniere abgesondert, Adrenalin nur als Notfallsfunktion. Und so fassen HOLTZ und SCHÜMANN das Arterenol als den hauptsächlichsten Überträgerstoff sympathischer Nervenerregungen auf (HOLTZ (13)).

Setzt man den Blutdruck in der Niere durch Drosselung der Arterie bis auf die Höhe des kolloiosmotischen Druckes des Blutplasmas herab, so hört die Harnbildung auf und die pressorischen Substanzen entstehen, mit allen Folgezuständen des Hochdruckes; nach SELYE wird dann die Niere zu einem endokrinen Organ, „endocrine kidney". Dann hört die Harnbereitung auf, Glomeruli sind nicht mehr zu sehen, die Tubuli sind solide Stränge, nur ein gewundener Teil zwischen Tubulus I und Schleife weist ein hohes Epithel auf.

Ich gebe hier eine Tabelle in Anlehnung an eine solche von HESSEL und OPPENHEIMER unter Beifügung der Befunde von HOLTZ wieder (s. J. FREY (5)).

Stoff	Blutdr.	Cocain	Erg.	Puls	Gefäß	Darm	Uterus	Iris
Adrenalin . . .	steigt	verst.	kehrt um	beschl.	kontr.	lähmt	kontr.	weit
Vasopress. . .	steigt	unwirks.	—	verlangs.	kontr.	kontr.	kontr.	unwirks.
Renin	steigt	unwirks.	—	unwirks.	kontr.	kontr.	unwirks.	unwirks.
Nephrin . . .	steigt	unwirks.	unwirks.	beschl.	kontr.	lähmt	unwirks.	weit
Tyramin . . .	steigt	schwächt	—	—	kontr.	kontr.	kontr.	weit
Oxytyr. . . .	steigt	verst.	kehrt um	—	kontr.	lähmt	kontr.	weit
Hypertens. . .	steigt	verst.	unwirks.	—	kontr.	kontr.	unwirks.	—
Arterenol . . .	steigt	verst.	schwächt	—	kontr.	kaum kontr.	—	—

$$\text{HO–}\bigcirc\text{–CH}_2\cdot\text{CH(NH}_2)\cdot\text{COOH} \qquad \text{HO–}\bigcirc\text{–CH}_2\cdot\text{CH}_2(\text{NH}_2) \qquad \text{HO–}\bigcirc\text{–CH(OH)}\cdot\text{CH}_2(\text{NH}_2) \qquad \text{HO–}\bigcirc\text{–CH(OH)–CH}_2(\text{NH–CH}_3)$$

Dioxyphenylalanin   Oxytyramin   Arterenol   Adrenalin

Bei all diesen Untersuchungen liegt der Schluß nahe, daß bei Drosselung der Blutzufuhr eine Hypoxämie eintritt und der normale Abbau der Aminosäuren nicht mehr zu ungiftigen Produkten führt, sondern zu Aminbildung. Und so liegt es nahe anzunehmen, daß auch bei der Nephritis der Hochdruck durch solche naoxybiotisch entstehende Stoffe wie bei der Drosselungshypertonie veranlaßt wird.

Es bleibt aber noch die Frage offen, ob bei der Nephritis wirklich eine Drosselung der Blutzufuhr eintritt, welche zu einer Sauerstoffverarmung der Niere führt. Bei der diffusen Glomerulonephritis fand nämlich SARRE (2), (6), (7) die O_2-Spannung im Harn 12 bis 14 mm Hg höher als normal, was für eine Mehrdurchblutung sprechen würde. Auch bei der experimentellen Nephritis des Kaninchens nach Masugi (durch Injektion von Serum von Enten, die mit Kaninchennierenextrakt vorbehandelt waren) sah SARRE die Durchblutung, mit der Reinschen Stromuhr gemessen, stets gut und der Norm entsprechend. Ebenso war die Sauerstoffdifferenz zwischen Arterie und Vene bei der Masuginiere nicht etwa erhöht, sondern betrug im Mittel 2,36 Vol.-% (0,9 bis 3,7 Vol.-%), während bei der normalen Niere die Ausnutzung des Sauerstoffgehaltes des Nierenblutes im Mittel 3,1 Vol.-% (2,1 bis 4,4 Vol.-%) war, woraus auf eine Mehrdurchblutung der kranken Niere geschlossen wurde. Nach Tuscheinjektion in die Ohrvene verfärbte sich die Niere schwarz und die einzelnen Glomeruli waren dabei mit Tusche gefüllt. Es kann sich also nicht um eine Anoxie des Nierengewebes gehandelt haben, und so ist es fraglich, ob die pressorischen Stoffe, die bei der Drosselung entstehen, auch bei der Nephritis auf dieselbe Art gebildet werden. Die Atmung von Nierenschnitten im Warburgschen Apparat zeigte bei der Masugi-Niere einen um 3 bis 17% höheren Sauerstoffverbrauch (Sarre und Enger (4)). Ferner haben Sarre und Wirts (6) gefunden, daß auch die Masugi-Niere noch auf Denervierung des Nierenstieles mit einer Mehrdurchblutung antwortet wie die normale Niere. Andererseits vermochte aber Mehrdurchblutung nicht die Entwicklung des pathologischen Geschehens aufzuhalten, wie die Bilder beider Nieren, der intakten und der denervierten lehrten. Die Autoren schließen daraus, daß die Durchblutungsstörung keine Rolle in Entstehung und Verlauf der experimentellen Nephritis spielt (Sarre (12)).

Daraus geht hervor, daß bei der Nephritis nicht wie bei der Arteriendrosselung eine Abnahme der Durchblutung eintritt, die durch Sauerstoffmangel zur Entstehung vasopressorischer Substanzen führt. Aber auch bei der Drosselung der Arterie hört die Minderdurchblutung schnell wieder auf, der Blutdruck bleibt aber hoch. So sagt Sarre: „Bei der Rückkehr der Nierendurchblutung auf die alten Werte, infolge reaktiver Hyperämie, sank jedoch der Blutdruck nicht wieder. Das schien ein Hindernis zu sein, daß für die Ausschüttung vasopressorischer Substanzen nicht die Durchblutungsverminderung, sondern das Absinken des Blutdruckes in der Nierenarterie maßgeblich ist." Ähnliches haben Kohlstaedt und Page (2), (3) geäußert, wie oben erwähnt, indem sie nicht die Blutdurchströmung, sondern die Abnahme der Druckamplitude als maßgeblich bei der Entstehung der wirksamen Substanzen halten.

Und so ist der einfache Schluß, der Sauerstoffmangel sei verantwortlich für die Entstehung solcher pressorischer Stoffe bei der Nephritis, wieder fraglich geworden.

F. Die Harnentleerung.

I. Ureter.

Der Harn wird aktiv aus dem Nierenbecken zur Harnblase befördert. Und zwar geschieht dies in peristaltischen Wellen, welche 2 bis 3 mal in der Minute mit einer Fortpflanzungsgeschwindigkeit von 2 bis 3 cm in der Sekunde erfolgen. Innerviert wird der Ureter von beiden vegetativen Nervensystemen. Der N. hypogastricus fördert, der Splanchnicus kann auch hemmen (s. u.). Die peristaltischen Wellen beginnen immer oben am Nierenbecken und verlaufen blasenwärts. Eine genaue Beschreibung dieser Vorgänge hat neuerdings Hatz gegeben. Die Muskulatur des Ureters besteht aus einer Längsmuskulatur und einer Ringmuskulatur; die letztere ist an einzelnen Stellen gehäuft, etwa in Art von Sphincteren. Sie finden sich an der Papille, am Übergang der kleinen Kelche in die großen und an der uretero-pelvischen Grenze. Die Peristaltik beginnt am obersten Kelch. Zieht sich die Längsmuskulatur zusammen, so erschlafft der darunter liegende Sphincter und läßt den Harn weiterfließen. Dann schließt er sich sofort wieder und verhindert ein Zurückfließen nach oben. Es setzt sich also der Ureter aus aufeinander folgenden Röhren zusammen, zwischen denen Sphincteren eingeschaltet sind. Innerviert werden die Röhren vom Parasympathicus, die Sphincteren vom Sympathicus. Es ist also ein neuromuskuläres System vorhanden, welches einen Zyklus genau innehält, weswegen man von einem teils fördernden, teils hemmenden Einfluß des N. splanchnicus gesprochen hat. Jede Störung dieses Zusammenspieles führt zu Lendenschmerzen, Spasmen, Dilatation, Stase, ja zu Hydronephrose. Auf diese Weise sind mehrfache Sicherungen hintereinander vorhanden, daß sich der Blasendruck nicht bis zum Nierenbecken fortsetzen kann. Eine Schußsicherung stellt der schräge Verlauf der Ureterenmündung durch die Blasenwand dar.

II. Blase.

Die Blase ist ein Hohlmuskel, in leerem Zustande dickwandig, in gefülltem von dünner Wand. Dabei nimmt die Blase kugelförmige Gestalt an, während das Lumen nach der Entleerung flach spaltförmig ist.

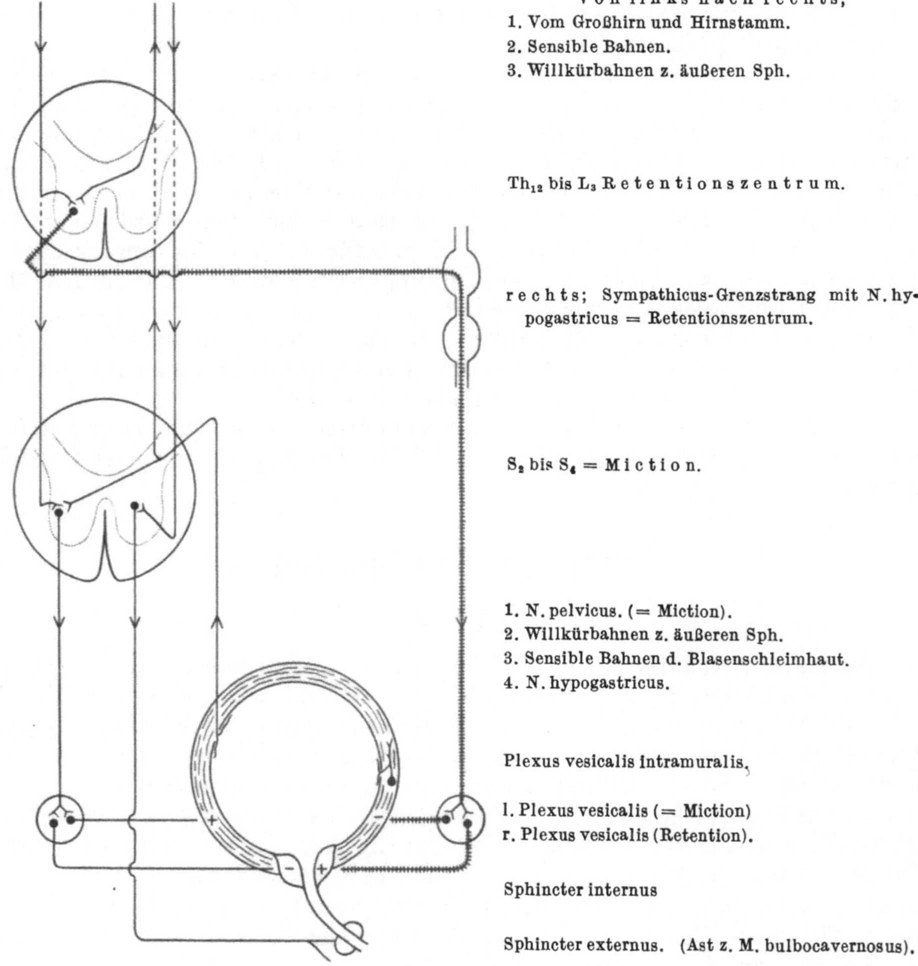

Abb. 33. Blaseninnervation.
(Der Plexus vesicalis ist im Schema zerlegt; links der parasympathische, rechts der sympathische Anteil).

Die Innervationsverhältnisse der Blase sind vielgestaltig. Vom Großhirn und Hirnstamm gehen Impulse zu den beiden Zentren im Rückenmark, dem Retentionszentrum im Lumbalmark (Tho 12 bis L 3) und dem Mictionszentrum im Sacralmark (S 2 bis S 4). Daher ist die Harnentleerung willkürlich, hängt aber auch von anderen Erregungen ab und kann bei Angst, Freude, Schmerz oder Kälte eintreten. Das lumbale Zentrum sendet über den Grenzstrang des sympathicus Fasern als N. hypogastricus zum Plexus vesicalis und bringt den Sphincter internus zur Kontraktion; es kann vom Großhirn oder Hirnstamm gehemmt werden, wie es bei der Harnentleerung geschieht. Das Mictionszentrum im Sacralmark steht ebenfalls unter höherem Nerveneinfluß; es sendet parasympathische Fasern über den N. pudendus zum Plexus vesicalis und von da zum Sphincter internus, die diesen hemmen. Außerdem gehen Fasern im N. pudendus zum Sphincter externus und Sphincter Urethrae membranaceae; sie können sowohl Kontraktion, willkürliches Zurückhalten, wie auch Erschlaffung bei der Einleitung der Miction bewirken. Der Detrusor wird vom Sacralmark aus über den Plexos vesicalis zur Kontraktion gebracht. Er wird gehemmt durch sympathische Fasern aus dem Lumbalmark über den Plexus vesicalis. Es schließen sich also an eine Willkürinnervation unwillkürliche Erregungen der beiden Zentren an. Außerdem gehen sensible Fasern von der Blasenschleimhaut zum Sacralmark und zum Großhirn. Bei der Miction erschlaften also die Sphincteren und der Detrusor kontrahiert sich; das Umgekehrte findet bei der Harnverhaltung statt.

Die Muskulatur der Harnblase stellt einen typischen glatten Hohlmuskel dar, dessen Spannung, dessen Tonus, sehr wechselnd sein kann. Das heißt: Der Druck im Blaseninnern ist nicht einfach eine Funktion der Füllung. Harndrang kann sich auch bei geringer Füllung einstellen, kann wieder verschwinden und dann erneut in erhöhtem Maße auftreten. Der Harndrang wird hinter der Symphyse empfunden, er kann bis zur Harnröhrenmündung ausstrahlen. Man hat bei einem Wasserdruck von 150 mm und einer Füllung von 230 bis 250 ccm leichten Harndrang gefunden und bei 100 bis 300 mm Wasserdruck und einer Füllung von 100 bis 500 ccm leichten und bei 130 bis 530 mm Druck und einer Füllung von 400 bis 700 ccm starken Harndrang empfunden. Die Kapazität der Blase wird sehr verschieden angegeben: 180 ccm bis 1580 ccm bei der männlichen Leiche, im Durchschnitt 730 ccm. Bei Frauen von 200 bis 1020 ccm mit einem Durchschnitt von 650 ccm. (FRANKL-HOWART und ZUCKERKANDL.)

Es setzt sich also die Leerung der Blase aus einer Willkürerschlaffung der äußeren Sphincteren und einer Enthemmung des Zentrums für die Miction, die vom Großhirn für gewöhnlich besteht, zusammen. Sie wird durch einen Willkürakt eingeleitet, aber ausgeführt wird sie vom Zentrum im Rückenmark.

G. Funktionsprüfungen der Niere.

I. Wasser.

Die am häufigsten ausgeführte Funktionsprüfung ist der VOLHARDsche Wasserstoß, die Prüfung der Variation der Verdünnungsfähigkeit und Eindickungsarbeit bei Zufuhr größerer Wassermengen oder beim Dursten. Dies kann an einem Tage geschehen.

Es werden 1½ lit Wasser oder dünner Tee nüchtern getrunken, die Harnmengen halbstündlich gemessen und ihr spezifisches Gewicht bestimmt. Nach 15 min setzt eine Diurese ein und erreicht ihren Höhepunkt nach 1 bis 1½ Stunden. Eine gesunde Niere erreicht 500 ccm in 30 min. Das spezifische Gewicht

sinkt bis auf 1001 und steigt im Trockenversuch bis 1030. Beispiel nach ENGEL:
Es ist die am häufigsten angewandte Funktionsprüfung der Niere und soll die
Wasserbearbeitung der Niere dartun. In Krankheitsfällen kann eine Schwäche

Uhrzeit	ccm	Spezifisches Gewicht	Uhrzeit	ccm	Spezifisches Gewicht
7.00—7.30	1500 ccm	getrunken	Übertrag	1680	
7.30	90	1024	10.30	80	1008
8.00	260	1008	11.00	70	1010
8.30	600	1001		1830	
9.00	410	1001	12.00 Trockenkost		
9.30	200	1006			
10.00	120	1007	16.00	200	1022
			20.00	170	1030
	1680		7.00	350	1028

dieser Funktion bestehen (=Hyposthenurie) oder eine völlige Nierenstarre
(=Isosthenurie) mit einem spezifischen Gewicht des Harnes von 1010, gleich
dem von enteiweißtem Plasma ($\triangle = -0{,}57$).

II. Bestimmung des Plasmastroms durch die Niere.

Bei den folgenden Funktionsprüfungen ist die Eingabe einer Maßsubstanz
notwendig und das Erhalten einer gewissen Plasmakonzentration derselben. Am
genausten sind die Messungen, wenn die Plasmakonzentration auf gleicher Höhe
bleibt und weisen Unterschiede auf, ob sie bei fallender oder steigender Plasmakonzentration gewonnen werden. Man gibt also zuerst eine Primärinfusion und
daran anschließend eine Dauerinfusion, eine Erhaltungsdosis. Ferner ist eine
genaue Abgrenzung der Harnportionen erforderlich, weswegen man bei Untersuchungen in kurzen Intervallen die Harnsammlung mit Katheter erfolgt;
manche Untersucher spülen auch die Blase jedesmal. Nur das Vorgehen von
ROBSON und Mitarbeiter (S. 47) vermeidet dies; er gab eine Berechnung der
Plasmawerte aus zwei Blutentnahmen an, indem er ein geradliniges Ansteigen
des Verdünnungsvolumens feststellte, d. h. der Menge Flüssigkeit, auf welches
sich die noch körperbefindliche Maßsubstanz verteilen würde, wenn sie die Konzentration des Plasmas besäße. Dann fällt der venöse Dauereinlauf weg und der
Harn kann in längeren Intervallen untersucht werden, wobei der Katheterismus
nicht nötig ist $\bigl($s. a. E. FREY (21)$\bigr)$.

Ganz besonders muß betont werden, daß bei allen diesen Untersuchungen
niemals physiologische Ruhewerte erhalten werden, sondern daß nach Trinken
von einem Liter Wasser vor dem Versuch eine Wasserdiurese erheblichen Ausmaßes einsetzen muß, der sich dann durch die Dauerinfusion von 4 ccm/min,
also von 240 ccm Salzlösung in der Stunde eine Filtrationsdiurese anschließt.

Zum Bestimmen der Plasmamenge, welche die Niere in der min durchfließt,
dienen Peabrodil (= Diosrast = Diodon) oder p-Aminohippursäure, weil sie bei
geringer Plasmakonzentration bei einer Passage durch die Niere völlig ausgeschieden werden, so daß das Venenblut frei davon ist. Es werden in den
Arbeiten häufig auch Bestimmungen anderer Stoffe gleichzeitig ausgeführt, um
die Filtratmenge festzustellen.

1. Perabrodil, Diodrast, Diodon in kleinen Mengen.

Lösungen (nach GOLDRING und CHASIS): Mannitol 25% oder Inulin 10%;
Diodrast 35% oder p-Aminohippursäure 20%; 1000 ccm isotonische Salzlösung.
— Primäre Infusion: Mannitol 80 ccm oder Inulin 30 ccm; Diodrast 2,5 ccm

oder p-Aminohippursäure 4 ccm, gemischt und 5 min gekocht. Dahinter Dauerinfusion: Mannitol 80 ccm oder Inulin 70 ccm; Diodrast 10 ccm oder p-Aminohippursäure 20 ccm; auf 500 ccm mit Salzlösung aufgefüllt und gekocht. Geschwindigkeit 4 ccm/min. Dann betragen die Plasmakonzentrationen von 18 bis 25 mg% Inulin oder 100 bis 130 mg% Mannitol und von 1 bis 3,5 mg% Diodrast oder 1 bis 5 mg% p-Aminohippursäure.

Reagenzien: Cadmiumsulfat $\left(17,34\ \mathrm{g}\ \text{Cadmiumsulfat}\ (CdSO_4 \cdot 8\ H_2)\right)$ $+ 84,55$ ccm n Schwefelsäure auf 500 ccm aufgefüllt; 1,1 n NaOH; Phosphorsäure 85% H_3PO_4; Brom; NaThiosulfat 0,001 n $(Na_2S_2O_3)$ aus einer Stammlösung von 0,1 n hergestellt (vor Licht und CO_2 zu schützen); Kaliumjodat 0,001 (KJO_3); Kaliumjodid 5% KJ; Stärke 1%.

Vorgehen: Enteiweißen: 6 ccm Cadmiumsulfat und 20 ccm Wasser, dazu 2 ccm Plasma, mischen, zufügen von 2 ccm NOH. 10 min umschütteln, 10 min zentrifugieren, filtrieren. — 15 ccm Plasmafiltrat bei geringer Konzentration (also bei Bestimmung des Blutdurchflusses) oder 2 ccm verdünnter Harn in Pyrex-Röhrchen pipettieren, dazu 4 Tropfen 85% Phosphorsäure, mit destilliertem Wasser auf 15 ccm auffüllen. 1 Tropfen Brom zugeben und schütteln. Mit Mikrobrenner erhitzen, bis die braune Farbe verschwunden ist. Dann auf Eis. — Titration: 1 ccm 5% KJ direkt vor der Titration unter Stärkezusatz mit 0,001 n Na-Thiosulfat titrieren. mg% $J = 4,23/x$, worin x die zur Titration von KJO_3 verbrauchten Mengen Thiosulfat bedeutet. Man reduziert auf Plasmawasser durch multiplizieren mit 0,73.

Bei gleichzeitiger Bestimmung von Inulin oder Mannitol muß Hefe zugesetzt werden.

Oder Perabrodilbestimmung nach ALPERT, bei J. FREY und SCHMIDT (im Druck). Lösungen: 2,3 ccm 35% Perabrodil mit physiologischer Kochsalzlösung auf 250 ccm auffüllen, 5 min kochen zur Primärinfusion. Zur Dauerinfusion 10 ccm 35% Perabrodil in 500 ccm physiologischer Kochsalzlösung, 5 min kochen. Primärinfusion: 6 ccm Ausgangslösung (0,32%) in 5 min, dann Dauerinfusion (0,7%) 3,5 ccm/min.

Reagenzien: Zinkhydroxyd (5 Teile 0,45% Zinksulfat zu 1 Teil n/10 NaOH; Phosphorsäure 85%); Brom; Natriumthiosulfat n/1000; aus einer Stammlösung von n/10 frisch herzustellen (vor Licht und CO_2 zu schützen); Kaliumjodat n/1000; Kaliumjodid 5%; Stärkelösung 1%; alkoholische Methylrotlösung. Vorgehen: Enteiweißen: 1 ccm Plasma und 10 ccm frisch hergestellte Zinkhydroxydlösung 5 min im Wasserbad kochen, zentrifugieren, filtrieren. 4 ccm Plasmafiltrat oder 1 ccm 100 fach verdünnter Harn werden in einem Erlenmeyerkolben zu 50 ccm mit Schliff gegeben, 4 Tropfen Phosphorsäure zugesetzt und auf 15 ccm aufgefüllt. — Ein Tropfen flüssiges Brom dazu, schütteln, bis es gelöst ist, dann mit Mikrobrenner kochen, bis die Farbe verschwunden ist, dann noch 5 min kochen. Mit Methylrot prüfen (in einer Kontrolle), ob alles Brom entfernt ist (Brom entfärbt es). In Eiswasser, um bei kleinen Jodmengen die Reaktion von Jod und Stärke zu vermeiden. 1 ccm 5% Kaliumjodidlösung dazugeben und mit n/1000 Natriumthiosulfatlösung (aus einer n/200 Lösung frisch herzustellen) nach Zusatz von ein paar Tropfen von frisch hergestellter 1% Stärkelösung titrieren, dabei gut schütteln. Leerwert: 1 ccm n/1000 Kaliumjodatlösung werden ebenso behandelt, sie ergibt den Wert x gleich Menge an n/1000 Na-Thiosulfatlösung in ccm, die zur Titration von 1 ccm n/1000 Kaliumjodatlösung gebraucht werden. Faktor F ist 21,16 durch x, mit diesem Faktor F sind die ccm der zur Titration von Harn oder Plasmalösungen benötigten ccm n/1000 Na-Thiosulfatlösung zu multiplizieren und ergeben γ Jod im ccm Harn oder 4/11 ccm Plasma (wegen der Verdünnung).

Oder Perabrodilbestimmung nach Leipert bei J. Frey und Schmidt (im Druck): Lösungen zur intravenösen Infusion wie eben bei Methode Alpert beschrieben. Reagenzien: Zinkhydroxyd (5 Teile 0,45% Zinksulfat zu 1 Teil n/10 NaOH); Phosphorsäure (85%); Brom; Natriumthiosulfat n/1000; aus einer Stammlösung von n/10 frisch herzustellen und vor Licht und CO_2 zu schützen; Kaliumjodat n/1000; Kaliumjodid 19%; Stärkelösung 1%; alkoholische Methylrotlösung; Ameisensäure (80 bis 100%); 2 nSchwefelsäure.

Vorgehen: Enteiweißung: 1 ccm Plasma und 10 ccm frisch hergestellter Zinkhydroxydlösung 5 min im Wasserbad kochen, zentrifugieren, filtrieren. 1 ccm Plasmafiltrat oder 1 ccm verdünnter Harn werden in einen Erlenmeyerkolben zu 50 bis 100 ccm, 4 Tropfen Phosphorsäure dazugetan und auf 15 ccm aufgefüllt. Dazu 1 Tropfen Brom (oxydiert die Verbindung zu Jodat). Nach vollkommener Auflösung des Broms wird sein Überschuß durch Ameisensäure zerstört. Mit einem Tropfen Methylrotlösung prüfen, ob noch Brom vorhanden ist (es muß rosa bleiben). Dazu 2 ccm 10% Kaliumjodidlösung und 5 ccm 2nSchwefelsäure. 5 min stehen lassen. Vor der Titration 5 Tropfen Stärkelösung zugeben und mit n/1000 Natriumthiosulfatlösung titrieren. Mit Kaliumbichromat wird der Faktor F bestimmt.

2. p-Aminohippursäure.

Infusion wie bei Diodrast (Goldring und Chasis). Oder nach Dick und Davies: Auflösen von 20 g p-Aminohippursäure in nNaOH und auffüllen auf 100 ccm, das p_H auf 7,2 korrigieren, filtrieren. Primäre Infusion: 4 ccm 20% p-Aminohippursäure (= PAH) und für die Dauerinfusion 16 ccm 20%, mit isotonischer Salzlösung auf 500 ccm angefüllt. Später gaben die Autoren nur die halben Dosen. Geschwindigkeit bei der Primärinfusion wenige min, bei der Dauerinfusion 4 ccm/min. Nach ½ Stunde wird mit der Harnsammlung begonnen.

Reagenzien nach Goldring und Chasis: Cadmiumsulfat 17,34 g $CdSO_4$ · 8 H_2O + 84,55 ccm nSchwefelsäure auf 500 ccm aufgefüllt; nSchwefelsäure 84,55, mit Wasser auf 500 ccm aufgefüllt; 1,1 nNaOH; 1,2 nSalzsäure 100 mg% (frisch alle paar Tage); Natriumsulfanat 500 mg% (alle 2 Wochen frisch); N-(1-naphthyl)-äthylen-diamin-dihydrochlorid 100 mg% (in dunkler Flasche; eine Stammlösung von PAH, enthaltend 2 mg%, wovon eine Reihe von Standardlösungen hergestellt werden die 0,01 — 0,25 mg% enthalten.

Vorgehen. Enteiweißung: 6 ccm Cadmiumsulfat und 20 ccm Wasser, dazu 2 ccm Plasma, mischen, zufügen von 2 ccm NaOH. 10 min umschütteln, 10 min zentrifugieren, filtrieren. Zu 10 ccm Plasmafiltrat, verdünntem Harn oder Standardlösungen werden 2 ccm nSalzsäure und 1 ccm Natriumnitritlösung zugegeben. Die Röhrchen gut schütteln und 5 min stehen lassen, dann 1 ccm Ammonsulfanat und nach 3 min 1 ccm N-(naphthy)-äthylen-diamin-dihydrochlorid zusetzen. Gut mischen und mindestens 10 min stehen lassen und unter Verwendung eines Grünfilters colorimetrieren. Die mg% PAH werden von einer Eichkurve bekannter Konzentrationen abgelesen. Kontrollen mit 5 ccm 0,2 mg% PAH, mit Plasmafiltrat + Standard und mit 5 ccm Wasser ansetzen.

III. Bestimmung der Filtratmenge.

Während die Bestimmungen des Plasmadurchflusses durch die Nieren mit den eben beschriebenen Methoden tatsächliche Werte liefern, ist die Festlegung der Menge des Glomerulusfiltrates eine theoretische, geht von Annahmen aus, die wohl nicht zutreffen. Man führt sie mit Substanzen aus, von denen man annimmt, daß sie nur durch Filtration in den Harn gelangen, nicht aber im Tubulus rückresorbiert und auch nicht dazugefügt werden. Unter dieser Voraussetzung kann man ihre Clearance als Filtratmenge ansetzen, also die ccm Plasma, die von dem betreffenden Stoff gereinigt werden. Die Clearance ist gleich Harnkonzentration mal Harnmenge durch Plasmakonzentration. Nun liegen aber Befunde vor, welche gegen eine alleinige Ausscheidung durch Filtration sprechen, wie oben aufgeführt wurde. Uns scheinen die errechneten Filtratmengen als zu hoch. Sie betragen etwa 20% der durchfließenden Plasmamenge; in Wirklichkeit wird die Filtration nur etwa 0,9% vom Plasmadurchfluß ausmachen.

Die angewandten Stoffe zur Bestimmung des Glomerulusfiltrates sind Kreatinin, Inulin, Mannitol, Thiosulfat.

1. Inulin.

Infusion wie bei Diodrast (GOLDRING und CHASIS).

Reagenzien: Cadmiumsulfat 17,34 g ($CdSO_4 \cdot 8H_2O$) und 84,55 nSchwefelsäure auf 500 ccm aufgefüllt; 1,1 nNaOH; Diphenylaminreagens: 16 g ($(C_6H_5)_2NH$ langsam in 600 ccm 99,8% Essigsäure lösen, dazu 360 ccm 38% HCl; Hefesuspension 20%: Stärkefreie Bäckerhefe mit destilliertem Wasser waschen, zentrifugieren, jeden Tag frisch bereiten; im Hämatokrit-Röhrchen die Vol.% bestimmen, sie sollen 20% betragen.

Vorgehen: 2 ccm verdünntes Plasma (1:2) mit 6 ccm 20% Hefeaufschwemmung versetzen, umschütteln und 15 min stehen lassen, dann nochmals mindestens 3 min schütteln, dann 15 min lang zentrifugieren. Leervert: 2 ccm normales Plasma zu 6 ccm Hefeaufschwemmung in ein Röhrchen, in ein zweites 2 ccm Versuchsplasma zu 6 ccm Hefeausschwemmung, in beide 2 ccm Standard-Inulin von 20 mg%. Enteiweißen, die Differenz ist der Leerwert. — Enteiweißen: 6 ccm Cadmiumsulfat + 20 ccm Wasser, dazu 2 ccm Plasmazentrifugat, mischen, zufügen von 2 ccm NaOH, 10 min schütteln, zentrifugieren, filtrieren. — 3 ccm des enteiweißten Filtrates in Pyrox-Röhrchen pipettieren und 10 ccm des Diphenylamin-Reagens zugeben; fest mit Glasstöpsel verschließen und für genau 10 min im kochenden Wasserbad erhitzen, alles Doppelbestimmungen. 2 oder 3 Proben mit 3 ccm dest. Wasser und 10 ccm Diphenylamin-Reagens und 2 Standards von 3 ccm 1 bis 2 mg% Inulin + 10 ccm Reagens gleichzeitig erhitzen, dann für 3 min in kaltes Wasser. Colorimetrieren. Eichkurve mit 0,5 bis 2,0 mg% Inulin.

Oder Inulinbestimmung nach DEUTSCH: Reagenzien: 10% Zinksulfat; nNaOH; 33% Salzsäure, eisen- und arsenfrei; 0,1% Resorcin in 96% Alkohol; in dunkler Flasche; 0,3% Bäckerhefe, mehrfach mit 10 ccm Wasser gewaschen. Dickwandige Glasröhrchen von 20 ccm Inhalt mit Marke bei 10 ccm; das mit Schliff versehene Ende ist mit einer Glaskappe zu verschließen und durch zwei starke Stahlfedern zu sichern. Vorgehen: 3 ccm Serum mit 0,3 ccm Hefesuspension eine Stunde bei 38° halten, nach zentrifugieren mit 5 ccm Wasser, 2 ccm 10% Zinksulfat und 1 ccm NaOH im heißen Wasserbad enteiweißen, zentrifugieren. 3 ccm des Zentrifugates in den oben genannten Röhrchen mit 2 ccm Resorcinlösung versetzen, dazu 5 ccm Salzsäure, gut verschlossen genau 10 min in lebhaft siedendem Wasserbad erhitzen und nach Erkalten colorimetrieren. Der Wert wird an einer Eichkurve abgelesen.

2. Mannitol.

Nach GOLDRING und CHASIS: Infusionen wie oben. Reagenzien: 17,34 g Cadmiumsulfat ($CdSO_4 \cdot 8H_2O$) $+$ 84,55 ccm nSchwefelsäure auf 500 ccm aufgefüllt; 1,1 nNaOH; 20% Bäckerhefe, öfters mit Wasser gewaschen; ihr Vol.% mit Hämatokrit-Röhrchen bestimmen. Perjodat (3 Teile 0,1% KJO_4 und 2 Teile 5% H_2SO_4); Kaliumjodat 0,001 nKJO_3, hergestellt aus einer Stammlösung von 0,1 nKJO_3-Lösung (0,7134 g wasserfreien KJO_3 auf 200 ccm Wasser); Natriumthiosulfatlösung 0,005 n$Na_2S_2O_3$ aus einer Stammlösung von 0,1 n (15,8 g auf 1000 ccm Wasser); 50% Kaliumjodid.

Vorgehen: 2 ccm verdünnter Harn und Plasma (verdünnt 1:2) werden zu 6 ccm 20% Hefeausschwemmung gesetzt, umschütteln und 15 min stehen lassen, dann nochmals mindestens 3 min schütteln, dann 15 min zentrifugieren. — Enteiweißen: 6 ccm Cadmiumsulfat $+$ 20 ccm Wasser, dazu 2 ccm des Zentrifugats, mischen, dazu 2 ccm NaOH, 10 min schütteln, 10 min zentrifugieren, filtrieren. 2 ccm des Cadmiumfiltrates werden in ein Pyrex-Röhrchen pipettiert, 5 ccm Perjodat zugegeben. Mit Glas verschließen, dann 20 min ins Wasserbad. Doppelbestimmungen. Zwei Leerproben mit 2 ccm destilliertem Wasser und 5 ccm Perjodat, alles gleichzeitig kochen, dann gekühlt mit 0,005 nThiosulfat titrieren. Von der Titration ungefähr 1 ccm 50% Kaliumjodid in jede Probe und ein paar Tropfen Stärke (1%) als Indikator. Man braucht zwischen 15,5 und 19,7 ccm Thiosulfat, 1 ccm Thiosulfat $=$ 4,6 mg Mannitol.

3. Thiosulfat.

Nach DICK und DAVIS: Infusion: Sterile 10% Lösung, 18 ccm für die Primärinfusion, für die Dauerinfusion 54 ccm, auf 500 ccm Salzlösung aufgefüllt.

Vorgehen: Bei Thiosulfat kann die Enteiweißung nicht mit Cadmiumsulfat erfolgen, auch kann man nicht gleichzeitig Inulin geben, das ausgefällt wird. Reagenzien: 0,01 Kaliumjodat (0,3567 g/lit); 10% Kaliumjodid (frisch); Na-Thiosulfat 0,01 n (2,5 g/lit); 1% Stärke; 2nSalzsäure; 1/3 nNa-Tungstat; 2,3 nSchwefelsäure.

Vorgehen: Die Plasmaproteine werden niedergeschlagen: 2 ccm Plasma und 14 ccm Wasser und 2 ccm 1/3 nNa-Tungstat und 2 ccm 2/3 nSchwefelsäure mischen, einige min stehen lassen, zentrifugieren. Zu 10 ccm Filtrat 10 ccm Kaliumjodat (n/100) und 2 ccm 10% Kaliumjodid zugeben, 5 min stehen lassen, dann 2 ccm Kaliumjodid zugeben und sofort mit n/100 Thiosulfat titrieren. Harn wird mit einigen Tropfen NaOH alkalisch gemacht (Phenolphthalein). 25 ccm n/100 Kaliumjodat zufügen, dann 2 ccm Kaliumjodid und 2 ccm Salzsäure. Das frei gewordene Jod sofort mit n/100 Thiosulfat mit Stärke als Indikator titrieren.

4. Kreatinin.

Nach REHBERG (I, S. 450): Eingenommen werden 5 g Kreatinin in 200 ccm warmem Wasser per os eine Stunde vor dem Versuch. Dann enthält das Plasma etwa 8 mg%. (Normales Blutkreatinin 0,7—1,5 mg%.)

Vorgehen: 3 ccm Blut werden schnell zentrifugiert, im Plasma die Eiweißkörper nach Folin niedergeschlagen. Zu 1 ccm Filtrat 5 ccm gesättigte Pikrinsäurelösung mit etwas trockener Pikrinsäure zusetzen, schütteln, $^1/_2$ Stunde unter gelegentlichem Schütteln stehen lassen. Ebenso eine Standardlösung mit 0,05 oder 0,1 mg/ccm Kreatinin behandeln. Beide Proben werden filtriert und 2 ccm abgemessen; zu jedem Röhrchen und zu 2 ccm gesättigter Pikrinsäurelösung werden 0,1 ccm 10% NaOH zugeben und nach 5 min 2 ccm Wasser zugesetzt und colorimetriert.

IV. Prüfung der maximalen Tubulusleistung: Tm.

1. Diodrast und p-Aminohippursäure.

Man verwendet zur Prüfung der maximalen Tubulusleistung größere Mengen von Diodrast oder p-Aminohippursäure. Bei geringen Plasmakonzentrationen werden sie bei einer Nierenpassage völlig aus dem Blute entfernt und dienen so zur Bestimmung des renalen Plasmadurchflusses. Dabei versteht man unter Tm die maximale Tubulusleistung bei Sättigung der Niere mit diesen Substanzen. Man gewinnt sie, indem man von der ausgeschiedenen Menge den filtrierten Anteil abzieht, den man durch die Bestimmung von Inulin oder Mannitol oder Thiosulfat festlegt. Es ist schon erwähnt worden, daß hierin die Annahme eingeht, daß die Filtratmenge mit diesen Substanzen richtig bestimmt wird. In Wirklichkeit wird die Filtratmenge niedriger sein, die von der Gesamtausscheidung abgezogen wird, und daher Tm höher. (Es sind schon negative Werte von Tm beobachtet worden.)

Nach GOLDRING und CHASIS: Lösungen: Mannitol 25%; Inulin 10%; Diodrast 25%; p-Aminohippursäure 20%, und physiologische Salzlösung 1000 ccm.

Infusionen: Primäre Infusion: Diodrast 30 ccm oder p-Aminohippursäure (= PAH) 60 ccm; Mannitol 80 ccm oder Inulin 30 ccm, gemischt und gekocht. — Dauerinfusion: Diodrast 45 ccm oder PAH 90 ccm, Mannitol 48 ccm oder Inulin 42 ccm, auf 300 ccm aufgefüllt.

Vorgehen: Die Bestimmungen sind dieselben wie oben angegeben, nur muß man stärker verdünnen, z. B. bei PAH für Plasma und Harn Verdünnungen von 1 : 750 anwenden.

2. Glucose.

Um die maximale Rückresorption von Glucose zu bestimmen, gibt man nach GOLDRING und CHASIS als Primärinfusion 25% Mannitol 80 ccm oder 10% Inulin 30 ccm gemischt mit 50% Glucose 60 ccm, gemischt und gekocht. — Zur Dauerinfusion verwendet man Mannitol 112 ccm oder Inulin 98 ccm, Glucose 448 ccm, auf 700 ccm mit destilliertem Wasser aufgefüllt.

Reagenzien: Zur Enteiweißung wie immer Cadmiumsulfat und NaOH. Kupfertartrat: 15 g $Na_2CO_3 \cdot H_2O$ + 16 g $Na_2C_4H_4O_6 \cdot 2H_2O$ + 5 g $CuSO_4 \cdot 5H_2O$ + 10 g NaH_2CO_3 auf 1 lit, 4 Tage vor dem Versuch herzustellen. Bromierte Molybdatlösung: 1200 g $NaMoO_4$ zu 1 lit Wasser, 1—2 ccm flüssiges Brom, schütteln, bis es nicht mehr schäumt; — Starkes Molybdat: zu 2 lit bromierter Stammlösung 900 ccm 80% Phosphorsäure und 800 ccm kalter Schwefelsäure (200 ccm auf 800 ccm Wasser), 1 Stunde lang entlüften, dazu 100 ccm Eisessig, dann 15 min entlüften. — Wöchentliches Molybdat: 1:5 vom starken Molybdat; 0,02 g Methylrot in 60 ccm absoluten Alkohol und 40 ccm Wasser.

Vorgehen: Plasma muß so verdünnt werden, daß der aliquote Teil 2—12 mg% Glucose enthält (1:100 bis 1:500). Harn und Plasmafiltrat (vom Enteiweißen) müssen alkalisch sein, daher Zusatz von 2 Tropfen Methylrot; wenn rosa, einige Tropfen nKalilauge. 2 ccm verdünnter Harn oder Plasmafiltrat und 2 ccm Kupfertartrat werden im Röhrchen 10 min im Wasserbad gekocht, dann gekühlt. Dazu 4 ccm des starken Folin-Molybdates in jedes Röhrchen, dann mit wöchentlichem Molybdat auf 25 ccm auffüllen, 4 min mischen und 25 min stehen lassen. Colorimetrieren. Doppelbestimmungen 2 Röhrchen mit 2 ccm Wasser + 2 ccm Kupfertartrat gleichzeitig erhitzen. Berechnung: $Tm_g = P_g C_{In} - U_g V$. Darin bedeutet: P_g Plasmakonzentration an Glucose in mg/ccm; C_{In}= Inulinclearance in cm/min; U_g = Harnglucose in mg/ccm; V = Harnmenge in ccm/min.

Die Rückresorption von Glucose wird bei Annahme so großer Filtratmengen zu hoch ausfallen.

3. Gemischte Bestimmungen

sind in den angeführten Beispielen enthalten. Dick und Davies geben für
die gleichzeitige Messung des Durchflusses und der Filtration eine Infusion von
18 ccm einer 10%igen Na-Thiosulfatlösung und 2 ccm einer 20%igen PAH-
Lösung für die Primärinfusion und für die kontinuierliche 54 ccm von Thiosulfat
und 8 ccm PAH, verdünnt auf 500 ccm mit physiologischer Salzlösung an.

V. Prüfung der Säure-Basen-Ausscheidung.

Zur Prüfung der Basenausscheidung gab Sellards alle 2 Stunden 5 g Natriumbicarbonat; schon nach der ersten Gabe, spätestens nach der zweiten, soll der
Harn Normaler alkalisch sein.

Genauer ist die Rehnsche Probe auf den Säure-Basen-Umschlag. Rehn und
Günzburg gaben vor dem Versuch 20 Tropfen Acidum hydrochloricum dilutum
in 300 ccm Wasser, sonst keine Flüssigkeit. Nach 2 Stunden führten sie die
Ureterenkatheter ein und injizierten 50 ccm 4%iger Natriumbicarbonatlösung
intravenös. In Abständen von 2—5 min läßt man den Harn zu fünf kleinen Tropfen (= 0,2 ccm) in die Michaelisschen Röhrchen mit Indikatorlösung tropfen
Die Probe dient dem Vergleich beider Nieren. — Vor dem Versuch sind die beiden
Harne hinsichtlich ihres p_H meist gleich, differieren sie um 0,4, so ist die Niere
mit dem weniger sauren Harn verdächtig. Bei völliger Niereninsuffizienz bleibt
der p_H nach Alkaligaben unbeeinflußt, sonst steigt er in 2—5 min um mindestens
1,0 an. — Später gab Rehn 50 ccm der 4%igen Bicarbonatlösung und machte
darauf aufmerksam, daß man die Lösung kalt ansetzen muß und sie nicht höher
als 40° erhitzen darf. Auch soll man sie nicht schütteln. — Schneider hat diese
Säure-Alkali-Umschlag-Probe vielfach geprüft; er gab 30 Tropfen verdünnte
Salzsäure in 200—300 ccm Malzkaffee. Die Indigocarminprobe sei nicht so fein;
sie kann an die Umschlagprobe angeschlossen werden.

VI. Farbstoffproben.

Ebenfalls zur Unterscheidung der gesunden und kranken Niere dienen die
Farbproben.

1. Indigocarmin.

Man gibt 0,08—0,1 g intramuskulär. Normal erscheint der Farbstoff nach
6—12 min. Bei kranker Niere verspätet oder gar nicht.

2. Phenolsulfophthalein.

Es wird 0,06 g intramuskulär gegeben. In der ersten Stunde wird vom Normalen mehr als 45% ausgeschieden, in den ersten zwei Stunden 70%. Man colorimetriert; Phenolsulfophthalein ist in alkalischer Lösung rot.

H. Schluß.

Wir sehen, daß sich auf Grund der zahlreichen Befunde ein Bild vom Geschehen in der Niere gewinnen läßt, und daß in großen Zügen unsere Vorstellungen auf gesicherter Grundlage stehen.

Die beiden Anschnitte des Nephrons, der Glomerulus und der Tubulus teilen
sich in die Aufgabe, die Schlacken des Stoffwechsels und den Überschuß eingeführter Salze aus dem Blute zu entfernen. Bewunderswert ist die Genauigkeit,

mit welcher dies geschieht, da im gewöhnlichen Leben die Zusammensetzung des Blutes bei ganz verschiedener Nahrung und Lebensweise gewahrt bleibt. Denn das Angebot der Stoffe, die der Ausscheidung harren, wechselt in weiten Grenzen und wir sehen eine Veränderlichkeit der Nierentätigkeit und ein Anpassen an die Aufgaben in erstaunlichem Maße.

Zunächst ist es der Niere möglich, den Wasserhaushalt zu beherrschen und die Harnmenge zu vermehren und zu verkleinern und trotzdem die anfallenden festen Stoffe zur Ausscheidung zu bringen. In normalen Tagen sind daher die absoluten Tagesmengen der Harnbestandteile gleich, unabhängig von der Harnmenge, die sie enthalten. Die Wasserbearbeitung der Niere ist also unabhängig von der Ausscheidung der gelösten Stoffe. Die Niere besitzt also die Fähigkeit, diese Stoffmengen auf große Wassermengen zu verteilen oder sie in konzentrierter Form in wenig Lösungsmittel anzuhäufen. Bei Trinken von viel Wasser oder beim Dursten ist das Maß der Ausscheidung harnpflichtiger Stoffe gleich; niemals tritt eine Retention im Blute ein.

Eine ebensolche Anpassung besteht auch für die Ausscheidung der festen Stoffe, die bei verschiedener Nahrung oder bei Arbeit oder Ruhe stark variieren. Immer bewältigt das Organ die verschiedenen anfallenden Mengen. Das heißt aber in vielen Fällen, geradeso wie bei der Wasserbearbeitung, daß nicht immer nur eine Abscheidung in Frage kommt, sondern manchmal auch eine Einsparung, wenigstens, wenn es sich um den Hauptbestandteil des Blutes, den Kochsalzgehalt handelt. Und doch liegt hier nicht jene Unabhängigkeit unter allen Umständen wie beim Wasserhaushalt vor. Dies sieht man nicht auf den ersten Blick, weil immer ein Kochsalzüberschuß in der Nahrung besteht. Wenn aber wirklicher Kochsalzmangel vorliegt, dann steigt der Reststickstoff im Blut an, die Niere ist also dann nicht mehr in der Lage, die Ausscheidung der im Stoffwechsel entstehenden Schlacken zur Abscheidung zu bringen. Dazu bedarf sie des Kochsalzes. Es besteht mithin ein Zusammenhang zwischen der Bewältigung der harnpflichtigen Stoffe und dem Kochsalzbestand des Körpers. Dabei scheint diese Abhängigkeit nur beim Kochsalz zu bestehen, nicht die anderen Harnbestandteile zu betreffen. Nur bei der Zuführung körperfremder Substanzen zeigt sich eine gegenseitige Beeinflussung der Ausscheidung, und zwar eine Hemmung.

Der Niere stehen in den beiden Ausscheidungsstätten, dem Glomerulus und dem Tubulus zwei anatomisch sehr verschieden gebaute Teile des Nephrons zur Verfügung, einmal eine einfach gebaute Membran und zweitens ein hochdifferenziertes Epithel. Und in der Tat haben die Befunde gezeigt, daß die Tätigkeit des Glomerulus quantitativ wohl wechseln kann, wobei kein O_2-Mehrverbrauch eintritt, aber eine immer gleich zusammengesetzte Flüssigkeit liefert, und zwar ein Ultrafiltrat des Plasmas. Die Variabilität in der Zusammensetzung des Harnes muß also die Arbeit der Tubuli sein, die bei Mehrarbeit auch mehr Sauerstoff verbrauchen. Während der Filtrationsprozeß im Gefäßknäul erwiesen ist, sind die Ansichten über das Verhalten der Tubuli nicht für alle Anteile ihrer Tätigkeit übereinstimmend. Wohl sind grundsätzlich die Arten ihrer Tätigkeit durch Beobachtungen sicher gestellt; man weiß, daß daselbst eine Rückresorption von Wasser, Kochsalz und Zucker vorliegt und daß eine Sekretion von Perabrodil, Phenolrot und p-Aminohippursäure stattfindet, daß also eine Wanderung in beiden Richtungen möglich ist, aber schon über das Maß dieser Wanderungen herrschen Meinungsverschiedenheiten, ebenso über die Richtung bei den einzelnen Stoffen. Dies hängt damit zusammen, daß man die Größe der Filtration verschieden beurteilt, daß man bei Annahme eines reichlichen Filtrates eine Zurücknahme für viele Stoffe fordern muß, während man beim Ansetzen einer geringen Filtration eine Ausscheidung durch die Tubuli annehmen muß. Nun hatte man nach dem Vorgange von CUSHNY die gesamte Harnbereitung lediglich auf Filtration und Rückresorption aufgebaut und mußte dabei außerordentliche Mengen des Glomerulusfiltrates voraussetzen, um sehr stark angereicherte Bestandteile des Plasmas aus einem Filtrat abzuleiten. Dadurch kam man zu der Annahme einer ausgiebigen Rückresorption vieler harnpflichtiger Substanzen, wie Harnstoff, der zu 50 % vom Tubulus reabsorbiert erschien, von der Harnsäure bis 90 %. Nun liegen aber Befunde vor, welche eine Sekretion von Harnstoff, Sulfat, Phosphat beweisen (sie sind nur vergessen worden); trotzdem sind die meisten Forscher der Ansicht von einer solch ausgedehnten Filtration und Rückresorption vieler harnpflichtiger Stoffe. Es ließ sich aber zeigen, daß beim Einsetzen einer Wasserdiurese das Wasser nicht aus dem Glomerulus stammen kann, weil es sonst enorme Mengen von Kochsalz mitbrächte, die bis auf Spuren wieder vom Tubulus aufgenommen werden müßten, um das fast vollständige Fehlen im Harn zu erklären. Man hat angenommen, daß eine Anzahl von Substanzen nur durch Filtration ausgeschieden werden und vom Tubulus weder aufgenommen noch dazugefügt werden, und hat sie als Maßsubstanzen für die Menge des Glomerulusfiltrates benutzt. Da man bei einigen dieser Maßsubstanzen eine gewisse Ähnlichkeit oder in einigen Fällen auch Übereinstimmung ihrer Anreicherung feststellte, so hielt man diese Auslegung für gesichert. Dabei gibt es mehrere Transfersysteme, die der Sekretion im Tubulus dienen; das weiß man, weil sich einige dort ausgeschiedene Substanzen gegenseitig in ihrer Ausscheidung beeinflussen, andere nicht. Und nun sehen wir, daß diese angeblich nur vom Glomerulus filtrierten Substanzen durch die gleichzeitige Abscheidung anderer Stoffe beeinflußt werden, wie die Kreatininausscheidung durch Thiosulfat oder Phenolrot, was ja bei einer allein vorliegenden Filtration außerordentlich unwahrscheinlich wäre. Und so sind solche Maßsubstanzen für die Filtration Kreatinin, Inulin, Mannitol, Thiosulfat kein zuverlässiger Maßstab für die Filtration, auch wenn sie quantitativ eine ähnliche Anreicherung durch die Transportsysteme der Tubuli zeigen.

Es sind nun beim Studium der Nierentätigkeit häufig Belastungen ausgeführt worden, welche eine Diurese hervorriefen. Da stellte sich zunächst heraus, daß es zwei verschiedene Arten der Harnvermehrung gibt, bei denen sich die Zusammensetzung des Harnes unterscheidet; eine, die mit Vergrößerung des Nierenvolumens einhergeht und zu einem Harn führt, welcher immer plasmaähnlicher wird, je reichlicher er fließt, und auf der Höhe der Harnflut ein reines Ultrafiltrat des Plasmas darstellt. Und eine zweite Form der Harnvermehrung, wo sich der Harn dem Extrem des destillierten Wassers nähert, eine Beobachtung des täglichen Lebens und der Klinik. Man wird die erste Form, die Filtrationsdiurese, dem Glomerulus zuschreiben müssen — und man sieht die Beeinflussung der Glomeruli im Bilde der lebenden Niere oder nach Tuscheinjektionen — und die zweite Art dem Tubulus, der jetzt nicht Wasser aus dem provisorischen Harne aufnimmt, sondern dazufügt. Wenn das Wasser dabei aus dem Glomerulus stammte, so würden die Kochsalzmenge ins Ungeheure steigen, die bei immer schneller fließendem Filtrat immer besser zurückresorbiert werden müßten. Es gibt also zwei Arten der Diurese, eine Glomerulusdiurese, die nach Eingabe von Salzlösungen und nach Harnstoff oder Zucker auftritt oder von den sogenannten spezifischen Diuretica angeregt wird, also von Coffein, Quecksilber oder Digitalis. Sie alle verlaufen in derselben Weise und zeigen nichts Spezifisches; sie sind der Niere aufgezwungen und führen zu Kochsalzverlust. Die andere Diurese, die Wasserdiurese tritt nach Trinken auf. Hierbei ist die Blutverteilung in der Niere von der bei der Filtrationsdiurese verschieden: dort Blutfülle der Glomeruli bei blasser Außenzone des Markes, hier Blutfülle der Außenzone des Markes. Nun zeigt sich in allen Versuchen ein Antagonismus des Harnkochsalzes gegen die harnpflichtigen Stoffe. Dieser Gegensatz ist gesetzmäßig. Er ist zuerst v. KORÁNYI aufgefallen, welcher auch den Grund dafür erkannte, nämlich, daß in den Tubuli ein Austausch stattfindet, ein Molekularaustausch. Der Gegensatz beruht auf dem Austausch von filtriertem Kochsalz gegen sezernierte harnpflichtige Stoffe. Damit ist ein physikalisches Maß für die Filtratmenge gegeben, die Gesamtkonzentration. Ist die Gesamtkonzentration des Harnes, also seine Gefrierpunktserniedrigung doppelt so groß als die des Blutes, so ist doppelt so viel provisorischer Harn geflossen als definitiver. Normalerweise wird etwa die dreifache Menge Filtrat abgesondert als Harn. Dabei stellt sich heraus, daß Kochsalz der einzige Stoff ist, welcher nur filtriert wird, und niemals durch Sekretion in den Harn kommt, sondern daß immer ein Teil des filtrierten Kochsalzes zurückresorbiert wird, weil die harnpflichtigen Substanzen nur im Austausch gegen Kochsalz die Niere verlassen können. Es richtet sich also die Bemessung des Filtrates nach einer physikalischen Größe. Es wird für gewöhnlich bei konzentriertem Harn Wasser dem provisorischen Harn entzogen, bei der Wasserdiurese dagegen dem provisorischen Harn zugefügt. Außerdem findet ein Austausch von filtriertem gegen sezernierten Stoff in molekularem Verhältnis statt; Kochsalz wird zurückgenommen und dafür Harnstoff, Harnsäure, Kreatinin, Sulfat und Phosphat sezerniert.

Für die physikalische Arbeit der Einengung und der Verdünnung des Harnes können die physikalischen Druckverhältnisse herangezogen werden, indem bei Konzentrierung der vom Glomerulus her auf dem provisorischen Harn lastende Druck Wasser durch die Tubuli ins Blut zurückdrückt, wobei die lange Henlesche Schleife als Stau dient. Bei der Wasserdiurese wird der Blutstrom auf die Tubuli gelenkt, so daß in den peritubulären Gefäßen der Blutdruck hoch ist und Wasser in die Tubuli übertreten läßt, besonders da die Tubuli contorti II. Ordnung keinen Stau flußabwärts haben. Für solche Umschaltungen der Blutfülle ist das Hypophysenhinterlappenhormon mangebend, welches auf die Niere einen Konzentrierungszwang ausübt, indem es den Blutstrom den Glomeruli zuführt, und zwar dauernd; denn bei Fehlen des Hormons, z. B. im Herz-Lungen-Nieren-Präparat befindet sich die Niere im Zustande der Wasserdiurese oder des Diabetes insipidus. So reguliert dieses Hormon den Wasserbestand des Körpers. Diese physikalischen Faktoren geben eine Deutungsmöglichkeit für die physikalische Arbeit der Niere.

Literatur.

ADDIS, T. and D. R. DRURY: The rate of urea excretion. V. The effect of changes in blood concentration of the rate of urea excretion. J. biol. Chem. **55**, 105 (1923). — VII. The effect of various ether factors then blood urea concentration in the rate of urea excretion. J. biol. Chem. **55**, 629 (1923). — VIII. The effect of changes in urea volumen on the rate of urea excretion. J. biol. Chem. **55**, 639 (1923). ADDIS, T., E. BARETT, R. I. BOYD and J. UREEB: Renin proteinuria in the rat. I. The relation between the proteinuria and the pressor effect of renin. J. exper. Med. **89**, 131 (1949). — Kongr. Zbl. inn. Med. **123**, 101 (1949). ALBERTINI, Arch. ital. Biol. **15**, 431 (1891). ALPERT, L. K., Bull. John Hopkins Hosp. **68**, 522 (1941). APPELT, H., Z. mikr.-anat. Forsch. **45**, 179 (1939). ARNSTEIN, A. und F. REDLICH: Über den Einfluß des Adrenalins und des Ergotamins auf die Diurese beim Blasenfistelhund. Naunyn-Schmiedebergs Arch. **97**, 15 (1923). ATZLER, E. und G. LEHMANN: Über den Einfluß der Wasserstoffionenkonzentration auf die Gefäße. Pflügers Arch. **190**, 118 (1921). AVERBECK, G., H.-J. MEITNER und M. SCHNEIDER: Über die nervöse Beeinflussung der Nierendurchblutung und der Harnausscheidung. Z. exper. Med. **111**, 436 (1942). AVRAMOVICI, A.: Les transplantations du rein (Etude expérimentale). Lyon chir. **21**, Nr. 6, S. 734 (1924). — Ber. Physiol. **32**, 43 (1925).

(*1*) BAINBRIDGE, F. A. and A. F. BEDDARD: Secretion by the renal tubules in the frog. J. Physiol. **34**, IX (1906). (*2*) BAINBRIDGE, F. A. and C. L. EVANS: The heard, lung, kidney preparation. J. Physiol. **48**, 278 (1914). (*3*) BAINBRIDGE, F. A., S. H. COLLINS and J. A. MENZIES: Experiments of the kidney of the frog. Proc. roy. Soc. B **86**, 355 (1913).

(4) BAINBRIDGE, F. A., J. A. MENZIES and S. H. COLLINS: The formation of urine in the frog. J. Physiol. 48, 233 (1914). (1) BARCLAY, J. A., W. J. COOKE and R. A. KENNY: Evidence for a threecomponent system of renal excretion. Acta med. scand. (Stockh.) 128, 500 (1947). — Ber. Physiol. 135, 260 (1948). (2) BARCLAY, J. A., W. T. COOKE and R. A. KENNY: A concept of renal thresholds. Acta med. scand. (Stockh.) 128, 578 (1947). (3) BARCLAY, J. A., W. T. COOKE and G. DE MURALT: An Investigation of the Hypothesis of Tubular Excretory Mass, Tm. Acta med. scand. 136, 267 (1950). (4) BARCLAY, J. A.: Discussion: Evaluation of renal clearances. Proc. Roy. Soc. of Med. 42, 475 (1949). (1) BARCROFT, J. and T. G. BRODIE: The gaseous metabolism of the kidney. J. Physiol. 32, 18 (1905). (2) BARCROFT, J. and T. G. BRODIE: The gaseous metabolism of the kidney. J. Physiol. 33, 52 (1905). (3) BARCROFT, J. and H. STRAUB: The excretion on urine. J. Physiol. 41, 145 (1910/11). BARKAN, G., PH. BROEMSER und A. HAHN: Eine gepufferte Durchströmungsflüssigkeit für die überlebende Froschniere. Z. Biol. 74, 1 (1921). BASLER, A.: Über die Ausscheidung und Resorption in der Niere. Pflügers Arch. 112, 203 (1906). BAUER, J. und B. ASCHNER: Über Austauschvorgänge zwischen Blut und Geweben. II. Der Einfluß von Adrenalin, Hypophysen- und anderen Blutdrüsenextrakten und Gefäßmitteln. Z. exper. Med. 27, 191 (1922). BAYLISS, L. E. and A. R. FEE: Studies on water diuresis III. A comparation of the excretion of urine by innervated and denervated kidneys perfused with the heart-lung-preparation. J. Physiol. 69, 135 (1930). (1) BECHER, ERWIN: Über Entstehung und Ablauf der Harnstoffdiurese. Ztbl. inn. Med. 45, 242 (1924). (2) BECHER, E. und S. JANSSEN: Über Harnstoffdiurese. Naunyn-Schmiedebergs Arch. 98, 148 (1923). (3) BECHER, E. und S. JANSSEN: Berichtigung zu der Arbeit „Über Harnstoffdiurese". Naunyn-Schmiedebergs Arch. 104, 250 (1924). (4) BECHER, E.: Über Entstehung und Ablauf der Harnstoffdiurese II. Über die Beeinflussung der Zirkulation und die extrarenalen Wirkungen. Zbl. inn. Med. 45, 273 (1924). (5) BECHER, E.: Studien über die Diurese durch hypertonische Lösungen von Salzen, Harnstoff, Harnstoffderivaten und Zuckern, ein Beitrag zur Kenntnis des Vorganges der Harnbereitung. (Vorl. Mitt.) Münch. med. Wschr. 499 (1924). (6) BECHER, E.: Die renalen Wirkungen des Harnstoffs. Dtsch. Arch. klin. Med. 145, 222 (1924). (7) BECHER, E.: Nierenkrankheiten I. Fischer-Jena 1944. (1) BECHER, HELLMUT: Über besondere Zellgruppen und das Polkissen am Vas afferens in der Niere des Menschen. Z. wiss. Mikrosk. u. mikrosk. Technik. 53, 205 (1936). (2) BECHER, H.: Über die Blutzirkulation in der Niere und die Wirkung des Polkissens an den Arteriolae afferentes. Sitz.-Ber. d. Ges. z. Beförd. d. ges. Naturwiss. zu Marburg 71, 95 (1936). (3) BECHER, H.: Über die Wirkung und Bedeutung besonderer regulatorischer Einrichtungen an der Arteriola afferens der menschlichen Niere. Erg.-Heft z. Anat. Anz. 83, 134 (1937). (1) BECO, L. und L. PLUMIER, Arch. internat. Physiol. 4, 265 (1906/07). (2) BECO, L. et L. L. PLUMIER: Recherches expérimentales sur l'action vasculaire et diurétique des petites doses de digitale chez le lapin. J. Physiol. et Path. gén. 20, 346 (1922). (3) BECO, L.: Sur l'action physiologique de quelques substances du groupe de la digitale. Arch. internat. de physiol. 18, 53 (1921). BEIGELBÖCK, W.: Leberzirrhose. Wien. klin. Wschr. 1941, 262; Z. klin. Med. 145, 530 (1944). BENEDICT, ST. R. and TH. P. NASH jr.: The site of ammonia formation and the rôle of vomiting in ammonia elimination. J. biol. Chem. 69, 381 (1926). — Ber. Physiop. 39, 379 (1926). BENNHOLD, H.: Über die Vehikelfunktion der Serumeiweißkörper. Erg. inn. Med. 42, 273 (1931). BENNINGHOFF, A.: Blutgefäße und Herz. Hdb. mikrosk. Anat. d. Menschen, Bd. VI, Teil I. Berlin: Springer 1930. BENSLEY, R. R. and W. BROOKS STEEN: The function of the differentiated segments of the uriniferous tubule. Am. J. Anat. 41, 75 (1928). — Ber. Physiol. 47, 610 (1929). BERGER, E. Y., S. J. FABER, D. P. EARLE and R. JACKENTHAL: Renal excretion of manitol. (Mannit). Proc. Soc. exper. Biol. a. Med. 66, 62 (1947). — Ber. Physiol. 138, 210 (1949). BERNARD, CLAUDE: Lecon de Physiol. 1 (1835) u. 2 (1859). BEYER u. Mitarb., J. Pharm. and exper. Therap. 91, 272 (1947). — Kongr. Zbl. inn. Med. 124, 208 (1949). (1) BIBERFELD, J.: Beiträge zur Lehre von der Diurese. XII. Die Kochsalzausscheidung während der Phlorhizindiurese. Pflügers Arch. 112, 398 (1906). (2) BIBERFELD, J.: Beiträge zur Lehre von der Diurese. XIII. Über die Wirkung des Suprarenins auf die Harnsekretion. Pflügers Arch. 119, 341 (1907). BICKFORD, R. G. B. and F. R. WINTON: The influence of temperature on the isolated kidney of the dog. J. Physiol. 89, 198 (1937). BIETER, R. N. and A. D. HIRSCHFELDER: The excretion of dyes and other substances in the frogs kidney and its bearing upon the theories of renal secretion. Amer. J. Physiol. 68, 326 (1924). BINCLEY, F. s. Bradley, S. 63 des Kongreßber. 1949. BING, R. J. and M. B. ZUCKER: Formation of pressor amines in the kidney. Proc. Soc. exper. Biol. a. Med. 46, 343 (1941). — Ber. Physiol. 127, 266 (1942). BLACK, D. A. K. and M. G. SAUNDERS: Experimental observations on renal blood flow. Lancet I, 733 (1949). — Kongreßzbl. inn. Med. 124, 208 (1950). BLÁZSO, S.: Nebennierenfunktion und entgiftende Synthesen. Magy. orv. Arch. 41, 150 u. dtsch. Zus. 168 (1940). — Ber. Physiol. 121, 86 (1940). BOGER, W. P. and J. W. CROSSON: Effect of caronamide

on excretion of phenolsulfonphthalein. Amer. J. clin. Path. 19, 381 (1949). — Kongreß-zbl. inn. Med. 124, 208 (1949). BONSMANN, M. R.: Diureseversuche an der Maus. II. Naunyn-Schmiedebergs Arch. 175, 322 (1934). BOTAZZI: Regulation des osmotischen Druckes. III. 1906. BOULANGER, P., G. BIZARD et G BARAS: La déamination par le tussu rénal in vitro apres surrénalectomie. C. R. Soc. Biol. Paris 135, 969 (1941). — Ber. Physiol. 128 624 (1942). BOWMAN, W., Physiol. Trans 1, 57, 73 (1842); z. n. Ellinger, Hdb. norm. u. path. Physiol. IV, 451. Springer: Berlin 1929. BRADFORD, J. R.: The innervation of the renal blood vessels. J. Physiol. 10, 358 (1889). BRADLEY, ST. E. and G. P. BRADLEY: Renal function during anemia in man. Blood 2, 192 (1947). BRAFLEY, S. E.: Renal funktion. Transact. first Conf. Okt. 1949. Josiah Macy jr Foundation New York. BROD, J and J. H. SIROTA: The renal clearance of endogenous „creatinine" in man. J. Clin. Invest. 27, 645 (1948). BRODIE, T. G. and W. C. CULLIS. On the secretion of the urine. J. Physiol. 34, 224 (1906). BRÜHL, H.. Über die Harnbildung in der Froschniere. XV. Mikroskopische Beobachtungen der Glomerulusfunktion an der durchströmten Froschniere. Pflügers Arch. 220, 380 (1928). BRULL, L. and F. EICHHOLTZ. The secretion of inorganic phosphate by the kidney. II. Influence of the pituitraty gland and of wall of the third ventricle. Proc. roy. Soc. Ser. B 99, 70 (1925). — Ber. Physiol. 35, 695 (1925). BRUN, C., T. HILDEN and F. RAASCHOU: The maximum tubular excretion of diodrast in the normal human kidney. Acta med. scand. (Stockh.) 127, 464 (1947). — Kongreßzbl. inn. Med. 120, 348 (1949). BRUN, C., T. HILDEN and F. RAASCHOU. Physiology of the diseased kidney. Acta med. scand. (Stockh.) 136, Suppl.-Bd. 234, 71 (1949). BRUNN, C., Zbl. inn. Med. 41, 674 (1920 u. Z. exper. Med. 25, 170 (1921). BRUNTON, L.. On Digitalis. London 1868. BUNGE, G. und O. SCHMIEDEBERG. Über die Bildung der Hippursäure. Naunyn-Schmiedebergs Arch. 6, 233 (1877). (1) BURTON-OPITZ, R. und D. R. LUCAS: Über die Blutversorgung der Niere. I. Der Einfluß der Erhöhung des Druckes in den Harnwegen sowie die Reizung und Durchschneidung der den Plexus renalis bildenden Nervenfasern. Pflügers Arch. 123, 553 (1908). (2) BURTON-OPITZ, R. und D. R. LUCAS: Über die Blutversorgung der Niere. II. Der Einfluß des rechten Nervus splanchnicus auf die Blutfülle des linken Organs. Pflügers Arch. 125, 221 (1908). (3) BURTON-OPITZ, R. und D. R. LUCAS: Über die Blutversorgung der Niere. IV. Der Einfluß des linken und rechten Splanchnicus major auf den Blutreichtum des rechten Organs. Pflügers Arch. 127, 143 (1909).

(1) CANNON, W. B. and Z. M. BACQ: Studies on the conditions of activity in endocrine organs. XXVI. A hormone produzed by sympathetic action on smooth muscle. Amer. J. Physiol. 96, 392 (1931). (2) CANNON, W. B. and A. ROSENBLUETH: Studies on conditions of activity in endocrine organs. XXIX. Sympathin E and sympathin I. Amer. J. Physiol. 104, 557 (1933). CARGILL, W. H. and J. B. HICKAM: The oxygen consumption of the normal and the diseased human kidney. J. clin. Inverst. 28, 526 (1949). CARGILL, W. H.: The measurement of glomerular and tubular plasma flow in normal and diseased human kidney. J. clin. Invest. 28, 533 (1949). CARREL und GURTHRIE, C. R. Soc. Biol. 57, 669 (1905). CHASIS, H., H. A. RANGIS, W. COLDRING and H. W. SMITH, Amer. J. clin. Invest. 17, 683 (1938). (1) CLARA, M.: Kleine histologische Mitt. Anat. Anz. 55, (1922). — Ders.: Die arterio-venösen Anastomosen der Vögel und Säugetiere. Erg. Anat. u. Entwickl.-Gesch. 27 (1927). (2) CLARA, M.: Über die physiologische Regeneration der Nierenmarkzellen beim Menschen. Z. Zellforschg. 25, 221 (1936). (3) CLARA, M.: Vergleichende Histobiologie des Nierenglomerulus und der Lungenalveole. Nach Untersuchungen beim Menschen und beim Kaninchen. Z. mikrosk.-anat. Forschg. 40, 147 (1936). (4) CLARA, M.: Arch. Kreislaufforsch. 3, 42 (1938); z. n. J. Frey (5). COLLINGS, W. D., J. W. REMINGTON, H. W. HAYS and V. A. DRILL: A modified method for the preparation of renin. Proc. Soc. exper. Biol. a. Med. 44, 87 (1940). COOKE, W. T.: Section of Exper. Medicine and Therapeutics. Discussion: Evaluation of renal clearances. Proc. roy. Soc. of Med. 42,475 (1949). (1) CORCORAN, A. C. and I. H. PAGE: The effects of renin on renal blood flow and glomerular filtration. Amer. J. Physiol. 129, 698 (1940). (2) CORCORAN, A. C. and I. H. PAGE: The effects of angiotonin on renal blood flow and glomerular filtration. Amer. J. Physiol. 130, 335 (1940). (3) CORCORAN, A. C., K. G. KOHLSTAEDT and I. H. PAGE: Changes of arterial blood pressure and renal hemodynamies by injection of angiotonin in human beings. Proc. Soc. exper. Biol. a. Med. 46, 244 (1941). COSOPANAGIOTIS B. C.: Über die diuretische Wirkung der Digitalis-Glykoside erster und einiger zweiter Ordnung an der isolierten Froschniere. Naunyn-Schmiedebergs Arch. 167, 660 (1932). COURNAND und RANGES, Proc. Soc. exper. Biol. a. Med. 46, 462 (1941. — Kongreßzbl. inn. Med. 121, 278 (1949). Cow. D.: Einige Studien über Diurese. Naunyn-Schmiedebergs Arch. 69, 393 (1912). CRAIG, N. S., Quart. J. exper. Physiol. 15, 119 (1925). (1) CUSHNY, A. R.: On diuresis and the permeability of the renal cells. J. Physiol. 27, 429 (1902). (2) CUSHNY, A. R.: On saline diurese. J. Physiol. 28, 443 (1902). (3) CUSHNY, A. R.: Textbook of Pharmacology. 1903. (4) CUSHNY, A. R.: Die Absonderung des Harnes, übers. v. Noll u.

Püschel. Fischer, Jena 1926. (*3*) CUSHNY, A. R. and C. G. LAMBIE: The action of diuretics. J. Physiol. **55**, 276 (1921).

DALE, H. H., Biochemic. J. **4**, 427 (1909). DAVID, E.: Über die Harnbildung der Froschniere. VI. Über den Einfluß der Temperatur auf die Funktion der überlebenden Froschniere. Pflügers Arch. **208**, 529 (1925). DAVIS, J. O. and N. W. SHOCK, Fed. Proc. **8**, 32 (1949). DEAN, R. F. and R. A. McCANCE: The real responses of infants and adults to the administration of hypertonic solutions of sodium chloride and urea. J. Physiol. **109**, 80 (1949). DEHOFF, E.: Über die arteriellen Zuflüsse des Kapillarsystems in der Nierenrinde des Menschen. Virchows Arch. **228**, 134 (1920). DELPRAT, G. D. and G. H. WHIPPLE: Studies of liver function. Benzoate administration and hippuric acid synthesis. J. biol. Chem. **49**, 229 (1921). DEUTSCH, E., Klin. Med. (Wien) **4**, 81 (1949). DEUTSCH, W.: Über die Harnbildung in der Froschniere. V. Die osmotische Arbeitsleistung der isolierten Froschniere. Pflügers Arch. **208**, 177 (1925). DICK, A. and C. E. DAVIES: Measurement of the glomerulare rate and the effective renal plasma flow using sodium thiosulphate and p-aminohippuric acid. J. clin. Path. **2**, 67 (1949). DIEKER und DEMOOR, C. r. Soc. Biol. **99**, 345 (1928). DICKER, S. E.: The action of mersalyl, calomel and theophylline sodium acetate on the kidney of the rat. Brit. J. Pharm. **1**, 194 (1946) — z. n. Klin. Wschr. 1947, 858. DOST, F. H.: Die Clearance. Klin. Wschr. 1949, 257. DIXON, W. R.: Pituitary secretion. J. Physiol. **57**, 129 (1923). DRESER, H.: Über Diurese und ihre Beeinflussung durch pharmakologische Mittel. Naunyn-Schmiedebergs Arch. **29**, 303 (1892). DREYER, N. B. and E. B. VERNEY: The relative importance of the factors concerned in the formation of the urine. J. Physiol. **57**, 451 (1923).

EBBECKE, U.: Über Gefäßreaktionen der Niere und den Antagonismus von Glomerulus- und Tubulusdurchblutung. Pflügers Arch. **226**, 761 (1931). ECKARD, Eckards Beitr. Anat. u. Physiol. **4**, 171 (1869). EDWARDS, J. G. and E. K. MARSHALL jr.: Microscopic observations of the living kidney after the injection of phenolsulfon-phthalein. Amer. J. Physiol. **70**, 489 (1924). EGGLETON, M. G. and Y. A. HABIB: Action of Thiosulphate on the kidney of the cat. Nature **163**, 1000 (1949). — J. Physiol. **108**, 46 P (1949). (*1*) EICHHOLTZ, F. and E. H. STARLING: The action of inorganic salts on the secretion of the isolated kidney. Proc. roy. Soc. Lond. **98**, 93 (1925). (*2*) EICHHOLTZ, F. and E. B. VERNEY: On some conditions effecting the perfusion of isolated mammalian organs. J. Physiol. **59**, 340 (1924). (*3*) EICHHOLTZ, F.: Die Urinsekretion vom pharmakologischen Standpunkt aus. Naunyn-Schmiedebergs Arch. **111/112**, 21 (1926). (*4*) EICHHOLTZ, F.: Über Verknöcherung. Klin. Wschr. 1925, II (1949). EKEHORN, G.: Über die integrale Natur der normalen Harnbildung I, II, III. Helsingfors 1938. EICHLER, O. und I. APPEL: Rhodanid als Mittel zur Untersuchung extrazellulärer Räume und ihre Beweglichkeit im Körper des Hundes. Naunyn-Schmiedebergs Arch. **212**, 472, (1951). EILER, J. J., T. S. ALTHAUSEN and M. STOCKHOLM, Amer. J. Physiol. **140**, 699 (1944). (*1*) ELLINGER, PH. und A. HIRT: Zur Funktion der Nierennerven. Naunyn-Schmiedebergs Arch. **106**, 136 (1925). (*2*) ELLINGER, PH.: Die Absonderung des Harnes unter verschiedenen Bedingungen einschließlich ihrer nervösen Beeinflussung und der Pharmakologie und Toxikologie der Niere. Hdb. norm. u. path. Physiol. IV, 308 (1929). Berlin: Springer (S. 353). (*3*) ELLINGER, PH.: Über den Einfluß der Nervendurchschneidung auf die Wasser- und Salzausscheidung durch die Niere. Naunyn-Schmiedebergs Arch. **90**, 77 (1921). (*4*) ELLINGER, PH. u. A. HIRT: Mikroskopische Untersuchungen an lebenden Organen. I. Methodik. Z. Anat. u. Entwickl.-Gesch. **90**, 791 (1929). (*5*) ELLINGER, PH. und A. HIRT: Zur Funktion der Froschniere. II. Die Ausscheidung des Fluoresceins in der Froschniere. Naunyn-Schmiedebergs Arch. **145**, 193 (1929). (*6*) ELLINGER, PH. und A. HIRT: Zur Funktion der Froschniere. III. Die Ausscheidung von Fluorescein und Trypaflavin durch die Niere des Winterfrosches. Naunyn-Schmiedebergs Arch. **150**, 285 (1930). (*7*) ELLINGER, PH. und A. HIRT: Zur Funktion der Froschniere. IV. Die Ausscheidung von Trypaflavin und Säure durch die Niere des Sommerfrosches. Naunyn-Schmiedebergs Arch. **159**, 111 (1931). ELZE, K. und E. DEHOFF, Sitz.-Ber. Naturhist.-med. Verein, Heidelberg 1918. ENGEL, K. und T. EPSTEIN: Die Quecksilberdiurese. Erg. inn. Med. **40**, 187 (1931). ENGEL, R.: Angewandte Physiologie am Krankenbett. Urban u. Schwarzenberg, München—Berlin 1949. (*1*) ENGER, R. und H. ARNOLD: Das Verhalten der 1.2-Nitrosonaphthol-Reaktion bei Hypertonikern und Blutdruckgesunden. Z. klin. Med. **130**, 725 (1936). (*2*) ENGER, R. und H. ARNOLD: Das Verhalten der 1.2-Nitrosonaphthol-Reaktion bei Hypertonikern und Blutdruckgesunden. II. Weitere Blutuntersuchungen unter Anwendung einer neuen Isolierungsmethode. Z. klin. Med. **131**, 610 u. 759 (1937). (*3*) ENGER, R. und H. ARNOLD: Die quantitative Auswertung der 1.2-Nitrosonaphthol-Reaktion für Urinuntersuchungen bei Hypertonikern und Blutdruckgesunden auf Tyramin-ähnliche Stoffe. Z. klin. Med. **132**, 271 (1937). (*4*) ENGER, R., F. LINDER und H. SARRE: Die Erzeugung eines renalen Hochdruckes bei hypophysen- und nebennierenlosen Hunden. Z. exper. Med. **104**, 10

(1938). (5) ENGER, R. und H. GERSTNER: Der Einfluß der Niere auf den Blutdruck nach ihrer völligen Lösung aus dem Gewebszusammenhang des Organismus. Z. exper. Med. **102**, 413 (1938). (6) ENGER, R., F. LINDER und H. SARRE: Die Wirkung von quantitativ abgestufter Drosselung der Nierendurchblutung auf den Blutdruck. Z. exper. Med. **104**, 1 (1938). (7) ENGER, R. und H. GÖBEL: Die Wirkung langfristiger Tonephininjektionen auf den Hund. Z. exper. Med. **108**, 99 (1940). (8) ENGER, R. und H. LAMPAS: Die Wirkung langfristiger Tyraminjektionen auf den Hund. Naunyn-Schmiedebergs Arch. **196**, 171 (1940). (9) ENGER, R.: Die Wirkung langfristiger Adrenalininjektionen auf den Hund. Z. exper. Med. **108**, 300 (1940). (10) ENGER, R. und F. DÖLP: Die Darstellung des Nephrins aus der Niere und dem Blut sowie seine physikalischen und chemischen Eigenschaften. Z. klin. Med. **139**, 542 (1941). (11) ENGER, R.: Über den Wirkstoff der renalen Hypertonie. Z. klin. Med. **139**, 541 (1941). (12) ENGER, R. und J. KUCZYCKYI-POLIVKA: Über den Wirkstoff der renalen Hypertonie. III. Der physikalische und chemische Nachweis des Nephrins im Urin und seine quantitative Bestimmung beim experimentellen renalen Hochdruck. Genetische Beziehungen zwischen Renin und Nephrin. Z. klin. Med. **143**, 510 (1944). (13) ENGER, R.: Nephrin, das blutdrucksteigernde Hormon der Niere. Naunyn-Schmiedebergs Arch. **204**, 217 (1947). (1) EPPINGER, H.: Pathologie und Therapie des menschlichen Ödems. Berlin 1917. (2) EPPINGER, H.: Verh. Ges. inn. Med. **50**, 264 (1938) (Diskussion). (3) EPPINGER, H.: Akute Leberparenchymerkrankungen. Wien. med.Wschr. II, 637 (1939). (1) EULER, U. S. v. und T. SJÖSTRAND: Vasokonstriktorische Wirkungen von Nierenextrakten und ihre Beziehungen zu Renin und Vasotonin. Acta physiol. scand. (Stockh.) **2**, 274 (1941). (2) EULER, U. S. v. and T. SJÖSTRAND: Factors influencing renin pressor action. Acta physiol. scand. (Stockh.) **2**, 264 (1941). (3) EULER, U. S. v. and T. SJÖSTRAND: A note on the preparation of renin and the apparance of heat-stable pressor substance in renin solution. Acta physiol. scand. (Stockh.) **5**, 183 (1943). (4) EULER, U. S. v.: Über das blutdrucksteigernde Prinzip der Niere und seinen Zusammenhang mit arteriellem Hochdruck. Nord. Med. (Stockh.) 1942, 498. — Ber. Physiol. **131**, 191 (1943). EVANS, G.: Desamination of dl-alanine in the adrenalectomized rat. Endocrinol. **29**, 737 (1941). — Ber. Physiol. **130**, 398 (1942).

FAHR, G. F. and W. W. SWANSON: The „effective" osmotic pressure of the plasma proteins. Amer. J. Physiol. **76**, 201 (1926). FAHRENKAMP, C.: Über die Beeinflussung der Gefäßgebiete durch Digitoxin. Naunyn-Schmiedebergs Arch. **65**, 367 (1911). FASCIOLO, J. C., B. A. HOUSSAY and A. C. TAQUINI: The blood pressure raising secretion of the ischaemic kidney. J. Physiol. **94**, 281 (1938). FEE, A. R. and A. HEMINGWAY: The oxygen usage of the kidney. J. Physiol. **65**, 100 (1928). FELDBERG, W. und E. SCHILF: Histamin. Springer: Berlin 1930. FISCHER und SYKES, Kolloid. Z. **13**, 112 (1913). FEYRTER, F. Endokrinie der menschlichen Niere und Hochdruckkrankheiten, Wien. Biol. Ges., Ges. inn. Med. u. Verh. path. Anat. Wiens. Sitz. 7. Okt. 1942. — Klin. Wsch. 1943, 175. (s. auch Ludwig). FLECKENSTEIN, A. (mit R. und M. TAUGNER und TH. LOHMÜLLER): Über die Ursache der Muskeladynamie bei Nebennierenrinden-Insuffizienz. Naunyn-Schmiedebergs Arch. **210**, 219 (1950). FÖLDI, M., ST. LAZAROVITS und G. SZABÓ: Tm_{NH_4}; Beziehungen zwischen renalen Synthesen und anderen Tubularfunktionen. Acta med. scand. (Stockh.) **136**, 439 (1950). FRANKL-HOCHWART, v. und O. ZUCKERKANDL: Die nervösen Erkrankungen der Blase in Notnagels Hdb. spez. Path. u. Therap. **19** (1898). FRASER, A. M., Amer. J. Pharmacol. **60**, 89 (1938). FREEDMAN, A.: Response to renin of unanaesthetized normal and nephrectomized rats. Amer. Heart J. **20**, 304 (1941). — Ber. Physiol. **123**, 336 (1941). FREMONT-SMITH s. Bradley, Sitzungsbericht. 1949. (1) FREUND, H.: Über die pharmakologischen Wirkungen des defibrinierten Blutes. I. Naunyn-Schmiedebergs Arch. **86**, 266 (1920). — II. **88**, 39 (1920). (2) FREUND, H.: Studien zur unspezifischen Reiztherapie. Naunyn-Schmiedebergs Arch. **91**, 272 (1921). (1) FREY, E.: Der Mechanismus der Salz- und Wasserdiurese. Pflügers Arch.**112**, 71 (1906). (2) FREY, E.: Die quantitative Zusammensetzung der Galle unter dem Einfluß der gallentreibenden Gichtmittel. Z. exp. Path. u. Ther. **2**, 45 (1905). (3) FREY, E.: Der Mechanismus der Koffendiurese. Pflügers Arch. **115**, 175 (1906). (4) FREY, E.: Der Mechanismus der Phlorrhizindiurese. Pflügers Arch. **115**, 204 (1906). (5) FREY, E.: Der Mechanismus der Quecksilberdiurese. Pflügers Arch. **115**, 223 (1906). (6) FREY, E.: Die Hinderung der Wasserdiurese durch die Narkose. Pflügers Arch. **120**, 66 (1907). (7) FREY, E.: Was gibt bei gleichzeitiger Salz- und Wasserzufuhr den Reiz zur Diurese ab? Pflügers Arch. **120**, 93 (1907). (8) FREY, E.: Die Reaktion der Niere auf Blutverdünnung. Pflügers Arch. **120**, 117 (1907). (9) FREY, E.: Analogien zur Wasserdiurese; weitere Anhaltspunkte für eine gefäßverengernde Wirkung des Wassers auf die Niere. Pflügers Arch. **120**, 137 (1907). (10) FREY, E.: Eine Analogie zur Salzdiurese: die Harnvermehrung nach Nervendurchtrennung. Pflügers Arch. **120**, 154 (1907). (11) FREY, E.: Die osmotische Arbeit der Niere. Med. Klinik 1907, Nr. 40 bis 42. (12) FREY, E.: Die Kochsalzausscheidung im Dünndarm. Pflügers Arch. **123**,

515 (1908. (*13*) FREY, E.: Über Dünndarmresorption. Biochem. Z. 19, 505 (1909).
(*14*) FREY, E.: Die Ursache der Bromretention. Ein Vergleich der Chlor- und Bromausscheidung durch die Nieren. Z. exper. Path. u. Ther. 8, 29 (1910). (*15*) FREY, E.: Der Anteil der Filtration an der Harnbereitung. Dtsch. med. Wschr. 1911. Nr. 23. (*16*) FREY, E.:
Das Glomerulusproduckt ist ein Blutfiltrat. Pflügers Arch. 139, 435 (1911). (*17*) FREY, E.:
Die Rückresorption von Wasser in den Harnkanälchen, der Gesamtkonzentration entsprechend. Pflügers Arch. 139, 465 (1911). (*18*) FREY, E.: Jod d, Nitrat, Sulfat, Phosphat werden durch Sekretion in den Harnkanälchen ausgeschieden. Pflügers Arch. 139,
512 (1911). (*19*) FREY, E. Die Kochsalzretention, eine Austauscherscheinung zwischen
filtriertem und sezernierten Stoff. Pflügers Arch. 139, 532 (1911). (*20*) FREY, E.: Das
Gesetz der Sekretion der Nierenepthelien. Pflügers Arch. 177, 157 (1919). (*21*) FREY, E.:
Das Gesetz der Abwanderung intravenös injizierten Stoffes aus dem Blute und seine Verteilung auf Blut und Gewebe. Pflügers Arch. 177, 110 (1919). (*22*) FREY, E.: Die Wirkung
von Hypophysin und Thyreoidin auf die Diurese. Naunyn-Schmiedebergs Arch. 110,
329 (1925). (*23*) FREY, E.: Die Bromidausscheidung im Harn. Naunyn-Schmiedebergs
Arch. 163, 393 (1931). (*24*) FREY, E.: Bromid im Liquor. Naunyn-Schmiedebergs Arch.
163, 393 (1931). (*25*) FREY, E.: Maximale oder minimale Rückresorption in der Niere.
Naunyn-Schmiedebergs Arch. 165, 621 (1932). (*26*) FREY, E.: Schaltstelle des Blutstromes in der Niere und Hypophysenhinterlappenhormon. Naunyn-Schmiedebergs Arch.
182, 633 (1936). (*27*) FREY, E.: Die Harnbildung im Vergleich zur Lymphbildung. Klin.
Wschr. 1937 I, 289. (*28*) FREY, E.: Worauf beruht die Harnvermehrung nach Hypophysin? Naunyn-Schmiedebergs Arch. 187, 221 (1937). (*29*) FREY, E.: Bromausscheidung und Bromverteilung. Naunyn-Schmiedebergs Arch. 187, 275 (1937). (*30*) FREY, E.:
Die Einengungs- und Verdünnungsarbeit der Niere. Naunyn-Schmiedebergs Arch. 202,
646 (1943). In der letzten Säule ein Rechenfehler.) (*31*) FREY, E.: Die Gegenwirkung
von Atropin gegen Acetylchdin. Naunyn-Schmiedebergs Arch. 205,, 137 (1948). (*32*)
FREY, E.: Der Mechanismus der Harneindickung und der Harnverdünnung. Naunyn-
Schmiedebergs Arch. 177, 134 (1935). (*1*) FREY, J.: Clorresorption der Gallenblase und
intravesikaler Druck. Z. exper. Med. 94, 785 (1934). (*2*) FREY, J.: Kolloidosmotischer
Druck der Galle und Chlorresorption der Gallenblase. Z. exper. Med. 95, 13 (1934).
(*3*) FREY, J., LIEBEGOTT und WALTERSPIEL siehe J. FREY: Die Bedeutung des Nebennierenrindenhormons für die Behandlung von Nierenkrankheiten. Ärztl. Forsch. 1949,
514. (*4*) FREY, J.: Die Rolle des Kochsalzes bei der Harnbereitung. Klin. Wschr. 1950,
263 (u. Klin. Wschr. 1949, 109). (*5*) FREY, J. in E. FREY u. J. FREY: Die Funktionen.
der gesunden und kranken Niere. Springer: Berlin-Göttingen-Heidelberg 1950. (*6*) FREY, J.
in L. HEILMEYER: Lehrb. d. speziellen pathologischen Physiologie. Fischer: Jena 1950,
7. Aufl. Abschnitt IV: Die Nierensekretion. (*7*) FREY, J. und F. WERZ: Abhängigkeit
der renalen Ausscheidung der Chloride von derjenigen des Zuckers bei Diabetes mellitus.
Z. klin. Med. 146, 112 (1950). (*8*) FREY, J. und G. JOCKERS: Das Verhalten der Harnkonzentration von Chloriden und Achloriden bei Belastungen mit Vertretern dieser Stoffgruppen. Z. klin. Med. 146, 117 (1950). (*9*) FREY, J. und W. BALIG: Über die intrarenale
Hämodynamik der Mäuseniere nach intraperitonealen Zuckergaben. Naunyn-Schmiedebergs Arch. 211, 216 (1950). (*10*) FREY, J.: Einfluß der experimentellen Saloprivie auf
die normale Ausscheidung von Steroiden der Nebennierenrinde. Klin.Wschr. 1950.
FREY, W. und F. SUTER: Nieren und ableitende Harnwege. In Hdb. inn. Med. VIII.
4. Aufl. Springer: Berlin-Heidelberg-Göttingen 1951. FRIEDMAN, B., E. SOMKIN and E.
T. OPPENHEIMER: The relation of Renin to the adrenal gland. Amer. J. Physiol. 128, 481
(1940). FRIEDMANN, E. u. H. TACHAU: Über die Bildung des Glykokolls im Tierkörper.
I. Synthese der Hippursäure in der Kaninchenleber. Biochem. Z. 35, 88 (1911). FROMHERZ,
K.: Über die Wirkung der Hypophysenextrakte auf die Nierenfunktion. Naunyn-Schmiedebergs Arch. 100, 1 (1923). FUCHS, F. u. H. POPPER: Blut- und Saftströmung in der Niere.
Erg. inn. Med. 54, 1 (1938).

GALEOTTI, G.: Über die Arbeit, welche die Nieren leisten, um den osmotischen Druck
des Blutes auszugleichen. Arch. Anat. u. Physiol. 1902, 200. GÄNSSLEN, H.: Der feinere
Gefäßaufbau gesunder und kranker menschlicher Nieren. Erg. inn. Med. 47, 275 (1934).
GAUDINO, M. and M. F. LEVITT: Influence of the adrenal cortex on body water distribution and renal function. J. clin. Invest. 28, 1487 (1949) (Lit.). GEBHARDT, H.: Über
das chlorogensaure Kalicoffein. Naunyn-Schmiedebergs Arch. 191, 696 (1939). GEH
BERG, A.: Über direkte Anastomosen zwischen Arterien und Venen in der Nierenkapsel.
Internat. Mon.-Schr. Anat. u. Physiol. II. (1885). GEIGY: Ärzte-Agenda 1951. GÉRARD u.
CORDIER: Arch.internat.Med. exper. 8, 225 (1933). — Biol. Rev., Cambridge philos. Soc. 9, 110
(1934). GINSBERG, W.: Diureseversuche. Naunyn-Schmiedebergs Arch. 69, 381 (1912). GO
BULEW, W. Z.: Über die Blutgefäße der Niere der Säugetiere und des Menschen. Internat.
Mon..Schr. Anat. u. Physiol. X (1893). (*1*) GOLDBLATT, H., J. LYNCH, R. F. HANZAL and

W. W. Summerville: Studies on experimental hypertension. I. The production of persistent elevation of systolic blood pressure by means of renal ischemia. J. exper. Med. 59, 347 (1934); z. n. Ber. Physiol. 80, 470 (1934). (2) Goldblatt, H., J. Gross and R. F. Hanzal: Studies on experimental hypertension. II. The effect of resection of splanchnic nerves on experimental renal hypertension. J. exper. Med. 65, 233 (1937); z. n. Ber. Physiol. 101, 614 (1937). (3) Goldblatt, H. and W. B. Wartman: Studies of experimental hypertension. VI. The effect of section of anterior spinal nerve roots on experimental hypertension due to renal ischemia. J. exper. Med. 66, 527 (1937); z. n. Ber. Physiol. 108, 80 (1938). Goldring, W., R. W. Clarke and C. Welsh: Phenol red clearances in man. Proc. Soc. exper. Biol. a. Med. 32, 979 (1935). Goldring, W. and H. Chasis: Hypertension and hypertensive Desaese. New York. The Commonwealth Fund. 1944, S. 195 ff. (1) Gollwitzer-Meyer, Kl.: Zur Wirkung der Hypophysenpräparate. Z. exper. Med. 51, 466 (1926). (2) Gollwitzer-Meyer, Kl. u. Rabel: Untersuchungen über den Wasserhaushalt. I. Der Stoffaustausch zwischen Blut und Gewebe nach Wasser- und Salzzufuhr und seine Abhängigkeit vom Mineralhaushalt und Zustand der Gewebe. Z. exper. Med. 53, 525 (1926). (3) Gollwitzer-Meyer, Kl. u. Bröker: Über die diuretische Wirkung des Thyroxins. Z. exper. Med. 62, 105 (1928). Goormaghtigh, N.: Les segments neuro-myo-artériels juxta-glomérulaires du rein. Arch. de Biologie t. 43 (1932). Gottlieb, R. u. R. Magnus: Über Diurese. IV. Über die Beziehungen der Nierenzirkulation zur Diurese. Naunyn-Schmiedebergs Arch. 45, 223 (1901). (1) Govaerts, P.: Origine rénale ou tissulaire de la diurese par un composé mercuriel organique. C. r. Soc. Biol. 99, 647 (1928). (2) Govaerts, P. et P. Cambier: La diurèse consécutive a l'absorption d'eau par voie entérale et parentérale. Bull. Acad. Méd. Belg. V, s. 10, 730 (1930); z. n. Ber. Physiol. 60, 274 (1931). Grafe, E.: Stoffwechsel. Erg. Physiol. 21/2, 1 (1923). Green, D. M., W. C. Bridges, D. A. Johnson, J. H. Lehmann, F. Gray and Field: Fed. Proc. 8, 296 (1949). Greer, C. M., J. O. Pinkston, J. H. Baxter jr. and E. S. Brannon: Norepinephrine (β-(3,4-dihydroxyphenil)-β-hydroxyethylamine) as a possible mediator in the sympathetic division of autonomic nervous system. J. Pharmacol. 62, 189 (1938). — Ber. Physiol. 107, 270 (1938). Grek, J.: Über den Einfluß der Durchtrennung und Reizung des nervus splanchnicus auf die Ausscheidung der Chloride durch die Nieren und das Auftreten von Glykosurie bei Reizung des nervus splanchnicus. Naunyn-Schmiedebergs Arch. 68, 305 (1912). (1) Gremels, H.: Über die Wirkung von Diuretika an der isolierten Säugerniere. Naunyn-Schmiedebergs Arch. 128, 109 (1927). (2) Gremels, H.: Über die Wirkung einiger Diuretika am Starling'schen Herz-Lungen-Nieren-Präparat. Naunyn-Schmiedebergs Arch. 130, 61 (1927). (3) Gremels, H.: Über den Einfluß von Diureticis auf den Sauerstoffverbrauch am Starling'schen Nierenpräparat. Naunyn-Schmiedebergs Arch. 140, 205 (1929). (4) Gremels, H. u. L. T. Poulsson: Filtratbildung der isolierten Niere. Naunyn-Schmiedebergs Arch. 157, 91 (1930). (5) Gremels, H. u. L. T. Poulsson: Zur Physiologie der isolierten Niere. Naunyn-Schmiedebergs Arch. 162, 86 (1931). (6) Gremels, H.: Über den Einfluß von Harnstoff auf die Nierenfunktion. Naunyn-Schmiedebergs Arch. 190, 207 (1938). (7) Gremels, H. in Bechers Nierenkrankheiten I. Fischer: Jena 1944. Gross: Beitr. path. Anat. 51, 528 (1911) u. Zbl. path. Anat. 25, Erg.-Heft 123 (1914). Grossmann, E. B.: Preparation of renal pressor substance. Proc. exper. Biol. a. Med. 39, 40 (1938). — Ber. Physiol. 112, 628 (1939). (1) Gukelberger, M.: Über das Schicksal des endogenen Kreatinins in der Niere. Arch. klin. Med. 189, 496 (1942). (2) Gukelberger, M.: Weitere Untersuchungen über die Funktion der normalen und kranken Niere. Ärztl. Mon.-Hefte f. berufl. Fortbild. 4, 683 (1948). Gurwitsch: Physiologie und Morphologie der Nierentätigkeit. Pflügers Arch. 91, 71 (1902).

Haan, J. de and A. Bakker: Renal function in summer frogs and winter frogs. J. Physiol. 39, 129 (1924). Handley, C. A., R. B. Sigafoos and LaForge: Proportional changes in renal tubular reabsorption of dextrose and excretion of p-aminohippurate with changes in glomerular filtration. Amer. J. Physiol. 159, 175 (1949). Handley, C. A., R. B. Sigafoos, J. Telford and M. LaForge: Effect of Chronic Administration of Mercurial Diuretics on Glomerular Filtration in The Dog. Proc. Soc. exper. Biol. a. Med. 72, 201 (1949). Hara, Y.: Untersuchungen über die Innervation der Niere mit Hilfe des Vergleichs der Harnabsonderung der normalen und entnervten Niere am unversehrten Tier. Z. Biol. 75, 159 (1922). Harrison, H. E. and D. C. Darrow: Renal function in experimental adrenal insuffuciency. Amer. J. Physiol. 125, 631 (1939). Hartmann, M., Ørskow u. H. Rein: Die Gefäßreaktionen der Niere im Verlauf allgemeiner Kreislaufregulierungsvorgänge. Pflügers Arch. 239, 239 (1936). (1) Hartwich, A.: Einfluß pharmakologisch wirksamer Substanzen auf die isolierte Froschniere. I. Methodik, Einfluß des mechanischen und osmotischen Druckes und des Magnesium- und Natriumsulfates. Naunyn-Schmiedebergs Arch. 111, 81 (1926). (2) Hartwich, A.: Einfluß pharmakologisch wirksamer Substanzen auf die isolierte Froschniere. II. Diuretika und andere Substanzen. Naunyn-Schmiedebergs Arch. 111, 206 (1926). (3) HARTWICH, A.: Der Blutdruck bei experimenteller Urämie und partieller Nierenausschaltung. Z. exper. Med. 69, 462 (1930). HASHIMOTO, M.: Zur Frage der aus dem Verdauungstrakt darstellbaren diuretisch wirkenden Substanzen. Naunyn-Schmiedebergs Arch. 76, 367 (1914). HAVLICEK, H.: Vasa privata und Vasa publica. Neuere Kreislaufprobleme. Hippokrates, Jg. II. HATZ, B.: The renal peristaltic cycle and neuromuscular aspects of renal function and, their relationsship to diseases of the kidney. Ann. int. Med. 32, 971 (1950). HAYMAN jr. J. M. and C. F. SCHMIDT: The gaseous metabolism of the dog's kidney. Amer. J. Physiol. 83, 502 (1928). HEDINGER, M.: Über die Wirkungsweise von Nieren- und Herzmitteln auf kranke Nieren. Arch. klin. Med. 100, 305 (1910). HÉDON u. ARROUS: C. R. Soc. Biol. 51, 642 (1800). (1) HEIDENHAIN, R.: Einige Versuche an den Speicheldrüsen; die Wirkung von Atropin und Physostigmin auf die Nerven der Unterkieferdrüse. — Bemerkungen zu G. Giannuzzi' Abhandlung: Über die Fragen des beschleunigten Blutstromes für die Absonderung des Speichels. Pflügers Arch. 9, 335 (1874). (2) HEIDENHAIN, R.: Versuche über den Vorgang der Harnabsonderung. Pflügers Arch. 9, 1 (1874). (3) HEIDENHAIN, R. in L. HERMANN's Hdb. d. Physiologie V. Vogel: Leipzig 1883. (1) HEILMEYER, L.: Klinische Farbmessungen. Die Harnfarbe in ihrer physiologischen und klinischen Bedeutung. I. Z. exper. Med. 58, 532 (1928). — II. Z. exper. Med. 59, 283 (1928). — III. Z. exper. Med. 59, 573 (1928). — III. Z. exper. Med. 59, 573 (1928). — IV. Z. exper. Med. 60, 626 (1928). — V. Z. exper. Med. 60, 648 (1928). (2) HEILMEYER, L.: Medizinische Spektrophotometrie. Fischer: Jena 1933. (3) HEILMEYER, L.: Die Beeinflussung der Entzündungsbereitschaft und der Plasmakolloide durch Thiosemicarbazonderivat TB I im Vergleich zu den Wirkungen der Hormone der Nebennierenrinde und der Hypophyse und ihre Bedeutung für das Rheumaproblem. Klin. Wschr. 1950, 254. HEINSEN, H.-A. u. H. J. Wolf: Tyramin als blutdrucksteigernde Substanz beim blassen Hochdruck. Klin. Wschr. 1934, II, 1688. HELLER: Referat. Dtsch. med. Wschr. 1948, 254. HELLER, H. and F. H. SMIRK: Studies concerning the alimentary absorption of water and tissue hydratation in relation to diuresis. III. The influence of posteerior pituitary hormone on the absorption and distribution of water. J. Physiol. 76, 283 (1932). HELMER, C. M. and I. H. PAGE: Purification and some properties of renin. J. biol. Chem. 127, 757 (1939). — Ber. Physiol. 114, 462 (1939). HELVE, O.: Studien über den Einfluß der Nebennierenexstirpation auf den tierischen Stoffwechsel. Biochem. Z. 306, 343 (1940). HENCH, KENDALL, SLOCUMB and POLLEY: z. n. Heilmeyer, Klin. Wschr. 1950, 254 (Proc. Staff. Meet. Mayo Clin. 24, 181 (1949) u. 24, 277 (1949)). HENI, F.: Die Wirkung von Desoxycorticosteron auf den Salz- und Wasserhaushalt. Z. exper. Med. 108, 427 (1941). HERINGA, G. C. u. J. H. RUYTER: Über den Bau der Vasa afferentia der Nieren. Bemerk. zur Arbeit von ZIMMERMANN, K. W.: Über den Bau des Glomerulus der Säugerniere. Z. mikrosk.-anat. Forsch. 32 (1933) u. 34 (1933). HERMANN, H. et J. MALMÉJAC: Sur les effects constricteurs et dilatateurs rénaux de l'adonidine et leurs mécanismes. C. R. Soc. Biol. Paris 101, 101 (1929). — Ber. Physiol. 51, 604 (1929). HERMANN, H. et F. JOURDAN: De l'existence des effects diurétiques de l'adonidine et de l'extrait aqueux total d'Adonis vernalis. C. R. Soc. Biol. 101, 103 (1929). — Ber. Physiol. 51, 605 (1929). HERRIN, R. C.: Factors affecting the tets of kidney function. Physiol. Rev. 21, 529 (1941). — Ber. Physiol. 133, 113 (1943). HERTUECH, H.: Über den feineren Gefäßaufbau normaler Nieren und über Veränderungen dieser Gefäße bei einigen renalen und extrarenalen Erkrankungen. Diss. Tübingen 1934. (1) HESSEL, G.: Über das Renin. Ein experimenteller Beitrag zur Pathogenese des renalen Hochdruckes. Naunyn-Schmiedebergs Arch. 190, 180 (1938). (2) HESSEL, G.: Über Renin. Klin. Wschr. 1938 I, 843. HILD, W. u. G. ZETLER: Über das Vorkommen der Hypophysenhinterlappenhormone im Zwischenhirn. Naunyn-Schmiedebergs Arch. 1951, im Druck. HILDEBRANDT, F. u. Y. FUJIMAKI: Über den Einfluß von Thyroxin auf die Diurese. Naunyn-Schmiedebergs Arch. 101/102, 226 (1924). HILL, J R. and G. W. PICKERING: Hypertension produced in the rabbit by prolonged renin infusion. Clin. Sci. 4, 207 (1939). — Ber. Physiol. 119, 603 (1940). HIMSWORTH, H. F.: Section of Exper. Med. a. Therap. Discussion: Evaluation of renal clearance. Proc. roy. Soc. of Med. 42, 475 (1949). HIRT, A.: Z. Anat. 73, 621 (1924); z. n. PH. ELLINGER in Hdb. norm. u. path. Physiol. IV, 358. Springer: Berlin 1929. HIRT, A.: Z. Anat. 87, 275 (1928). (1) HÖBER, R.: Untersuchungen über die Tätigkeit der Froschniere. Klin. Wschr. 1924 I, 763. (2) HÖBER, R.: Physikalische Chemie der Zelle und Gewebe. S. 833 ff. Engelmann: Leipzig 1926. (3) HÖBER, R. u. E. MACKUTH: Über die Harnbildung in der Froschniere. XI. Die Sekretionsarbeit der Glomeruli. Pflügers Arch. 216, 420 (1927). (4) HÖBER, R.: Beweis selektiver Sekretion durch die Tubulusepithelien der Niere. Pflügers Arch. 224, 72 (1929). (5) HÖBER, R.: Über die sekretorische Konzentrationsarbeit der Niere und ihren Mechanismus. Klin. Wschr. 1929, 23. (6) HÖBER, R.: Die Konzentrationsarbeit der Tubulusepithelien in der Frischniere. Amer. J. Physiol. 90, 391 (1929). (7) HÖBER, R.: Über die

Harnbildung in der Froschniere. XIX. Über die Ausscheidung des Harnstoffes. Pflügers Arch. **224**, 422 (1929). (*8*) Höber, R.: Physikalische Chemie der Zelle und der Gewebe. S. 593 (Harnbildung). Stümpli: Bern 1947. (*9*) Höber, R.: Über die Ausscheidung von Zuckern durch die isolierte Froschniere. Pflügers Arch. **233**, 181 (1934). Hoff, H. u. P. Wermer: Untersuchungen über den Mechanismus der Diuresehemmung durch Pituitrin am Menschen. Naunyn-Schmiedebergs Arch. **119**, 153 (1926). Hoff, F.: Untersuchungen über den Einfluß von Lactoflavin und Corticosteron auf den künstlichen renalen Diabetes. Klin. Wschr. **1938**, II, 1535. Hohl, H.: Untersuchungen über die Abhängigkeit der Harnabsonderung der Froschniere von mechanischen Faktoren. Biochem. Z. **173**, 95 (1926). (*1*) Holtz, P., R. Heise u. W. Spreyer: Fermentative Bildung und Zerstörung von Histamin und Tyramin. Naunyn-Schmiedebergs Arch. **188**, 580 (1938). (*2*) Holtz, P., K. Credner u. A. Reinhold: Aminbildung durch Darm. Naunyn-Schmiedebergs Arch. **193**, 688 (1939). (*3*) Holtz, P. u. K. Credner: Die enzymatische Entstehung von Oxytyramin im Organismus und die physiologische Bedeutung der Dopadecarboxylase. Naunyn-Schmiedebergs Arch. **200**, 356 (1942/43). (*4*) Holtz, P.: Experimentelle Grundlagen der renalen und essentiellen Hypertonie. Klin. Wschr. **1946**, 65. (*5*) Holtz, P., K. Credner u. F. Heepe: Über die Beeinflussung der Diurese durch Oxytyrammin und andere sympathicomimetische Amine. Naunyn-Schmiedebergs Arch. **204**, 85) (1947), (*6*) Holtz, P., K. Credner u. G. Kroneberg: Über das sympathicomimetische Prinzip des Harnes („Urosympathin"). Naunyn-Schmiedebergs Arch. **204**, 228 (1947). (*7*) Holtz, P. u. K. Credner: Dopadecarboxylase, Renin und renale Hypertonie. Naunyn-Schmiedebergs Arch. **204**, 244 (1947). (*8*) Holtz, P.: „Arterenergische" Innervation. Klin. Wschr. **1949**, 64. (*9*) Holtz, P. u. H.-J. Schümann: Karotisentlastung und Nebennieren. Arterenol chemischer Überträgerstoff sympathischer Nervenerregungen und Hormon des Nebennierenmarks. Naunyn-Schmiedebergs Arch. **206**, 49 (1949). (*10*) Holtz, P. u. G. Kroneberg: Untersuchungen über die Adrenalinbildung durch Nebennierengewebe. Naunyn-Schmiedebergs Arch. **206**, 150 (1949). (*11*) Holtz, P. u. K. Credner: Über die Beeinflussung der Adrenalindiurese durch Ergotoxin und Yohimbin. Naunyn-Schmiedebergs Arch. **206**, 180 (1949). (*12*) Holtz, P.: Eiweißmangel und Hypotonie. Klin. Wschr. **1949**, 338. (*13*) Holtz, P.: Sympathin. Chemische Übertragung sympathischer Nervenerregungen. Klin. Wschr. **1950**, 145. (*14*) Holtz, P. u. H.-J. Schümann: Untersuchungen über den Arterenolgehalt tierischer und menschlicher Nebennieren. Naunyn-Schmiedebergs Arch. **210**, 1 (1950). Höpker, W. u. H. Meessen: Beitrag zur Angioarchitektonik der Rattenniere und zu experimentellen Nierendurchblutungsstörungen. Ärztl. Forsch. **1950**, 1. Höpker, W.: Über die Durchblutung der Rattenniere bei Polyurie. Naunyn-Schmiedebergs Arch. **210**, 257 (1950). (*1*) Hotovy, R.: Über Herkunft und Eigenschaften der diuresefördernden und chloridausschwemmenden Substanz aus dem Hypophysenhinterlappen. Naunyn-Schmiedebergs Arch. **202**, 219 (1943). (*2*) Hotovy, R.: Über die Filtration und Wassersekretion in der Froschniere. Naunyn-Schmiedebergs Arch. **207**, 586 (1949). (*3*) Hotovy, R.: Über die Wirkung verschiedener galletreibender Mittel auf die Diurese der Ratte. Naunyn-Schmiedebergs Arch. **204**, 758 (1947). (*4*) Hotovy, R.: Über die Harnbildung der Schildkrötenniere. Naunyn-Schmiedebergs Arch. **205**, 38 (1944). (*1*) Houssay, B. A., A. C. Taquini and J. C. Fasciolo: Ischaemic kidney secretion. J. Physiol. **94**, 281 (1938). (*2*) Houssay, B. A. et A. C. Taquini: Spécificité de l'action vasoconstrictrice du sang veineux du rein ischémié. C. R. Soc. Biol. Paris **129**, 860 (1938). (*3*) Houssay, B. A. et A. C. Taquini: Action vaso-constritrice du sang veineux du rein ischémié. C. R. Soc. Biol. Paris **128**, 1125 (1938). — Ber. Physiol. **111**, 170 (1939). (*4*) Houssay B. A., J. C. Fasciolo u. A. C. Taquini: Mechanismus des arteriellen Hochdruckes renalen Ursprungs. Rev. argent. Cardiol **5**, 291; deutsche Zus. 312 (1938). — Ber. Physiol. **116**, 261 (1940). (*5*) Houssay, B. A., E. Braun Menendez, J. C. Fasciolo et A. C. Taquini: Action hypertensive du rein ischémié. Presse méd. **1939** I, 810. — Ber. Physiol. **116**, 261 (1940). Hunter, R. B. u. W. M. Wilson: Wirkung von Caronamid auf die Blutpenicillinkonzentration beim Menschen. Lancet CCLV (1948) 6529, 601. — Dtsch. med. Wschr. **1949**, 687.

Ingle, D. J. and E. C. Kendall: Survival of the adrenectomized nephrectomized rat. Amer. J. Physiol. **177**, 200 (1936). Irmer, W.: Über die Möglichkeiten längerer Aufrechterhaltung der Penicillinkonzentration im Blut unter besonderer Berücksichtigung des Caronamideinflusses auf die Penicillinausscheidung. Dtsch. med. Wschr. **1949**, 358.

(*1*) Janssen, S. u. H. Rein: Über die Zirkulation und Wärmebildung der Niere unter dem Einfluß von Coffein. Naunyn-Schmiedebergs Arch. **128**, 107 (1927). (*2*) Janssen, S.: Über zentrale Wasserregulation und Hypophysenantidiurese. Naunyn-Schmiedebergs Arch. **135**, 1 (1928). (*3*) Janssen, S. u. H. Rein: Über die Zirkulation und Wärmebildung der Niere. Ber. Physiol. **42**, 567 (1928). (*4*) Janssen, S. u. J. Schmidt: Die Carotispolyurie. Naunyn-Schmiedebergs Arch. **171**, 672 (1933) u. Pflügers Arch. **235**, 523 (1935). Jenssen, H., W. C. Corwin, S. Tolksdorf, J. J. Casey and F. Bamman: Reductions of arterial blood pressure of hypertensive rats by administration of renal extracts. J. Pharmacol. **73**, 38 (1941). — Ber. Physiol. **128**, 517 (1942). JOHNSON, C. A. and G. E. WAKERLIN: Antiserum for renin. Proc. Soc. exper. Biol. a. Med. **44**, 277 (1940). — Ber. Physiol. **127**, 414 (1942). JONESCU, D. und O. LOEWI: Über eine spezifische Nierenwirkung der Digitaliskörper. Naunyn-Schmiedebergs Arch. **59**, 71 (1908). JOSEPH, R.: Untersuchungen über die Herz- und Gefäßwirkungen kleiner Digitalisgaben bei intravenöser Injektion Naunyn-Schmiedebergs Arch. **73**, 81 (1931). JOSEPHSON, B.: The saturation of the diodrast excretion of renal tubular cells. Acta med. scand. (Stockh.), Suppl.-Bd. **196**, 239 (1947). — Kongreßzbl. inn. Med. **118**, 481 (1949). JUNGMANN, F. u. E. MEYER: Experimentelle Untersuchungen über die Abhängigkeit der Nierenfunktion vom Nervensystem. Naunyn-Schmiedebergs Arch. **73**, 49 (1913).

KAHLSON, G. u. R. v. WERZ: Über Nachweis und Vorkommen gefäßverengernder Substanzen im menschlichen Blute. Naunyn-Schmiedebergs Arch. **148**, 173 (1930). KAHN, J. R., L. T. SKEGGS and M. P. SHUMWAY: Studies of the renal circulation. Circulation (N. Y.) **1**, 445 (1950). KASZTAN, M.: Beiträge zur Kenntnis der Gefäßwirkung des Strophanthins. Naunyn-Schmiedebergs Arch. **65**, 405 (1910). KELLER, R.: Der elektrische Faktor der Nierenarbeit. Kittls Nachfolg. Mährisch-Ostrau **1933**. KENDALL, E. C. and D. I. INGLE: The significance of adrenals for adaptation to mineral metabolism. Science (N. Y.) **1937**, II, 18. — Ber. Physiol. **103**, 453 (1938). KERPEL-FRONIUS, E.: Zur Frage des diabetischen Salzmangelzustandes. Klin. Wschr. **1937**, 1466. KICHIKAWA, W.: Fortgesetzte Untersuchungen über den Einfluß der Nierennerven auf die Zusammensetzung des Harnes. Biochem. Z. **166**, 362 (1925). KIRCHBERGER, E.: Über die diuretische Wirkung des Lactoflavins. Dtsch. med. Wschr. **1946**, 138. KLECKI, C. v.: Über die Ausscheidung von Bakterien durch die Niere und die Beeinflussung dieses Prozesses durch die Diurese. Naunyn-Schmiedebergs Arch. **39**, 173 (1897). KLÜNDER, R.: Haben Thyreoidea und Hypophyse einen Einfluß auf den Quellungsvorgang am überlebenden quergestreiften Muskel? Diss. Göttingen 1935. KNOCHE, H.: Über die feinere Innervation der Niere des Menschen. I. Mitt. Z. Anat. u. Entwickl.-Gesch. **115**, 97 (1950). KNOLL: Eckards Beitr. Anat. u. Physiol. **6**, 41 (1872). KNOWTON, F. P.: The influence of colloids on diurese. J. Physiol. **43**, 219 (1911). KOELLA, W.: Die Beeinflussung der Harnsekretion durch hypothalamische Reizung. Helv. Physiol. Acat **7**, 498 (1949). (*1*) KOHLSTAEDT, K. G., I. H. PAGE and O. M. HELMER: The activation of renin by blood. Amer. Heart J. **19**, 92 (1940). — Ber. Physiol. **120**, 116 (1940). (*2*) KOHLSTAEDT, K. G. and I. H. PAGE: Production of renin by constricting renal artery of an isolated kidney perfused with blood. Proc. Soc. exper. Biol. a. Med. **43**, 136 (1940). — Ber. Physiol. **127**, 265 (1942). (*3*) KOHLSTAEDT, K. G. and I. H. PAGE: The libration of renin by perfusion of kidney following reduction of pulse pressure. J. exper. Med. **72**, 201 (1940). — Ber. Physiol. **127**, 51 (1942). KONSCHEGG, A. v.: Über die Zuckerdichtigkeit der Nieren nach wiederholten Adrenalininjektionen. Naunyn-Schmiedebergs Arch. **70**, 311 (1912). KONSCHEGG, A. v. u. SCHUSTER: Dtsch. med. Wschr. **1913**, 1867. KONSCHEGG, A. v. u. E. SCHUSTER: Über die Beeinflussung der Diurese durch Hypophysenextrakte. Dtsch. med. Wschr. **1915**, 1091. KONSCHEGG, TH.: Adrenalin, Nebennieren und Blutdruck. Z. exper. Med. **81**, 559 (1932). KORÁNYI, A. v.: Physiologische und klinische Untersuchungen über den osmotischen Druck thierischer Flüssigkeiten. Z. klin. Med. **33**, 1 (1897). KOSUGI, T.: Beiträge zur Morphologie der Nierenfunktion. Beitr. path. Anat. **1927**, 77. KRAMER, K., G. A. SEXTON and D. E. TIMONS: Futher evidence os a kidney shunt circulation. Internat. Physiol.-Kongr., S. 314. Copenhagen 1950. KRAUSE, R.: Mikroskopische Anatomie der Wirbeltiere in Einzeldarstellungen. III. Amphibien. S. 574. W. de Gruyter: Berlin-Leipzig 1923. KREIENBERG, W., L. PROKOP und TH. SCHIFFER: Die Nierendurchblutung bei Hypoxämie. Pflügers Arch. **251**, 675 (1949). KRONEBERG, G. u. O. OCKLITZ: Adrenalindiurese und Kochsalzausscheidung. Naunyn-Schmiedebergs Arch. **207**, 491 (1949). (*1*) KUSCHINSKY, G. u. H. E. BUNDSCHUH: Über die diuretische Wirkung von Hinterlappenpräparaten und ihre Beziehung zur antidiuretischen Wirkung des Vasopressins. Klin. Wschr. **1939**, 207. (*2*) KUSCHINSKY, G. u. H. E. BUNDSCHUH: Über eine diuretische und Kochsalz ausscheidende Substanz in Hypophysenhinterlappen-Präparaten. Naunyn-Schmiedebergs Arch. **192**, 683 (1939). (*3*) KUSCHINSKY, G.: Über den Einfluß des Wassers und des Novasurols auf den Hormongehalt des Hypophysenhinterlappens. Naunyn-Schmiedebergs Arch. **192**, 526 (1939). (*4*) KUSCHINSKY, G. u. H. LANGECKER: Über die Beteiligung der Tubulussekretion an der Harnbildung. Dtsch. med. Wschr. **1943**, 695. (*5*) KUSCHINSKY, G. u. H. LANGECKER: Diurese, Filtration und Sekretion der Niere unter dem Einfluß verschiedener Pharmaka. I. Der Einfluß der intravenösen Infusion auf die Grunddiurese des Hundes. Naunyn-Schmiedebergs Arch. **204**, 699 (1947). (*6*) KUSCHINSKY, G. u. H. LANGECKER: II. Die Filtration der Niere des Hundes unter verschiedenen Belastungen. Naunyn-Schmiedebergs Arch. **204**, 710 (1947). (*7*) KUSCHINSKY, G. u. H. LANGECKER: III. Über den Einfluß des Atropins auf die Nierenfunktion des

Hundes einschließlich Sekretion des Phenolrots. Naunyn-Schmiedebergs Arch. **204**, 718 (1947). (*8*) KUSCHINSKY, G., H. LANGECKER u. R. HOTOVY: Diurese, Filtration und Sekretion unter dem Einfluß verschiedener Pharmaka. VI. Die Wirkung von Testosteron auf Wasser- und Chloridausscheidung bei Ratte und Hund. Naunyn-Schmiedebergs Arch. **204**, 752 (1947). (*1*) KYLIN, E.: Studien über den kolloidosmotischen (onkotischen) Druck. XVIII. Über die Einwirkungen verschiedener Diuretika auf den kolloidosmotischen Druck. Naunyn-Schmiedebergs Arch. **164**, 33 (1932). (*2*) KYLIN, E.: Studien über den kolloidosmotischen (onkotischen) Druck. XX. Über den Einfluß von Coffein und Euphyllin auf den kolloidosmotischen Druck. Naunyn-Schmiedebergs Arch. **164**, 621 (1932).

LAMY, H. u. A. MAYER: J. Physiol. et Path. gén. **6**, 1067 (1904) u. **8**, 258, 660 (1906). LANDES, G. u. I. SKETTA: Die Reninwirkung beim Menschen und ihre Beziehungen zum renalen Hochdruck. Klin. Wschr. **1948**, 660. LANDIS, E. M.: Hypertension and the pressor activity of heated extracts of human kidneys. Amer. J. med. Sci. **202**, 14 (1941). — Ber. Physiol. **129**, 396 (1942). LANDOWNE, M. and A. S. ALVING: A method of dertermining the specific renal function of glomerular filtration, maximal tubular excretion (or reabsorption) and „effective blood flow" using a single injection of a single substance. J. Labor. a. clin. Med. **32**, 931 (1947). — Ber. Physiol. **136**, 254 (1949). (*1*) LANGECKER, H.: Über einen gleichartigen Wirkungsmechanismus von Phlorrhizin und Atophan. Naunyn-Schmiedebergs Arch. **187**, 248 (1937). (*2*) LANGECKER, H. u. G. KUSCHINSKY: Diurese, Filtration und Sekretion unter dem Einfluß verschiedener Pharmaka. IV. Einfluß des Atropins auf Wasser- und Chlorausscheidung der Ratte bei verschiedenen Belastungen. Naunyn-Schmiedebergs Arch. **204**, 738 (1947). (*3*) LANGECKER, H. u. G. KUSCHINSKY: Diurese, Filtration und Sekretion unter dem Einfluß verschiedener Pharmaka. V. Die diuretische Wirkung organischer Quecksilberverbindungen bei Hund, Ratte und Maus unter dem Einfluß des Atropins. Naunyn-Schmiedebergs Arch. **204**, 742 (1947). LASZT, L. u. F. VERZÁR: Die Störungen des Kohlehydratstoffwechsels bei Ausfall der Nebennierenrinde und ihr Zusammenhang mit dem Na-Stoffwechsel. Biochem. Z. **292**, 159 (1937). LASZT, L.: Die Resorption der Aminosäuren aus dem Darm nach Nebennierenexstirpation. Pflügers Arch. **240**, 636 (1938). LAZZARO u. PETINI: Arch. di Farm. et terap. **7** (1899). LAUFBERGER, V.: Contribution à la technique de l'isolement de la rénin. C. R. Soc. Biol. Paris **126**, 107 (1937). — Ber. Physiol. **104**, 545 (1938). LEFEBVRE, L.: Transplantation prolongée de reins au cou chez le chien. Arch. internat. Physiol. **56**, 259 (1949). LEHNHARTZ, E.: Einführung in die chemische Physiologie. V. Aufl. S. 443. Springer 1942. LEIPERT: Pregel-Festschr. **1926**, 266. LELOIR, L.-F., J.-M. MUNOZ, E. BRAUN-MENENDEZ et J.-C. FASCIOLO: Sécrétion de rénin et formation d'hypertensine. C. R. Soc. Biol. Paris **134**, 487 (1940). — Ber. Physiol. **127**, 266 (1942). LEPESCHKIN, E. u. W. PILGERSTORFER: Kreislaufdynamische Untersuchungen zur Frage der Genese des Hochdruckes bei der akuten Nephritis, insbesondere der Feldnephritis. Klin. Wschr. **24/25**, 774 (1937). LESCHKE, E.: Beiträge zur klinischen Pathologie des Zwischenhirns. I. Klinische und experimentelle Untersuchungen über den Diabetes insipidus, seine Beziehungen zu Hypophyse und Zwischenhirn. Z. klin. Med. **87**, 201 (1919). (Durst S. 214.) LEWIS, R. A., D. KUHLMAN, C. DELBUE, G. F. KOEPF and G. W. THORN: The effect of the adrenal cortex on carbohydrate metabolim. Endocrinology **27**, 971 (1940). — Ber. Physiol. **124**, 79 (1941). LIBERTI, V:. Modificationi della cloruremia e della sodiemia dopo asportatione dei surreni. Contributo sperimentale. Ormoni **2**, 583 (1940). — Ber. Physiol. **123**, 614 (1941). LIEBERT, PH.: Untersuchungen über den Oxytocin-Vasopressin-Gehalt des Hypophysenhinterlappens der Ratte und dessen Verhalten nach Kochsalz- und Wasserbelastung (bei kochsalzfreier Ernährung). Naunyn-Schmiedebergs Arch. **198**, 87 (1941). LIMBECK, R. v.: Zur Lehre von der Wirkung der Salze. IV. Über die diuretische Wirkung der Salze. Naunyn-Schmiedebergs Arch. **25**, 69 (1889). LINDEMANN, L.: Die Conzentration des Harnes und Blutes bei Nierenkrankheiten mit einem Beitrag zur Lehre von der Urämie. Arch. klin. Med. **65**, 1 (1899). — Entgeg. von A. v. KORÁNYI. — Erwid. von LINDEMANN, 425. LINDEMANN, W.: Beiträge zur Theorie der Harnabsonderung. Naunyn-Schmiedebergs Arch. **59**, 196 (1908). LINDNER, K.-H.: Über die Wirkung des Lactoflavins auf den Salzstoffwechsel. Wien. klin. Wschr. **1940**, II, 918. LINDQUIST, K. and L. W. ROWE: The antidiuretic activity of the posterior pituitary and its quantitative evaluation. J. amer. pharmaceut. Assoc. **38**, 227 (1949). LOBENHOFFER: Mitt. Grenzgeb. Med. u. Chirurg. **26**, 197, (1922). (*1*) LOEWI, O.: Untersuchungen zur Physiologie und Pharmakologie der Nierenfunktion. II. Über das Wesen der Phlorrhizindiurese. Naunyn-Schmiedebergs Arch. **50**, 326 (1903). (*2*) LOEWI, O. (u. W. M. FLETSCHER u. V. E. HENDERSON): Untersuchungen zur Physiologie und Pharmakologie der Nierenfunktion. III. Über den Mechanismus der Coffeindiurese. Naunyn-Schmiedebergs Arch. **53**, 15 (1905). (*3*) LOEWI, O. (u. N. H. ALCOCK): Untersuchungen zur Physiologie und Pharmakologie der Nierenfunktion. IV. Über den Mechanismus der Salzdiurese. Naunyn-Schmiedebergs Arch. **53**, 33 (1905).

(*4*) LOEWI, O. u. E. NEUBAUER: Über Phlorrhizindiurese und über die Beeinflussung der Phlorrhizinzuckerausscheidung durch Diuretica. Naunyn-Schmiedebergs Arch. **59**, 57, (1908). (*1*) LUDWIG, C.: Lehrbuch der Physiologie II, 373 (1858). (*2*) LUDWIG, C. in WAGNERS Handwörterbuch der Physiologie **2**, 634. Braunschweig 1844. (*3*) LUDWIG, C.: Von der Niere. STRICKERS Hdb. der Gewebe I (1871). LUDWIG, P.: Über die intertubulären Zellhaufen (Becher'sche'Zellgruppen) in der menschlichen Niere. Frankfurter Z. Path. **58**, 1, 1944. LUEKEN, B.: Über Harnsäureausscheidung durch die Froschniere. Pflügers Arch. **229**, 557 (1932). (*1*) LUNDSGAARD, E.: Hemmung der Esterifizierungsvorgänge als Ursache der Phlorrhizinwirkung. Biochem. Z. **264**, 209 (1933). (*2*) LUNDSGAARD, E.: Die Wirkung von Phlorrhizin auf die Glukoseresorption. Biochem. Z. **264**, 221 (1933). (*3*) LUNDSGAARD, E.: The effect of phloridzin on the isolated kidney and isolated liver. Scand Arch. Physiol. **72**, 265 (1935). LURZ, L.: Über Nierentransplantationen. Vergleichende Untersuchungen des Urins und der Ureterentätigkeit der autotransplantierten und der normalen Niere. Dtsch. Z. Chir. **194**, 25 (1925). LÜTTGENS, W.: Über die Wirkung der Lactoflavin-Nikotinsäureamidkombination. Pro med. **1947**, H. 1/2.

MCCALLUM: Univ. of California Public. **2**, 12, 105 (1905). MCCANCE, R. A. and J. R. ROBINSON: Section of exper. Med. and Therap. Discussion: Evaluation of renal clearance. Proc. Soc. Med. **42**, 475 (1949). MCDONALD, R. K. and J. H. MILLER: Effect of Mercury on renal Tubular Transfer of p-aminohippurate and Glucose in Man. Proc. Soc. exper. Biol. a. Med. **72**, 408 (1949). MCEWEN, E. G., S. P. HARRISON and A. C. IVY: Tachyphylaxis to renin. Proc. Soc. exper. Biol. a. Med. **42**, 254 (1939). — Ber. Physiol. **127**, 505 (1942). (*1*) MAGNUS, R.: Über Diurese. II. Vergleich der diuretischen Wirksamkeit isotonischer Salzlösungen. Naunyn-Schmiedebergs Arch. **44**, 396 (1900). (*2*) MAGNUS, R.: Über Diurese. III. Die Beziehungen der Plethora zur Diurese. Naunyn-Schmiedebergs Arch. **45**, 210 (1901). (*3*) MAGNUS, R. and E. A. SCHÄFER: The action of pituitary extracts upon the kidney. J. Physiol. **27**, IX (1901). MALATO, M. T.: Analogie tra sindrome da insufficienza cortoco-surrenale e sindrome da declourazione. Arch. ital. Med. sper. **4**, 49, (1939). — Ber. Physiol. **117**, 100 (1940). MANCINI, M.: Zur Pharmakologie der Nierennerven. III. Über die Wirkung von Pilocarpin und Atropin auf die Zuckerausscheidung der isolierten Froschniere. Naunyn-Schmiedebergs Arch. **114**, 275 (1926). MARENZI, A. D.: Le potassium des tissus des rats surrénoprives. C. R. Soc. Biol **129**, 1244 (1938). — Ber. Physiol. **113**, 440 (1939). MARGITAY-BECHT, A. u. G. PETRÁNYI: Diureseuntersuchungen bei adrenalektomierten Ratten nach Wasseraufnahme. Naunyn-Schmiedebergs Arch. **197**, 405 (1941). MARSHALL, C. R.: On the antagonistic action of digitalis and the members of the nitrile group. J. Physiol. **22**, 1 (1897). (*1*) MARSHALL, E. K. and A. C. KOLLS: Studies on the nervous control of the kidney in relation to diuresis and urinary secretion. The effect of inulateral excision of the adrenal, section of the splanchnic nerve and section of the renal nerves on the secretion of the kidney. Amer. J. Physiol. **49**, 302 (1919). (*2*) MARSHALL, E. K. and M. M. CRANE: The influence of temporary closure of the renal artery on the amount and composition of urine. Amer. J. Physiol. **64**, 387 (1923). (*3*) MARSHALL, E. K. and J. L. VICKERS: The mechanism of the elimination of phenolsulfonephthalein by the kidney. A proof of secretion by the convoluted tubules. Bull. John Hopkins Hosp. **34**, 1 (1923). — Ber. Physiol. **20**, 459 (1923). (*4*) MARSHALL, E. K. and M. M. CRANE: The secretory function of the renal Tubules. Amer. J. Physiol. **70**, 465 (1924). MARX, H.: Zur Theorie der Diurese. Klin. Wschr. **1930**, II, 2384. MASUDO, T.: Über die Wirkung diuretischer Gifte auf die cyanvergiftete Froschniere. Biochem. Z. **175**, 8 (1926). MATHIS, JÜRG: Die Regulierung des arteriellen Blutstromes in der Nierenrinde. Wien. klin. Wschr. **1934**, Nr. 48. MAUERHOFER, F.: Beiträge zur Physiologie der Drüsen. XXXII. Die sekretorische Innervation der Niere. Z. Biol. **68**, 31 (1918). MAYRS, E. B.: On the action of phlorhizin on the kidney. J. Physiol. **57**, 461 (1923). MEADS, M.: Caronamid und Penicillin. Serumspiegel beim Menschen nach multiplen Dosen der Mittel. J. amer. med. Assoc. **138**, 874 (1948). — Dtsch. med. Wschr. **1949**, 479. — S. auch: Blockade der Penicillinausscheidung, Lancet **1948**, 70. — Dtsch. med. Wschr. **1948**, 183. MEHRING, I. v.: Über Diabetes mellitus. Z. klin. Med. **14**, 405 (1888). MEHRING, I. v.: Über Diabetes mellitus. II. Über die Zuckerausscheidung nach subkutaner und intravenöser Phloridzinapplikation. Z. klin. Med. **16**, 431 (1889). MERRIL, A., J. WILLIAMS jr. and T. R. HARRISON: The site of the renal pressor substance. Amer. J. med. Sci. **196**, 18 (1938). — Ber. Physiol. **109**, 156 (1939). MEYER, E. u. W. H. VEIL, z. n. R. MEYER-BISCH: Neue dtsch. Klinik **2**, 630 (1928). MEYER-BISCH, R. u. W. KOENECKE: Untersuchungen über die Innervation der Niere. II. Der Einfluß der Vagotomie und Splanchnicotomie. Z. exper. Med. **45**, 356 (1925). MITAMURA, T.: Neue Belege zur Ludwig-Cushnyschen Filtrationstheorie der Niere. Pflügers Arch. **204**, 561 (1924). MIWA, M. u. K. TAMURA: Mitt. med. Fakult. 1920 u. 1923; z. n. GOTTLIEB u. MEYER: Exper. Pharmakol., 8. Aufl., S. 511, Urban u. Schwarzenberg: Berlin-Wien 1933. MIYAMURA, K.: On the reabsorption of water in the tubules of the kidney. Transact. 6. congr. of the Far eastern assoc, of trop med. Tokyo 1925, 1, 925 (1926). — Ber. Physiol. 42, 823 (1928). MODRAKOWSKI, G. u. G. HALTER: Über den Einfluß des Pituitrins auf die Konzentration und den Chlorgehalt des menschlichen Blutserums. Z. exper. Path. u. Therap. 20, 331 (1919). (1) MOLITOR, H. u. E. PICK: Zur Kenntnis der Pituitrinwirkung auf die Diurese. Naunyn-Schmiedebergs ʃArch. 101, 169 (1923). (2) MOLITOR, H. u. E. PICK: Über zentrale Regulation des Wasserwechsels. I. Der Einfluß des Großhirns auf die Pituitrinhemmung. Naunyn-Schmiedebergs Arch. 107, 180 (1925). (3) MOLITOR, H. u. E. PICK: Über zentrale Regulation des Wasserwechsels. II. Die antagonistische Wirkung der Paraldehyd- und Chloretonnarkose auf die Diurese. Naunyn-Schmiedebergs Arch. 107, 185 (1925). (4) MOLITOR, H. u. E. PICK: Über zentrale Regulation des Wasserwechsels. III. Über den zentralen Angriffspunkt der Diuresehemmung durch Hypophysenpräparate. Naunyn-Schmiedebergs Arch. 112, 113 (1926). (5) MOLITOR, H. u. E. PICK: Über die Bedeutung des Gewebswassers für die Wirkung diuresebeeinflussender Arzneimittel. Festschr. f. Bürgi, 248 S. Schwabe: Basel 1932. (1) MÖLLENDORFF, W. v.: Die Dispersität der Farbstoffe, ihre Beziehungen zur Ausscheidung und Speicherung in der Niere. Anat. Hefte 53, H. 159 (1915). (2) MÖLLENDORFF, W. v.: Vitale Färbung an tierischen Zellen. Anat. Hefte 53, 87 (1915). — Erg. Physiol. 18, 141 (1920). (3) MÖLLENDORFF, W. v.: Darf die Niere im Sinne der Sekretionstheorie als Drüse aufgefaßt werden? Münch. med. Wschr. 1922, 1069. (4) MÖLLENDORFF, W. v.: Der Exkretionsapparat. Hdb. mikrosk. Anat. d. Menschen. Springer: Berlin 1930. (5) MÖLLENDORFF, W. v.: Anatomie des Nierensystems in Hdb. norm. u. path. Physiol. IV, 183. Springer: Berlin 1929. (6) MÖLLENDORFF, W. v.: Resorption und Exkretion in Hdb. norm. u. path. Physiol. IV. Springer: Berlin 1929. (7) MÖLLENDORFF, W. v.: Die Zelle in der Umwelt. A. Farbanalytische Untersuchung. In Oppenheimers Hdb. Biochem. 2, 273, 2. Aufl. Fischer: Jena 1925. MONAUNI, J.: Untersuchungen am quergestreiften Muskel epinephrektomierter Tiere. I. Naunyn-Schmiedebergs Arch. 140, 306 (1929) u. Ders. Titel, II. S. 329. MOORE, B. and W. H. PARKER: The osmotic properties of colloidal solutions. Amer. J. Physiol. 7, 261 (1902). MOORE u. ROAF: Biochem. J. 2, 34 (1907). MOSBERG, z. n. ROBBERS u. WESTENHÖFFER: Der Einfluß des Lactoflavins und des Nebennierenhormons auf den renalen Diabetes und die Phlorrhizinylykosurie. Klin. Wschr. 1939, II, 927. MÜNZER, E.: Zur Lehre von der Wirkung der Salze. 7. Mitt. Die Allgemeinwirkung der Salze. Naunyn-Schmiedebergs Arch. 41, 74 (1898). MUYLDER, E. DE: Fonctionement rénal et concentrations ioniques du plasma. Doin: Paris 1949. MUYLDER, E. DE et R. REUL: Les modifications de la fonction rénale dans l'Anurie hypochlorémique expérimentale. Arch. internat. pharmacodyn. 78, 414 (1949).

NASH jr., TH. P. and ST. R. BENEDICT: The ammonia content of the blood and its bearing on the mechanism of acid neutralisation in the animal organism. J. biol. chem. 48, 463 (1921). — Ber. Physiol. 11, 85 (1921). NASH jr., TH. P. and ST. R. BENEDICT: Note on the ammonia content of blood. J. biol. chem. 54, 601 (1922). — Ber. Physiol. 13, 454 (1922). NICHOLSON, T. F.: Renal function as affected by experimental unilateral kidney lesions. 2. The effect of cyanide. Biochem. J. 45, 112 (1949). (1) NONNENBRUCH, W.: Über die Veränderungen des Blutes nach Harnstoffgaben. Naunyn-Schmiedebergs Arch. 89, 200 (1921). (2) NONNENBRUCH, W.: Über Diurese. Erg. inn. Med. 26, 120 (1924). (3) NONNENBRUCH, W.: Das hepatorenale Syndrom. Verh. Ges. inn. Med. 51, 341 (1939). — Schweiz. med. Wschr. 1941, 1193. (1) NUSSBAUM, M.: Über die Sekretion der Niere. Pflügers Arch. 16, 139 (1878). (2) NUSSBAUM, M.: Fortgesetzte Untersuchungen über die Sekretion der Niere. Pflügers Arch. 17, 580 (1879). NYIRI, W.: Wien. klin. Wschr. 35, 582 (1922); Biochem. Z. 141, 160 (1923); z. n. RILLIET et FERRERE: Helv. med. Acta 16, 289 (1949).

O'CONNOR, J. M.: Über den Adrenalingehalt des Blutes. Naunyn-Schmiedebergs Arch. 67, 195 (1912). ODIER, J.: La mesure du volumen du liquide extracellulaire chez l'homme au moyen au sulfocyanure de sodium. Helv. med. Acta, Suppl. 21 (ad Vol. 15, 3) (1948). (1) OEHME, C.: Zur Lehre vom Diabetes insipidus. Arch. klin. Med. 127, 261 (1918). (2) OEHME, C.: Zur Lehre vom Diabetes insipidus. II. Wirkung der Hypophysenextrakte auf den Wasserhaushalt. Z. exper. Med. 9, 251 (1919). (3) OEHME, C.: Grundzüge der Ödempathologie mit besonderer Berücksichtigung der neueren Arbeiten dargestellt. Erg. inn. Med. 30, 1 (1926). (1) OETTEL, H.: Z. exper. Med. 113, 155 (1943). (2) OETTEL, H.: Durchblutung der geschädigten Leber und Niere beim Fortschwelen von Organerkrankungen. Naunyn-Schmiedebergs Arch. 203, 47 (1944). OGDEN, E., L. T. BROWN and E. W. PAGE: The increased sensitivity of arterial mucle in the prehypertensive phase of experimental renal hypertension. Amer. J. Physiol. 129, 560 (1940). (1) OKKELS, H.: Morphologie particulière du pôle vasculaire du glomérule rénal chez la grenouille. Bull. Histol. appl. 6 (1928). (2) OKKELS, H. u. PETERFI: Beobachtungen über die Glomerulusgefäße der Froschniere. Z. Zellforsch. u. mikrosk. Anat. 9 (1929). OLIVER, J.: s. Bradley, Sitzungsbericht, 1949.

OPPENHEIMER, C.: Hdb. Biochem Erg. II, 1090. 8. Aufl. unter Renin. Springer: Berlin. OSTERTAG, B., R. SCHUBERT u. M. FRIZ: Farbversuche zur Gewebswaschung mit Kollidon. Klin. Wschr. 1951, 198. OVERLING, C. R.: L'existence d'une hausse neuro-musculaire au niveau des artéres glomerulaire de 'homme. C. R. acad. Sci. Paris 184 (1927). OZAKI, M.: Pharmakologie der Nierengefäße. Naunyn-Schmiedebergs Arch. 123, 304 (1927).

(1) PAGE u. Mitarb.: Amer. Proc. Soc. exper. Biol. a. Med. 39, 214 (1938 u. 44, 360 (1940). (2) PAGE, I. H.: On the nature of the pressor action of renin. J. exper. Med. 70, 521 (1939).— Ber. Physiol. 188, 332 (1940). (3) PAGE, I. H.: Difference in the activating effect of normal and hypertensive plasma on intestinal segments treated with renin. Amer. J. Physiol. 130, 29 (1940). (4) PAGE, I. H.: The vasoconstrictor action of plasma from hypertensive patients and dogs. J. exp. Med. 72, 301 (1940). — Ber. Physiol. 127, 260 (1942). (5) PAGE, I. H., O. M. HELMER, K. G. KOHLSTAEDT, P. J. FOUTS, G. F. KEMPF and A. C. CORCORAN: Substance in kidneys and muscle eliciting prolonged reduction of blood pressure in human and experimental hypertension. Proc. Soc. exper. Biol. a. Med. 43, 722 (1940). — Ber. Physiol. 127, 51 (1942). (6) PAGE, I. H.: Demonstration of the liberation of renin into the blood stream from kidney of animals made hypertensive by cellophane perinephritis. Amer. J. Physiol. 130, 22 (1940). (7) PAGE, I. H. and O. M. HELMER: A cristalline pressor substance (angiotonin) resulting from the reaction between renin and renin-activator. J. exper. Med. 71, 29 (1940). — Ber. Physiol. 122, 540 (1941). PAVY, F. W., T. G. BRODIE and R. L. SIAU: On the mechanism of phloridzin glycosuria. J. Physiol. 29, 467 (1903). PENTIMALLI u. QUERCIA: Sperimentale 60, 123 (1912). PETERS, K.: Untersuchungen über Bau und Entwicklung der Niere. S. 446. Fischer: Jena 1909. PETERS and VAN SLYKE: Quantitative Clinical Chemistry. Baltimore 1946. PETRÁNYI, G.: Messung der Wirksamkeit des Nebennierenhormons. Naunyn-Schmiedebergs Arch. 197, 409 (1941). PFAFF, F.: Vergleichende Untersuchungen über die diuretische Wirkung der Digitalis und des Digitalins an Menschen und Tieren. Naunyn-Schmiedebergs' Arch. 32, 1 (1893). PFEFFER, K. H. u. R. WETZEL: Über Antagonisten der Phlorrhizinwirkung. Naunyn-Schmiedebergs Arch. 202, 395 (1943). PHILIPPS, C. D. F. and J. R. BRADFORD: On the action of certain drugs on the circulation and secretion of the kidney. J. Physiol. 8, 117 (1887). (1) PICKERING, G. W. and M. PRINZMETAL: Some observations on renin, a pressor substance contained in normal kidney, together with a method for its biological assay. Clin. Sci. 3, 211 (1938). — Ber. Physiol. 107, 634 (1938). (2) PICKERING, G. W. and M. PRINZMETAL: The effect of renin on urine formation. J. Physiol. 98, 314 (1940). PLATT, R.: Section of Exper. Med. a. Therap. — Discussion: Evaluation of renal clearance. Proc. roy. Soc. of Med. 42, 475 (1949). POLLAK, L.: Experimentelle Studien über Adrenalin-Diabetes. Naunyn-Schmiedebergs Arch. 61, 149 (1909). POPONOVSKI, M. B.: Med. Biochem. 5. Aufl. Haug: Berlin-Saulgau 1951. (1) POULSSON, L. T.: Über die Wirkung des Pituitrins auf die Wasserausscheidung. Z. exper. Med. 71, 577 (1930). (2) POULSSON, L. T.: On the mechanism of sugar elimination in phlorrhizin glycosuria. A contribution to the filtration-reabsorption theory on kidney function. J. Physiol. 69, 411 (1930). (3) POULSSON, L. T.: Über die Wirkung des Pituitrins auf die Wasserausscheidung durch die Niere. Z. exper. Med. 71, 577 (1930). (4) POULSSON, L. T.: Über Hypophysenhinterlappen und Wasserausscheidung. Klin. Wschr. 1930, II, 1245. (5) POULSSON, L. T.: Beitrag zur Kenntnis des Pituitrins auf die Ionenausscheidung. Z. exper. Med. 72, 232 (1931). PRISTLEY, J. G.: The regulation on the excretion of water by the kidney. J. Physiol. 55, 305 (1921). PUCCINELLI, E.: Il metabolimo dei tessuti nell'insufficienza surrenale: Ossidatione dell'Ac. lattico, dell'Ac. piruvico, dell'alanina, dell'Ac. buttirico. Atti Fisiocritici Sienna XI, s. 7 Nr. 6, 445 (1939). — Ber. Physiol. 123, 478 (1941). (1) PÜTTER, A.: Z. allg. Physiol. 12, 148 (1911). (2) PÜTTER, A.: Dreidrüsentheorie der Harnbereitung. S. 79, 91 u. 95. Springer: Berlin 1926.

QUINBY: J. exper. Med. 23, 535 (1916).

RANDERATH, E.: Nephrose-Nephritis. Klin. Wschr. 1941, I, 281 u. 305. RANDERATH, E.: Zur pathologischen Anatomie der sog. Amyloidnephrose. Zugleich ein Beitrag zur Frage der allgemeinen Amyloidose als Paraproteinose. Vorchows Arch. 314, 388 (1947). RANDERATH, E.: Nephrose-Nephritis in BECHER, Nierenkrankheiten 2, 98. Fischer: Jena 1947. RAUCHSCHWALBE, H.: Permeabilitätsstudien mit Cortidyn. Diss. Göttingen 1940. RAY, C. TH. and G. E. BURCH: The mercurial diuretics. Amer. J. med. Sci. 217, 96 (1949). REHBERG, P. B.: Studies on kidney function. I. The rate pf filtration and reabsorption in the human kidney. Biochem. J. 20, 447 (1926). — Ber. Physiol. 39, 90 (1927). REHBERG, P. B.: Studies on the kidney function. II. The excretion of urea and chlorine analysed. according to modifies filtration-reabsorption theory. Biochem. J. 20, 461 (1926). — Ber. Physiol. 39, 90 (1927). REHN, E. u. L. GÜNZBURG: Funktionelle Nierendiagnostik mit körpereigenen Reagentien. Klin. Wschr. 1923, 19 u. Verh. Dtsch. Ges. Chir. in Arch. klin.

Chirurg. **126**, 259 (1923). (*1*) REID, W. L.: Changes in the volumen of kidney in the intact animal: A plethysmographic study with especial reference to diuretics. Amer. J. Physiol. **90**, 157 (1929). (*2*) REID, W. L.: The effect of intravenous injections of distilled water on the kidney. Amer. J. Physiol. **90**, 168 (1929). (*1*) REIN, H.: Über die Durchblutung und Wärmebildung in der Niere. Naunyn-Schmiedebergs Arch. **128**, 106 (1927). (*2*) REIN, H. u. S. JANSSEN: Ber. Physiol. **42**, 567 (1928). (*3*) REIN, H.: Physiologie des Menschen. 4. Aufl. 1941, S. 223. Springer: Berlin. — 10. Aufl. 1949, S. 166. REMINGTON, J. W., W. D. COLLINGS, H. W. HAYS and W. W. SWINGLE: Some factors involved in the assay of renin. Proc. Soc. exper. Biol. a. Med. **45**, 470 (1940). — Ber. Physiol. **125**, 429 (1941). RENÉ, A.: Etude expérimentale sur l'oncographie rénale. Arch. de physiol. **189**, 351; z. n. K. SPIRO u. H. VOGT: Physiol. der Harnabsonderung. Erg. Physiol. I/1, 414 (1902). REUBI, F. C. and H. A. SCHROEDER: Can vascular shunting be induced in the Kidney by vaso-active drugs? J. clin. Invest. **28**, 114 (1949). — Kongreßzbl. inn. Med. **121**, 278 (1949). (*1*) RICHARDS, A. N. and O. H. PLANT: Experiments on relation of blood pressure to urine formation. Amer. J. Physiol. **42**, 592 (1917). (*2*) RICHARDS, A. N. and O. H. PLANT: Urine formation in the perfused kidney. The influence of alterations in renal blood pressure on the amount and composition of urine. Amer. J. Physiol. **59**, 144 (1922). (*3*) RICHARDS, A. N. and O. H. PLANT: Urine formation in the perfused kidney. The influence of adrenalin on the volumen of the perfused kidney. Amer. J. Physiol. **59**, 184 (1922). (*4*) RICHARDS, A. N. and O. H. PLANT: The action of minute doses of adrenalin and pituitrin on the kidney. Amer. J. Physiol. **59**, 191 (1922). (*5*) RICHARDS, A. N. and C. SCHMIDT: The glomerular circulation in the frogs kidney. Amer. J. Physiol. **59**, 489 (1922). (*6*) RICHARDS, A. N. and C. SCHMIDT: A description of the glomerular circulation in the frog's kidney and observations concerning the action of adrenalin and various other substances upon it. Amer. J. Physiol. **71**, 178 (1924). (*7*) RICHARDS, A. N., B. B. WESTFALL and P. A. BOTT: Inulin and creatinin clearance in dogs, with notes on some late effects of uranium poisoning. J. biol. Chem. **116**, 749 (1935). — Ber. Physiol. **101**, 626 (1937). (*8*) RICHARDS, A. N. and A. M. WALKER: Methods of collecting fluid from known regions of the renal tubules of amphibia and of perfusing the lumen of a single tubule. Amer. J. Physiol. **118**, 111 (1936). (*9*) RICHARDS, A. N. and J. B. BARNWELL: Experiments concerning the question of secretion of phenolsulfophthalein by the renal tubule. Proc. roy. soc. London **B 102**, 72 (1927). RILLIET, B. et C. FERRERE: La valeut practique de l'épreuve à l'hyposulfite de soude (Test de Nyiri). Helv. med. Acta **16**, 289 (1949). ROBBERS, H. u. O. WESTENHOEFFER: Der Einfluß des Lactoflavins und des Nebennierenrindenhormons auf den renalen Diabetes und die Phlorizinglykosurie. Klin. Wschr. 1939, II, 927. ROBBINS, S. u. M. L. WILHELM: Neue Versuche über Resorption und Sekretion in der Froschniere. Pflügers Arch. **232**, 66 (1933). ROBSON, J. S., M. H. FERGUSON, O. OLBRICH and C. P. STEWART: The determination of the renal clearance of diodone and the maximal tubular excretory capacity for diodone in man. Quart. J. Exper. Physiol. **35**, 173 (1949). ROHDE, E. u. PH. ELLINGER: Zbl. Physiol. **27**, 12 (1913). ROHDE, K.: Zur Physiologie der Aufnahme und Ausscheidung sauerer und basischer Salze durch die Nieren. Pflügers Arch. **182**, 114 (1920). ROHRER, L. v.: Über die osmotische Arbeit der Nieren. Pflügers Arch. **109**, 375 (1905). ROKITANSKY, z. n. EPPINGER: Wien. med. Wschr. 1939, 637. ROTHLIN, E.: Zur Pharmakologie der Meerzwiebel. Schweiz. med. Wschr. **57**, 1171 (1927). RUBIN, M. J., E. BRUCK and M. RAPOPORT: Maturation of Renal Function in Childhood; Clearance Studies. J. clin. Invest. **28**, 1144 (1949). RÜDEL, G.: Über den Einfluß der Diurese auf die Reaktion des Harnes. Naunyn-Schmiedebergs Arch. **30**, 41 (1892). RUYTER, J. H.: Über einen merkwürdigen Abschnitt der vasa affentia in der Mäuseniere. Z. Zellforschg. 2 (1925). — Z. mikr.-anat. Forschg. **32** (1933) u. **34** (1933). RYBERG: On the formation of Ammonia in the kidney during acidosis. Acta physiol. scand. (Stockh.) **136**, 439 (1948). RÝDIN, H. and E. B. VERNEY: The inhibition of water-diuresis by emotional stress and muscular exercise. Quart. J. Physiol. **27**, 343 (1938).

SAGER, R.: Zur Frage der Wirkung von Hypophysis-Hinterlappenextrakt. Naunyn-Schmiedebergs Arch. **153**, 331 (1930). (*1*) SARRE, H.: Über normale und pathologische Sauerstoffversorgung des Gewebes, insbesondere der Niere. Klin. Wschr. 1938, 1716. (*2*) SARRE, H.: Sauerstoffzehrung des Urins und Sauerstoffdruck der Niere. Zugleich Bemerkungen zu der Arbeit von C. Schlayer in Jg. 1939, S. 598 dieser Wschr. Klin. Wschr. 1939, 969. (*3*) SARRE, H. u. E. ANSORGE: Über die reaktive Hyperämie der Niere. Pflügers Arch. **242**, 79 (1939). (*4*) SARRE, H. u. W. EGER: Über die Atmung überlebenden Nierengewebes bei der experimentellen diffusen Glomerulonephritis. Z. klin. Med. **136**, 96 (1939). (*5*) SARRE, H. u. H. WIRTZ: Geschwindigkeit und Ort der Antigen-Antikörper-Reaktion bei der experimentellen Nephritis. Arch. klin. Med. **189**, 1 (1942). (*6*) SARRE, H. u. H. WIRTZ: Die Durchblutung der Niere bei der experimentellen diffusen Glomerulonephritis und Folgen ihrer Denervierung. Verh. dtsch. Ges. Kreislaufforschg. 280—286 (1939).

(7) SARRE, H.: Die Durchblutung der Niere bei der experimentellen diffusen Glomerulo-nephritis. Arch. klin. Med. 183, 515 (1939). (8) SARRE, H. u. H. WIRTZ: Geschwindigkeit der „Nephrotoxin"-Bindung bei der experimentellen Glomerulonephritis. Klin. Wschr. 1939, II, 1548. (9) SARRE, H. u. H. SOSTMANN: Capillarpermeabilität bei akuter und chronischer Nephritis. Klin. Wschr. 1942, 8. (10) SARRE, H. u. G. STEINEBACH: Kardiale Ödeme und Jahreszeit. Klin. Wschr. 1947, 810. (11) SARRE, H. u. H. MAHR: Spezifisch gegen Niereneiweiß gerichtete Proteinasen bei Nieren- und Hochdruckerkrankungen. Klin. Wschr. 1948, 661. (12) SARRE, H.: Fiat Rev. 58; Physiol. II, 179. Dietrich'sche Verl.-Buchh.: Wiesbaden 1948. (1) SCHADE, H.: Physikalische Chemie in der Medizin. Steinkopf: Leipzig 1923. (2) SCHADE, H. u. H. MENSCHEL: Über die Gesetze der Gewebsquellung und ihre Bedeutung für klinische Fragen (Wasseraustausch im Gewebe, Lymphbildung und Ödemenstehung). Z. klin. Med. 96, 279 (1923). (3) SCHADE, H. u. F. CLAUSSEN: Der onkotische Druck des Blutplasmas und die Entstehung der renal bedingten Ödeme. Z. klin. Med. 100, 363 (1924). (4) SCHADE, H.: Über Quellungsphysiologie und Ödementstehung. Erg. inn. Med. 32, 425 (1927). SCHAFFER, J.: Lehrb. Histol. u. Histogenese. 3. Aufl. Engelmann 1933. SCHÄFER u. HERRING: Trans. roy. Soc. London B 199, 1 (1908). SCHAUMANN, O.: Fiat Review of Germann Science 1939—1946. Pharmakologie u. Toxikologie, Teil I, 193. Wiesbaden 1948. SCHAUMANN, O. u. L. SCHMIDT: Über die Beeinflussung der Wirkung von Oxytocin und Vasopressin auf die Salzdiurese durch Salyrgan. Naunyn-Schmiedebergs Arch. 205, 367 (1948). SCHEMINSKY, W.: Untersuchungen über die Herz- und Gefäßwirkungen kleiner Digitoxingaben bei intravenöser Injektion. Naunyn-Schmiedebergs Arch. 100, 367 (1923). SCHEMINSKY, F.: Über die Harnbildung in der Froschniere. XVII. Die Farbstoffsekretion der 2. Abschnitte. Pflügers Arch. 221, 641 (1929). SCHLOSS, G.: Der Regulationsapparat am Gefäßpol des Nierenkörperchens beim experimentellen renalen Drosselungshochdruck der Ratte. Helv. med. Acta 14, 22 (1947). — Klin. Wschr. 24/25, 924 (1947). SCHMIDT, A. u. P. SIWON: Der Einfluß der Splanchnicus-anästhesie auf Niere und Harnleiter. Z. urol. Chir. 23, 223 (1927). — Ber. Physiol. 44, 799 (1927). SCHMIDT, R.: Über Diureseversuche an überlebenden Froschnieren. Naunyn-Schmiedebergs Arch. 95, 267 (1922). SCHMIEDEBERG, O.: Grundriß der Arzneimittellehre. Vogel: Leipzig 1909. SCHNEIDER, R.: Über die Leistung der Säure-Alkali-Umschlagprobe und über das Versagen der Indigocarminprobe bei der Erkennung von Nierenerkrankungen. Dtsch. Ges. Chirurg. 249, 123 (1938). SCHRÖDER, W. v.: Über die Wirkung des Coffeins als Diureticum. Naunyn-Schmiedebergs Arch. 22, 39 (1887). SCHUBERT, RENÉ: Serum-sanierung mit künstlichen Kolloiden. Nicht nierenfähige Stoffe permeieren mit Kollidon die Niere. Dtsch. med. Wschr. 1949, 1489. SCHULTEN, H.: Über die Harnbildung in der Froschniere. III. Die Ausscheidung von Säurefarbstoffen durch die überlebende Froschniere. Pflügers Arch. 208, 1 (1925). (1) SCHUMACHER, S.: Über das Glomus coccygeum des Menschen und die Glomeruli caudales der Säugetiere. Arch. mikrosk. Anat. 71 (1907). (2) SCHUMACHER, S.: Grundriß der Histologie. Springer: Berlin 1934. (3) SCHUMACHER, S.: Arteriovenöse Anastimosen. Bruns Beitr. 159 (1934). SCHÜRMEYER, A.: Über die Harn-bildung in der Froschniere. VIII. Die Ausscheidung von Kochsalz und Glukose durch die in situ belassene Niere. Pflügers Arch. 210, 759 (1925). SCHWARZ, E.: Probleme der Nieren-arbeit. Wien. med. Wschr. 1924, 2384, 2723 u. 2813. SCHWARZ, L.: Beiträge zur Physiologie und Pharmakologie der Diurese. Naunyn-Schmiedebergs Arch. 43, 1 (1900). SCHWARZ, O.: Mitt. Grenzgeb. Med. u. Chir. 39 (1916). SEITZ, W. u. I. SENF: Die Funktionsprüfung des Wasserhaushaltes nach Zufuhr von Nebennierenrindenhormon im Volhard'schen Trink-versuch. Klin. Wschr. 26, 497 (1948). SELKURT, E. E., P. W. HALL and M. P. SPENCER: Influence of graded arterial pressure decrement on renal clearance of creatinine, p-amino-hippurate and sodium. Amer. J. Physiol. 159, 369 (1949). SELLARDS: John Hopkins Bull. 1912, 23, 289. SELYE, H.: The alarm reaction and the diseases of adaptation. Ann. intern. Med. 29, Nr. 3 (1948). SELYE, H. and H. STONE: Influence of diet upon the nephrosclero-sis, periarteriitis nodosa and cardiac lesions produzed by the „endocrine kidney". Endo-crinology 43, 21 (1948). SELYE, H.: Stress. Vortr. geh. i. d. Med. Ges. Freiburg i. Br. am 22. 6. 1950 u. Acta, Inc., Med. Publ., Montreal, Canada. SHAH, Y. T.: Changs in the oxygen consumption of kidney during saline diuresis. Proc. of the emp. acad. 3, 627 (1927). — Ber. Physiol. 44, 801 (1928). (1) SHANNON, J. A.: Phenol red clearance in the dog. Proc. Soc. exper. Biol. a. Med. 32, 977 (1935). (2) SHANNON, J. A. and H. W. SMITH: The excretion of inulin, xylose and urea by normal and phlorizinized man. J. clin. Invest. 14, 393 (1935).— Ber. Physiol. 89, 398 (1936). (3) SHANNON, J. A.: The excretion of phenol red by the dog. Amer. J. Physiol. 113, 602 (1935). (4) SHANNON, J. A.: The renal excretion of creatinine in man. J. clin. Invest. 14, 403 (1935). — Ber. Physiol. 91, 154 (1936). SIEBECK, R.: Hdb. norm. u. path. Physiol. XVII, S. 206. Springer: Berlin 1926. SIEGLBAUER, F.: Lehrbuch norm. Anat. d. Menschen, 2. Aufl. Urban u. Schwarzenberg, Berlin-Wien 1930. SIEG-MUND: Virchows Arch. 6, 238 (1854). SIMKIN, B., H. C. BERGMAN, H. Siver and M. PRINZ-METAL: Renal arteriovenous anastomoses in rabbits, dogs and human subjects. Arch. inter.

Med. 81, 115 (1948). — Kongreßzbl. inn. Med. 122, 286 (1949). (1) Smith, H. W., N. Finkelstein, L. Aliminosa, B. Crawford and M. Graber: The renal clearance of substituted hippuric acid derivates and other aromatic acids in dog and man. J. clin. Invest. 24, 388 (1945). (2) Smith, H. W., W. Goldring and H. Chasis: J. clin. Invest. 17, 263 (1938). (3) Smith, H. W.: The secretion of sodium by the mammalian kidney. Internat. Physiol.-Kongr. 1950, S. 50. (4) Smith, H. W.: Lectures inthe kidney. Lawrence 1943. (5) Smith, H.W.: The kidney, Strukture, and Disease. New York, Oxford University, Press, 1951. Smith, A. H. and L. B. Mendel: The adjustement of blood volumen after injection of isotonic solutions of varied composition. Amer. J. Physiol. 53, 323 (1920). (1) Sollman, T.: The effects of diuretics, nephritic poisons and other agencies on the chlorides of the urine. Amer. J. Physiol. 9, 425 (1903). (2) Sollman, T.: The comparative diuretic effect of saline solutions. Amer. J. Physiol. 9, 454 (1903). Somkin, E.: The effect of renin on the cardiac output. Proc. Soc. exper. Biol. a. Med. 46, 200 (1941). — Ber. Physiol. 126, 261 (1941). (1) Somogyi, J. C.: Der Zustand des Kaliums im Blute nach Adrenektomie. Helv. med. Acta 7, Suppl. Nr. 5, 35 (1940). — Ber. Physiol. 121, 373 (1940). (2) Somogyi, J. C. u. F. Verzár: Die Kaliumabgabe bei Muskelkontraktion nach Adrenalektomie. Arch. internat. Pharmacodyn. 65, 17 (1941). (3) Somogyi, J. C. u. F. Verzár: Der Zusammenhang zwischen selektiver Zuckerresorption und Plasmakalium. Helv. med. Acta 7, Suppl. Nr. 5, 30 (1940). — Ber. Physiol. 124, 327 (1941). (4) Somogyi, J. C. u. F. Verzár: Die Wirkung einer intravenösen Glukoseinjektion auf das Plasma bei normalen und adrenalektomierten Tieren. Helv. med. Acta 7, Suppl. Nr. 5, 20 (1940). — Ber. Physiol. 124, 327 (1941). (1) Spanner, R.: Der Abkürzungskreislauf der menschlichen Niere. Beitrag zur Kenntnis der Leistungszweiteilung ihres Gefäßsystems. Klin. Wschr. 1937, II, 1421. (2) Spanner, R.: Bau und Funktion der veno-venösen Anastomose. Verh. Anat. Ges. Königsberg, August 1937, Erg.-Heft z. Anat. Anz. 85 (1938). (3) Spanner, R.: Gefäßkurzschlüsse in der Niere. (Mit Frl. Jess.) Erg.-Heft z. Anat. Anz. 85 (1938). (4) Spanner, R.: Bau und Funktion der veno-venösen Anastomosen. Erg.-Heft z. Anat. Anz. 87, 320 (1939). Spühler, O.: Zur Physio-Pathologie der Niere. Huber: Bern 1946. (1) Starling, E. H.: On the adsorption of fluids from the connective tissue spaces. J. Physiol. 19, 312 (1896). (2) Starling, E. H.: The glomerular functions of the kidney. J. Physiol. 24, 317 (1899). (3) Starling, E. H. and E. B. Verney: Die Folgen der Trennung von Glomerulus- und Harnkanälchentätigkeit bei der Säugerniere. Pflügers Arch. 205, 47 (1925). — Nachtrag dazu, Pflügers Arch. 208, 334 (1925). (4) Starling, E. H. and E. B. Verney: Proc. roy. Soc. London 98, 93 (1925). (5) Starling, E. H. and E. B. Verney: The secretion of urine as studied on the isolated kidney. Proc. roy. Soc. London B 97, 321 (1925). Steinitz, F.: Über den Einfluß von Ernährungsstörungen auf die chemische Zusammensetzung des Säuglingskörpers. Jb. Kinderheilk. 59, 447 (1904). Steinmann, B.: Über den Kreislaufmechanismus beim Hochdruck. Erg. inn. Med. 62, 991 (1942). Steyrer, A.: Die osmotische Analyse des Harns. Hofmeisters Beitr. chem. Physiol. 2, 312 (1902). Stich, R.: Über den heutigen Stand der Organtransplantationen. Dtsch. med. Wschr. 1913, 1866. Stöhr — v. Möllendorff: Lehrb. Histologie. 23. Aufl. Fischer: Jena 1933. Stollowsky, G.: Untersuchungen über den Reningehalt normal durchbluteter und in der Durchblutung gedrosselter Nieren von Kaninchen. Zbl. inn. Med. 1940, 513. Straub, H.: Lehrb. inn. Med. II, S. 6. Springer, Berlin 1931. Suzugi, T.: Zur Morphologie der Nierensekretion. Fischer: Jena 1912. (1) Swingle, W. W., W. M. Parkins, A. R. Tayler and H. W. Hays: A study of water intoxication in the intact and adrenalectomized dog and the influence of adrenal cortical hormone upon fluid and electrolyte distribution. Amer. J. Physiol. 119, 557 (1937). (2) Swingle, W. W., W. M. Parkins, A. R. Tayler and H. W. Hays: The influence of adrenal cortical hormone upon electrolyte and fluid distribution in adrenalectomized dogs maintained on a sodium and chloride free diet. Amer. J. Physiol. 119, 684 (1937). (3) Swingle, W. W.: Experimental studies on the function o. the adrenal cortex. Cold Spring Harbor Symposia on quant. Biol. 5, 327 (1937). — Ber. Physiol. 111, 270 (1939). (4) Swingle, W. W., A. R. Taylor, W. D. Collings and H. W. Hays: Preparation and bioassay of renin. Amer. J. Physiol. 127, 768 (1939). (5) Swingle, W. W., J. W. Remington, H. W. Hays and W. C. Collings: The effectiveness of priming doses of desoxycorticosterone acetate in protecting the adrenalectomized dog against water intoxication. Endocrinology 28, 531 (1941). — Ber. Physiol. 126, 636 (1941).

Taggart, J. and D. R. Drury: The action of renin on rabbits with renal hypertension. J. exper. Med. 71, 857 (1940). — Ber. Physiol. 122, 540 (1941). Tamman, G.: Die Tätigkeit der Niere im Lichte der Theorie des osmotischen Druckes. Z. physikal. Chem. 20, 180 (1896). Tamura, K., K. Miyamura, T. Nishina, H. Nagasawa and M. Hosoya: Changes in the glomeruli, capsules and tubules of the living frog's kidney accompaying diuresis. Proc. imp. acad. 2, 77 (1926). — Ber. Physiol. 44, 800 (1928). Taquini, A. C.: Production de substance hypertensive par le rein ischémié. C. R. Soc. Biol. Paris 130, 459 (1939). —

134 Literatur.

Ber. Physiol. 116, 261 (1939). TASHIRO u. ABE: Tohoku J. exper. Med. 3, 143 (1922).
THADDEA, S.: Die Nebennierenrinde. Thieme: Leipzig 1936. THAUER, R. u. K. WETZLER:
Zum Mechanismus des renalen Hochdruckes. Klin. Wschr. 1943, 585. THER, L.: Über
einige Gesetzmäßigkeiten der Diurese. Naunyn-Schmiedebergs Arch. 205, 376 (1948).
TIGERSTEDT, R. u. P. G. BERGMANN: Niere und Kreislauf. Scand. Arch. Physiol. 8, 223
(1898). (1) THOMPSON, W. H.: The nature of the work of the kidney as show by the influence of atropine and morphine upon the secretion of urine. J. Physiol. 15, 433 (1894).
(2) THOMPSON, W. H.: Diuretic effects of sodium chloride solution: A inquiry into the
relation with certain factors bear to renal activity. J. Physiol. 25, 487 (1899). TODA u.
TAGUCHI: Untersuchungen über die physikalischen Eigenschaften und die chemische Zusammensetzung des Froschharnes. Z. physiol. Chem. 87, 371 (1913). TONUTTI, E.: Zur
Analyse der pathophysiologischen Reaktionsmöglichkeiten des Organismus. Diphtherie-
intoxikation und Intoxikation nach Verbrennung. Klin. Wschr. 1949, II, 569. TONUTTI, E.:
Wirkung nachträglicher Hypophysektomie auf den Eintritt der Nebennierenrindenschäden
bei Diphtherietoxinvergiftung. Klin. Wschr. 1950, 137. TOURNADE, A. et H. HERMANN:
Sur l'innervation vascoconstrictive des reins par le splanchnique. C. R. Soc. Biol 94, 656
(1926). — Ber. Physiol. 38, 711 (1927). TRENDELENBURG, P.: Die Hormone. II. Springer:
Berlin 1934. TRIBE, S. M. and J. BARCROFT: The vascular and metabolic conditions of
the normal kidney in rabbits. J. Physiol. 50, 10 (1916). TRUETA, J., A. E. BARCLAY,
P. M. DANIEL, K. J. FRANKLIN, M. L. PRICHARD: Studies of the renal circulation. Black-
well. Sci. Publ. Oxford 1947. TSUKICKA, M.: Histological changes in the kidney caused
by kidney stimulants and irritants. Proc. imp. Acad. Tokyo 3, 624 (1927). — Ber. Physol.
45, 814 (1928).

VAN SLYKE, D. D. s. MÖLLER, McINTOSH u. VAN SLYKE: J. clin. Invest. 6, 427 u. 485
(1928). — Kongreßzbl. inn. Med. 120, 347 (1949). VAN SLYKE, D. D.: The effect of urine
volume on urea excretion. J. clin. Invest. 26, 1159 (1947). — Kongreßzbl. inn. Med. 120,
347 (1949). VEIL, W. H.: Über intermediäre Vorgänge beim Diabetes insipidus und ihre
Bedeutung für die Kenntnis vom Wesen dieses Leidens. Biochem. Z. 91, 317 (1918). VEIL,
W. H.: Über die Auslösung intermediärer Kochsalzverschiebungen vom Zentralnervensystem aus. Naunyn-Schmiedebergs Arch. 87, 189 (1920). VELDEN, R. VON DEN: Die
Nierenwirkung von Hypophysenextrakten beim Menschen. Berl. klin. Wschr. 1913, 2083.
(1) VERNEY, E. B. and E. H. STARLING: On the secretion by the isolated kidney. J. Physiol. 56, 353 (1922). (2) VERNEY, E. B. and F. R. WINTON: The action of caffeine on the
isolated kidney of the dog. J. Physiol. 69, 153 (1930). (3) VERNEY, E. B.: Die Wasserausscheidung der Säugerniere und ihre physiologische Regulation. Naunyn-Schmiedebergs Arch. 181, 24 (1936). (4) VERNEY, E. B. and M. VOGT: Quart. J. exper. Physiol. 28,
253 (1938); z. n. HOLTZ: Klin. Wschr. 1946, 65. (5) VERNEY, E. B. and M. VOGT: The
apparance of fat in the urine after short occlusion of the artery of the dog. J. Physiol.
93, 51 (1938). (6) VERNEY, E. B.: Die Hemmung der Wasserdiurese durch Erhöhung des
osmotischen Druckes im Karotisplasma und ihre Vermittlung über die Neurohypophyse.
Naunyn-Schmiedebergs Arch. 205, 387 (1948). (1) VERZÁR, F. and J. C. SOMOGYI: Con-
nexion between carbohydrate and potassium metabolism in normal and adrenectomized
animals. Nature (Lond.) 1939 II, 1014. — Ber. Physiol. 121, 499 (1940). (2) VERZÁR, F.:
Die Funktion der Nebennierenrinde. Schwabe: Basel 1939. (3) VERZÁR, F.: Vitamine
und Hormone. I, 85 (1941). Ars Medici, Liestal. (4) VERZÁR, F. u. C. MONTIGEL: Nachweis der Phosphorylierungsstörungen nach Nebennierenexstirpation. Schweiz. med.
Wschr. 1941, II, 1382. (5) VERZÁR, F. u. C. MONTIGEL: Der Einfluß der Nebennierenrinde
auf die Glykogenphosphorylierung im Muskel. Helv. chim. Acta 25, 9 (1942). (6) VER-
ZÁR, F. u. C. MONTIGEL: Die Wirkung von Desoxy-corticosteron. Helv. chim. Acta 25,
22 (1942). (7) VERZÁR, F.: Desoxycarticosteron als Hormon der Nebennierenrinde. Schweiz.
med. Wschr. 1941, I, 358. (8) VERZÁR, F.: Muskelermüdung und Nebenniere. (Mit einer
Theorie der Muskelkontraktion.) Schweiz. med. Wschr. 1942, I, 661. VOGEL, G.: Der
Mechanismus der Glukoseausscheidung durch die Amphibienniere. Pflügers Arch. 251,
293 (1949). VOGEL, G.: Die Resorptionskapazität der isolierten künstlich durchströmten
Amphibienniere für Wasser und Glukose. Pflügers Arch. 251, 313 (1949). VOGT, H.:
Untersuchungen über vasopressorische Stoffe bei der essentiellen Hypertonie und beim
Kaolinhochdruck des Hundes. Klin. Wschr. 1938, 1148. VOLHARD, F.: Hdb. inn. Med.
VI/1, S. 189. Springer: Berlin 1931. VOLK, C.: Der Einfluß des Renins, einer aus der Niere
gewonnenen blutdrucksteigernden Substanz, auf überlebende Kaltblüter- und Warmblüter-
organe. Zbl. inn. Med. 1937, 113.

(1) WAKERLIN, G. E. and G. R. CHOBOT: Does renin play a rôle in the maintenance of
normal blood pressure? Proc. Soc. exper. Biol. a. Med. 40, 331 (1939. — Ber. Physiol. 114,
462 (1939). (2) WAKERLIN, G. E., C. A. JOHNSON, B. GOMBERG and M. L. GOLDBERG:
Reduction in the blood pressure of renal hypertensive dogs with hog renin. Science (N. Y.)

1941, I, 332. — Ber. Physiol. **131**, 559 (1943). ,(*3*) WAKERLIN, G. E. and C. A. JOHNSON: Reduction in Blood pressures of renal hypertensive dogs by hog renin. Proc. Soc. exper. Biol. a. Med. **46**, 104 (1941). — Ber. Physiol. **126**, 260 (1941). (*4*) WAKERLIN, G. E. and C. A. JOHNSON: The effect of renin on experimental hypertension in the dog. J. amer. med. Assoc. **117**, 416 (1941). WAKIM, K. G., G. T. ROOT and E. ESSEX: Effect of angiotonin and renin on glomerular circulation in frog kidney. Proc. Soc. exper. Biol. a. Med. **47**, 72 (1941). — Ber. Physiol. **127**, 505 (1942). WALKER, A. M. and J. A. REISINGER. Quantitative studies of the composition of glomerular urine. IX. The concentration of reducing substances in glomerular urine from frogs and necturi determined by an ultramicroadaptation of the method of Summer. Observations on the action of phlorhizin. J. biol. Chem. **101**, 223 (1933). — Ber. Physiol. **75**, 505 (1934). WALKER, A. M., C. L. HUDSON, T. FINDLAY and A. N. RICHARDS: The total molecular concentration and the chloride concentration of fluid from different segnents of the renal tubule of amphibia. Amer. J. Physiol. **118**, 121 (1937). WALKER, A. M. and P. L. HUDSON: The reabsorption of glucose from the renal tubule in amphibia and the action of phlorizin upon it. Amer. J. Physiol. **118**, 130 (1937). WALKER, A. M. and P. L. HUDSON: The rôle of the tubule in the excretion of urea by the amphibian kidney. (With an improved technique for the ultramicro determination of urea nitrogen.) Amer. J. Physiol. **118**, 153 (1937). WALTI, L.: Über die Einwirkung des Atropins auf die Harnsekretion. Naunyn-Schmiedebergs Arch. **36**, 411 (1895). WARREN, J. V., E. S. BRANNON and A. J. MURILL: Method of abtaining renal venous blood in unanesthezid persons with observation on extraction of oxygen and sodium para-amino-hippurate. Sci. **100**, 108 (1944). WATANABE, Y: Kanazawa Ikw Daig. Juzenko. Z. **35**, 991 (1930); z. n. Japan. J. med. Sci. IV. Pharmakol. Vol. IV, Nr. 1, S. 14, Nr. 60. WATANABE, Y: Direct observations on the glomerular circulation in the frog's kidney and on the joint action of some drugs and the splanchnic nerve upon it. Japan. J. med. Sci., Trans. III, Biophysics **2**, 86 (1931). — Ber. Physiol. **67**, 128 (1932). WEARN, J. T. and A. N. RICHARDS: Observations on the composition of glomerular urine, with particular reference to the problem of reabsorption in the tubules. Amer. J. Physiol. **71**, 209 (1924). WESSON jr., L. G. siehe Bradley, Sitzungsbericht. 1949. WHITE, H. L., P. HEINBECKER and D. ROLF: Further observations on the depression of renal function following Hypophysectomy. Amer. J. med. **8**, 355 (1950). WHITE, H. L. and F. O. SCHMITT: Kidney function in Necturus maculosus. Amer. J. Physiol. **76**, 220 (1926). WHITE, H. S.: Amer. J. Physiol. **130**, 582 (1940). WERZ: Diss. Freiburg i. Br. 1949. WETTSTEIN, A. u. C. ADAMS: Penicillin. Schweiz. med. Wschr. **1945**, 613. WINOGRADOFF: Arch. path. Anat. **22**, 457 (1861). WINTON, F. R.: Die physikalischen, die Harnabsonderung beeinflussenden Faktoren. Klin. Wschr. **26**, 193 (1948). WINTERSTEIN, H.: Hdb. vgl. Physiol. Bd. 2, Teil II, S. 817 u. 840. Fischer: Jena 1924. WOHLENBERG, W.: Die Harnbildung in der Froschniere. XIII. Untersuchungen über den Mechanismus der Purinkörperdiurese. Pflügers Arch. **218**, 448 (1928). WOLF, A. V.: The Urinary Function of the kidney. Grune and Stratton: New York 1950. WOLF, H. J. u. H.-A. HEINSEN: Tyamin und Nierendurchblutung. Naunyn-Schmiedebergs Arch. **179**, 15 (1935). WOODLAND, W. N. F.: The ligaturing of one renal-portal vein in the living frog — a repetition and extension of the experiments of Gurwitsch. Indian. J. med. Res. **10**, 595 (1923). — Ber. Physiol. **18**, 505 (1923).

YLPPÖ: Veröff. Zentralst. Balneologie **3**, 83 (1918); z. n. HÖBER: Physikalische Chemie der Zelle und der Gewebe. 6. Aufl., S. 373. Engelmann: Leipzig 1926. YOSIDA, H.: Über die Harnbildung in der Froschniere. Pflügers Arch. **206**, 274 (1924). YOSIDA, M.: On renin, a pressor substance contained in normal kidney. Fukuoka Acta med. **33**, engl. Zus. 115 (1940). — Ber. Physiol. **124**, 348 (1941). YOSHIMURA, R.: On the change of the constituents of the urine after section of renal nerve. Toku J. exper. Med. **1**, 113. — Ber. Physiol. **1**, 69 (1920).

(*1*) ZIPF, K. u. E. WAGENFELD: Über die pharmakologische Wirkung des frisch defibrinierten Blutes. I. Naunyn-Schmiedebergs Arch. **150**, 70 (1930). (*2*) ZIPF, K. u. E. WAGENFELD: Über die Wirkung des frisch defibrinierten Blutes. II. Darstellung und Wirkung des wirksamen Prinzips. Naunyn-Schmiedebergs Arch. **150**, 91 (1930). (*3*) ZIPF, K. u. A. GEBAUER: Die Kreislaufwirkung des Tyramins. Naunyn-Schmiedebergs Arch. **189**, 249 (1938). ZIMMERMANN, K. W.: Über den Bau des Glomerulus der Säugerniere. Z. mikrosk.-anat. Forschg **32** (1933) u. **34** (1933). ZUNTZ, N.: Zur Kenntnis des Phlorhizindiabetes. Arch. Anat. u. Physiolog. **1895**, 570.

Wasserhaushalt.

I. Eigenschaften des Wassers.

Das Wasser, der Hauptbestandteil unseres Körpers, steht in enger Beziehung zu den anderen Stoffen, welche unseren Körper zusammensetzen. Es ist nach SCHADE (5) Baumaterial, Quellungsmittel, Katalysator und Wärmeregulator. Dazu befähigen es seine Eigenschaften: es besitzt eine hohe Wärmeleitfähigkeit (0,00144 cal/cm/sec/Grad), eine hohe Wärmekapazität (spez. Wärme = 1,0), eine hohe Verdampfungswärme (539 cal/g) und eine hohe Schmelzwärme (80 cal/g); diese Zahlen stellen fast immer die höchsten Werte aller Flüssigkeiten dar und haben zur Folge, daß bei der Verdunstung von Schweiß große Wärmemengen in Verlust gehen, wie auch ein gewisser Schutz gegen Erfrieren dadurch gegeben ist. Nimmt man hinzu, daß es die höchste Dielektrizitätskonstante (= 81) besitzt, wodurch die Ionisation der Elektrolyte ermöglicht wird und chemische Umsetzungen in größtem Umfange stattfinden können, so stellen diese Eigenschaften des Wassers die umfassenden Grundlagen für seine Bedeutung für das Leben überhaupt dar.

Es tritt also das Wasser in so vielfältige Beziehungen mit den anderen Grundstoffen des Körpers, daß sein Haushalt nur in Zusammenhang mit den anderen Bestandteilen des Körpers verstanden werden kann. Auch als Milieu des organischen Lebens kann das Wasser nicht als solches betrachtet werden, sondern nur in Gemeinschaft mit den anorganischen Stoffen. „Während die Zusammensetzung des organischen Anteils der Zellen und Körperflüssigkeiten stark wechselt und streng spezifisch ist, ist Gehalt und Verhältnis der anorganischen Kationen und Anionen in den Körperflüssigkeiten der verschiedenen Tierarten auffallend konstant. Er entspricht entwicklungsgeschichtlich der Salzmischung der Umwelt, in der sich die Zellart erstmalig entwickelte. Für das Zellinnere ist dies die Salzmischung des aus den Wassern des Urgesteins gespeisten Urmeeres mit seinem Reichtum an Ca, Mg und K, mit seiner Armut an Na und Cl. Die Zusammensetzung der ‚physiologischen Salzlösung' der Körperflüssigkeiten ist das Vermächtnis der in den Ozeanen der Cambriumzeit lebenden Organismen. Damals war das Meerwasser verdünnter und ärmer an Mg als heute. Erst die Entwicklung von Tieren, die eine dem Meerwasser der Cambriumzeit entsprechende Leibesflüssigkeit in ihre Körperhöhlen eingeschlossen hatten, ermöglichte den Übergang zum Landleben. Bei der Höherentwicklung der Tierwelt ist dieses anorganische Salzmilieu beibehalten, die organische Zusammensetzung aber umgebildet und dem jeweiligen Bedarf angepaßt worden" (H. STRAUB, S. 1).

Die grundlegende Bedeutung des Wassers für das Leben überhaupt stellt sein Zerfall durch Bestrahlung in höheren Teilen der Atmosphäre in Sauerstoff und Wasserstoff dar, wodurch eine Schichtung der Luft nach dem spezifischen Gewicht mit einer Grenze in ungefähr 80 km Höhe erfolgt; der untere Abschnitt enthält neben Stickstoff rasch mit der Höhe abnehmend Sauerstoff, während darüber eine fast reine Wasserstoffatmosphäre liegt (WEGENER).

II. Wasserbestand des Körpers.

Der Gehalt des Körpers an Wasser beträgt nach BISCHOFF 59%, nach VOLKMANN 66%. Der kindliche Körper ist wasserreicher, der der älteren Personen wasserärmer. Der menschliche Embryo im dritten Fötalmonat besteht nach

CAMERER und SÖLDNER und nach STEINITZ zu 94% aus Wasser, das Neugeborene
zu 66—68%, während der Wassergehalt des Erwachsenen 58—65% beträgt.
HELLER berichtet, daß neugeborene Tiere zugeführtes Wasser sehr viel mangelhafter ausscheiden als erwachsene Tiere derselben Spezies, so daß es zu „physio-
logischem Ödem" komme. Auf der anderen Seite besteht eine Neigung zu Exsiccose; die Nieren des neugeborenen Kindes können den Harn nur wenig konzentrieren, wohl weil sie noch unvollkommen unter dem Einfluß des Hypophysenhinterlappenhormon stehen. Ratten zeigen als Neugeborene ein völliges Unvermögen, hypertonischen Harn zu bereiten. Die Niere des Kindes erreicht erst nach
2 Jahren die Fähigkeiten der Erwachsenenniere (RUBIN, BRUCK und RAPOPORT)
und ihre Reaktion auf hypertonische Lösungen ist mangelhaft (DEAN und
MCCANCE) (s. Nierenteil).

Im einzelnen verteilt sich das Wasser nach BISCHOFF folgendermaßen, nach
Bestimmungen an einem Hingerichteten:

	kg	% des Körpergewichts	% an Wasser	lit	% des Ges.-Wassers
Ges. Körper . . .	70	100	59	41	100
Muskulatur . . .	30	42	76	22	53,7
Fettgewebe . . .	13	18	30	3,8	9,3
Skelett	11	16	22	2,4	5,9

Auch nach VOLKMANN sitzt die Hälfte des Wassers in der Muskulatur. Die
Haut enthält etwa 11% des Körperwassers (H. STRAUB, S. 3). Bei Mageren findet
sich ein größerer Wassergehalt als bei Fetten, wie GRAFE beschreibt; BONZEN-
RAAD fand bei Fetten etwa 10% Wasser im Fettgewebe, bei Mageren 30%, im
ganzen schwanken die Werte zwischen 7 und 46%. SCHIRMER gibt folgende
Zahlen für Wasser an:

	Fette %		Magere Personen %
Haut	63,36		67,71
Fascie	68,04		71,66
Muskel	54,86	(fettdurchw.)	80,88
Fettgewebe	7,88		69,59

Tabelle von VEIL nach Angaben von BISCHOFF, VOLKMANN, ENGELS, ALBU-
NEUBERG (Gesamtwassergehalt des Menschen = 58%), [siehe nebenstehend]:

Die Blutmenge
beträgt nach GRIES-
BACH im Durch-
schnitt seiner Tabelle
1/13,85 und im
Durchschnitt der
Tabelle auf S. 678
für Männer 7,6% =
1/13,2 und für Frauen
6,9% = 1/14,5 des
  Körpergewichtes,
dies macht bei den
Männern 4514 ccm
Blut und zwar

Organe	Wassergehalt %	Körpergewicht %	Anteil am Wassergehalt %
Blut	77,9—83	4,9	4,7—9
Fett	29,9	23	12,3
Haut	31,9—73,9	6,2	6,6—11
Skelett	22 —34	16	9 —12,5
Muskeln	73 —75,7	37	47,7—50,8
Nervensubstanz .	75 —82	2,7	2,7
Darm	73,3—77	—	3,2
Herz	79,2—80,2	—	2,5
Leber	68,3—79,8	—	1,8
Lunge	78 —79	—	2,4
Milz	75,8—86	—	0,4
Nieren	77 —83,7	—	0,6
Rest	—	—	11,0

2309,7 ccm Plasma und 48,8 % Körperchenvolumen, also beträgt das Blut-plasma 3,68 % des Wasserbestandes des Körpers. Diese Zahlen erscheinen zu-verlässiger als die oben in der Tabelle angeführten.

(Der Wasserbestand unter den Bedingungen der übermäßigen Zufuhr oder Einschränkung s. u.)

III. Bilanz des Wasserhaushaltes, normal.

1. Normales Schema.

Für eine Wasserbilanz diene als Beispiel die Aufstellung von A. LOEWY:

```
Einfuhr: Nahrung 2436 g (= 2615 Cal.); davon Wasser 2071      2071 g
         Oxydationswasser:  89,7 g Eiweiß  . . .   37,05
                           139,1 g Fett . . . .   148,98
                           203,4 g Kohlehydr. .  112,89
                            16,1 g Alkohol  . .   18,90
                                                 ───────
                                                 317,82          317,82
                                                            ─────────────
                                                            Einfuhr = 2389

Ausgabe: 850 ccm Harn  mit  816 g  Wasser
          81 g Kot     mit   64 g    ,,
         ──────             ──────
         931 g              870 g                               870 g
         Insens. Wasserverlust:
             Anfangsgewicht  . . . .  60 670 g
             dazu Nahrung . . . . .    2 436 g
             ab Harn und Kot (g) .       931 g
                                      ─────────
                                       62 177 g
             Endgewicht . . . . . .   60 290 g
             Insens. Wasserverlust  .  1 887 g                 1887 g
                                                           ──────────────
                                                           Ausgabe = 2757 g
```

Die Differenz von Einnahmen und Ausgaben (2757 — 2389) von 368 g ent-spricht innerhalb der Fehlergrenzen dem Gewichtsverlust an Körpergewicht (60 670 — 60 290) von 380 g.

In dieser Untersuchung ist nur eine geringe Harnmenge beobachtet worden. Durchschnittlich kann man die Zahlen von REIN zugrunde legen; es sollte nur eine solche Berechnung eines wirklichen Versuches aufgeführt werden.

Wassereinnahmen am Tage	Wasserausgaben am Tage
Getränke . . . . . 1300 ccm	Harn . . . . 1500 ccm
Speise . . . . . . 1000 ,,	Haut . . . . 450 ,,
Oxydationswasser . 350 ,,	Lunge . . . . . . 550 ,,
	Kot . . . . 150 ,,
2650 ccm	2650 ccm

2. Normale Einnahmen.

Die Einnahmen an Wasser setzen sich aus dem Wassergehalt der Nahrung und dem bei der Oxydation der Nahrungsstoffe sich bildende Wasser zusammen. Wir nehmen für gewöhnlich etwa 2000 ccm Wasser mit der Nahrung auf, durch die Verbrennung entstehen etwa 300 ccm. Im einzelnen bilden die Nahrungs-stoffe folgende Mengen Wasser:

```
100 g Eiweiß   mit   4,59 g H  bilden   41,3 g H₂O  (100 Cal Eiweiß  =  9,3 g H₂O)
100 g Fett      ,,  11,9  g H    ,,    107,1 g H₂O  (100  ,,  Fett    = 11,3 g H₂O)
100 g Stärke    ,,   6,79 g H    ,,     55,5 g H₂O  (100  ,,  Stärke  = 13,3 g H₂O)
100 g Alkohol   ,,  13,04 g H    ,,    117,4 g H₂O  (100  ,,  Alkohol = 16,8 g H₂O)
```

Nach ATWATER und BENEDIKT beträgt die freie Wasseraufnahme in der Ruhe 880—2440, an Arbeitstagen 2225—3350 ccm. Bei vollständiger Entziehung des

Trinkens, wobei die Harnmenge nach DENNIG auf 500—300, ja nach BARTELS auf 200 ccm sinken kann, steht dem Körper noch 700—800 ccm Wasser zur Verfügung, und zwar 500 ccm aus den festen Nahrungsstoffen und 200—300 Oxydationswasser. Der Bedarf beträgt nach CAMERER je Kilo beim Erwachsenen 35 g Wasser am Tage (s. u.).

(Bei den Gewichtsbestimmungen macht A. LOEWY darauf aufmerksam, daß durch den Tausch von O_2 gegen CO_2 in der Lunge ein Gewichtsverlust von 83 g am Tage statthat, weil Kohlensäure (1 lit = 1,966 g) schwerer als Sauerstoff (1 lit = 1,430 g) ist, auch wenn etwas weniger CO_2 ausgeschieden wird als an O_2 aufgenommen wird. Die Aufnahme von Sauerstoff beträgt am Tage 548,6 lit, die Abgabe von Kohlensäure 441,3 lit).

3. Normale Ausgaben: Harn, Kot, Lunge, Schweiß.

Die Ausgaben an Wasser verteilen sich auf Harn, Kot, Schweiß und Lungenluft. Die normale *Harnmenge* beziffert sich auf 1500 ccm am Tage, der Wasserverlust durch den *Kot* beträgt 100—200 ccm. Nach A. LOEWY werden durch die *Lungen* 350 g am Tage abgegeben; die eingeatmete Luft nimmt in den Lungen eine Temperatur von 34° an und sättigt sich bei dieser Temperatur mit Wasserdampf, enthält also 35 mg Wasserdampf im Liter. Aber auch die Einatmungsluft bringt Wasserdampf mit, in einem Beispiel von LOEWY, wo sie eine Mitteltemperatur von 22° aufweist und eine Wasserdampfsättigung von 63%, enthält sie 63% von 19,32 mg, also 12,17 mg im Liter; dazu liefern die Lungen 35—12,17 mg, also 22,83 mg im Liter und am Tage bei einer Lungenventilation von 11 508 lit 267 g Wasser. Die Menge *Schweiß* wird von H. STRAUB zu 600 g am Tage angegeben; in den Tropen zu 3—4 lit, im Wüstenklima bis zu 10 lit. Auf 1 qm Oberfläche berechnet, ergibt die gewöhnliche Schweißabsonderung 200 g am Tage. In einer Arbeitsschicht sondert der Bergmann etwa 8 lit Schweiß ab. Die Schweißabsonderung steht ausschließlich im Dienste der Wärmeregulation; reichliches Trinken bei Vermeidung von Wärmereiz führt nach SCHWENKENBECHER (*1*) nicht zu Schwitzen. Der Schweiß gefriert nach SIEBECK im Mittel bei —0,32° und hat einen NaCl-Gehalt von 0,33%. Bei Nephritis liegt der Gefrierpunkt bei —0,60° und der NaCl-Gehalt bei 0,41%, bei Rheumatismus nach LOOFS und SCHWENKENBECHER bei 0,93%. Mit der Dauer des Schwitzens nimmt die Kochsalzausscheidung zu. Auch KITTSTEINER sah nach starkem Schwitzen den Kochsalzgehalt auf 0,7% steigen. Der Wasserverlust durch Haut und Lungen zusammen ist mehrfach bestimmt worden. Nach den Angaben von PETTENKOFER und VOIT beträgt die Wasserabgabe durch Haut und Lungen in der Ruhe 680 bis 1200 g am Tage, im Mittel 931 g und ATWATER und BENEDIKT fanden als Mittel aus 49 Versuchen an 4 Personen den Wert von 935 g in der Ruhe; bei mittelschwerer Arbeit $1^1/_2$—$2^1/_2$ lit, bei starker Arbeit 3 lit und bei extremer Arbeit (= 9314 Calorien) fast $7^1/_2$ lit. An Studenten stellte SCHUMBURG beim Marsch von 27 km in 5 Stunden und 2 Ruhestunden einen Verlust durch Haut und Lungen von 1900—3200 ccm fest. Und NEHRING fand pro Stunde beim Marsch mit 20—30 kg Gepäck 300—400 ccm.

IV. Bilanz bei gesteigerter Zufuhr von Wasser.

1. Verteilung auf die Gewebe.

Wird die Zufuhr von Wasser gesteigert, so scheidet die Niere den Überschuß wieder aus. Dies geschieht nur bei Eingabe von Wasser in den Magen. Intravenös gegeben, ist Wasser kein Diuretikum; E. FREY (*2*) stellte Untersuchungen über die Diurese nach intravenöser Injektion von Wasser mit verschiedener Geschwindigkeit an und benutzte dabei die V.jug. oder eine Darmvene: nur ganz langsame Infusion führte zu Harnabsonderung, etwas besser von der Darmvene aus, immer aber ist die diuretische Wirkung außerordentlich gering. Dasselbe hat auch Cow und GINSBERG gefunden. — Zufuhr von Salzlösungen auf intravenösem Wege wirken verschieden stark diuretisch, konzentrierte mehr als verdünnte.

Hier interessiert uns die Verteilung der Flüssigkeit auf die verschiedenen Körpergewebe; darüber liegen Untersuchungen von ENGELS vor. Er infundierte Hunden von 4,8—8,5 kg innerhalb einer Stunde 1200 ccm einer 0,6—0,9%igen NaCl-Lösung in die Jugularis und tötete die Tiere 3 Stunden später durch Verbluten, eine Untersuchungsart, die sich wohl störend auf die Wasserverteilung auswirkte, aber unvermeidlich war.

Es kommen also für die Wasseraufnahme fast nur Muskulatur und Haut in Frage; auffallend gering ist die Verdünnung des Blutes, die Wasseraufnahme beträgt nur 2,4% des Blutgewichtes, während die Muskeln 17,1%

	normal %	nach Infusion %	Diff.
Blut . . .	77,98	79,90	+1,92
Haut . . .	63,86	67,73	+3,87
Darm . . .	77,89	78,51	+0,62
Leber . . .	70,79	73,18	+2,39
Niere . . .	77,82	81,05	+3,23
Uterus . .	78,86	80,83	+1,92
Muskel . .	73,53	77,39	+3,86
Lunge . . .	78,98	80,71	+1,73
Skelett . .	34,45	33,66	—0,79
Gehirn . .	76,25	78,25	+2,00

Also:	% d. Körpergewichts	% d. Körperwassers normal	Wasseraufnahme in % d. zugeführten Wassers
Muskel . . .	42,82	47,74	67,89
Haut	16,11	11,58	17,75
Rest	41,05	40,68	14,36

ihres Gewichtes und die Haut 11,9% ihres Gewichtes aufgenommen haben.

Der extrazelluläre Raum beträgt nach EICHLER und APPEL beim Hund 22 bis 41, im Durchschnitt 30,03% des Körpergewichtes. ODIER gibt für den Menschen 22,2 — 30,0% an, im Mittel 26,4%. Nach SMITH (S. 296) lauten die Zahlen für den Hund: Plasmavolumen 5,54; extrazellulärer Raum 19,6; intrazellulärer Raum 43,6 bei 63,0% Totalwasser. Und für den Menschen: Plasmavolumen 4,31; extrazellulärer Raum 16,6; intrazellulärer Raum 37,0 bei 53% Totalwasser. (Nach Zahlen von HOPPER, TABOR und WINKLER; und von GIBSON und EVANS und VON BERGER, DURING, BRODIE und STEELE.)

2. Einfluß des Salzes, Trinkversuche.

Eng verknüpft mit dem Bewältigen zugeführten Wassers ist der Mineralhaushalt. Kochsalzarme Kost führt beim Erwachsenen zu einem Gewichtsverlust von $1^1/_2$—$2^1/_2$ kg, wobei 15—25 g NaCl dem Körper verloren gehen (MAGNUS-LEVY (1)). „Die gleiche Menge Kochsalz, die zusammen mit viel Wasser eher hydropigen wirkt, wird bei spärlicher Flüssigkeitszufuhr zu einem mächtigen Diureticum" (NONNENBRUCH (5)).

Von Trinkversuchen gebe ich eine Tabelle von VEIL-REGNIER (2) und eine von STRAUSS auf der nebenstehenden Seite wieder.

In den beiden Versuchen fällt der starke Kochsalzverlust auf, den die Versuchspersonen angeblich erlitten haben: er beträgt im Versuch VEIL-REGNIER 30 g in 8 Tagen, im ersten Trinkversuch von STRAUSS in 11 Tagen sogar 67 g und dies bei einem Kochsalzbestand von etwa 150 g (n. H. STRAUB, S. 15). Es muß die Methode der Chlorbestimmung diese Fehler geliefert haben; vermutlich ist die Volhardsche Methode in ihrer ursprünglichen Form angewandt worden.

| Periode | Einfuhr | | | Ausfuhr | | | Dauer in Tagen |
	ccm	g NaCl	g N	ccm	g NaCl	g N	
		Trinkversuch von VEIL-REGNIER: 83,6 kg.					
Vorper. . . .	1550	16	15	1036	15,4	13,8	3
Trinkper. . .	6750	16	15	4900	19,79	16,84	8
		Trinkversuch von STRAUSS: 84,3 kg.					
Vorper. . . .	2584	15,7	—	2188	17,18	15,78	15
Trinkper. . .	6334	15,7	—	5305	21,8	16,5	11
Nachper. . .	2584	15,7	—	2148	15,2	15,26	4
Trinkper. . .	6750	15,7	—	5383	23,0	13,9	7
Nachper. . .	2584	15,7	—	2073	21,4	14,5	3

TREADWELL schreibt auf S. 614: „Bei großen Chlormengen liefert die Volhardsche Methode brauchbare, bei kleinen dagegen zu hohe Werte", weil Rhodansilber weniger löslich ist als Chlorsilber; man muß also den Chlorsilberniederschlag vor dem Titrieren abfiltrieren. Aber auch bei der regelmäßigen Zufuhr großer Mengen von Bier oder Wein ist eine Entsalzung niemals beobachtet worden.

WOLF gibt den Wasserbedarf für Säugetiere vom Elefanten bis zur Maus pro Stunde 0,010 $B^{0,88}$ cm an, wobei B das Körpergewicht in g bedeutet. Das wäre für den Menschen (65 kg) am Tage 4,12 lit. (Merkwürdig, daß sich die Unterschiede des Stoffwechsels, der Oberfläche und der Umwelt der verschiedenen Tiere derartig kompensieren).

3. Wasservergiftung.

Bei sehr reichlicher Zufuhr von Wasser kommt es zu einer Wasservergiftung. So beobachtet LARSON, WEIR und ROWNTREE an Hunden nach Eingabe von mehr als 300 ccm pro kg Tremor, Salivation und Koma, auch Krämpfe. Das die Wasserdiurese hemmende Pituitrin verstärkt die Erscheinungen; sie werden nach MOLITOR und PICK durch Harnstoffzufuhr oder Salz- oder Traubenzuckereingabe aufgehoben. „Die Erscheinungen sind Unruhe, Schwäche, Schwindel, Kopfschmerz, Erbrechen, Durchfall, Speichelfluß, vermehrte Hautwasserabgabe, Tremor, Ataxie, tonisch-klonische Muskelkrämpfe von epileptiformem Charakter, Stupor, Koma und Tod. Heißhunger erklärt sich zum Teil durch den Kalorienbedarf für Erwärmung des getrunkenen Wassers (600 Calorien und mehr) und für das als Kälteschauer auftretende Muskelzittern" (H. STRAUB, S. 26).

4. Blutverdünnung nach Wassertrinken.

Nach Wassertrinken tritt eine Blutverdünnung ein, wenn auch nur vorübergehend. Ich führe die Beobachtung von SIEBECK an (S. 181), wo nach Trinken von 1000 ccm Tee der Hb-Gehalt von 16,20% auf 13,85 nach $^1/_4$ Stunde sank und sich lange Zeit etwa auf 14,4% hielt, bis nach $3^3/_4$ Stunden wieder der Anfangswert von 16,3% erreicht war. Aber es traten kleine Schwankungen bei dem Wiederanstieg auf, die sich auf die wechselnde Harnabsonderung zurückführen lassen, aber wohl nicht ganz. Denn in einem Versuch, den SIEBECK (auf derselben Seite) mitteilt, wies das Blut nach 1½ Stunde nach 1000 ccm Tee eine Blutkörperchenzahl von 4,75 Millionen gegen 5,2 Millionen vorher auf, die Versuchsperson hatte inzwischen 1400 ccm Harn ausgeschieden. Es bestand also noch eine deutliche Blutverdünnung, obwohl mehr Flüssigkeit entleert als getrunken worden war. SIEBECK fand auch nach Aufnahme ganz kleiner Flüssigkeitsmengen von 100—200 ccm eine erhebliche Blutverdünnung. Auch PRISTLEY stellte nach Trinken von 2 lit Wasser ohne wesentliche Veränderung des Hb-Gehaltes eine Verminderung der Chloride des Blutes, seiner Leitfähigkeit und des Trockenrückstandes fest. Merkwürdigerweise beobachtete VEIL manchmal in Trinkversuchen eine Zunahme der Refraktometerwerte oder sogar der Gefrierpunktserniedrigung. Man muß bei allen solchen Versuchen bedenken, daß es sich dabei um ein dynamisches Gleichgewicht handelt; die Blutwerte sind die Resultante aus der Wasseraufnahme vom Darm aus und des Elektrolyteinstromes aus dem Gewebe, andererseits aber auch vom Wassereintritt in die Gewebe und des Verlustes durch die Nieren. Ferner kann es zu reaktiven Blutverschiebungen kommen, z. B. im Verlaufe von thermischen Einflüssen (ob heißer Tee oder kaltes Wasser getrunken wurde), vielleicht zur Entleerung der Blutdepots. Wenn man dabei verschiedene Maßstäbe anwendet, Hb-Gehalt, Kochsalzgehalt, Eiweißkonzentration, Gefrierpunktserniedrigung oder Trockenrückstand, so können sich Unterschiede ergeben. Eine Blutverdünnung kurz nach der Wasseraufnahme scheint mir aber erwiesen zu sein.

Neuere Versuche liegen von MARX vor. Er beschreibt eine initiale Verdünnung im Laufe von 20—40 min, eine Verdünnung von 20—30% des Nüchternwertes; so sank z. B. nach 1 lit Wasser der Hb-Gehalt von 16 auf 14%; dann stieg das Hämoglobin wieder an und es trat nach 4—15 Stunden eine langdauernde sekundäre Verdünnung ein. Die initiale Verdünnung um 15% entspricht einem Einstrom von 825 g Flüssigkeit, die sekundäre um 5% einem Einstrom von 275 g (Gesamtblutmenge 7% des Körpergewichtes von 69 kg). Merkwürdig ist, daß häufig die initiale Verdünnung auch nach geringer Wasserzufuhr sehr stark auftrat, sogar schon nach 50 ccm, was der oben angeführten Beobachtung von SIEBECK entspricht.

V. Bilanz bei Wassermangel.

1. Verminderte Wasserzufuhr.

Das Bedürfnis zur Wasseraufnahme kann stark wechseln. So veranlaßt Kochsalzarmut der Nahrung eine Herabsetzung des Trinkbedürfnisses und des Wassergehaltes des Körpers sowie der Harnmenge; nach VEIL (7) sinkt die Harnausscheidung von 1600—1800 durch Verringerung des Kochsalzgehaltes der Nahrung (von 18 g auf 2,5 g am Tage) auf 400—750 ccm. Bei vollkommener Entziehung des Trinkens steht dem Körper nur etwa 700—800 ccm Wasser zur Verfügung, und zwar 500 ccm in den festen Nahrungsstoffen und 300 ccm Oxydationswasser; dabei sinkt die Harnmenge auf 500—300 ccm (DENNIG). Nach diesem Autor geht auch der insensible Wasserverlust von 1000 ccm auf wenige 100 ccm zurück und steigt auch erst nach zwei Tagen wieder an, wenn Flüssigkeit zugeführt wird.— Wie bei Überschwemmen des Körpers mit Wasser die Muskeln hauptsächlich das Wasser aufnehmen, so scheinen sie auch bei Wassermangel am meisten an Flüssigkeit einzubüßen. W. STRAUB fand bei trocken gefütterten Hunden einen Gesamtgewebsverlust von 8,7% und einen Wasserverlust der Muskeln von 20% und NOTHWANG beschreibt das Aussehen der Muskulatur bei Tauben, die mit trockenen Erbsen gefüttert wurden, als auffallend braunrot, mattglänzend und trocken, aber gut erhalten. Die Tiere starben schon nach $2\frac{1}{2}$ Tagen, während hungernde Tiere 10 Tage am Leben blieben. Dabei betrug der Gewichtsverlust der Tauben 22% und die Muskeln enthielten 29,37% feste Substanz, die normal 23,04% ausmacht.

Natürlich ändert sich in diesen Fällen auch der Wasserbestand des Körpers. Bei ausgiebigem Trinken reguliert die Niere sehr schnell den Wasserhaushalt; und zwar geschieht dies ohne jedes subjektive Gefühl. Ist dagegen der Wasserbestand durch Einschränken des Trinkens oder auf andere Weise, wie durch Wasserverlust, erniedrigt, so tritt das Durstgefühl auf. Man kann dies als die Ausbildung eines reflektorischen Vorganges betrachten, weil die Niere die Überschwemmung des Organismus mit Wasser ohne weiteres durch eine „Wasserdiurese" ausgleichen kann, während sie auf einen Salzüberschuß mit einer Glomerulusdiurese reagiert, die weiterhin zu Wasserverlust führt, so daß nur durch Zufuhr von Wasser die Verschiebung des Verhältnisses von Lösungsmittel zu gelöstem Stoff ausgeglichen werden kann. Denn man sieht, daß nach intravenöser Beibringung einer konzentrierten Salzlösung die Harnmenge sofort stark ansteigt und der Harn verdünnter wird, als er vorher war; dies ist also eine Reaktion, die vom Standpunkt des Wasserhaushaltes außerordentlich unzweckmäßig ist. Der Salzüberschuß und der relative Wassermangel wäre durch Beibehalten der normalen Nierentätigkeit bei geringer Menge und hoher Konzentration besser ausgeglichen worden als durch eine Diurese mit wenig konzentriertem Harn. Und weil die Niere nicht imstande ist, einen Ausgleich zu schaffen, so tritt außerhalb der Nierentätigkeit das Durstgefühl ein und zwingt zu Wasseraufnahme. Der Durst wird zum größten Teil durch eine Wasserverarmung der Schleimhaut des Mundes und Schlundes hervorgerufen und läßt sich durch Befeuchten stillen. Aber es scheint noch eine andere Komponente daran beteiligt zu sein. So sah LESCHKE nach Anästhesieren der Mund- und Rachenschleimhaut auf intravenöse Infusionen konzentrierter Kochsalzlösungen Durst auftreten (10—20 ccm einer 25%igen Lösung). 1 mg Atropin führt zwar zu unangenehmer Trockenheit im Halse, aber nicht eigentlich zu Durstempfindung. Ebenso tritt durch Bepinseln oder Herunterschlucken einer konzentrierten Lösung ein außerordentlich unangenehmer Salzgeschmack auf, aber kein Durst. Auch die Kontraktionen des Ösophagus in Höhe der Bifurcation, die nach L. R. MÜLLER besonders lebhaft bei Durstgefühl auftreten, scheinen keine entscheidende Rolle zu spielen. OEHME (2) vermißte sie. So glaubt E. MEYER, daß die Auslösung des Durstes durch osmotisch wirksame Stoffe im Blute zustande kommt. Auch bei Blutverlusten ist der Kochsalzgehalt des Blutes durch Zustrom kochsalzhaltiger Flüssigkeit aus den Geweben vermehrt (v. HOESSLIN (2), HEINECKE). Und wenn bei der Entwicklung von Ödemen Durst auftritt, so kann auch in diesem Falle das Blut konzentrierter geworden sein (VOLHARD, VEIL (3), NONNENBRUCH (1), STRANSKI).

Osmoreceptoren hat VERNEY beschrieben, welche im Verzweigungsgebiet der Carotis interna liegen. Injizierte er osmotisch wirksame hypertonische Lösungen in die Carotis, so trat eine Hemmung der Harnabsonderung ein. Besonders wirksam war Kochsalz, weniger Zucker und gar nicht Harnstoff. Es genügte (bei Annahme einer Durchströmung der Carotis von 2,5 ccm Blut in der Sekunde) eine Erhöhung des Kochsalzes um 8 mg% im Carotisplasma, um diese Hemmung auszulösen. Diese Wirkung entspricht einer Absonderung von 0,000 001 E Hypophysenhinterlappenpulvers, welches bekanntlich die Wasserausscheidung hemmt.

2. Wasserverlust durch Schweiß, Darm, Niere.

Wasserverluste größeren Stiles kommen außer der Schweißbildung noch durch Darm und Niere zustande. Bei Cholera oder auch nach Eingabe von Bittersalzlösungen kommen bei Hunden nach TOBLER (1) Gewichtsstürze von 25—30% vor; Haut und Muskulatur sind an dem Wasserverlust wieder wie bei der Wasserspeicherung am meisten beteiligt, sie büßen dabei 50% ihres Wasserbestandes ein. Das spezifische Gewicht des Blutes steigt nach einer tüchtigen Bittersalzgabe von 1030 auf 1054 (GRAWITZ) und die Erythrocytenzahl kann um 20—40%

zunehmen (HAY). Bei der Cholera kann nach C. SCHMIDT das spezifische Gewicht des Blutes, das normalerweise beim Manne 1,0599 und bei der Frau 1,0503 beträgt, im Höhestadium der Cholera bis auf 1,0728 und die Dichte des Serums, die gewöhnlich beim Manne 1,0292 und bei der Frau 1,0262 ausmacht, bis auf 1,0415 steigen.

Die Symptome der Wasserverarmung zeigen sich in Hinfälligkeit, in Wadenkrämpfen und in dem Bestehenbleiben aufgehobener Hautfalten. „Lippen und Schleimhäute sind trocken, die Stimme rauh und tonlos, die Augen eingesunken, der Durst quälend. Venenblut entleert sich aus der Nadel dunkel und zähflüssig wie Pech. Das Schlucken ist erschwert, die Speichelabsonderung stockt. Die Augen röten sich und brennen. Der Puls ist klein und beschleunigt. Bald treten psychische Störungen auf, Müdigkeit, Hitzegefühl im Gesicht, Benommenheit, Apathie. Man beobachtet Erregungs- und Wutzustände, Halluzinationen, Wahnvorstellungen, Muskelzuckungen, die Körpertemperatur steigt, unter schrecklichen Qualen tritt Bewustlosigkeit und Tod ein. Das Blut wird meist, aber nicht ausnahmslos, stark eingedickt gefunden, der Eiweißgehalt kann auf 9 bis 10% erhöht sein. Vermehrter Eiweißzerfall führt zu negativer Stickstoffbilanz und Anstieg des Reststickstoffes im Blute. Vermindert sich das Gewebswasser um 10%, treten schon schwere Störungen auf. Verminderung um 20—22% hat den Tod zur Folge. Besonders stark ist der Wasserverlust der Muskulatur. Leichenstarre tritt frühzeitig und stark auf, die Leichen erkalten auffallend langsam". (H. STRAUB, S. 26/27). RICHET erwähnt in neueren Beobachtungen die gleichen Symptome und macht auf die Ähnlichkeit des Krankheitsbildes mit dem Hitzschlag aufmerksam; die Sektion ergibt Hirnödem, auch Suffusionen im Ösophagus.

VI. Bilanz in Abhängigkeit von der Nahrung.

1. Salz.

Die Abhängigkeit des Wasserbestandes von der Zufuhr von Salz ist schon mehrfach erwähnt worden. Reines Wasser wird schnell ausgeschieden, nicht dagegen, wenn gleichzeitig Kochsalz in größerer Menge gegeben wird. Darüber liegen Versuche von SIEBECK vor: Von den 5 lit reinen Wassers wurden am Versuchstage 6025 ccm ausgeschieden, bei gleichzeitiger Kochsalzgabe von 51 g aber nur 3570 ccm. Das Gleiche fanden SCHITTENHELM und SCHLECHT: Nach Einnahme von 1500 ccm Wasser mit 20 g Kochsalz wurden in 4 Stunden nur 700—900 ccm Harn ausgeschieden. Wird in der Nahrung das Kochsalz stark eingeschränkt, so sinkt der Wasserbestand des Körpers ab; so sah VEIL (1) die tägliche Harnmenge von 1600—1800 ccm auf 400—750 ccm herabgehen. Diese Abnahme des Wasserbestandes bezeichnet TOBLER als „Reduktionsverlust", gleichzeitige Abgabe von Wasser und Salz, während er unter „Konzentrationswasserverlust" den Wasserverlust ohne entsprechende Salzausgabe versteht und unter „Destruktionsverluste" die Abgabe eingeschmolzenen Gewebes, gleichzeitige Wasser- und Aschenverluste. Die Aufspeicherung von Wasser und Salz bei salzreicher Nahrung nennt VEIL (2) Kochsalzplethora, während NONNENBRUCH (4) den zunehmenden Eiweißgehalt des Blutes, der bei Kochsalzzulagen auftritt, für die Rentention des Wassers verantwortlich macht, und daher von Hyperproteinämie spricht. Wie oben gesagt, genügt nach VERNEY schon eine geringe Erhöhung des Kochsalzgehaltes des Plasma, um die Absonderung von Hypophysenhinterlappenhormon, welches die Wasserabsonderung durch die Niere einschränkt, hervorzurufen.

Bei Überschwemmen des Körpers mit Salz kommt es zu den bekannten Salzkrämpfen und zu Fieber. Auch Zuckerlösungen führen zu Krämpfen; BÜRGER und BAUER beschreiben Roll-, Lauf- und Ruderkrämpfe an der Maus, vorher geht Sträuben der Haare und Putzbewegungen. Sie treten 11—15 min nach intravenösen Gaben auf, bei intraperitonealer Injektion wesentlich später; dabei kann der Ascites 10% des Körpergewichtes betragen.

Durch Eiweißüberernährung an Hungerkranken sowie an Kreislaufgeschädigten sahen HESSE und JAHNKE außer mitunter auftretenden Ödemen keine Störungen; die Nahrung enthielt 60 g N und 3500—4000 Calorien und wurde 5—23 Tage gereicht; das Körpergewicht nahm durchschnittlich 4,1 kg zu. Ausgeschieden wurden täglich im Harn 26—27 g N, im Stuhl 11,14 g N, also wurden 20 g N retiniert.

Bei einseitiger Kohlehydratnahrung beim Kind fanden TOBLER und BESSAU den Wassergehalt der Gewebe stark erhöht:

100 g fettfreie Substanz	Skelett	Muskeln	Haut	innere Organe
normal	64,0	80,4	81,37	86,34
Wasserretention . .	70,45	87,87	92,52	89,52

Die Bedeutung der Mangelernährung für die Entwicklung der Hungerödeme ist vielfach erörtert worden und soll unten unter Ödem besprochen werden.

2. Die Frage nach der Bedeutung des Na-Ions.

Man hat häufig die wasserretinierende Wirkung des Kochsalzes auf das Na-Ion zurückgeführt, weil andere Salze, wie die Kaliumsalze nicht zu Wasserretention führen. Aber die Kaliumsalze werden durch die Nieren schneller eliminiert, besitzen eine diuretische Wirkung. Die Ansicht von der hydropigenen Wirkung des Na-Ions stammt von v. WYSS. Er verfolgte den Wasser- und Salzgehalt bei Gaben von Natriumbicarbonat und fand nach Eingabe von 30—40 g bei gesunden Versuchspersonen einen Gewichtsanstieg von 300—500 g und bei Personen mit kranken Herzen oder Nieren eine Ausbildung von Ödemen. Nun war es schon früher aufgefallen, daß Diabetiker, denen zur Bekämpfung der Acidose größere Mengen von Natriumbicarbonat gegeben wurden, manchmal Ödeme bekamen (BLUM, WIDAL und LEMIERRE). V. WYSS stellte nun fest, daß Salzsäure im Gegenteil dazu diuretisch wirkte und schloß daraus, daß die wasserretinierende Wirkung dem Na-Ion zukäme und nicht dem Chlorion. Dieser Schluß läßt sich nicht aufrecht erhalten. Denn jede Säuerung des Körpers führt zu einer Entquellung der Gewebe, jede Alkalisierung zu einer Quellung und damit zu Wasserretention. Daher wirkt auch Natriumbicarbonat retinierend, weil es zur Alkalose führt, und Salzsäure diuretisch, weil sie zu Säuerung führt. Es beweisen also diese Versuche nicht die Bedeutungslosigkeit des Chlorions, sondern sind getrübt durch das Dazukommen der Wirkung der Reaktion; im Sinne einer Acidose bei Salzsäuregaben, im Sinne einer Alkalose bei Gaben von Natriumbicarbonat. Trotzdem scheint die Ansicht von der hydropigenen Wirkung des Na-Ions sehr verbreitet zu sein. Bei einem Vergleich von äquivalenten Mengen von Kochsalz (11,7 g) und Natriumbicarbonat (16,8 g) fand MAGNUS-LEVY bei hydropischen Kranken zwar auch eine hydropigene Wirkung des Natriumbicarbonats, aber diese war erheblich kleiner (280 g) als die nach Kochsalz (620 g). Mit Na wurde immer Cl retiniert, wenn Bicarbonat gegeben wurde. Kaliumchlorid stellte sich in äquivalenter Menge (14,9 g) immer als Diuretikum heraus, wohl weil Kaliumsalze, normal in geringerer Menge im Plasma vorhanden

als die Natriumsalze, stärker blutfremd wirken, wenn sie in äquivalenter Menge
gegeben werden. Es ist also der Vergleich von NaCl-Gaben mit denen von
Natriumcarbonat nicht beweisend, weil durch letzteres eine Alkalose hervorgerufen wird, die Wasser zurückhält, und der Vergleich mit Kaliumsalzen ebensowenig, weil Kaliumsalze bei weitem diuretischer wirken als Natriumsalze.
Daher ist es nicht angängig von einer besonders hydropigenen Wirkung des
Natriums-Ions zu sprechen. So hat sich Kochsalz selbst auch immer als am
stärksten hydropigen erwiesen: BLUM sah, daß Kaliumchlorid in entsprechender
Dosis zu Wasserverlust führt, während Natriumchlorid Retention von Wasser
veranlaßte. MEYER und COHN stellten folgende Reihe, aufsteigend hydropigen
wirkend, auf: NaJ, $NaBr$, Na_2HPO_4, $NaHCO_3$ und stärker als alle $NaCl$. Ob
dem Wassermantel der Ionen eine Bedeutung zukommt, ist fraglich; Cl bindet 3,
K 4, Na 10 Moleküle Wasser (STURM).

3. Reaktion, Acidose, Alkalose.

Was nun den Einfluß der Reaktion betrifft, so führt jede Säuerung zu einer
Entquellung der Eiweißkörper, jede Alkalisierung zu einer Quellung. Die Eiweißstoffe sind amphotere Elektrolyte, können als Säuren und Basen auftreten; bei
neutraler Reaktion sind sie, eben als Aminosäuren, schwache Säuren und werden
durch Säurezugabe ihrem isoelektrischen Punkt, in dem sie undissoziiert und
daher am wenigsten mit einem Wassermantel umgeben sind, näher gebracht;
sie geben dann Wasser frei. Bei Alkalizusatz quellen sie wegen der zunehmenden
Dissoziation auf. OEHME (3), (4), (5), (6) hat sorgfältige Untersuchungen darüber
angestellt, daß Verschiebung der Lage nach der acidotischen Seite durch Zufuhr
von Mineralsäuren oder Ammoniumchlorid zu Wasser- und Salzverlust führt,
die nach der alkalotischen Seite zu Wasserretention, wenn auch nicht immer.
Es finden sich weitere Untersuchungen über den Einfluß der H-Ionen-Konzen-
tration auf den Quellungszustand der Eiweißkörper, die diese Regel bestätigen,
bei ATZLER und LEHMANN. Einen Unterschied im Verhalten des Bindegewebes
und der Zellen, ja einen Unterschied zwischen Bindegewebsgrundsubstanz und
den kollagenen Fasern fanden SCHADE und MENSCHEL, indem bei jedem Sauer-
werden die Grundsubstanz entquillt, die kollagenen Fasern dagegen quellen.
Diese Autoren machen ferner darauf aufmerksam, daß der Druck eine große
Rolle spielt, so daß die Quellung des Bindegewebes unter gewöhnlichen Umständen niemals eine maximale ist. Und zwar sind für die Bindegewebsquellung
in absteigender Reihe folgende Faktoren maßgebend: mechanischer Druck,
H–OH-Ionenkonzentration, Eiweißkonzentration, Salzwirkung, Nichtelektrolyt-
wirkung. SCHADE spricht von einer Dreiteilung des Raumes: Blut, Bindegewebe
und Zellprotoplasma; die Schranke zwischen Blut und Bindegewebe sei eine
dialytische Membran, die Capillarwand; die Zellmembran zwischen Bindegewebs-
raum und Zellinhalt eine osmotische Membran (SCHADE (5)). Dabei antwortet
mit Quellung (+) oder Schrumpfung (—) bei Milieuverschiebung in Richtung

	zum Sauren	zum Alkalischen	zum Hypertonischen	zum Hypotonischen
Bindegewebe . .	—	+	+	—
Zelle	+	—	—	+

Dieses verschiedene Verhalten legt an der verschiedenen Lage des isoelektrischen
Punktes der einzelnen Eiweißkörper; im allgemeinen aber gilt für den Organismus
die Regel, daß Säuerung zu Wasserabgabe, Alkalinisierung zu Wasserretention
führt (s. Abschnitt Nierentätigkeit).

VII. Bilanz in Abhängigkeit von Konstitution; hormonale Einflüsse.

1. Schilddrüse.

Außer der Stoffwechsellage im Sinne einer Acidose oder Alkalose spielen hormonale Einflüsse eine Rolle. In erster Linie ist die Schilddrüse zu erwähnen. EPPINGER hat gezeigt, daß Thyreoidin die Harnausscheidung vermehrt. Ein Hund schied unter normalen Verhältnissen nach Zufuhr von 300 ccm Wasser durch die Schlundsonde in drei Stunden 184 ccm Harn aus, nach Fütterung mit Schilddrüsensubstanz 317 ccm und nach Exstirpation der Schilddrüse nur 91 ccm in entsprechendenden Versuchen. Das gleiche zeigte sich bei Zufuhr von Kochsalzlösung. Dabei nimmt das Nierenvolumen onkometrisch gemessen unter dem Einfluß des Thyreoidins nicht zu, auch wird die Coffeindiurese nicht beeinflußt. Es ist also die Schilddrüsensubstanz ein Gewebsdiuretikum. Dafür sprechen auch die Versuche von HILDEBRANDT und FUJIMAKI; die Harnmenge nahm nach Thyroxin zu und es zeigte sich eine Zunahme der Blutmenge bis zu 40%, es erfolgt also ein reichlicher Einstrom von Wasser aus den Geweben, und zwar auch nach Halsmarkdurchschneidung. Nach GOLLWITZER-MEYER und BRÖKER trat in 2 Versuchen (von 4) eine Blutverdünnung nach 4 oder 3 mg Thyroxin ein: Die Sauerstoffkapazität fiel von 21,30 Vol.-% auf 16,35 Vol.-% und von 19,00 auf 15 Vol.-%. Wenn man einen Frosch von der Aorta aus mit Ringerlösung durchströmt, so entwickelt sich langsam ein Ödem, weil sich diese kolloidfreie Lösung im Blutgefäßsystem nicht halten kann; setzt man der Durchströmungsflüssigkeit Thyreoideasubstanz zu, so wird die Entwicklung des Ödems gehemmt, wie E. FREY (10) dadurch zeigen konnte, daß erst eine halbe Stunde reine Ringerlösung durchgeleitet wurde, dann ebensolange die Lösung mit Thyreoidinzusatz und zum Schluß wieder reine Ringersche Flüssigkeit. Dann sieht man deutlich, daß vor und nach der Thyreoidingabe das Froschgewicht schneller zunimmt, als während der Thyreoidinwirkung. Den Quellungszustand der Gewebe unter der Thyreoidinwirkung direkt zu untersuchen, unternahm KLÜNDER, indem er Sartorien in verschieden konzentrierte Lösungen brachte; er fand bei Thyreoidenzusatz eine entquellende Wirkung bei gewöhnlicher Ringerlösung eine quellunghemmende bei verdünnten Lösungen (s. Tabelle im Nierenteil). Bekannt ist ja das Krankheitsbild des Myxödems bei fehlender Schilddrüse oder ihrer Insuffizienz, wobei eine teigige Schwellung des Gewebes auftritt.

2. Hypophyse.

Von der Hypophyse ist häufig ein Einfluß auf den Wassergehalt der Gewebe angenommen worden, jedoch hat sich herausgestellt, daß ein solcher nicht besteht, sondern daß es sich um eine reine Nierenwirkung handelt. Wenn sich bei Anwendung eines solchen Stoffes, der die Gefäßweite verändert, die Abwanderung injizierter Lösungen anders verhält, so muß man in erster Linie an Kaliberänderungen und Druckänderungen im Gefäßgebiet denken, nicht aber an eine Beeinflussung des Quellungszustandes der Gewebe. Solche Einflüsse finden sich nach OEHME (1) nicht; er sah an Kaninchen und Katzen mit abgebundenen Nieren keinen Einfluß des Hypophysins auf den Austausch zwischen Blut und Gewebe; auch bei Zufuhr von Flüssigkeit per os oder nach intravenösen Infusionen sowie nach Aderlaß war mit oder ohne Pituitrin die Blutverdünnung die gleiche. Ebenso nahmen in hypotonen Lösungen rote Blutkörperchen als Einzelzellen oder Gewebe wie die Froschnieren die gleichen Mengen Wasser auf, auch wenn Pituitrin zugesetzt wurde. Die Zunahme der Sauerstoffkapazität (von

14,3 auf 18,50 und von 10,3 auf 14,6 Vol.-% nach 1 ccm Pituitrin oder die von
auf 17,8 und von 9,2 auf 11,3 Vol.-%), welche GOLLWITZER-MEYER fand, beruht
wohl auf der Blutdrucksteigerung. Und auch in den Versuchen von E. FREY
(*10*), die wie die oben bei Thyreoidin erwähnten am durchströmten Frosch angestellt wurden, hat sich ein Einfluß des Hinterlappenhormons nicht gezeigt,
ebensowenig wie in den Untersuchungen über die Muskelquellung von KLÜNDER.
Es kann dabei der Einfluß des Hypophysenhinterlappenhormons auf die Nierentätigkeit, die Hemmung der Wasserdiurese, natürlich den Wasserhaushalt in
starkem Maße verändern, geradeso wie das Bild der Hinterlappeninsuffizienz bei
Diabetes insipidus zu großem Wasserverlust, zu Durst und zu Austrocknung
führt. VEIL (*2*) meint zwar, daß die wassereinsparende Wirkung des Hypophysins beim Diabetes-insipidus-Kranken nicht zur Erklärung der sofortigen
Durststillung des Patienten ausreicht, sondern auf der Wasseranreicherung der
Gewebe beruhe. Aber der sofortige Umschwung im Krankheitsbild des dursten-
den Kranken nach der Hypophysenhinterlappeninjektion erfolgt ja bei einer
gleichzeitigen Wasserzufuhr und es sinkt der Eiweißgehalt des Blutes von 8 auf
7% (S. 739; Pat. Eyder, früh 7 Uhr 1600 + ca. 700 ccm Wasser und Hypophysin-
eingabe). Es scheint also die Nierenwirkung des Hypophysins zur Erklärung aus-
zureichen.

Wenn man intravenösen Kochsalzeinläufen Hypophysenhinterlappenhormon zusetzt,
so ist nach DE MUYLDER die Blutverdünnung je nach der Dosis verschieden: nach diurese-
hemmenden kleinen Mengen (2 Milli-E) ist sie größer als nach diuretisch wirksamen großen
(2 E), entsprechend der Harnmenge, die das Tier liefert. Es handelt sich also um einen
Effekt der Diurese.

Wenn auch die Hypophyse keinen direkten Einfluß auf die Wasserverteilung
besitzt, so ist sie doch die Zentralstelle zur Regulierung der Wasserabsonderung
durch die Nieren, indem sie einen antidiuretischen Stoff absondert, dessen Menge
vom Wasserbestand des Körpers abhängt, resp. wie VERNEY fand, vom Salzgehalt des Blutes. VERNEY sprach von Osmorezeptoren, die den Hinterlappen
zur Sekretion anregen. Auf einer Beeinflussung der Hypophyse beruhen auch
die Harnveränderungen nach Verletzungen des Zwischenhirns (LESCHKE, JUNG-
MANN und MEYER, VEIL).

3. Nebennierenrinde.

Die Nebennierenrinde hat einen großen Einfluß auf den Wasserhaushalt,
indem sie die Verteilung des Wassers auf Interzellularraum und Intrazellularraum
beeinflußt. (Nur diese Wasserverteilung soll hier angeführt werden; s. auch den
Abschnitt Nierentätigkeit dieses Buches.)

Es erfolgt nach Exstirpation des Organpaares eine Eindickung des Blutes,
Hb-Gehalt steigt nach THADDEA (S. 37) von 90 auf 135%, die Blutkörperchenzahl
von 9 auf 14,2 Millionen; der Wassergehalt fällt von 85,5% auf 79,8%. Stärker
noch ist die Verschiebung des Wassers nach Entfernen der Nebennieren in die
Gewebe unter Verarmung des Interzellularraumes.

Die beifolgende Tabelle, einer Arbeit von GAUDINO und LEVITT entnommen,
zeigt den Einfluß der Rinde. Dabei wurde das Gesamtwasser durch Eingabe von
schwerem Wasser bestimmt, der Interzellularraum (= Inulinraum) durch Einspritzung von Inulin (unter Annahme, daß dies nicht in die Gewebe eindringt).
Die Konzentration der Kationen wurde durch die Verdünnung von radioaktivem
K^{42} und Na^{24} bestimmt (siehe nebenstehende Tabelle).

Der Wassergehalt der einzelnen Organe ist nach Entfernen der Nebennieren
vermehrt: Die Lebern von 4 Katzen hatten einen Wassergehalt von 78,8% gegenüber 74,5% vorher, die Muskulatur (Tibialis) 82,7% und vorher 77,3% (THAD-

DEA, S. 47). Muskelmembranen wurden wasserdurchlässiger (MONAUNI I), aber mit Ringerscher Lösung durchströmte Frösche bekamen geringere Ödeme (MONAUNI II). Die Quellung von Hautstückchen hat nach Adrenektomie, wie THADDEA (S. 52) angibt, eine Abnahme gezeigt, wenn man sie in n/10 HCl 4 Stunden lang einlegte, und die Resorptionszeit war im Quaddelversuch verkürzt,

	Wasser Ges. ccm/kg	Raum ccm/kg		K mÄq/lit		Na mÄq/lit		mÄq/lit im Plasma	
		Inulin	intrazell.	Ges.	intrazell.	Ges.	intrazell.	K	Na
Vorher . . .	645	190	455	962	948	606	170	—	—
DOC[1] . . .	527	267	260	845	834	750	304	—	—
Vorher . . .	560	210	359	—	—	—	—	3,8	—
Extr.[2] . . .	663	221	442	—	—	—	—	4,0	—
Vorher . . .	632	196	436	—	—	—	—	4,6	152
Exst.[3] . . .	637	76	561	—	—	—	—	5,0	153

[1] Nach 11tägiger Zufuhr. — [2] Nach 12tägiger Zufuhr. — [3] Nach 7 Tagen.

beides Erscheinungen. deren Deutung schwierig ist. Die Empfindlichkeit gegenüber Wassergaben ist nach SWINGLE und Mitarb. (bes. *1* u. *4*) erhöht. Es erholen sich wasservergiftete Hunde nach Eintritt der Krämpfe wieder, nicht aber nebennierenlose Tiere, oder diese doch nur, nach Eingabe von Nebennierenextrakt oder Kochsalz. Die gleiche Empfindlichkeit gegenüber Wassergaben berichtet HELLER von Addisonkranken, dabei wird per os zugeführtes Wasser nur unvollkommen ausgeschieden und das Vermögen zur Wasserdiurese fehlt nebennierenlosen Tieren fast völlig. Eine Bestimmung der Eiweißfraktionen des Plasmas ergab nach GÜLZOW und PICKERT an Rekonvaleszenten nach 8 bis 10tägiger Behandlung mit 20 bis 80 mg Percorten täglich einen Abfall der Eiweißprozente und der kolloidosmotische Druck sank, was der oben erwähnten Bluteindickung nach Exstirpation entsprechen würde. — Nebennierenrindenextrakt wirkt nach MARGITAY-BECHT und PETRÁNYI diuretisch; die nach Adrenektomie verminderte Harnausscheidung wurde nach Nebennierenrindenextrakt wieder erhöht. Bei der Zufuhr von 5% des Körpergewichtes an Brunnenwasser wurde von den nebennierenlosen Ratten in 3 Stunden nur 2 bis 12% ausgeschieden, bei Extraktgaben an solche Tiere aber 20 bis 28%. Bei gleichzeitigen Kochsalzgaben schieden die operierten Tiere 18% aus, die mit Extrakt behandelten 35 bis 50%.

Es besitzt also die Nebennierenrinde zweifellos einen Einfluß auf den Wasserhaushalt, auf die Verteilung des Wassers im Körper und auf die Nierentätigkeit selbst.

VIII. Bilanz in Abhängigkeit von Krankheiten.

1. Fieber.

Die Untersuchung des Wasserhaushaltes beim Fieber gestaltet sich außerordentlich schwierig, so daß man ein klares Bild nicht erhalten kann. Es liegt ja auf der Hand, daß bei den verschiedenen Stadien des Fiebers die Beobachtungen nicht einheitlich sein können, daß beim Anstieg des Fiebers die Wasserabgabe durch die Haut eingeschränkt wird, weil sich deutlich am Patienten die Erscheinungen des Frierens zeigen, daß aber umgekehrt beim Absinken der Temperatur durch Schweiße ein starker Wasserverlust eintreten muß. Dazu kommt die Verschiedenheit der willkürlichen Wasseraufnahme durch das Hitzegefühl und den Durst oder die Einschränkung der Nahrung durch die Appetitlosigkeit. Und so läßt sich der Wasserhaushalt im Fieber nicht in kurzen Worten in ein Schema fassen.

Im einzelnen sind die vorliegenden Untersuchungen nicht ganz übereinstimmend. LEYDEN schloß auf eine Wasserretention während des Fiebers, weil nach Entfieberung größere Wasserverluste auftraten. Auch nach Pneumonie sah FINKLER eine Harnflut nach dem Fieberabfall, und nach Scharlach GLAX. Aber zugeführtes Wasser wird nach SAHLI und SCHWENKENBECHER prompt ausgeschieden. Bei Typhus sei in den ersten zwei Wochen die Abgabe von Wasser in Harn und Kot vermindert, die durch die Haut und Lungen erhöht; später kehrt sich das Verhältnis um. Beweisender wären direkte Bestimmungen des Wassergehaltes der Organe, wie sie SCHWENKENBECHER und INAGAKI ausführten, wenn sie eben nicht an Verstorbenen ausgeführt werden mußten; sie fanden den Wassergehalt von Muskel und Leber von 77—79% auf 82% erhöht nach konsumierenden Infektionskrankheiten, aber auch bei Carzinom. Man kann dies also nicht eigentlich als Folgen des Fiebers ansehen. Dagegen hat STAEHELIN eine Wasserbilanz mehrere Tage lang an mit Surra infizierten Hunden aufgestellt und die Gesamteinnahmen (einschließlich des berechneten Oxydationswassers) zu 9030 g, die Ausgaben zu 11225 g berechnet, also eine Wasserverarmung gefunden. Im Gegensatz dazu sah v. HOESSLIN bei fiebernden Hunden trotz negativer N-Bilanz Gewichtszunahmen von mehr als 100 g am Tage.

2. Ödemkrankeit.

Die Verhältnisse bei der Ödemkrankheit durch Herzfehler und Nierenkrankheiten werden bei den Wasserbewegungen im Körper zu besprechen sein.

IX. Wasserbewegung im Körper.

Die verschiedenen Wassermengen in Blut und Organen sind nun in dauerndem Austausch begriffen, und wie das einzelne Wasserteilchen im Blutstrom ständig in Bewegung ist, so wandert es auch durch die Lymphe und die Gewebe. Schon die tägliche Absonderung der Verdauungssäfte, welche an Menge dem Blutvolumen mindestens gleichen und wieder ins Blut zurückwandern, zeigt mit Deutlichkeit, daß die Begriffe Blutmenge, Lymphmenge usw. nur ein dynamisches Gleichgewicht erfassen können, nicht aber starre statische Flüssigkeitsmengen darstellen.

1. Verdauungstrakt.

Die Sekretabsonderung erfolgt auf Nervenreiz hin und wird so den Bedürfnissen des Körpers angepaßt; nur die Leber scheint dauernd Galle abzusondern, aber die Abgabe aus dem Depot der Gallenblase, in der sie in konzentrierter Form gespeichert wird, erfolgt ebenfalls reflektorisch.

a) Konzentration der Sekrete.

Dabei ist die Gesamtkonzentration der Sekrete immer blutisoton mit Ausnahme des Speichels, der verdünnter als das Blut ist und eine Gefrierpunktserniedrigung von 0,20° mit Schwankungen aufweist. Die Galle bleibt in ihrer Gesamtkonzentration gleich, d. h. die Lebergalle hat den gleichen osmotischen Druck wie das Blut und behält ihn auch bei starker Eindickung der spezifischen Bestandteile (bis zum 25fachen) bei, weil mit dem Wasser zugleich Kochsalz zurückresorbiert wird (J. FREY). Der Übertritt von Flüssigkeit aus dem Blute in den Darm gehorcht den Gesetzen der Osmose: füllt man verdünnte Lösungen in den Darm, so wandert Wasser heraus und es tritt Kochsalz aus dem Blute ins Lumen über; gibt man dagegen konzentrierte Lösungen von Glaubersalz oder Zucker, so bleiben sie nahezu kochsalzfrei (E. FREY (3),(4)). Nimmt man dazu, daß auch in der Niere die Ausscheidung der spezifischen Bestandteile nur im Austausch gegen Kochsalz erfolgen kann, so erscheint Kochsalzausscheidung oder Kochsalzaufnahme überall im Sinne eines Ausgleiches des osmotischen Druckes zu geschehen, um eine osmotische Differenz auszugleichen (wie im Darm) oder um ein zu starkes Anwachsen des osmotischen Druckes zu verhindern (wie in Galle und Harn).

b) Speichelmenge.

Da die Absonderung reflektorisch erfolgt, so wechseln die Mengenangaben. Die Speichelmenge beträgt beim Menschen am Tage nach TUCZEK 500—700 ccm, nach JAWEIN 360—600 ccm und nach FLECKSEDER etwa 900 ccm.

c) Menge des Magensaftes.

Die Menge des Magensaftes stellt sich auf 1500 ccm am Tage. C. SCHMIDT gibt dafür 580 ccm in der Stunde und PFAUNDLER 105,5 ccm nach Probefrühstück und 595,5 ccm nach Probemahlzeit an. Am Tage wird nach CARLSON 1500 ccm Magensaft abgesondert.

d) Die Menge der Galle.

Für den Menschen rechnet man nach BRAND 500—1100 ccm; nach COPEMAN und WINSTON 700—800 ccm, wie sie an einer Gallenfistel beim Menschen feststellten; nach STRISWER 500—1000 ccm und nach IGNATOWSKI und MONOSSOHN 500 ccm am Tage.

e) Pankreas.

Für den Pankreassaft werden 510—832 ccm, im Mittel 667 ccm angegeben (LUCKHART, STANGL und KOCH; GLAESSNER).

f) Darmsaft.

100 qcm Darmfläche sollen pro Stunde bei entsprechender Reizung 13—18 g Saft liefern (MASLOFF). HAMBURGER und HEKMA konnten aus einem kurzen Darmstück des Menschen bis 170 ccm in 24 Stunden gewinnen.

Die *Gesamtmenge* von Wasser, die sich täglich in den Magen-Darmkanal ergießt, beträgt also in Durchschnittszahlen für den Speichel 600, für den Magensaft 1500, für die Galle 800, für das Pankreassekret 700 und für den Darmsaft etwa 600 ccm, zusammen also 4200 ccm. Diese Flüssigkeitsmenge, etwa dem Blutvolumen entsprechend, durchläuft also den Weg vom Blut über den Verdauungskanal wieder zurück ins Blut. Von dieser Menge geht nicht etwa der Wassergehalt des Kotes ab, sondern es wird mit der Nahrung viel mehr Wasser aufgenommen, als im Kot erscheint.

Höhere Zahlen werden von GEIGY in der neuesten Zusammenstellung (1951) angegeben:

	ccm/Tag	% Wasser	PH	spez. Gew.	Δ
Speichel . .	1000—1500	99,4	6,2—7,2	1010—1011	—0,2 —0,4°
Magensaft . .	3000—5000		1,2 (Fistel)	1010—1003,6	—0,86—0,298°
			1,7 (1 Std. nach Mahlzeit)		
			(Frei HCl 2—80 ccm n/10 NaOH auf 100 ccm;		
			meist 10—50)		
Darmsaft . .	200 (gesch.)	98	8,3	1010—1011	—0,62°
Duodenum .			4,7—6,5		
Ob. Jejumum			6,2—6,7		
Unt.Jejunum			6,2—7,3		
Ileum . . .			6,1—7,3		
Pankreassaft	1000—1100	98	7,5—8,8	1005—1014	—0,61—0,62°
Galle (Sekretionsdruck: 220—270 mm Galle = 16—20 mm Hg):					
	800—1100				—0,54—0,63°
Lebergalle .		96,5		1010—1012	
Blasengalle .		84,0		1026—1032	

Das gibt zusammen im Durchschnitt 7640 ccm am Tage, also höhere Werte als die obengenannten. Das Gleiche gilt von den Zahlen, die SMITH (S. 296) angibt: Speichel 1500 ccm; Magensaft 2500 ccm; Galle 500 ccm; Pankreassaft 700 ccm; Darmsaft 3000 ccm; zusammen 8200 ccm.

2. Lymphbildung.

a) Menge.

Die Lymphe ist ein Produkt des Austrittes aus dem Blute. Sie fließt reichlicher bei Arbeit oder auch bei Stauung. Die Untersuchungen sind nicht immer übersichtlich, weil man erstens verschiedenes unter Lymphe versteht, sodann bei experimenteller Anordnung falsche Schlüsse zog, wenn z.B. nach Arbeit trotz Erniedrigung des Capillardruckes die Lymphmenge zunahm und man daraus schloß, daß der Capillardruck unwesentlich sei; sein Sinken wird in solchen Fällen überkompensiert durch die Capillarerweiterung mit enormer Vergrößerung der Oberfläche. Am häufigsten ist die Ductus-Lymphe gemessen worden, aber sie ist nicht identisch mit der primären Lymphe. So sagt OEHME (*8*, S. 949): „Das weitere Schicksal der einmal ausgetretenen Flüssigkeit aber, der ‚primären‘ Lymphe, unterliegt nach CARL LUDWIGS ursprünglicher Vorstellung durchaus noch anderen, von den Geweben ausgehenden Einflüssen. In das gesamte Gefälle von dem Inneren der Blutcapillaren bis zur Einmündung der großen Lymphstämme ins Venensystem sind die Gewebe wie ein großes Reservoir eingeschaltet." — Die Muskeln eines Menschen von 50 kg stellen bei 2000 Capillarröhrchen in 1 qmm eine Gesamtfläche von 6300 qm dar (KROGH-EBBECKE).

Die Menge der Lymphe beträgt nach BRAUS 1—2 lit am Tage. Auf bei weitem höhere Zahlen kommt HEIDENHAIN; er sah Werte von 64 ccm pro Tag und kg, dies würde für den Menschen fast 4 lit ergeben. Die gleichen Zahlen stellte LESSER und ZAWILSKY fest. Bei einem Kranken mit Ductus-thoracicus-Fistel wurden nach PATON etwa 1 ccm in der Minute bei einem Körpergewicht' von 60 kg abgesondert; die gleichen Zahlen fanden MUNK und ROSENSTEIN nämlich 50—77—120 ccm in der Stunde, also etwa 1200—2880 ccm am Tage. Beim Hunde sah VINCI in den ersten Stunden bei einer Untersuchung von 20 Hunden 1,018 ccm pro Stunde und kg Körpergewicht (= 1/40,91 des Körpergewichtes) und bei einer zweiten von 10 Hunden, die nur etwa halb so schwer waren, 1,032 ccm/ Stunde/kg (= 1/40,37 des Körpergewichtes); wenn man diese Zahlen auf den Menschen umrechnen darf, so würden sich 3600 ccm in 24 Stunden ergeben.

b) Zusammensetzung.

Besonders viele Beobachtungen beschäftigen sich mit dem Eiweißgehalt der Lymphe. Da die Blutcapillaren im allgemeinen für Eiweiß undurchgängig sind (s. u.), und im ganzen keine Lymphbildung stattfindet, sondern nur bei einer Erweiterung des Capillarsystems bei Arbeit, wo gleichzeitig ein Lymphfluß stattfindet, so findet sich bei arbeitenden Organen immer ein Eiweißgehalt vor, wenn er auch geringer als der des Plasmas ist. Man wird immer berücksichtigen müssen, unter welchen Verhältnissen die Lymphe gewonnen wurde. Am Oberschenkel des Menschen wird der Eiweißgehalt der Lymphe von GUBLER und QUEVENNE zu 4,27—4,28% angegeben, für die des Samenstranges von v. SCHERER zu 3,47%.

Die Menge der Lymphe wird durch die sogenannten Lymphagoga vermehrt. HEIDENHAIN unterscheidet Lymphagoga I. Ordnung: Pepton, Histamin, allgemeine Schockgifte, Krebs-, Muschel-, Blut-Extrakte, Hühnereiweiß u. a. und die Lymphagoga II. Ordnung: die drucksteigernden Substanzen im Capillargebiet

Die Ductuslymphe wird hauptsächlich vom Darm und der Leber geliefert, dabei ist die Darmlymphe eiweißarm, die Leberlymphe sehr eiweißreich.

In Prozenten gibt OEHME an:

	Oberschenkel	(Mensch)		Samenstrang	Hals (Pferd)
Wasser	93,99	93,48	94,38—96,53	95,7	95,54
Feste Stoffe	6,01	6,52	3,66— 5,62	4,24	4,46
Fibrin	0,05	0,06	—	—	—
Albumin	4,27	4,28	3,52— 3,54	3,47	3,52
Fett, Chol., Lez. . .	0,38	0,92	0,06	—	—
Extr. Stoffe	0,57	0,44	—	—	—
Salze	0,73	0,82	0,87	0,72	0,75

Farbstoffe, NaJ, Ferrocyankali treten in wenigen Minuten (3—7) vom Blut aus in die Ductus-thoracicus-Lymphe über (COHNSTEIN). Nach HEIDENHAIN ist die Konzentration in der Lymphe höher als im Blute, wenn man hypertonische Lösungen von NaCl oder NaJ infundiert; im Blute sinkt die Konzentration schnell ab. Aber COHNSTEIN betont, daß man mit der Blutbestimmung nicht länger als 1 min warten darf, da die Konzentration dort zuerst auch sehr hoch sei. Mit Recht; wenn man kurz nach einer intravenösen Injektion die Lymphe untersucht, so hat man gewissermaßen eine Blutprobe zu dieser Zeit vor sich, welche die hohe Konzentration anzeigt. Die Blutkonzentration sinkt ja danach in 10 min auf etwa den 10. Teil ab, indem sich die Injektion zunächst auf das Blutvolumen von 4,5 lit, danach auf das Körperwasser von 40 lit verteilt, da die Capillaren für die Krystalloide durchgängig sind (E. FREY (9)). Das Chlor ist in der Lymphe immer gegenüber dem Plasma etwas erhöht (HEIDENHAIN), was dem Donnan-Gleichgewicht entspricht. Die meisten Bestimmungen der Zusammensetzung der aus dem Blut in die Gewebe übertretenden Flüssigkeit liegen an der Ödemflüssigkeit vor.

c) Die treibenden Kräfte bei der Lymphbildung.

Die Frage nach den treibenden Kräften bei der Lymphbildung ist außerordentlich häufig behandelt worden. Zunächst muß die Flüssigkeit die Capillarwand passieren und diese ist nach SCHADE (5) eine dialytische Membran, d. h. sie läßt Wasser und Krystalloide durchtreten, hält aber Kolloidteilchen von einer gewissen Größe an zurück. Nur erweiterte Capillaren werden für Eiweiß durchlässig, und diese Verhältnisse liegen wohl bei der Lymphbildung meist vor. Als treibende Kräfte an dieser Membran kommt der Blutdruck in der Capillare in Betracht, ferner die Tätigkeit der Organe mit dem Entstehen von Abbauprodukten bis zum Extrem des Gewebszerfalls, welche Wasser osmotisch aus dem Blut anziehen; dem Austritt entgegenwirkend ist der kolloidosmotische Druck des Blutplasmas, der das Wasser festhält. Nun können diese Größen wechseln, aber es kann auch die Permeabilität der Membran selbst verschieden sein.

Der Druck in den *Capillaren* ist schwer zu bestimmen; die dafür angegebenen Werte schwanken außerordentlich, wie die Zusammenfassung von TIGERSTEDT zeigt. Man kann die v. Kriesschen Versuche am Zahnfleisch des Kaninchens als „den genauesten Ausdruck des allein von der Blutströmung verursachten Capillardruckes auffassen (S. 274)‟; der Wert liegt bei $^1/_3$—$^2/_7$ des Aortendruckes, also beim Menschen etwa bei 30 mm Hg. Trotzdem meint TIGERSTEDT, daß er nur etwa 15 mm Hg betrage. Andere Autoren fanden ebenfalls derartig kleine Werte, so daß HILL den Capillardruck als treibende Kraft bei der Lymphbildung ablehnt. Da bei der Bildung des Kammerwassers sich diese Verhältnisse besser übersehen lassen, so soll dort eine Aufzählung der Werte erfolgen. Bei Schwankungen des arteriellen Druckes darf man nicht immer auf solche im Capillargebiet schließen, da der arterielle Blutdruck hauptsächlich vom Kontraktionszustand der Arteriolen abhängt, so daß in der Strombahn hinter ihnen, dem Capillargebiet, der Druck nach Ansteigen des Arteriendruckes gesunken sein kann, was z. B. nach Adrenalin zu wechselnden Ergebnissen geführt hat je nachdem, ob das betreffende Capillargebiet besonders von der Kontraktion der Arteriolen betroffen ist, oder ob durch ein weniger kontrahiertes Gebiet der hohe Blutdruck sich auf die Capillaren fortpflanzt, wie bei der Adrenalindiurese. Einwandfreier sind die Versuche mit Erhöhung des Venendruckes. Am Pferdehals sah HAMBURGER in der Ruhe 17, nach Kompression der Vena jugularis 42 ccm Lymphe in der Stunde austreten. Wesentlicher ist die *Organarbeit*, und zwar einmal durch die Entstehung von Stoffwechselprodukten, die bekanntlich beim Muskel zu Capillarerweiterung führen, das andere Mal — wohl bedeutungsvoller — das Aufschießen von außerordentlich vielen neuen Capillaren bei der Tätigkeit. OEHME (*8*) zitiert KROGH: „So berechnet KROGH, daß z. B. in den Muskeln die Capillaroberfläche sich während der Tätigkeit um ein Vielfaches, bei kleinen Warmblütern um ein Vielhundertfaches vergrößert, und auch in anderen Organen kann, nach capillaroskopischen Beobachtungen die Durchblutungsgröße infolge Capillaröffnung und -schließung in weiten Grenzen wechseln. Dieser weite Spielraum in der Oberflächenentwicklung, muß, vorausgesetzt, daß überhaupt ein Gefälle von Capillaren zu Gewebe besteht, natürlich von unvergleichlich viel stärkerem Ausschlag für die Größe des Transudationsstromes sein als die viel kleineren Änderungen des Capillardruckes, die überhaupt als möglich angenommen werden können" (S. 952). Und so dominiert der Einfluß der Arbeit bei der Lymphbildung. Am Pferdehals floß nach HAMBURGER in der Ruhe 17 ccm, beim Fressen 63 ccm und bei gleichzeitiger Kompression der Jugularis sogar 75,5 ccm in der Stunde. Selbst die Bewegungsimpulse bei ruhig gestelltem Kopf, wie sie beim arbeitenden Pferde zu Kontraktionen der Muskulatur führen müssen, genügen, um mehr Lymphe fließen zu lassen, obwohl nach KAUFMANN der Blutdruck in der Carotis und nach HAMBURGER auch in der Jugularis abfällt. Auch bei blutdrucksenkenden Aderlässen von etwa 0,24—0,37 der berechneten Blutmenge nimmt bei Hunden etwa in der Hälfte der Fälle der Lymphfluß aus dem Ductus thoracicus nicht ab. Es bleibt übrigens nach STARLING bei schnell vorübergehender Drucksteigerung der Lymphfluß noch lange bestehen. Wie ausschlaggebend die Arbeit für die Lymphbildung ist, geht aus Beobachtungen von BARCROFT hervor: an der tätigen Speicheldrüse wird der Lymphstrom auf das Doppelte bis Zehnfache gesteigert, und zwar bei Chordareizung mit sehr starker Speichelabsonderung wie auch bei Sympathicusreizung mit spärlicher Sekretion; im ersteren Falle tritt eine mächtige Capillarerweiterung ein, im zweiten „müssen die Vasokonstriktoren durch vasodilatierende Stoffwechselprodukte überwunden werden". So tritt auch nach Atropinisierung der Drüse kein vermehrter Lymphfluß auf, obwohl die vasodilatierende Reaktion erhalten ist (HEIDENHAIN, COHNHEIM, ASHER und BARBERA). Neuerdings haben KLINGENBERG und PETERS durch Bestimmen des Trockenrückstandes und des Eiweißgehaltes im arteriellen und venösen Armblut bei Handarbeit gefunden, daß nicht nur Wasser, sondern auch Eiweiß aus den Gefäßen austritt, und zwar in 5—10 min bis zu 3 g Eiweiß.

Wenn wir dem Schema von SCHADE (*2*) folgen, so treibt der Capillardruck auf der arteriellen Seite Flüssigkeit durch die Capillarwand ins Gewebe; beim allmählichen Sinken des Blutdruckes in der Capillare wird dann weiter peripher ein Punkt erreicht, wo Blutdruck und *kolloidosmotischer* Druck gleich groß geworden sind, wo also die saugende Kraft des Eiweißes den Blutdruck grade kompendiert. Weiter venenwärts ist dann der Druck in der Capillare geringer als der kolloidosmotische Druck und es tritt wieder Flüssigkeit zurück in die Blutbahn. So kommt es, daß für gewöhnlich, wenn die Capillaren nicht erweitert sind, im ganzen keine Flüssigkeitswanderung zu bemerken ist, wohl aber findet eine paracapilläre Berieselung der Gewebe statt. Der kolloidosmotische Druck der Eiweißkörper des Plasmas beträgt nun nach STARLING bei 7—8% Serumeiweiß, an Gelatinenmembranen gemessen 25—30 mm Hg, nach SCHADE und CLAUSSEN an Collodiummembranen 21,4—27,6 mm Hg, nach KROGH (Die Kapillaren, S. 178 bei 7,5% Eiweiß 450 mm H_2O oder bei 8,2% Eiweiß 380—390 mm H_2O (zwei) verschiedene Menschen). — Ganz allgemein hat man aber bisher übersehen, daß bei diesen Betrachtungen zwei Dinge zu berücksichtigen sind; dies ist erstens die wechselnde Weite des Gefäßrohres auf seinem Verlaufe und zweitens das Strömen der Flüssigkeit. Diese Punkte hat STURM betont: es kommt vor der verengten Stelle, vor einem solchen Stau, zu einem Druckanstieg des Seitendruckes, unterhalb derselben zu einer Verminderung des Druckes.

Es hängen natürlich alle Betrachtungen über die Vorgänge des Flüssigkeitsdurchtrittes von der Vorstellung des Charakters der Membran ab, ihrer *Permeabilität*. Die Gefäßwand ist für Wasser und Krystalloide durchlässig, für Kolloide undurchlässig, wenn dies auch nur allgemein für den Ruhezustand gibt, für nicht erweiterte Gefäße. Nach STURM werden bei Kontraktion eines Belages von gestreckten Zellen in den Zwickeln Stomata auftreten; „die Sekretion und Resorption durch die Capillaren vollzieht sich in physiologischen Fällen durch submikroskopische Interzellularspalten, die sich in pathologischen Fällen bis zu mikroskopisch sichtbaren Stomata erweitern, sie geben uns in allen Fällen, in welchen die Permeabilität der Gefäße eine Hauptrolle spielt, eine vollkommen ausreichende mechanistische Erklärung. So besonders bei Entzündung, von der serösen Entzündung EPPINGERS angefangen, bis zur hämorrhagischen allergischen Entzündung RÖSSLES, bei allen Formen des Ödems, bei Ascites, beim allergischen Schock (Flüssigkeitsverarmung des Blutes), bei Vergiftungen, bei Milz- und Leberschwellungen, bei Lymphdrüsenschwellungen usw. und zwar sowohl für das Entstehen der pathologischen Veränderungen als auch für das Vergehen und Heilen derselben." „Eine selektive Filtration und Resorption ist durch die engen Spalten zwischen den Zellen aber wohl möglich. Denn die Seitenwände dieser Spalten sind verschieden elektrisch geladen, die Zellhaut ist verschieden aufnahmefähig für die so nahe vorbeiziehenden Moleküle, und so können die vorüberströmenden Moleküle nach Größe und physikalisch-chemischen Eigenschaften kontrolliert werden, also entweder zurückgehalten oder frei passieren." Wie CHAMBERS und ZWEIFACH betonen, besteht eine endocapillare Schicht nach DANIELLI (zitiert nach CHAMBERS und ZWEIFACH) aus adsorbierten Blutproteinen; die Interzellularsubstanz ist viel durchlässiger, macht aber nur wenige Prozent aus. Die Bedeutung der elektrischen Aufladung der Membranen hat in grundlegenden Arbeiten KELLER festgestellt. Schon SCHADE (2) hat auf die Bedeutung der Gefäßweite für die Permeabilität der Capillarwand hingewiesen, indem erweiterte Gefäße permeabler werden und z. B. in arbeitenden Organen auch Eiweiß durchtreten lassen. Dazu kommt das Auftreten von Abbauprodukten bei der Arbeit die wegen Zunahme des osmotischen Druckes Wasser ansaugen. Noch mehr ist dies der Fall, wenn Einschmelzungsprozesse viele kleine Teilchen aus großen Molekülen entstehen lassen. So gefriert nach RITTER der Eiter tiefer unter Null als das Plasma; er fand Werte bis zu —1,44°, so daß eine starke Wasseranziehung zur harten Infiltration führt. Bei chronischen Abszessen, wo die auftretenden Produkte Zeit zum Abdiffundieren haben, fehlt die Infiltration (und auch die Säuerung, die die Schmerzen vergrößert) (SCHADE, NEUKIRCH und HALPERT).

Auch durch chemische Stoffe wird die Permeabilität verändert, in steigerndem oder herabsetzendem Sinne. Die Durchlässigkeit scheint vermehrt zu sein bei der Histaminwirkung, bei der Urticaria, beim Skorbut, bei gewissen Ödemen usw. Ebenso wird sie gesteigert durch die Hyaluronidase, welche die Hyaluronsäure, eine Art Kittsubstanz, zerstört und so zum Ausbreitungsfaktor (spreading facter) bei Injektionen wird (EICHENBERGER). Abdichtende Einflüsse kommen der Ascorbinsäure, vielleicht auch dem Vitamin K zu; dasselbe gilt für Rutin, welches, ein Querzitinabkömmling als Redoxsystem — bei saurer Reaktion wirkt es oxydierend, bei alkalischer reduzierend — bei vielen Erscheinungen gesteigerter Permeabilität eine abdichtende Wirkung entfaltet hat (KÜHNAU und KÜCHENMEISTER; s. a. MERCKS Jahresberichte 1949). Ferner sind viele Substanzen neuerdings dargestellt worden, die als „Antihistamine" der Histaminvergiftung entgegenwirken.

Besonders häufig ist die Permeabilität bei der *Histaminwirkung* untersucht worden. Im Vordergrunde steht die Gefäßdilatation und das Aufschießen neuer Capillaren (DALE und LAIDLOW, BURN und DALE). Dabei tritt viel Flüssigkeit aus dem Blute aus. DALE und LAIDLOW konstatierten eine Abnahme der Blutmenge um 12,5% und EPPINGER und SCHÜRMEYER sahen eine Verminderung des zirkulierenden Blutes am Hund nach Pepton von durchschnittlich 928 ccm auf 425 ccm, also auf 45,8% und nach Histamin von 1079 ccm auf 507 ccm, also auf 47%. Beim Hund, weniger bei Katzen und Affen, gar nicht bei Kaninchen und Meerschweinchen kommt, wie MAUTNER und PICK fanden, noch eine Lebersperre nach Pepton und Histamin in Betracht.

Wenn man sich ein Bild von den Kräften machen will, die den Austritt von Flüssigkeit aus den Gefäßen veranlassen, und die Zusammenfassung der primären Lymphe beurteilen will, so steht uns an drei Stellen im Körper eine solche Flüssigkeit zur Verfügung: im Glomerulusfiltrat, im Kammerwasser des Auges und im Liquor cerebrospinalis.

Glomerulusfiltrat. Das Glomerulusfiltrat ist ein Ultrafiltrat des Plasmas, es enthält kein Eiweiß, die krystalloiden Bestandteile des Plasmas dagegen in fast der gleichen Konzentration wie dieses, nur wegen des Donnan-Gleichgewichtes ist etwas mehr Chlor darin enthalten, weil das nicht durchtretende negativ geladene Eiweiß die gleichfalls negativ geladenen Chlor-Ionen hinausdrängt. Das gleiche gilt für die anderen Anionen, das Gegenteil für die Kationen. Die Zusammensetzung des Glomerulusfiltrates ist durch die Versuche von E. FREY (*1*), (*6*), (*7*) mit Filtrationsdiuresen erwiesen. Bei diesen Diuresen wird nämlich der Harn immer plasmaähnlicher, je größer die abgesonderte Menge Harn ist, um auf der Höhe ganz großer Glomerulusdiuresen ein reines Blutfiltrat zu werden.

	Molekulargewicht		Molekulargewicht
Von der Niere ausgeschieden:		Nicht ausgeschieden:	
Eieralbumin	34 500	Hämoglobin z. T.	68 000
Gelatine	35 000	Serum-Albumin	67 500
Bence-Jones-Eiweißkörper . .	35 000	Serum-Globulin	103 800
Hämoglobin z. T.	68 000	Edestin	208 000
		Casein	188 000
		Hämocyanin	5 000 000

Dies ist nicht bei allen Diuresen der Fall, denn bei der Wasserdiurese nähert sich die Zusammensetzung des Harnes mit zunehmener Harnflut dem destillierten Wasser. Ferner haben WEARN und RICHARDS durch Punktion der Kapsel Glomerulusprodukt erhalten können und festgestellt, daß dies eiweißfrei ist, Zucker enthält und daß sein Kochsalzgehalt dem des Plasmas gleicht, so daß hier ein Ultrafiltrat direkt nachgewiesen wurde.

Nach KROGH gehen Teilchen von 5 $\mu\mu$ normalerweise nicht durch die Capillarwand, wohl aber bei starker Erweiterung der Capillaren; Brilliantvitalrot und Chikagoblau 6 diffundieren in letzterem Falle ebenfalls viel schneller und reichlicher, während die 200 $\mu\mu$ großen Korpuskeln chinesischer Tusche immer zurückgehalten werden. Wenn auch im allgemeinen die Größe des Moleküls den Durchtritt entscheidet, so ist auch die Form von Bedeutung, ob es sich um kugelförmige oder gestreckte Moleküle handelt oder gar um sperriges Gut. So gibt für den Durchtritt durch die Nieren BAILISS die Tabelle (S. 156).

Kammerwasser. Eine zweite zugängliche Flüssigkeit, die mit dem Blute im Gleichgewicht steht, ist das Kammerwasser des Auges. Der Gefrierpunkt ist mit dem des Blutes identisch. DIETER gibt bei drei Kaninchen folgende Werte: $\triangle$ (Blut) $= -0,587°$ und $\triangle$ (Kammerwasser) $= -0,5855°$; $\triangle$ (Blut) $= -0,582°$ und $\triangle$ (Kammerwasser) $= -0,5822°$; $\triangle$ (Blut) $= -0,579°$ und $\triangle$ (Kammerwasser) $= -0,5780°$. Die Mineralbestandteile verteilen sich, der Donnanschen Regel folgend, so, daß die Kationen in etwas geringerer Konzentration im Kammerwasser vorhanden sind als im Serum, die Anionen in etwas höherer, weil die negativ geladenen Eiweißstoffe, welche die Membran nicht passieren, die gleichgeladenen Ionen hinausdrängen, die entgegengesetzt geladenen festhalten. So gibt BAURMANN nebensteh. Verteilungsfaktoren:

Na (S) / Na (KW)	Cl (KW) / Cl (S)	nach
1,25	1,20	LEHMANN u. MEESMANN
1,06	1,096	TRON
1,27	1,12	DUKE ELDER
1,03	—	BAURMANN
1,11	1,00	GRAEDERTS-WITTGENSTEIN

Die absoluten Zahlen für den Gehalt der Stoffe im Serum, im Serum-Ultrafiltrat und im Kammerwasser sind nach BAURMANN:

	Serum		Serum-Ultrafiltrat		Kammerwasser mg %
	art. mg %	ven. mg %	art. mg %	ven. mg %	
Na . . .	300,3	302,2	313,9	317,7	316,9
K . . .	24,44	22,1	23,2	21,44	23,3
Ca . . .	16,2	15,7	10,5	10,5	10,6
Cl . . .	402,6	401,9	431	427,1	434,6
P . . .	—	3,4	—	1,60	1,64

Der Eiweißgehalt des Kammerwassers ist äußerst gering; er beträgt:

%	nach
0,015—0,01	WESSELY
0,01 —0,030	MESTREZAT u. MAGITOT
0,005—0,017	GILBERT
0,01 —0,02	DIETER
0,019—0,03	FRANCESCHETTI

Die Verteilung der Eiweißkörper wird von DUKE ELDER bei Rind und Kaninchen folgendermaßen angegeben:

	Rind		Kaninchen	
	KW %	Serum %	KW %	Serum %
Ges. Eiweiß . . .	0,017	7,33	0,04	5,57
Globulin	0,009	3,73	0,009	1,16
Albumin	0,008	3,80	0,031	4,41
Glob./Alb.	50/50	50/50	20/80	20/80

Das zweite Kammerwasser, welches nach der Punktion die vordere Kammer wieder auffüllt, ist dagegen eiweißreicher, weil durch die Druckentlastung die Gefäße sich erweitern und daher wie überall im Körper durchlässiger werden. WESSELY gibt für den Eiweißgehalt vor der Punktion 0,02—0,04% an, nach der Punktion über 1%. Und SEIDEL findet vorher 0,025% und nachher 0,8—4,5%; beide Untersucher benutzten das Kaninchen. Am Menschen steigt der Eiweißgehalt des zweiten Kammerwassers nicht so stark an wie beim Tier, weil die Entlastung des Auges beim Menschen nicht so groß ist. Das Kammerwasser stellt beim Menschen nur 2,5—4% des Gesamtvolumen des Auges dar, bei der Katze dagegen 22%, beim Hund 12,5% und beim Kaninchen 14% (Wessely). Schon dieser Eiweißdurchtritt, der nur bei erweiterten Gefäßen stattfindet, gibt ein Beispiel für die Verhältnisse der Membrandurchlässigkeit der Capillaren. Noch wertvoller werden die Untersuchungen am Auge, weil sich hier die Druckverhältnisse übersehen lassen. Für den systolischen und diastolischen Druck des Auges finden sich im Schrifttum nebenstehende Angaben in mm Hg:

syst.	diast.	nach
80— 90	50 —65	Leplat (am Hund)
100	45	Magitot-Bailiart (an der Katze)
55— 75	30 —45	Seidel
50— 65	34 —46	Serr
70— 95	46,6—60	Baurmann
78— 85	52 —56	Dieter
80—100	54 —70	Lullies

Den Capillardruck nimmt Seidel, nach der Pelotenmethode gemessen, zu 30 mm Hg an; Dieter, welcher mit der Methode der entoptisch sichtbaren Blutbewegungen zur Bestimmung des intraokularen Capillardruckes arbeitete und gleichzeitig den Augendruck und den kolloidosmotischen Druck des Blutes bestimmte, fand höhere Werte, die zwischen den oben angeführten des systolischen und diastolischen Druckes liegen. Er bestimmte den intraokularen Capillardruck zu 51,5 mm Hg, den kolloidosmotischen Druck des Blutes, gegen den das Abpressen der Flüssigkeit geschehen muß, zu 31,7 mm Hg und den Intraokulardruck zu 19,8 mm Hg. So ergab sich also der Intraokulardruck als Capillardruck minus kolloidosmotischem Druck des Blutes. Der Einwand von Bárány, der nach Drosselung einer Carotis im Kammerwasser dieser Seite den gleichen osmotischen Druck und den gleichen Gehalt an Na wie im anderen Auge fand, und den Blutdruck als treibende Kraft ablehnte, ist wohl angesichts der Anastomosen und der so gut übereinstimmenden Werte nicht so bedeutungsvoll; auch bleibt das Donnansche Gleichgewicht bestehen.

So haben wir in den am Auge gemessenen Werten ein Bild von den treibenden Kräften bei der Lymphbildung, wie sie an anderen Stellen des Körpers nur mit viel geringerer Genauigkeit zu gewinnen sind.

Liquor cerebrospinalis. Eine ähnliche Flüssigkeit stellt der Liquor cerebrospinalis dar. Auch dieser enthält nur geringe Mengen von Eiweiß, etwa 0,013 bis 0,030%, nach Mestrezat durchschnittlich 0,0196%. Für die Chloride gibt Haurowitz den Wert von 0,728—0,74% an, also gegenüber dem Blute etwas erhöhte Zahlen. Ebenso entspricht der geringere Gehalt an H-Ionen im Liquor für ein Donnan-Gleichgewicht; der p_H beträgt nach Ylppö bei Kindern 7,78, nach Levison 7,4—7,6, nach Hurwitz und Trauter 8,15—8,30. Auch bei sofortiger Untersuchung (um ein Entweichen der Kohlensäure zu verhindern) fanden Felton, Hussey und Bayne-Jones 7,7—7,9. — Die meisten eingegebenen Arzneistoffe hat man im Liquor wiedergefunden. Der Übertritt von Bromnatrium in den Liquor erfolgt nach E. Frey (12), der mit einer Elektrotitration arbeitete, in der Konzentration des Blutplasmas, und zwar ebenfalls wie Chlor wegen des Donnan-Gleichgewichtes in einer Spur höheren. Walter hatte geglaubt, daß sich nur etwa $^1/_3$ der Blutplasmakonzentration an Brom vorfände; er arbeitete am Menschen mit einer colorimetrischen Methode mit Goldchlorid, welches die Gegenwart von Brom durch einen Umschlag von gelb zu braun anzeigt. Da nun dieser Umschlag schwer zu sehen ist, wenn kleine Mengen vorliegen (oder gar nicht eintrat), so ergab sich in den Proben nahezu Farbgleichheit, und da Walter beim Enteiweißen den Liquor direkt benutzte, das Plasma aber dreifach verdünnte, so errechnete er einen „Permeabilitätsquotienten" von 1 : 3. Nach Bálint und Benkö entspricht die Verteilung von Cl- und Na-Ionen im Blutserum einerseits, im Liquor cerebrospinalis andererseits dem Donnan-Gleichgewicht, grade so, wie im Pleurapunktat und im Ascites.

Es stellen also diese Flüssigkeiten, das Glomerulusprodukt, das Kammerwasser und der Liquor cerebrospinalis Beispiele für eine Flüssigkeit dar, die durch die Capillarwand ausgetreten ist, sie weisen eine große Menge gemeinsamer Eigenschaften auf, so daß man wohl Schlüsse auf die Permeabilität der Capillarwand ziehen kann. Sie alle sind ein Ultrafiltrat des Blutplasmas, enthalten nur Spuren von Eiweiß und erst bei stärker Erweiterung der Capillaren wird die Schranke durchbrochen und es können auch Kolloidteilchen aus dem Blute den Geweben zufließen. Wir müssen annehmen, daß in arbeitenden Organen nicht nur eine Berieselung mit niedrig molekularen Stoffen stattfindet, sondern auch Eiweiß aus dem Blute austreten kann. Schon in der ständig arbeitenden Leber findet ein solcher Übertritt von Eiweiß in die Lymphe statt, so daß die Ductuslymphe, die ja hauptsächlich von der Leber stammt, immer größere Mengen davon enthält. Aber die primäre Lymphe ist eiweißfrei, nur findet sich eine solche nur an bestimmten Stellen.

3. Ödeme bei Herz- und Nierenkrankheiten oder Mangelernährung als gesteigerte Lymphbildung.

Außerordentlich viele klinische Untersuchungen liegen über die Ödemkrankheit vor, und zwar nicht nur über die Chemie der Ödemflüssigkeit, sondern auch über die Zusammensetzung des Blutes bei dieser Wasserretention. Man muß bedenken, daß in den verschiedenen Stadien der Ödementstehung oder -Ausschwemmung die Resultate verschieden ausfallen müssen, und daß verschiedenartige Krankheitsvorgänge allein oder miteinander kombiniert vorliegen. Es ergeben sich aber doch einige Gesichtspunkte, welche eine kurze Besprechung an dieser Stelle notwendig erscheinen lassen.

Der *Kochsalzgehalt* wird im allgemeinen in der Ödemflüssigkeit höher als im Plasma gefunden (Strauss, Heineke und Meyerstein, v. Monakow). Dies folgt einmal aus dem Diffusionsäquivalent im eiweißarmen Ödem (Donnan-Gleichgewicht), sodann aus der Tatsache, daß im Plasma der Eiweißgehalt den Lösungsraum verkleinert, worauf Rona aufmerksam machte. Aber die Befunde sind recht wechselnd, wie Thannhauser meint. Die einzelnen Bestandteile verteilen sich auf Serum und Ödem nach Gollwitzer-Meyer:

	Serum		Ödem	
	mg%	mgÄqu.	mg%	mgÄqu.
Na	322	140,0	344	149,5
K	21,3	5,5	12,1	3,1
Ca	7,1	3,5	5,5	2,7
Cl	370,0	109,9	408,0	116,7
HCO₃ . . . (Vol.%)	49,3	22,0	50,7	22,6

Dieser Befund würde bis auf Na dem Donnan-Gleichgewicht entsprechen.

Besonders viele Untersuchungen liegen über die Veränderungen des *Eiweißes* im Blutplasma und der Ödemflüssigkeit vor. Man sieht anfänglich bei der Ödementstehung eine Eindickung des Blutes durch Wasserverlust; jedenfalls ist immer aufgefallen, daß Ausdehnung des Ödems und Blutverdünnung nicht parallel gehen, ja sogar in den meisten Fällen gegensinnig. Diese Verschiedenheit ist zu erwarten; liegt dem Ödem eine Permeabilitätsvermehrung der Capillarwand zu Grunde, so kann das Blut eingedickt werden; beim Hungerödem kann es verdünnter sein. Die Ödemflüssigkeit enthält sehr verschiedenen Eiweißgehalt, je nach der zu Grunde liegenden Krankheit. Im allgemeinen kann man sagen, daß der Eiweißgehalt der Ödemflüssigkeit bei der Glomerulonephritis am höchsten ist, größer als 1%, bei Herzinsuffizienz gegen 0,4%, bei Kachexie 0,3% und bei tubulärer Nierenerkrankung unter 0,1% sinkt. Gleichzeitig ist auch der Eiweißgehalt des Blutes sehr verschieden gefunden worden, da bei manchen Prozessen auch Eiweiß austritt oder bei parenchymatösen Nierenerkrankungen der Eiweißverlust mit dem Harn beträchtlich sein kann. Ferner ist zu beachten, daß bei gesunkenem Eiweißgehalt des Plasmas eben die Saugkraft des Blutes vermindert ist und daher ein Wasseraustritt aus demselben leichter erfolgen kann. Im folgenden sollen nur einige Beispiele gegeben werden. In der Tabelle von Epstein ist die Zusammensetzung des Blutes mit der der Höhlenergüsse verglichen:

	Ges. Eiweiß	Globulin	Albumin	Glob.in% v. Ges. Eiweiß
I. Blutserum	7,400	2,738	4,662	37,0
Herzkrankheiten	6,408	2,240	4,117	33,0
chron. interst. Nephritis	6,704	2,396	4,310	35,7
chron. parench. Nephritis	3,928	3,462	0,466	89,2
II. Ergüsse der serösen Höhlen:				
Herzkranke	3,352	1,199	1,788	43,0
Leberkranke	3,174	1,318	1,856	41,0
chron. parench. Nephritis	0,285	0,285	0	100,0
III. Hautödem:				
chron. parench. Nephritis	0,098	0,080	0,018	81,0

Die Beziehungen der Blutzusammensetzung zur Ödembildung behandelt die Tabelle von Peters und van Slyke; Zusammensetzung des Blutes bei den Erkrankungen mit (+) und ohne (—) Ödem in %:

	Nephrose		Ak. Glom. Nephr.		vask. Typ		Nephroskl.		Eitr. Neph.		Herzfehler	
	+	—	+	—	+	—	+	—	+	—	+	—
Ges. Eiweiß, Durchschnitt	3,7	5,05	5,07	7,0	5,35	5,9	6,65	6,3	5,8	6,45	6,35	6,3
Albumin . . .	1,45	3,15	3,1	4,5	—	4,3	3,45	3,9	3,5	4,0	—	—
Globulin . . .	2,0	2,05	2,2	2,4	—	2,1	1,95	1,8	2,1	1,9	—	—
Alb./Glob. . .	1,05	1,9	2,0	2,4	—	2,0	1,9	2,25	1,7	2,45	—	—

Bei der Ödemkrankheit kommen mehrere Faktoren in Frage, zunächst eine Veränderung der *Permeabilität* der Gefäßwand. So stellten Sarre und Sostmann bei akuter Nephritis eine gesteigerte Permeabilität der Capillaren nach der Methode von Landis fest: Bei Venenstauung (40 mm Hg) erlitt das Blutvolumen einen Flüssigkeitsverlust von 8—25% gegenüber gar keiner Einbuße beim Normalen. Dies hielt wochenlang an, auch wenn keine Ödeme und keine Blutdrucksteigerung mehr vorhanden war; und zwar auch nach Abklingen der Hämaturie und der Albuminurie. Bei chronischer Nephritis war dagegen ein Flüssigkeitsverlust kaum zu beobachten (0—11%). Ferner machen Sarre und Steinbach darauf aufmerksam, daß im Sommer bei 14 Herz- und Nierenkranken bis zu 30% Ödeme auftreten, im Winter nur in 12%. Ein zweiter Grund für das Auftreten von Ödemen kann in der Eiweißarmut bei dem großen Verlust mit dem Harn bei parenchymatösen Nierenprozessen erblickt werden, wie aus der obigen Tabelle von Peters und van Slyke hervorgeht. Man müßte nun glauben, daß sich besonders beim Hungerödem diese Verhältnisse am deutlichsten zeigen, wo die Verarmung des Blutes an Eiweißstoffen ohne andere sinnfällige Symptome auftritt.

Ödemgrad	Ges. Eiweiß %	Albumin %	Globulin %	Alb./Glob.
+++	4,16	1,70	2,46	0,69
++	4,48	2,04	2,44	0,84
+	5,39	2,85	2,54	1,09
(+)	5,64	2,87	2,77	1,04

Aber dies scheint nicht durchweg in auffälliger Weise der Fall zu sein, wenn auch eine gewisse Gesetzmäßigkeit nicht zu verkennen ist. Hier die Tabelle von KLOTZBÜCHER:

Auch eine Zusammenstellung von HERRNRING zeigt ein häufigeres Auftreten von Ödemen bei niedrigem Eiweißgehalt, aber keine strenge Parallelität:

Ges. Eiweiß	Erste Reihe der Fälle % mit Ödem	Zweite Reihe der Fälle % mit Ödem
unter 5,0%	100	100
5,0—5,5	79	75
5,5—6,0	74	90
6,0—6,5	70	81
6,5—7,0	58	49
7,0—7,5	53	48
7,5—8,0	65	82
über 8,0	60	74

Der Einwand von BERG und BERNING, zunächst könnte eine Bluteindickung durch Flüssigkeitsaustritt vorgetäuscht sein, wird von HERRNRING zurückgewiesen, da er Stadien der Ödeme untersuchte, ist aber dadurch nicht sicher eliminiert. — Durch Serumentzug (die Erythrocyten wurden in Ringerlösung wieder injiziert) stellte GÜLZOW an Hunden den „Ödemgrenzwert" für Eiweiß zu 4%, für Albumin zu 2,5% fest. Daß die Blutmenge stark wechselt, hat KLOTZ-BÜCHER angegeben, er fand im Durchschnitt aus 5 Versuchen die Blutmenge auf der Höhe der Ödembildung zu 3424 ccm, während der Ödemausschwemmung 4130 ccm und nach derselben 3896 ccm. Daß die Blutmenge während der Ödementstehung verringert ist, ist lange bekannt (s. NONNENBRUCH (5)); dabei muß auch Eiweiß ausgetreten sein, da die Eiweißprozente nicht immer vermehrt sind. Es ist also bei der Ödementstehung der Eiweißgehalt des Blutplasmas nur eine

	Ges. Eiweiß g%	Ges. Fett rg%	Ges. Cholest. mg%	Ester mg%	Lecith. mg%	Lecith./ Chol.
Hungerödeme	6,3	427	155	108	147	0,9
Norm. Verbraucher . . .	6,9	521	146	104	98	0,7
Schwestern	7,5	600	134	105	137	1,0
Carcinome	5,8	778	152	83	116	0,8
Diabetes (1. Fall)	7,0	945	216	126	361	1,7
Myxödem (1. Fall) . . .	7,0	—	581	495	282	0,5
Normal[1]	7,5	570—820	100—230	40—70	175—330	—
Normal[2]	—	—	140—200	63—70	180—220	1,2—1,5
Normal[3]	7,2	590	100—200	70—140	125—250	1,2
Unterernährt[3]	6,8	820	150	79	172	1,1
Rote Blutkörper:						
Normal[3]	—	—	139	Spur	457	3,3
Unterernährt[3]	—	—	99	18	285	2,8

[1] PETER u. VAN SLYKE; [2] KOCH u. WESTPHAL; [3] HORST; die übrigen Zahlen nach DÖNHARDT u. WODSAK. (Letzte Monographie über Hungerödeme von BANSI.)

Komponente, und es kommen die Permeabilitätsänderung der Capillarwand und der Capillardruck als fernere Ursachen in Betracht, vielleicht auch die Zellen selbst. Solche Permeabilitätsveränderungen sind von BRUNS und RUMMEL nach Cystein an Erythrocyten aufgezeigt worden. „Die besondere Wirkungsweise des Cysteins auf die Permeabilität macht bei Cystinmangelzuständen trotz normalem Eiweißgehalt und kolloidosmotischen Druck des Blutes des Auftreten von Ödemen verständlich." Intravenös injiziertes Cystin verschwindet nach GÜLZOW bei unterernährten Hunden und Menschen schneller aus dem Blut als bei normalen, wird also schneller verwertet. Es scheint aber bei der Hungerkrankheit nicht nur der Eiweißgehalt eine Rolle zu spielen, sondern nach DÖNHARDT und WODSAK ist die Erniedrigung des Gesamtfettes ein wesentlich genaueres diagnostisches Merkmal zur Feststellung der Unterernährung, scheint aber nicht immer vorzu-liegen. HORST fand bei Unterernährung Cholesterin und Lipoidphosphor normal, nur relativ niedrig wegen des erhöhten Gesamtfettes. Die Blutzellen waren arm an freiem Cholesterin und Lecithin bei erhöhten Cholesterinestern.

Es lassen sich also die Verhältnisse beim Ödem nicht so klar überblicken, daß wir die einzelnen ursächlichen Komponenten deutlich gegeneinander abwiegen könnten. Es kommen in Betracht: die Permeabilitätsveränderungen der Capillar-wand, die Eiweißprozente des Plasmas und der Ödemflüssigkeit, ihre qualitative Zusammensetzung, der Druck in den Capillaren und vielleicht auch die Lipoide des Plasmas. Bei Betrachtung des Eiweißgehaltes wird man die einzelnen Frak-tionen berücksichtigen müssen, die Albumine sind die kleinsten Teilchen und binden Wasser am stärksten, weil sie die größte elektrische Ladung besitzen. Dazu gesellt sich eine Veränderung der Zellen selbst, sie können in ihrer assi-milatorischen Tätigkeit gestört sein, beim Hungerödem sowohl wie bei Zirku-lationsveränderungen, z.B. durch Sauerstoffmangel.

X. Schluß.

So ergibt sich, daß der Hauptbestandteil des Körpers, das Wasser, in ständi-ger Bewegung wie die Blutflüssigkeit den Körper durchsetzt, daß es nicht nur zum Aufbau der Gewebe dient, sondern gleichzeitig zum Träger der Nahrungs-stoffe wie des Abfalls wird, und ein Vermittler der Tätigkeit der einzelnen Organe ist, indem durch die Hormonübertragung von einer Stelle auf die andere eine Zusammenfassung der Tätigkeit der einzelnen Organe zu einem Ganzen herbei-geführt wird. Und so tritt dieser Flüssigkeitsstrom neben die zusammenfassende Tätigkeit des Nervensystems. Beide Systeme machen aus der Vielheit der Organ-funktionen einen Organismus.

Literatur.

ADOLF, E. F.: The excretion of water by the kidney. Amer. J. Physiol. 65, 419 (1923). ALBU-NEUBERG: Physiologie und Pathologie des Mineralstoffwechsels. Berlin 1906. ASHER, L. u. A. G. BARBERA: Untersuchungen über die Eigenschaften und die Entstehung der Lymphe. Z. Biol. 36, 154 (1898). ATMATER and BENEDICT: Experiments on the metabolism of water and energy; z. n. SCHADE: Wasserstoffwechsel in OPPENHEIMERS Hdb. Biochem. II. Aufl. 8, 149 (Zit. S. 169). Jena: Fischer 1925. ATZLER, E. u. G. LEHMANN: Über den Einfluß der Wasserstoffionenkonzentration auf die Gefäße. Pflügers Arch. 190, 118 (1921).

BAILLIART et MAGITOT: Recherches sur les vaso-moteurs oculaires et la pression san-guine comparée des vaisseaux de l'iris et de la rétine. C. R. Soc. Biol. 84, 386 (1921). BAILISS: The excretion of protein by the mamalien kidney. J. Physiol. 77, 386 (1933). BALINT, P. u. G. BENKÖ: Die Verteilung des Na- und Cl-Ions zwischen Blutserum einer-seits, Pleurapunktat, Ascites und Liquor cerebrospinalis andererseits. Experientia. (Basel) 3, 458 (1947). — Kongreßzbl. inn. Med. 118, 85 (1949). BANSI, H. W.: Das Hungerödem und andere alimentäre Mangelerkrankungen. Eine klinische und pathologische Studie. Stuttgart: Enke 1949. BARANY, E.: The mode of entrance of sodium into the aqueous humor. Acta physiol. scand. (Stockh.) 13, 55 (1947). — Kongreßzbl. inn. Med. 121, 82, (1949). BARANY, E.: The relative importance of ultrafiltration and secretion in the for-mation of aqueous humor revealed by the influence of arterial blood pressure on the osmotic pressure of the aqueous. Acta physiol. scand. (Stockh.) 13, 81 (1947). — Kongreßzbl. inn. Med. 121, 82 (1949). BARCROFT, J.: Die Atemfunktion des Blutes. I u. II. Berlin: Springer 1927 u. 1929. BARCROFT, J.: Blood from submaxillary gland. J. Physiol. 35,

XXIV (1906). BARCROFT, J.: Mechanism of vasodilatation. J. Physiol. **36**, III (1906). BARTELS: Path. Unters., Greifswalder med. Beitr. **3**, 36 (1865). BAUR, F. u. E. OPPENHEIMER: Zur Theorie der Retention und Ausscheidung aufgenommener Bromsalze und über den Halogengehalt des Organismus. Naunyn-Schmiedebergs Arch. **94**, 1 (1922). BAURMANN, M., Verh. dtsch. ophthal. Ges. Heidelberg 1928. BAURMANN, M.: Der Wasserhaushalt des Auges. Hdb. norm. u. path. Physiol. **XII/2**, S. 1319. Berlin: Springer 1931. BAURMANN, M., Gräfes Arch. **118** (1927); z. n. Hdb. norm. u. path. Physiol. **XII/2**, S. 1333. BERGER, E. Y., M. T., DURING, B. B. BRODIE and J. M. STEELE: Body water compartements in man. Fed. Proc. **8**, 10 (1949). BISCHOFF, Z. rat. Med. III. Reihe, Bd. 20, S. 75 (1863) BLUM: Über die Rolle von Salzen bei der Entstehung der Ödeme. Kongreßzbl. inn. Med. 1909, S. 122. BLUM, L., E. AUBEL et R. HAUSKNECHT: Le mécanisme de l'action du chlorure de sodium et du chlorure de potassium dans les néphrites hydropigénes. C. R. Soc. Biol. **85**, 123 (1921). — Ber. Physiol. **13**, 334 (1921). BOLDYREFF, W.: Über das Gewinnen großer Mengen fermentreichen Darmsaftes. Zbl. Physiol. **24**, 93 (1910); z. n. Hdb. norm. u. path. Physiol. III, 866. Berlin: Springer 1927. BONZENRAAD, O.: Über den Wassergehalt des menschlichen Fettgewebes unter verschiedenen Bedingungen. Arch. klin. Med. **103**, 120 (1911). BOYD, E. M. and A. L. SEGAL: The effect of a wide range of doses of pituitary (posterior lobe) extract on the retention of body water in frogs. Quart. J. Pharmacy **13**, 301 (1940). — Ber. Physiol. **128**, 617 (1942). BRAND, J.: Beitrag zur Kenntnis der menschlichen Galle. Pflügers Arch. **90**, 494 (1902). BRAUS: Anatomie des Menschen II, 561. Berlin: Springer 1924. BRUNS, F. u. W. RUMMEL: Aminsäuren und Permeabilität. Klin. Wschr. 1949, 399. BÜRGER, M. u. M. BAUER: Über krampfmachende und tödliche Wirkungen osmotischer Wasserentziehung durch hypertonische Zuckerlösungen. IV. Über die physikalischen Grundlagen der Osmotherapie. Z. exper. Med. **56**, 1 (1927). BURN, J. H. and H. H. DALE: The vaso-dilatator action of histamine and its physiological significance. J. Physiol. **61**, 185 (1926).

CAMERER, W., Hdb. Kinderheilk. v. Pfaundler u. Schloßmann 1, 352. CAMERER, W. (u. SÖLDNER): Die chemische Zusammensetzung des Neugeborenen. Z. Biol. **40**, 528 (1900). CAMERER, W. (u. SÖLDNER): Die chemische Zusammensetzung des Neugeborenen. Z. Biol. **39**, 173 (1900). CAMERER, W. (u. SÖLDNER): Die chemische Zusammensetzung des neugeborenen Menschen. Z. Biol. **43**, 1 (1902). CARLSON, Amer. J. Physiol. **36**, 50 (1905). — Tab. biol. II, 499. Berlin: Junk 1925. CHAMBERS, R. and B. W. ZWEIFACH: Intercellular cement and capillary permeabitity. Physiologic Rev. **27**, 436 (1947). — Kongreßzbl. inn. Med. **118**, 3 (1949). COHNHEIM, Vorl. allg. Path. I, 493 (1882); z. n. OEHME in Hdb. norm. u. path. Physiol. **VI/2**, 981. Berlin: Springer 1928. COHNSTEIN, W.: Über die Einwirkung intravenöser Kochsalzinfusionen auf die Zusammensetzung von Blut und Lymphe. Pflügers Arch. **59**, 508 (1895). Nachtrag dazu: Pflügers Arch. **60**, 291 (1895). COHNSTEIN, W.: Beitrag zur Lehre von der Transsudation und zur Theorie der Lymphbildung. Pflügers Arch. **59**, 350 (1895). COHNSTEIN, W.: Über die Einwirkung intravenöser hypertonischer Lösungen. Pflügers Arch. **62**, 58 (1896). COHNSTEIN, W.: Über die Theorie der Lymphbildung. Pflügers Arch. **63**, 587 (1896). COPMAN, S. M. and W. B. WINSTON: Observations on human bile obtained from a case of biliary fistula. J. Physiol. **10**, 213 (1889). COW, D.: Einige Studien über Diurese. Naunyn-Schmiedebergs Arch. **69**. 393 (1912).

DALE, H. H. and P. P. LAIDLAW: The physiological action of β-imidoazolylethylamine. J. Physiol. **41**, 318 (1910). DALE, H. H. and P. P. LAIDLAW: Futher observations on the action of β-imidoazolylethylamine. J. Physiol. **52**, 110 (1918). DALE, H. H. and P. P. LAIDLAW: Histamine shock. J. Physiol. **52**, 355 (1919). DEAN, R. F. A. and R. A. McCANCE: The renal response of infants and adults to the administration of hypertonic solution of sodium chloride and urea. J. Physiol. **109**, 80 (1949). DENNIG, Z. physikal.-diät. Therapie 1, 281 (1898). DIETER, W.: Über den Zusammenhang zwischen osmotischen Druck, Blutdruck, insbesondere Capillardruck und Augendruck nach neueren experimentellen und klinischen Untersuchungen. Arch. Augenheilk. **96**, 179 (1925). DIETER, W.: Über intraoculare Blutdruckmessungen und ihre Bedeutung für die Erforschung des Glaukomproblems. Arch. Augenheilk. **99**, 678 (1928). DIETER, W.: Demonstrationsmethoden zur Bestimmung des Blutdruckes im Auge. Pflügers Arch. **220**, 317 (1928). DIETER, W.: Klin. Mbl. Augenheilk. **99** (1928); z. n. BAURMANN in Hdb. norm. u. path. Physiol. **XII/2**, 1334. Berlin: Springer 1931. DÖHNHARDT, A. u. W. WODSAK: Der Lipoidkomplex bei Unterernährung. Klin. Wschr. 1948, 341. DUKE ELDER: The nature of the intraocular fluids. London 1927; z. n. BAURMANN in Hdb. norm. u. path. Physiol. **XII/2**, 1357. Berlin: Springer 1931.

EICHENBERGER, E.: Hyaluronidase. Z. Vit.-Horm. Forsch. **2**, 127 (1948/49). EICHLER, O. u. I. APPEL: Rhodanid als Mittel zur Untersuchung extrazellulärer Räume und ihrer Beweglichkeit im Körper des Hundes. Naunyn-Schmiedebergs Arch. 1951, im Druck. ENGELS, W.: Die Bedeutung der Gewebe als Wasserdepots. Naunyn-Schmiedebergs Arch.

51, 346 (1904). EPPINGER, H.: Zur Pathologie und Therapie des menschlichen Odems. Berlin 1917. EPPINGER, H. u. A. SCHÜRMEYER: Über den Kollaps und analoge Zustände. Klin. Wschr. **1928**, 777. EPSTEIN, z. n. BECHER, Nierenkrankheiten I, 454. Jena: Fischer 1944.

FELTON, HUSSEY u. BAYNE-JONES, Arch. internat. med. **19**, 1085 (1917); z. n. F. PLAUT in Hdb. norm. u. path. Physiol. **X**, 1207. Berlin: Springer 1927. FINKLER: Die akute Lungenentzündung. Wiesbaden 1891, S. 70. FLECKSEDER, Heilk. inn. Med. **27**, 231 (1906). — Tab. biol. **II**, 499 (1925). Berlin: Junk. FODOR, A. u. G. H. FISCHER: Chemische und kolloidchemische Untersuchungen des Blutserums und der Ödemflüssigkeit bei Ödematösen. I. Beitrag zur Theorie des Ödems. Z. exper. Med. **29**, 465 (1922). FRANCESCHETTI, Verh. dtsch. ophthal. Ges. Heidelberg 1927; z. n. BAURMANN in Hdb. norm. u. path. Physiol. **XII/2**, 1365. Berlin: Springer 1931. (*1*) FREY, E.: Der Mechanismus der Salz- und Wasserdiurese. Pflügers Arch. **112**, 71 (1906). (*2*) FREY, E.: Die Reaktion der Niere auf Blutverdünnung. Pflügers Arch. **120**, 117 (1907). (*3*) FREY, E.: Die Kochsalzausscheidung im Dünndarm. Pflügers Arch. **123**, 515 (1908). (*4*) FREY, E.: Über Dünndarmresorption. Biochem. Z. **19**, 509 (1909). (*5*) FREY, E.: Die Ursache der Bromretention. Ein Vergleich der Chlor- und Bromausscheidung durch die Nieren. Z. exper. Path. u. Ther. **8**, 29 (1910). (*6*) FREY, E.: Der Anteil der Filtration an der Harnbereitung. Dtsch. med. Wschr. **1911**, Nr. 23. (*7*) FREY, E.: Das Glomerulusprodukt ist ein Blutfiltrat. Pflügers Arch. **139**, 435 (1911). (*8*) FREY, E.: Die Rückresorption von Wasser in den Harnkanälchen, der Gesamtkonzentration entsprechend. Pflügers Arch. **139**, 465 (1911). (*9*) FREY, E.: Das Gesetz der Abwanderung intravenös injizierten Stoffes aus dem Blute und seine Verteilung . auf Blut und Gewebe. Pflügers Arch. **177**, 110 (1919). (*10*) FREY, E.: Die Wirkung von Hypophysin und Thyreoidin auf die Diurese. Naunyn-Schmiedebergs Arch. **110**, 329 (1925). (*11*) FREY, E.: Die Bromausscheidung im Harn. Naunyn-Schmiedebergs Arch. **163**, 393 (1931). (*12*) FREY, E.: Bromid im Liquor. Naunyn-Schmiedebergs Arch. **163**, 399 (1931). (*13*) FREY, E.: Worauf beruht die Harnvermehrung nach Hypophysin? Naunyn-Schmiedebergs Arch. **187**, 221 (1937). FREY, J.: Chlorresorption der Gallenblase und intravesikaler Druck. Z. exper. Med. **94**, 785 (1934). FREY, J.: Kolloidosmotischer Druck der Galle und Chlorresorption in der Gallenblase. Z. exper. Med. **95**, 13 (1934).

GAUDINO, M. and M. F. LEVITT: Influence of the adrenal cortex on body water distribution and renal function. J. clin. Invest. **28**, 1487 (1949). GEIGY, Ärzte-Agenda **1951**. GIBSON, J. G. and W. A. EVANS jr: Clincal studies of the blood volume. II. The realtion of plasma and total blood volume to venous pressure blood velocity rate, physical measurements, age and sex in ninety normal humans. J. Clin. Invest. **16**. 317 (1937). GILBERT, Arch. Augenheilk.; z. n. BAURMANN in Hdb. norm. u. path. Physiol. **XII/2**, 1365. Berlin: Springer 1931. GINSBERG, W.: Diureseversuche. Naunyn-Schmiedebergs Arch. **69**, 381 (1912). GLAESSNER, K.: Über menschliches Pankreassekret. Z. physiol. Chem. **40**, 465 (1904). GLAX: Über die Wasserretention im Fieber. Jena 1893; z. n. MORAWITZ-NONNENBRUCH in OPPENHEIMERS Hdb. Biochem. 2. Aufl. **8**, 270. Jena: Fischer 1925. GLAX: Über das Verhalten der Flüssigkeitsaufnahme zu den ausgeschiedenen Harnmengen bei Scarlatina. Arch. klin. Med. **33**, 200. GOLLWITZER-MEYER, KL.: Über die Beziehungen zwischen der Reaktion und dem gesamten Ionengleichgewichte im Blut. Biochem. Z. **160**, 433 (1924). GOLLWITZER-MEYER, KL. und BRÖKER: Über die diuretische Wirkung des Thyroxins. Z. exper. Med. **62**, 105 (1928). GOLLWITZER-MEYER, KL.: Zur Wirkung der Hypophysenpräperate. Z. exper. Med. **51**, 466 (1926). GRAEDERTZ, A. u. A. WITTGENSTEIN: Über den Kationengehalt des Kammerwassers im lebenden Warmblüterauge. I. Graedes Arch. **118**, 729 (1927). GRAFE, E.: Die pathologische Physiologie des Gesamtstoff- und Kraftwechsels bei der Ernährung des Menschen. Erg. Physiol. **21**, 2, S. 1 (1923). GRAWITZ: Klin. Path. d. Blutes. III. Aufl. 1906; z. n. OPPENHEIMER, Hdb. Biochem., 2. Aufl. **8**, 285. Jena: Fischer 1925. GRIESBACH, W.: Über die Blutmenge in Hdb. norm.u. path. Physiol. **VI/2**, S. 667. Berlin: Springer 1928. GUBLER u. QUEVENNE, z. n. HAMMARSTEN, 11. Aufl., Lehrbuch d. physiol. Chem. S. 272. München: Bergmann 1926. GÜLZOW, M. u. H. PICKERT: Plasmaeiweißkörperregulation. I. Nebennierenrindenhormon und Plasmaeiweißkörper. Klin. Wschr. **1947**, 205. GÜLZOW, M.: Experimentelle Hypoproteinämie und Plasmaeiweißkörperregeneration. Verh. Dtsch. Ges. inn. Med. **1949**, 271. GÜLZOW, M.: Zur Frage Cystin und Unterernährung. Klin. Wschr. **1949**, 780.

HAAN, J. DE u. S. VAN CREVELD: Die Wechselwirkung zwischen Blutplasma einerseits und Augenkammerflüssigkeit und Cerebrospinalflüssigkeit andererseits, beurteilt nach dem Zuckergehalt und in Verbindung mit der Frage nach dem gebundenen Zucker. Verslagen der Afdeeling Naturkunde, Kgl. Akad. d. Wiss., Amsterdam **29**, 1238. HAAN, J. DE u. S. VAN CREVELD: Über die Wechselbeziehungen zwischen Blutplasma und Gewebsflüssigkeiten, insbesondere Kammerwasser und Cerebrospinalflüssigkeit. Der Zuckergehalt und die Frage des gebundenen Zuckers. Biochem. Z. **123**, 190 (1921). HAAN, J. DE u. S. VAN CREFELD: Über die Wechselbeziehungen zwischen Blutplasma und Gewebsflüssigkeiten, insbesondere Kammerwasser und Cerebrospinalflüssigkeit. Biochem. Z. **124**, 172 (1921). HAMBURGER, H. J.: Untersuchungen über die Lymphbildung, insbesondere bei Muskelarbeit. Z. Biol. **30**, 143 (1894). HAMBURGER, H. J., Arch. f. (Anat. u.) Physiol. **1895**, 366 u. **1897**, 135; z. n. OEHME in Hdb. norm. u. path. Physiol. **VI, 2**, S. 953. Berlin: Springer 1928. HAMBURGER u. HEKMA: Sur le suc intestinal de l'homme. J. Physiol. et Path. gén. **4**, 805 (1902) u. **6**, 40 (1905); z. n. Hdb. norm. u. path. Physiol. **III**, 866. Berlin: Springer 1927. HAUROWITZ, F.: Über den Gehalt der normalen Cerebrospinalflüssigkeit des Menschen an Phosphaten und Sulfaten. Z. physiol. Chem. **128**, 290 (1923). HAY, J., Anat. Physiol. **16**, 430 (1882); z. n. OPPENHEIMER, Hdb. Biochem. 2. Aufl. **8**, 285. Jena: Fischer 1925. HEIDENHAIN, R.: Versuche über den Vorgang der Harnabsonderung. Pflügers Arch. **9**, 1, (1874). HEIDENHAIN, R.: Versuche und Fragen zur Lehre von der Lymphbildung. Pflügers Arch. **49**, 209 (1891). HEINEKE, A. u. W. MEYERSTEIN: Experimentelle Untersuchungen über den Hydrops bei Nierenkrankheiten. Arch. klin. Med. **90**, 101 (1911). HEINEKE, A.: Theoretisches und Klinisches zur extrarenalen Ausscheidung cardialer Ödeme. Arch. klin. Med. **130**, 60 (1919). HELLER: 3 Ref. Endocrine Einflüsse auf den Wasserhaushalt in Dtsch. med. Wschr. **1948**, 255. HELLER: Nierenfunktion und Wasserhaushalt des Neugeborenen. Dtsch. med. Wschr. **1948**, 254. HELVE, O. E.: Studien über den Einfluß der Nebennierenexstirpation auf den tierischen Stoffwechsel. Biochem. Z. **306**, 343 (1940). HENI, F.: Die Wirkung des Desoxycorticosteron auf den Salz- und Wasserhaushalt. Z. exper. Med. **108**, 427 (1941). HERRNRING, G.: Die Eiweißwerte im Serum beim Hungerschaden. Klin. Wschr. **1948**, 296. HESSE, E. u. K.-H. JAHNKE: Wasserretention bei Eiweißüberernährung. Klin. Wschr. **1948**, 217. HILDEBRANDT, F. u. FUJIMAKI: Über den Einfluß von Thyroxin auf die Diurese. Naunyn-Schmiedebergs Arch. **102**, 226 (1924). HILDEBRANDT, F.: Über den Einfluß von Thyroxin auf die Diurese. Klin. Wschr. **1924**, 279. HILL, L.: Brit. med. J. **1921**, 767; Brit. J. exper. Path. **2**, 1 (1921); z. n. OEHME in Hdb. norm. u. path. Physiol. **VI/2**, 961. Springer: Berlin 1928. HOESSLIN, H. v.: Experimentelle Untersuchung zur Physiologie und Pathologie des Kochsalzwechsels. H. S.: München 1909; z. n. MORAWIZ-NONNENBRUCH in OPPENHEIMERS Hdb. Biochem. 2. Aufl. **8**, 269. Jena: Fischer 1925. HOESSLIN, H. v.: Experimentelle Untersuchungen über Blutveränderungen beim Aderlaß. Arch. klin. Med. **74**, 577 (1902). HOESSLIN, H. v.: Betrachtungen über den Kochsalzstoffwechsel des gesunden Menschen. Arch. klin. Med. **103**, 271 (1911). HOPPER, J. jr., H. TABOR and A. W. WINKLER: Simultaneous mesurements of the blood volume in man dog by means of Evans blue dye T-1824 and means of carbon monoxyde. I. Normal subjects. J. Clin. Invest. **23**, 628 (1944). HORST, W.: Beitrag zum Lipoidstoffwechsel bei chronischer Unterernährung. Klin. Wschr. **1950**, 184. HURWITZ u. TRAUTER, Arch. of internat. med. **17**, 828 (1916).

IGNATOWSKI u. MONOSSOHN, Z. exper. Path. **16**, 237 (1914); z. n. Tab. biol. **II**, 508. Berlin: Junk 1925.

JAWEIN, Wien. med. Presse Nr. 15, 16 (1892); z. n. Tab. biol. **II**, 499. Berlin: Junk 1925. JUNGMANN, P. u. E. MEYER: Experimentelle Untersuchungen über die Abhängigkeit der Nierenfunktion vom Nervensystem. Naunyn-Schmiedebergs Arch. **73**, 49 (1913).

KAUFMANN, Arch. physiol. et Path. 24 (5) Bd. **4**, 293 u. 495 (1892); z. n. OEHME in Hdb. norm. u. path. Physiol. **VI/2**, 951. Berlin: Springer 1928. KELLER, R.: Der elektrische Faktor der Nierenarbeit. Mährisch-Ostrau: Kittls Nachf. 1933. KIRCHBERGER, E.: Über die diuretische Wirkung des Lactoflavins. Dtsch. med. Wschr. **1946**, 138. KITISTEINER, Arch. Hyg. **87**, 176 (1917). KLEMENSIEWICZ: Pathologie der Lymphströmung in KREHL-MARSCHANDS Hdb. allg. Path. Bd. 2 (1) (1912). KLINGENBERG, H. G. u. E. PETERS: Der Übertritt von Eiweiß und Wasser aus dem Blut ins Gewebe unter physiologischen Verhältnissen. Wien. Z. inn. Med. **30**, 95 (1949). — Kongreßzbl. inn. Med. **123**, 167 (1949). KLOTZBÜCHER, E.: Klinische Beobachtungen bei der Ödemkrankheit. Klin. Wschr. **1948**, 289. KLÜNDER, R.: Haben Thyreoidea und Hypophyse einen Einfluß auf den Quellungsvorgang am überlebenden quergestreiften Muskel? Diss. Göttingen 1935. KOCH, K. u. K. WESTPHAL: Über den gesamten Kolloidkomplex im Blut und in den Nebennieren bei inneren Erkrankungen, besonders des Kreislaufes. Arch. klin. Med. **181**, 413 (1938). KROGH-EBBECKE: Die Kapillaren. S. 133. Berlin: Springer 1924. KÜHNAU, J.: Rutin, ein neuer wasserlöslicher Wirkstoff von Vitamincharakter. Klin. Wschr. **1949**, 294 u. Mercks Jahresber. **1949**, 8. KÜCHENMEISTER, H.: Die Wirkung des Rutins auf die Capillarpermeabilität. Klin. Wschr. **1949**, 297.

LARSON, E. E., J. F. WEIR and L. G. ROWNTREE: Studies on diabetes insipidus, water balance and water intoxication. Transact. assoc. Amer. physicans **36**, 409 (1921). — Ber. Physiol. **20**, 431 (1923). LEHMANN, G. u. A. MEESMANN: Über das Bestehen eines Donnangleichgewichtes zwischen Blut und Kammerwasser bez. Liquor cerebrospinalis. Pflügers Arch. **205**, 210 (1928). LEMIERRE, A. u. COTTONI, Sem méd. **1911**, 325. LEPLAT, G.: La pression artérille dans les vaisseaux de l'iris et ses modofications sous l'influence des Collyres. Ann. d'oculist. **157**, 693. — Ber. Physiol. **6**, 430 (1920). LESCHKE, E.: Arch. Psych. u. Nervenkr. **59**, 773 (1918). LESCHKE, E.: Beiträge zur klinischen Pathologie des Zwischenhirns. I. Klinische und experimentelle Untersuchungen über den Diabetes insipidus, seine Beziehungen zur Hypophyse und Zwischenhirn. Z. klin. Med. **87**, 201 (1919) (Durst S. 214). LESSER, Arb. physiol. Inst. S. 11. Leipzig 1871. LEVISON, J. of infect. dis. **21**, 556 (1917). LEYDEN, V.: Untersuchung über das Fieber. Arch. klin. Med. **5**, 273 (1869) u. **7**, 563 (1870); z. n. MORAWITZ-NONNENBRUCH in OPPENHEIMERS Hdb. Biochem. 2. Aufl. **8**, 259. Jena: Fischer 1925. LINDNER, K.-H.: Über die Wirkung des Lactoflavins auf den Salzstoffwechsel. Wien. klin. Wschr. **1940 II**, 918. LIPSCHITZ, W.: Der Durchtritt der Halogene durch die Membranen des tierischen Organismus. Naunyn-Schmiedebergs Arch. **147**, 142 (1930). LOEWY, A., Hdb. biol. Arbeitsmeth. 2. Aufl. IV, Teil 9, 243 (1922). Berlin-Wien: Urban u. Schwarzenberg. LOOFS, F. O. A.: Welche Mengen Stickstoff und Kochsalz werden durch die Haut von Nierenkranken ausgeschieden? Arch. klin. Med. **103**, 563 (1911), LUCKHART, A. B., F. STANGL and F. C. KOCH: Preliminary report on the daily amount, physical properties and rate of secretion of human pancreatic juice. Amer. J. Physiol. **63**, 397 (1923). LULLIES u. GULKOWITSCH: Schr. Königsberger gel. Ges. Naturw. Kl. 1, H. 2. (1924); z. n. BAURMANN in Hdb. norm. u. path. Physiol. **XII/2**, 1333. Berlin: Springer 1931.

MAGITOT-BAILLIART: Ann. d'ocul. **158** (1921); z. n. BAURMANN in Hdb. norm. u. path. Physiol. **XII/2**, 1333. Berlin: Springer 1931. MAGNUS-LEVY: Physiologie des Stoffwechsels. Verhalten und Rolle des Wassers im Stoffwechsel in v. Nordens Hdb. d. Path. d. Stoffwechsels, 2. Aufl. 1, 423 (1906). MAGNUS-LEVY, A.: Kongreßzbl. inn. Med. **26**, 15 (1909); z. n. NONNENBRUCH in Hdb. norm. u. path. Physiol. **XVII**, 223. Berlin: Springer 1926. MAGNUS-LEVY, A.: Über den Gehalt normaler menschlicher Organe an Chlor, Calcium, Magnesium und Eisen sowie an Wasser, Eiweiß und Fett. Biochem. Z. **24**, 363 (1910). MAGNUS-LEVY, A.: Alkalichloride und Alkalicarbonate bei Ödemen. Dtsch. med. Wschr. **1920**, 594. MAGNUS-LEVY, A.: Natriumcarbonat- und Kochsalzödeme. Z. klin. Med. **90**, 287 (1921). MARENZI, A. D.: Le potassium des tissus des rats surrénoprives. C. R. Soc. Biol. **129**, 1244 (1938). — Ber. Physiol. **113**, 440 (1939). MARGITAY-BECHT, A. u. PETÁRNYI: Diurese-Untersuchungen bei adrenalektomierten Ratten nach Wasseraufnahme. Naunyn-Schmiedebergs Arch. **197**, 405 (1941). MARKWALDER, J.: Untersuchungen über den Kochsalzwechsel und über die Beziehungen zwischen Chlor- und Bromnatrium beim genuinen Epileptiker. Ein Beitrag zur Brombehandlung der Epilepsie. Naunyn-Schmiedebergs Arch. **81**, 130 (1917). MASLOFF: Untersuchungen des Physiol. Inst. Heidelberg **II**, 300 (1878); z. n. Hdb. norm. u. path. Physiol. **III**, 866. Berlin: Springer 1927. MAUTNER, H., u. E. P. PICK: Über die durch Schockgifte erzeugten Zirkulationsstörungen. II. Das Verhalten der überlebenden Leber. Biochem. Z. **127**, 72 (1922). MARX, H.: Der Wasserhaushalt. Berlin: Springer 1935. MEHRING, I. v.: Über Diabetes mellitus. Z. klin. Med. **14**, 405 (1888). MEHRING, I. v.: Über Diabetes mellitus. II. Über die Zuckerausscheidung nach subkutaner und intravenöser Phloridzinapplikation. Z. klin. Med. **16**, 431 (1889). MESTREZAT: Le liquide cephalo-rachidien normal et pathologique. Paris: Maloine 1912. MEYER, E.: Schr. wiss. Ges. H. 33. Straßburg 1918. MEYER, L. F. u. COHN, Z. Kinderheilk. **2**, 360 (1911). MOLITOR, H. u. E. P. PICK: Zur Kenntnis der Pituitrinwirkung auf die Diurese. Naunyn-Schmiedebergs Arch. **101**, 169 (1924). MONAKOW, P. v.: Untersuchungen über die Funktion der Niere unter gesunden und kranken Verhältnissen. Arch. klin. Med. **122**, 241 (1917). MORAWITZ, P. u. W. NONNENBRUCH: Pathologie des Wasserhaushaltes in OPPENHEIMERS Hdb. Biochem. 2. Aufl. **8**, 256. Jena: Fischer 1925. MÜLLER, L. R.: Über den Durst und die Durstempfindung. Dtsch. med. Wschr. **1920**, 113. MUNK u. ROSENSTEIN, Virchows Arch. **123**, 230 u. 484 (1891); z. n. Hdb. norm. u. path. Physiol. **VI/2**, 930 (1928). MUYLDER, E. DE: Fonctionnement rénal et concentrations ioniques du plasma. Paris: Doin 1949.

NEHRING, Diss. Berlin 1896. (1) NONNENBRUCH, W.: Über extrarenale Ödemgenese und Vorkommen von konzentriertem Blut bei hydropischen Nierenkranken. Arch. klin. Med. **136**, 170 (1920). (2) NONNENBRUCH, W.: Über die Veränderungen des Blutes nach Harnstoffgaben. Naunyn-Schmiedebergs Arch. **89**, 200 (1921). (3) NONNENBRUCH, W.: Über den Bilanz- und intermediären Wasser- und Kochsalzstoffwechsel und seine Beziehungen zu den Serumproteinen. Z. exper. Med. **29**, 547 (1922). (4) NONNENBRUCH, W.: Über den Bilanz- und intermediären Wasser- und Kochsalzstoffwechsel und seine Beziehungen zu den Serumproteinen. Klin. Wschr. **1922**, 2046. (5) NONNENBRUCH, W.: Pathologie und Pharmakologie des Wasserhaushaltes einschließlich Ödem und Entzündung. Hdb. norm. u. path. Physiol. **XVII**, 225. Berlin: Springer 1926. NOTHWANG, Arch. Hyg. **14**, 272 (1892).

ODIER, J.: La mesure du volumen du liquide extracellulaire chez l'homme au moyen au sulfocyanure de sodium. Helv. med. Acta. A. Suppl. 21 (ad Vol. 15, 3) (1948). (*1*) OEHME, C.: Zur Lehre von Diabetes insipidus. II. Wirkung der Hypophysenextrakte auf den Wasserhaushalt. Z. exper. Med. 9, 251 (1919). (*2*) OEHME, C.: Über die Regulation des Wasserhaushaltes im Tierkörper und die Durstempfindung. Naturwiss. 10, 154 (1922). (*3*) OEHME, C.: Die Abhängigkeit des Wasser-Salzbestandes des Körpers vom Säure-Basenhaushalt und vom physiologischen Ionengleichgewicht. Klin. Wschr. 1923, 1410. (*4*) OEHME, C.: Über den Wasserhaushalt. Klin. Wschr. 1923, 1. (*5*) OEHME, C.: Der Wasser-Salzbestand des Körpers in Beziehung zum Säure-Basenhaushalt. I. Beitrag zu den kollodchemischen Grundlagen der Purindiurese. Naunyn-Schmiedebergs Arch. 102, 40 (1924). (*6*) OEHME, C.: Der Wasser-Salzbestand des Menschen in Beziehung zum Säure-Basenhaushalt. II. Physiologisches Ionengleichgewicht und Mineralstoffwechsel. Naunyn-Schmiedebergs Arch. 104, 115 (1924). (*7*) OEHME, C.: Grundzüge der Ödempathologie mit besonderer Berücksichtigung der neueren Arbeiten dargestellt. Erg. inn. Med. 30, 1 (1926). (*8*) OEHME, C., Hdb. norm. u. path. Physiol. VI/2, 925. Berlin: Springer 1928.

PATON Noehl, z. n. Hdb. norm. u. path. Physiol. VI/2, 930. Berlin: Springer 1928. PETERS u. VAN SLYKE: Quantitative clinical chemistry, Baltimore 1931; z. n. BECHER: Nierenkrankheiten I, 457. Jena: Fischer 1944. PETRÁNYI, G.: Messung der Wirksamkeit des Nebennierenhormons. Naunyn-Schmiedebergs Arch. 197. 409 (1941). PETTENKOFER u. VOIGT, Z. Biol. 2, 459 (1866). PFAUNDLER, M.: Über eine neue Methode zur klinischen Funktionsprüfung des Magens und deren pyhsiologische Ergebnisse. Arch. klin. Med. 65, 255 (1900). POLÁČEK, E.: Parenteralflüssigkeitstherapie im Kindesalter. Theorie und Praxis. Karger, Basel-New York, 1950. POLLAG, Schweiz. med. Wschr. 1920, 29. PRISTLEY, J. G.: The regulation on the excretion of water by the kidney. J. Physiol. 55, 305 (1921).

REIN, H.: Physiologie des Menschen. 10. Aufl. Berlin-Göttingen-Heidelberg: Springer 1949. REMINGTON, J. W., W. M. PARKINS, W. W. SWINGLE and V. A. DRILL: Efficacy of desoxycorticosterone acetate as replacement therapy in adrenalectomized dogs. Endocrinology 29, 740 (1941). — Ber. Physiol. 129, 620 (1942). RICHET, CH.: La mort par la soif. Presse méd. 1947, 597. — Kongreßzbl. inn. Med. 118, 266 (1949). RITTER, K., Grenzgebiete d. Med. u. Chirurg. 14, 235 (1905). RONA, P.: Über das Verhalten des Chlors im Serum. Biochem. Z. 29, 501 (1910). RUBIN, M. J., E. BRUCK and M. RAPOPORT: Maturation of Renal Function in Childhood; Clearance Studies. J. clin. Invest. 28, 1144 (1949). RUICKOLDT, E.: Über den Ersatz von Chlor durch Brom in Konservierungsflüssigkeiten. Naunyn-Schmiedebergs Arch. 111, Verh. Pharmakol. Ges. 71 (1926).

SARRE, H. u. H. SOSTMANN: Capillarpermeabilität bei akuter und chronischer Nephritis. Klin. Wschr. 1942, 8. SARRE, H. u. G. STEINBACH: Kardiale Ödeme und Jahreszeit. Klin. Wschr. 1947, 810. SAHLI: Über Auswaschung des menschlichen Organismus und die Bedeutung der Wasserzufuhr in Krankheiten. Volkmanns klin. Vortr., N. F. 109 (1890). (*1*) SCHADE, H., P. NEUKIRCH u. A. HALPERT: Über lokale Acidosen des Gewebes und die Methodik ihrer intravitalen Messung, zugleich ein Beitrag zur Lehre der Entzündung. Z. exper. Med. 24, 11 (1921). (*2*) SCHADE, H.: Die physikalische Chemie in der Medizin. Leipzig: Steinkopf 1923. (*3*) SCHADE, H. u. H. MENSCHEL: Über die Gesetze der Gewebsquellung und ihre Bedeutung für klinische Fragen (Wasseraustausch im Gewebe, Lymphbildung und Ödementstehung). Z. klin. Med. 96, 279 (1923). (*4*) SCHADE, H. u. F. CLAUSSEN: Der onkotische Druck des Blutplasmas und die Entstehung der renal bedingten Ödeme. Z. klin. Med. 100, 363 (1924). (*5*) SCHADE, H.: Wasserstoffwechsel in OPPENHEIMERs Hdb. Biochem. 2. Aufl. 8, 149. Jena: Fischer 1925. (*6*) SCHADE, H.: Über Quellungsphysiologie und Ödementstehung. Erg. inn. Med. 32, 425 (1927). SCHAUMANN, O., Naturforschg. u. Med. in Deutschland, Pharmakologie und Toxikologie, Bd. 61, Teil 1, 193. Dieterich'sche Verl.-Buchh. 1948. SCHERER, v., Gaz. méd. de Paris 1854; z. n. OEHME: Hdb. norm. u. path. Physiol. VI/2, 930. Berlin: Springer 1928. SCHIRMER, O.: Über die Zusammensetzung des Fettgewebes unter verschiedenen physiologischen und pathologischen Bedingungen. Naunyn-Schmiedebergs Arch. 89/90, 263 (1921). SCHITTENHELM, A. u. H. SCHLECHT: Über die Ödemkrankheit. Z. exper. Med. 9, 40 (1919). SCHMIDT, C.: Charakteristik der epidemischen Cholera. 1850. SCHMIDT, C., Ann. Chem. Pharm. 42, 42 (1854); z. n. Tab. biol. II, 499. Junk: Berlin 1925. SCHMIDT, P., F. WEYRAUCH, A. NECKE u. H. MÜLLER: Quantitative Bestimmung kleiner Bleimengen. Erw. a. d. gleichnam. Arb. von Seelkopf u. Taeger. Z. exper. Med. 94, 1 (1934). SCHMITT, F. u. W. BASSE: Bleiuntersuchungen im Liquor cerebrospinalis Normaler und Bleikranker. Klin. Wschr. 1937, 65. SCHUMBURG: Physiologie des Marsches. S. 190. Berlin 1901. SCHULZ, F. N.: Bildung der Lymphe in OPPENHEIMERs Hdb. Biochem. 2. Aufl. IV, 143. Jena: Fischer 1925. (*1*) SCHWENKENBECHER, A.: Über die Ausscheidung des Wassers durch die Haut von Gesunden und Kranken. Arch. klin. Med. **79**, 29 (1904). (*2*) SCHWENKEN-BECHER, A. u. INAGAKI: Über die Schweißsekretion im Fieber. Naunyn-Schmiedebergs Arch. **53**, 365 (1905). (*3*) SCHWENKENBECHER, A. u. INAGAKI: Über den Wassergehalt der Gewebe bei Infektionskrankheiten. Naunyn-Schmiedebergs Arch. **55**, 203 (1906). (*4*) SCHWENKENBECHER, A., im Hdb. Path. v. Krehl-Marschand **II**. 2, S. 426. (*1*) SEIDEL, E.: Experimentelle Untersuchungen über die Quelle und den Verlauf der intraokularen Saftströmung. Gräfes Arch. **95**, 1 (1918). (*2*) SEIDEL, E.: Weitere experimentelle Untersuchungen über die Quelle und den Verlauf der intraokularen Saftströmung. XXII. Über die Messung des Blutdruckes in den vorderen Ciliararterien des menschlichen Auges. Gräfes Arch. **114**, 157 (1924). (*3*) SEIDEL, E.: Weitere experimentelle Untersuchungen über die Quelle und den Verlauf der intraokularen Saftströmung. XXIII. Über das Stromgefälle im Ciliargefäßsystem des menschlichen Auges und die Triebkräfte bei der Absonderung des Kammerwassers. Gräfes Arch. **114**, 163 (1924). (*4*) SEIDEL, E.: Weitere experimentelle Untersuchungen über die Quelle und den Verlauf der intraokularen Saftströmung. XXIV. Über ein einfaches Modell zur Veranschaulichung des Zusammenwirkens hydrostatischer und osmotischer Triebkräfte beim physiologischen Flüssigkeitswechsel im Auge. Gräfes Arch. **114**, 388 (1924). (*1*) SERR, H.: Über die Entstehung des Augendruckes, besonders im Hinblick auf den intraokularen Capillardruck. Gräfes Arch. **116**, 692 (1926). (*2*) SERR, H.: Über den Blutdruck in den intraokularen Gefäßen. Gräfes Arch. **119**, 6 (1927). SEITZ, W. u. I. SENF: Die Funktionsprüfung des Wasserhaushaltes nach Zufuhr von Nebennierenrindenhormon im Volhardschen Trinkversuch. Klin. Wschr. **1948**, 497. SIEBECK, R.: Physiologie des Wasserhaushaltes im Hdb. norm. u. path. Physiol. **XVII**, 161. Berlin: Springer 1926. SEELKOPF, K. u. H. TAEGER: Quantitative Bestimmung kleiner Bleimengen. Z. exper. Med. **91**, 539 (1933). SMITH, H. W.: The kisney, Struktur and Disease. New York, Oxford University Press 1951. STAEHELIN: Über den Stoffwechsel und Energieverbrauch bei der Surraerkrankung. Arch. Hyg. **49**, 77. STARLING, E. H.: On the mode of action of lymphagogues. J. Physiol. **17**, 20 (1895). STARLING, E. H.: The glomerular function of the kidney. J. Physiol. **24**, 320 (1899). STEINITZ, Jb. Kinderheilk. **59**, 447 (1904). STRANSKY, Jb. Kinderheilk. **41**, 265. STRAUBE, G. u. H. BECK: Zur Frage des mikroanalytischen Bleinachweises in Körperflüssigkeiten. II. Klin. Wschr. **1939**, 356. STRAUBE, G.: Der Bleigehalt im Blut und Liquor cerebrospinalis bei experimenteller Bleivergiftung. Klin. Wschr. **1948**, 595. STRAUSS: Chronische Nierenentzündung. Berlin 1902. STRAUSS nach VEIL, Erg. inn. Med. **23**, 648 (1923) (Tab. 14 auf S. 686). STRAUB, H.: Lehrbuch inn. Med. 4. Aufl. Bd. **II**. Berlin: Springer 1939. STRAUB, W.: Über den Einfluß der Wasserentziehung auf den Stoffwechsel und Kreislauf. Z. Biol. **38**, 537 (1899). STRISWER, R., Wien. Arch. inn. Med. **3**, 153 (1921); z. n. Tab. biol. **II**, 508. Berlin: Junk. STURM, A. in HEILMEYERs Lehrb. spez. path. Physiol., 7. Aufl. Jena: Fischer 1950. STURM, H.: Die Permeabilität der Gefäße. Z. exper. Med. **112**, 78 (1943). STURM, H.: Die Permeabilität der Gefäße. II. Die Resorption. Pflügers Arch. **249**, 480 (1947). (*1*) SWINGLE, W. W., W. M. PARKINS, A. R. TAYLOR and H. W. HAYS: A study of water intoxication in the intact and adrenalectomized dog and the influence of adrenal cortical hormone upon electrolyte and fluid distribution. Amer. J. Physiol. **119**, 557 (1937). (*2*) SWINGLE, W. W., W. M. PARKINS, A. R. TAYLOR and H. W. HAYS: The influence of adrenal cortical hormone upon electrolye and fluid distribution in adrenalectomized dogs maintained on a sodium and chloride free diet. Amer. J. Physiol. **119**, 684 (1937). (*3*) SWINGLE, W. W.: Experimental studies on the function of adrenal cortex. Cold Spring Harbor Symposia on quant. Biol. **5**, 327. — Ber. Physiol. **111**, 270 (1937). (*4*) SWINGLE, W. W., J. W. REMINGTON, H. W. HAYS and W. D. COLLINGS: The effectiveness of priming doses of desoxycorticosterone acetate in protectin the adrenalectomized dog against water intoxication. Endocrinology **28**, 531 (1941). — Ber. Physiol. **126**, 637 (1941).

THADDEA, S.: Die Nebennierenrinde. Thieme: Leipzig 1936. THANNHAUSER, S. J.: Studien zur Kriegsnephritis. Z. klin. Med. **89**, 181 (1919). THER, L.: Über einige Gesetzmäßigkeiten der Diurese. Naunyn-Schmiedebergs Arch. **205**, 376 (1948). TIGERSTEDT, R.: Physiologie des Kreislaufes. **III** 2. Aufl., 272. Berlin-Leipzig: W. de Gruyter 1922. TOBLER, L.: Zur Kenntnis des Chemismus akuter Gewichtsstürze. Naunyn-Schmiedebergs Arch. **62**, 431 (1910). TOBLER, L. u. G. BESSAU, Jb. Kinderheilk. **73**, 566 (1911). TREADWELL, W. D.: Analytische Chemie. **II** 11. Aufl., 614. Wien: Deuticke 1939. TRON: Gräfes Arch. **118** (1927) u. **119** (1928). TUTZEK: Z. Biol. **12**, 534 (1876).

(*1*) VEIL, W. H.: Über die Bedeutung intermediärer Veränderungen im Chlorstoffwechsel beim Normalen und Nierenkranken. Biochem. Z. **91**, 275 (1918). (*2*) VEIL, W. H.: Physiologie und Pathologie des Wasserhaushaltes. Erg. inn. Med. **23**, 648 (1923) (Tab. 13 auf S. 685, Tab. 14 auf S. 686). (*3*) VEIL, W. H.: Über die klinische Bedeutung der Blutkonzentrationsbestimmung. Arch. klin. Med. **113**, 226 (1914). (*4*) VEIL, W. H.: Der gegenwärtige Stand der Aderlaßfrage. Erg. inn. Med. **15**, 139 (1917). (*5*) VEIL, W. H.: Über die

Auslösung intermediärer Kochsalzverschiebungen vom Zentralnervensystem aus. Naunyn-Schmiedebergs Arch. **87**, 189 (1920). (*6*) VEIL, W. H.: Über die Bedeutung intermediärer Veränderungen im Chlorstoffwechsel bei Normalen und Nierenkranken. Biochem. Z. **91**, 317 (1918). (*7*) VEIL, W. H.: Über intermediäre Vorgänge bei Diabetes insipidus und ihre Bedeutung für die Kenntnis vom Wesen dieses Leidens. Biochem. Z. **91**, 317 (1918). VERNEY, E. B.: Die Hemmung der Wasserdiurese durch Erhöhung des osmotischen Druckes im Karotisplasma und ihre Vermittlung über die Neurohypophyse. Naunyn-Schmiedebergs Arch. **205**, 367 (1948). VERZÁR, F.: Die Funktion der Nebennierenrinde. Schwabe: Basel 1939. VINCI, Arch. di fisiol. **6**, 41 (1909); z. n. OEHME in Hdb. norm. u. path. Physiol. **VI/2**, 930. Berlin: Springer 1928. VOIT, z. n. NONNENBRUCH: Pathologie und Pharmakologie des Wasserhaushaltes einschließlich Ödem und Entzündung. Hdb. norm. u. path. Physiol. **XVII**, 223. Berlin: Springer 1926. VOLKMANN, Ber. sächs. Ges. Wiss. math.-nat. Kl. **26**, 202 (1874). VOLHARD, F., in Mohr-Staehelins Hdb. inn. Med. **3**, 1228 (1918).

WALTER, F. K.: Studien über die Permeabilität der Meningen. I. Eine Methode zur quantitativen Bestimmung der Permeabilität und die allgemeinen Grundlagen der normalen und krankhaft veränderten Permeabilität. Z. Neur. **95**, 527 (1925). — II. Die Permeabilität der luetischen Erkrankung. Z. Neur. **97**, 192 (1925). — III. Die Permeabilität bei den Psychosen des Rückbildungsalters. Z. Neur. **99**, 548 (1925). — IV. Die Permeabilität der symptomatischen Psychosen. Mschr. Psychiatr. **60**, 283 (1926). — Was leistet die Waltersche Brommethode? Dtsch. med. Wschr. **1926**, 1426. WEARN, J. T. and A. N. RICHARDS: Observation on the composition of glomerular urine with particular reference to the problem of reabsorption in the renal tubules. Amer. J. Physiol. **71**, 209 (1924). WEGENER, A.: in BÖRNSTEIN-BRÜCKMANN: Leitfaden der Wetterkunde. S. 5. Braunschweig: Vieweg 1927. WESSELY, K.: Über die Wirkung des Suprarenins auf das Auge. Verh. ophthal. Ges. **69**. Heidelberg 1900. WESSELY, K.: Bemerkungen zu einigen Streitfragen aus der Lehre vom intraokularen Stoffwechsel. Gräfes Arch. **88**, 217 (1921) u. **93** (1923). WIDAL, F. u. A. LEMIERRE: Die diätetische Behandlung der Nierenentzündung. Erg. inn. Med. **4**, 523 (1909). WOLF, A. V.: The Urinary Function of the Kidney. New York: Grune and Stratton 1950. WYSS, H. v.: Über Ödeme durch Natrium bicarbonicum. Arch. klin. Med. **111**, 93 (1913).

YLPPÖ: Z. Kinderheilk. **17**, 157 (1918).

ZAWILSKY: Arb. physiol. Inst, S. 147. Leipzig 1876.

Namenverzeichnis.

(Bei den in Klammern stehenden Zahlen handelt es sich um Übersichten, Lehrbücher, die im Text nicht angeführt wurden, aber für den Leser erwähnenswert sind.

Bei Autoren, von denen mehrere an einer Arbeit beteiligt sind, wurden Hinweise angefügt, unter welchem Autornamen die Arbeit in den Literaturverzeichnissen zu finden ist.)

ABE s. TASHIRO 21.
ADAMS, C. s. WETTSTEIN 71.
ADDIS, T. 48.
ADOLF, E. F. (162).
ALBERTINI 23.
ALBU-NEUBERG 137.
ALCOCK, N. H. s. LOEWI 24.
ALIMINOSA, L. s. SMITH, H.W. 20.
ALTHAUSEN, T. S. s. EILER (120).
ALPERT, L.K. 109.
ALVING, A. S. s. LANDOWNE 71.
APPEL, J. s. EICHLER 96, 140.
ANSORGE, E. s. SARRE 30.
ARNOLD, H. s. ENGER 103.
ARNSTEIN, A. 18.
ARROUS s. HÉDON 25.
ASCHNER s. BAUER 11.
ASHER, L. 154.
ATWATER 138, 139.
ATZLER, E. 9, 146.
AUBEL, E. s. BLUM 145, 146.
AVERBECK, G. 33.

BACQ, Z. M. s. CANNON 103.
BAILISS 34, 157.
BAILLART 158, u. s. MAGITOT 157, 158.
BAINBRIDGE, F. A. 6, 29, 88, 89, 93.
BAKKER, A. s. HAAN 88.
BALIG, W. s. FREY, J. (122).
BALINT, F. 159.
BAMMAN, W. s. JENSEN (125).
BANSI, W.H. 161.
BARANY, E. 158.
BARBERA, A. G. s. ASHER 154.
BARCLAY, J. A. 47, 65, 71, 72.
BARCLAY, E. s. TRUETA 13.
BARCROFT, J. 19, 24, 28, 29, 93, 154 u. s. TRIBE 28 u. STRAUB, H. 19, 21, 28, 29.
BARETT, E. s. ADDIS 43, (117).
BARKAN, G. 88, 89.
BARNWELL, J. B. s. RICHARDS 92.

BARRAS, G. s. BOULANGER 96.
BARTELS 139.
BASLER, A. 89.
BAUER, J. 11.
—, M. s. BÜRGER 145.
BAUR, F. (118).
BAURMANN, M. 157, 158.
BAYNE-JONES s. FELTON 158.
BAYLISS, L. E. (162).
BAXTER, J. H. s. GREER 104.
BECHER, E. 12, 25, 76.
BECHER, H. 12, 14.
BECO, L. 26, 32.
BEDDARD, A. F. s. BAIN-BRIDGE 93.
BEIGELBÖCK, W. 97.
BENEDICT s. ATWATER 138, 139.
BENEDICT, ST. R. (118).
BENKÖ, G. s. BALINT 159.
BENNHOLD, H. 70.
BERG s. HERRNING 161.
BENSLEY, R. R. 90.
BERGER, E. Y. 46, 140.
BERGMANN, H. C. s. SIMKIN 13.
BERGMANN, P. G. s. TIGERSTEDT 100.
BERNHARD, CL. 31, 32.
BERNING s. HERRNING 161.
BESSAU, G. s. TOBLER 145.
BEYER 71.
BIBERFELD, J. 18, 76.
BICKFORD, R. G. B. 48.
BIETER, R. N. 23, 89.
BINCLEY bei BRADLEY, S.E. 94.
BING, R.J. (118).
BISCHOFF 136, 137.
BIZARD, G. s. BOULANGER 96.
BLACK, D. A. 13.
BLÁSCO, S. 96.
BLUM, L. 145, 146.
BLUMGART 11.
BOGER, W. P. 71.
BONSMANN, M. R. 26.
BONZENRAAD, O. 137.
BOTAZZI 88.

BOTT, F. A. s. RICHARDS 45.
BOULANGER, F. 96.
BOWMAN, W. 5.
BOYD, J. s. ADDIS (117), (163).
BRADFORD, J. R. 32 u. s. PHILIPPS 21, 26.
BRADLEY, St. E. 19.
—, G. P. 19.
BRAND, J. (163).
BRANNON, E. S. s. GREER u. WARREN 20, 104.
BRAUN-MENENDEZ, E.s. HOUSSAY 99, 100 u. LELOIR (127).
BRAUS 152.
BRIDGES, W. C. s. GREEN 23.
BRODIE, B. B. s. BERGER 140.
—, T. G. 76 u. s. BARCROFT 19, 24, 29 u. PAVY 93.
BROD, J. 46.
BROEMSER, PH. s. BARKAN 88, 89.
BRÖKER s. GOLLWITZER-MEYER 10, 147.
BROWN, L. T. s. OGDEN (129).
BRUCH, E. s. RUBIN 87, 137.
BRULL, L. 37.
BRUNN, F. 92.
BRUNS, F. 161.
BRUNTON, L. 26.
BUNGE, G. 65.
BUNDSCHUH, H. S. s. KUSCHINSKY 36, 37.
BURCH, G. E. s. RAY 25.
BÜRGER, M. 145.
BURN, J. H. 72, 156 u. s. DALE 156.
BURTON-OPITZ, R. 19, 32.
BYARD, G. s. BOULANGER 96.

CAMBIER, P. s. GOWAERTS 52.
CAMERER, W. 137, 139.
CANNON, W. B. 103.
CARGILL, W. H. 20, 29.
CARREL 33.
CARLSON 151.

Casey, J. J. s. Jensen (125).
Chambers, R. 155.
Chasis, H. 23, 108ff. u. s. Smith, H. W. 71.
Chobot, G. R. s. Wakerlin (134).
Clara, M. 8, 13, 15.
Clarke, R. W. s. Goldring 70.
Claussen, F. s. Schade 17, 68, 155.
Cohn, s. Meyer, L. F. 146.
Cohnheim 154.
Cohnstein, W. 153.
Collings, W. D. (119) u. s. Remington 100 u. Swingle 95, 100.
Collins, S. H. s. Bainbridge 88, 89.
Cooke, W. F. 43 u. s. Barclay 71, 72.
Copman, S. M. 151.
Cordie s. Gérard 89.
Corcoran, A. C. 101 u. s. Page 101.
Corwin, W. C. s. Jensen (125).
Cosopanigiotis, B. C. (119).
Courand (119).
Cow, D. 35, 140.
Craig, N. S. 11.
Crane, M. M. s. Marshall, E. K. 6, 48, 49, 70, 74, 90, 91.
Crawford, B. s. Smith, H. W. 20.
Credner, K. s. Holtz 18, 103
Creveld, S. van s. Haan (164).
Crosson, J. W. s. Boger 71.
Cullis, W. C. s. Brodie 76.
Cushny, A. R. 6, 7, 17, 20, 21, 25, 29, 34, 36, 42, 44, 49, 60, 71, 73, 76, 81, 84.

Dale, H. H. 156 u. s. Burn 156.
Daniel, P. M. s. Trueta 13.
Danielli 155.
Darrow, D. C. s. Harrison 95.
Davies, E. E. s. Dick 46, 112, 114.
Davis, J. O. 23.
Dean, R. F. 47, 86, 137.
Dehoff, E. s. Elze 13.
Delbue, G. s. Lewis (127).
Delprat, G. D. 65.
Demoor s. Dicker 32.
Dennig 139, 142.
Deutsch, E. 111.
Dick, A. 46, 112, 114.
Dieker 32.
Dieter, W. 157, 158.
Döhnhardt, A. 161, 162.

Dölp, F. s. Enger 102.
Dost, F. H. 48.
Dreser, H. 60.
Dreyer, N. B. 16, 20.
Drury, D. R. s. Taggart 101.
Drury, P. R. s. Addis 48.
Drill, V. A. s. Collings (119).
Dubois 49.
Duke Elder 157.
During, M. T. s. Berger 140.

Earle, D. P. s. Berger 46.
Ebbecke, U. 13, 89 u. s. Krogh 152.
Eckard 32.
Eger, W. s. Sarre (131).
Eggleton, M. G. 3, 46.
Eichenberger, E. 156.
Eichholtz, F. 37, 66 u. s. Brull 37.
Eichler, O. 96, 140.
Eiler, J. J. (120).
Ellinger, Ph. 33, 66, 88, 89 u. s. Rohde 32.
Elze, K. 13.
Engel, K. 25.
—, R. 66, 108.
Engels, W. 137, 140.
Enger, R. 99, 102, 103 u. s. Sarre 105.
Eppinger, H. 10, 97, 147, 155, 156.
Epstein, T. 25, 160 u. s. Engel 25.
Essex, E. s. Wakim (135).
Euler, U. S. v. 100, 101.
Evans, G. 29.
Evans, W. A. jr. s. Gobson 140.

Faber, S. J. s. Berger 46.
Fahr, G. F. 68.
Fahrenkamp, C. 27.
Fasciolo, J. C. (121) u. s. Houssay 99, 100, (121) u. Leloir (127).
Fee, A. R. 29, 36, 37 u. s. Bayliss 34.
Feldberg, W. (121).
Felton 158.
Ferguson, M. H. s. Robson 47.
Ferrere, C. s. Nyiri 46 u. Rilliet 46.
Feyrter, F. 14.
Field s. Green 23.
Finkelstein, N. s. Smith, H. W. 20.
Findlay, T. s. Walker 91.
Finkler 150.
Fischer 24, 68.
Fleckenstein, A. 97.
Fleckseder 151.

Fletscher, W. M. s. Loewi 21, 32.
Földi, M. 65, 71
Franceschetti 157.
Frankl-Howart, V. 107
Franklin, K. J. s. Trueta 13.
Fraser, H. M. 37.
Freedman, A. 101.
Fremont-Smith 18.
Freund, H. 102.
Frey, E. 6, 7, 8, 10, 11, 15, 17, 22, 23, 24, 25, 27, 28, 32, 36, 37, 38, 39, 40ff., 49, 51, 52, 54, 55, 59, 60, 68, 74, 76, 77, 78, 82, 84, 88, 139, 147, 148, 150, 153, 156, 158.
Frey, J. 3, 15, 38, 39, 57, 75, 76, 77, 78, 81, 84, 96, 97, 104, 109, 150.
Frey, W. (122).
Friedmann, B. 100.
Friedmann, E. 65.
Fritz, M. s. Ostertag 70.
Fromherz, K. 11, 36.
Fouts, P. J. s. Page (130).
Fuchs, P. 57.
Fujamaki, Y. s. Hildebrandt 10, 147.

Galeotti, G. 25, 60, 76.
Gaudino, M. 94, 95, 96, 148.
Gebauer, A. s. Zipf 18.
Gebhardt, H. 23.
Gehberg, A. (122).
Gérard 89.
Gestner, H. s. Enger 99.
Geigy 151.
Gibson, J. G. 140.
Gilbert 157.
Ginsberg, W. 34, 140.
Glaessner, K. 151.
Glax (164).
Göbel, H. s. Enger 103.
Goldberg, M. L. s. Wakerlin 100.
Goldblatt, H. 99, 101, 108ff.
Goldring, W. 70 u. s. Chasis 23, 108, 110, 111, 112, 113 u. Smith, H. W. 71.
Gollwitzer-Meyer, Kl. 10, 11, 147, 148, 159.
Gomberg, B. s. Wakerlin 100.
Goormaghtigh, N. 14.
Gottlieb, R. 21, 24.
Govaerts, P. 25, 52.
Graber, M. s. Smith, H. W. 20.
Graedertz, A. 157.
Grafe, E. 137.
Grawitz 143.
Gray, F. s. Green 23.

GREEN, D. M. 23.
GREER, C. M. 104.
GREK, J. 32.
GREMELS, H. 16, 25, 27, 29, 43.
GRIESBACH, W. 137.
GUBLER 152.
GUKELBERGER, M. 45, 48.
GÜLZOW, M. 149, 161.
GULKOWITSCH s. LULLIES (166).
GURTHRIE s. CARREL 33.
GÜNZBURG, L. s. REHN 114.
GURWITSCH 92.

HAAN, J. DE 88.
HABIB, Y. A. s. EGGLETON 3, 46.
HAHN, A. s. BARKAN 88, 87.
HALL, P. W. s. SELKURT 12, 16, 19.
HALPERT, A. s. SCHADE 155.
HALTER, G. s. MODRAKOWSKI 11.
HAMBURGER, H. J. 151, 154.
HANDLEY, C. A. 20, 26.
HANZEL, R. F. s. GOLDBLATT 101.
HARA, Y. 32.
HARRISON, H. E. 95.
—, S. P. s. McDWEN 100.
—, T. R. s. MERRIL 101.
HARTMANN 17, 19.
HARTWICH, A. 16, 26, 35, 99, 101.
HASHIMOTO, M. 52.
HATZ, B. 105.
HAUROWITZ, F. 158.
HAUSKNECHT, R. s. BLUM 145.
HAY, J. 144.
HAYS, H. W. s. REMINGTON 100 u. SWINGLE 95, 100.
HAYMAN jr., J. M. 29.
HEDINGER, M. 27.
HÉDON 25.
HEEPE, F. s. HOLTZ 18.
HEIDENHEIM, R. 5, 152, 153, 154.
HEILMEYER, L. 85, 86, 98.
HEINBECKER, P. s. WHITE 98.
HEINEKE, A. 143, 159.
HEINSEN, H. A. s. WOLF, H. J. 102.
HEKMA s. HAMBURGER 151.
HELLER, H. 137, 149.
HELMER, O. M. 11.
— u. s. KOHLSTAEDT 100 u. PAGE 100, 101.
HELVE, O. 96.
HEMINGWAY, A. s. FEE 29, 36, 37.
HENCH 97.

HENDERSON, E. s. LOEWI 21, 32.
HENI, F. 97.
HERMANN, H. 27 u. s. TOURNADE 32.
HERRIN, R. C. 19, 48.
HERRNING, G. 161 u. s. SCHÄFER 36.
HERTUECH, H. 124.
HESSE, E. 145.
HESSEL, G. 101, 104.
HICKAM, J. B. s. CARGILL 20, 29.
HILD, W. 39.
HILDEBRANDT, F. 10, 147.
HILDEN, T. s. BRUN 72.
HILL, L. 101, 153.
HIMWORTH, H. F. 47.
HIRSCHFELDER, A. D. s. BIETER, 23, 89.
HIRT, A. 34 u. s. ELLINGER 33, 66, 88, 89.
HÖBER, R. 6, 89, 90, 91, 92.
HOESSLIN, H. v. 143, 150.
HOFF, E. 93, 98.
HOHL, H. 16.
HOLTZ, P. 18, 103, 104.
HÖPKER, W. 39.
HOPPER, J. 140.
HORST, W. 162.
HOTOVY, R. 38, 92.
HOUSSAY, B. A. 99, 100.
HOUSSEY s. FELTON 158.
HUDSON, C. L. s. WALKER 91.
HUNTER, R. E. 71.
HURWITZ 158.

IGNATOWSKI 151.
IYNAYAKI s. SCHWENKENBECHER 150.
INGLE, D. J. 95 u. s. KENDALL 95.
IRMER, W. 71.
IVY, A. C. s. McDWEN 100.

JACKENDAHL, R. s. BERGER 46.
JAHNKE, K. H. s. HESSE 145.
JANSSEN, S. 11, 12, 16, 19, 21, 24, 25, 29, 36 u. s. BECHER 76 u. REIN 16, 21, 52.
JAWEIN 151.
JENSEN, H. (125).
JOHNSON, D. A. s. GREEN 23.
—, C. A. s. WAKERLIN 100.
JOCKERS, G., s. FREY, J. 77.
JONESCU, D. 26.
JOSEPH, R. 26.
JOSEPHSON, B. 72.
JOURDAN, T. s. HERMANN 27.
JUNGMANN, P. 31, 32, 148.

KAHLSON, G. 99.
KAHN, J. R. 13.

KASZTAN, M. 27.
KAUFMANN 154.
KELLER, R. 155.
KEMPF, G. F. s. PAGE (130).
KENDALL, E. C. 95 u. s. HENCH 97 u. INGLE 95.
KENNY, R. A. s. BARCLAY 71.
KICHIKAWA, W. 32.
KIRCHBERGER, E. 98.
KITTSTEINER 139.
KLECKI, C. v. 32.
KLINGENBERG, H. G. 154.
KLOTZBÜCHER, E. 161.
KLÜNDER, R. 10, 11, 147, 148.
KNOCHE, H. 91.
KNOLL 32.
KNOWTON, F. P. 17.
KOCH, K. 161.
—, F. C. s. LUCKHART 151.
KOELLA, W. 34.
KOENECKE, W. s. MEYERBICSH 32.
KOEPF, G. F. s. LEWIS (127).
KOHLSTAEDT, K. G. 100, 101, 105 u. s. CORCORAN 101.
KOLL, A. C. s. MARSHALL, E. K. 32.
KONSCHEGG, A. v. 10, 36.
KORÁNYI, A. v. 7, 53, 75, 77, 80.
KOSUGI, T. 13.
KRAMER, K. 13.
KRAUSE, R. 92.
KREIENBERG, W. 19.
KROGH-EBBECKE 152, 154, 155, 157.
KRONEBERG, G. 18 u. s. HOLTZ (125).
KÜCHENMEISTER, H. 152.
KUCZYCKI-POLIOKA, J. s. ENGER 102.
KUHLMANN, D. s. LEWIS (127).
KÜHNAU, J. 156.
KUSCHINSKY, G. 34, 36, 37, 38, 45, 46, 71.
KYLIN, E. 23.

LAIDLAW, P. P. s. Dale 156.
LaFORGE, M. s. HANDLEY 20, 26.
LAMBIE, C. G. s. CUSHNY 21, 36.
LAMPAS, H. s. ENGER 103.
LAMY, H. 24, 25.
LANDIS, E. M. 101, 160.
LANDOWNE, M. 71.
LANGECKER, H. 93 u. s. KUSCHINSYK 34, 45, 46, 71.
LARSEN, E. E. 141.
LASZT, L. 95.
LAZAROWITS, ST. s. FÖLDI 65, 71.
LAZZARO 34.
LAUFBERGER, V. (127).

LEFEBVRE, L. 34.
LEHMANN, G. 157 u. s. ATZLER 9, 146.
LEHMANN, J. H. s. GREEN 23.
LEHNHARTZ, E. 85.
LEIPERT 110.
LELOIR, L-F. (127).
LEMIERRE 145 u. s. WIDAL 145.
LEPESCHKIN, E. (127).
LEPLAT, G. 158.
LESCHKE, E. 31, 143, 148.
LEVISON 158.
LEVITT, M. F. s. GAUDINO 94, 95, 96, 148.
LEWIS, R. A. (127).
LEYDEN, v. 150.
LIBERTI, V. 95.
LIEBEGOTT s. FREY, J. 17, 96.
LIEBERT, CH. 38.
LIMBECK, R. v. 24.
LINDER, F. s. ENGER 102.
LINDNER, K.-H. 98.
LINDQUIST, K. 37.
LOBENHOFFER 34.
LOEWI, O. 21, 24, 32, 76 u. s. JONESCU 26.
LOEWY, A. 138, 139.
LOHMÜLLER, TH. s. FLECKENSTEIN 97.
LOOFS, F. O. A. 139.
LUCAS, D. R. s. BURTON-OPITZ 32.
LUCKHART, A. B. 151.
LUDWIG, C. 13.
—, P. s. FEYRTER 14.
LUEKEN, B. 91.
LULLIES 158.
LUNDSGAARD, E. 45, 93.
LURZ, L. 34.
LÜTTGENS, W. 98.
LYNCH, J. s. GOLDBLATT 101.

McCALLUM 34.
McCANCE, R. A. 46 u. s. DEAN 47, 86, 137.
McDONALD, R. K. 3, 26, 71.
McDWEN, E. G. 100.
MACKUTH, E. s. HÖBER (124).
MAGITOT-BAILLIART 157, 158.
MAGNUS, R. 17, 24, 25, 36, 37, 51, 68, 76 u. s. GOTTLIEB 21, 24.
— -LEVY 140, 145.
MAHR, H. s. SARRE (132).
MALATO, M. T. 96.
MALMÉJAC, J. s. HERMANN 27.
MANCINI, M. 35.
MARENZI, A. D. 95.
MARGITAY-BECHT, A. 95, 149.
MARKWALDER, J. (166)
MARSHALL, C. R. 26.

MARSHALL jr., E. K. 6, 32, 48, 49, 70, 74, 90, 91.
MASLOFF 151.
MARX, H. 142.
MASUDA, T. 23, 89.
MATHIS, J. 14.
MAUERHOFER, F. 32.
MAUTNER, H. 156.
MAYER, A. s. LAMY 24, 25.
MAYRS, E. B. 93.
MEADS, M. 71.
MEESMANN, A. s. LEHMANN 157.
MEESSEN, H. s. HÖPKER 39.
MEHRING, E. v. 93.
MEITNER, H. J. s. AVERBECK 33.
MENSCHEL, H. s. SCHADE 146.
MENDEL, L. B. s. SMITH, A. H. 68.
MENZIES, J. R. s. BAINBRIDGE 88, 89.
MERRIL, A. 101.
MESTREZAT 157, 158.
MEYER, E. 36, 51, 143 u. s. JUNGMANN 31, 32, 148.
—, L. F. 146.
— -BISCH, R. 32.
MEYERSTEIN, W. s. HEINEKE 159.
MILLER, J. H. s. McDONALD 3, 26, 71.
MITAMURA, T. 89.
MIWA, M. 21, 23, 29, 89.
MIYAMURA, K. 92 u. s. TAMURA (133).
MODRAKOWSKI, G. 10, 11.
MOLITOR, H. 36, 51, 141.
MÖLLENDORFF, W. v. 6, 12, 13, 14, 16, 59, 92 u. s. STÖHR 133.
MONAKOW, P. v. 159.
MONAUNI, J. 94, 95, 149.
MONOSOHN s. IGNATOWSKI 151.
MONTIGEL, C. s. VERZÁR 96.
MOORE, B. 68.
MORAWITZ, P. s. NONNENBRUCH 143.
MOSBERG 65, 92, 93.
MÜLLER, L. R. 143.
MÜLLER, H. s. SCHMIDT, P. (167).
MUNEZ, J. M. s. LELOIR (127).
MUNCK 152.
MÜNZER 24.
MURALT, G. DE s. BARCLAY 72.
MURILL, A. J. s. WARREN 20.
MUYLDER, E. de 3, 36, 37, 47, 72, 148.

NAGASAWA, H. s. TAMURA (133).
NASH, jr. TH. P. s. BENEDICT (118).

NECKE, A. s. SCHMIDT, P. (167).
NEUBAUER, E. s. LOEWI (128)
NEUKIRCH, P. s. SCHADE 155.
NEHRING 139.
NICHOLSON, T. F. 48.
NISHINA, T. s. TAMURA (133).
NONNENBRUCH, W. 97, 140, 143, 144, 161 u. s. MORAWITZ (166).
NOTHWANG 142.
NUSSBAUM, M. 6.
NYIRI, W. 46.

OCKLITZ, H. s. KRONEBERG 18.
O'CONNOR, J. M. 102..
ODIER, J. 96, 140.
OEHME, C. 11, 36, 143, 146, 147, 152, 153, 154.
OETTEL, H. (129).
OGDEN, E. (129).
OKKELS, H. 14.
OLBRICH, O. s. ROBSON 47.
OLIVER, J. 73, 89, 94.
OPPENHEIMER, C. 104.
OPPENHEIMER, E. s. BAUR, F (163).
OPPENHEIMER, E. T. s. FRIEDMAN 8, 100.
ORSKOW, E. T. s. HARTMANN 17, 19.
OSTERTAG, B. 70.
OVERLING, C. R. 14.
OZAKI, M. 21, 26, 32, 36.

PAGE, I. H. 100, 101 u. s. CORCORAN 101 u. HELMER 100 u. KOHLSTAEDT 100, 101, 105.
PAGE, E. W. s. OGDEN (129).
PARKINS, W. M. s. REMINGTON (167) u. SWINGLE 95.
PARKER, W. N. s. MOORE 68.
PATON, N. 152.
PATT s. HIMWORTH 47.
PAVY, F. W. 93.
PENTIMALLI (130).
PETERS, K. 65, 160, 161.
PETERS, E. s. KLINGENBERG 154.
PETERFI s. OKKELS (129).
PETRÁNYI, G. 95.
PETRÁNYI s. MARGITAY-BRECHT 95, 149.
PETTENKOFER 139.
PFAFF, F. 26.
PFAUNDLER, M. 151.
PFEFFER, K. H. 94, 98.
PHILIPPS, C. D. F. 21, 26 (130)
PICK, E. P. s. MAUTNER 156 u. MOLITOR 36, 51, 141.
PICKERT, H. s. GÜLZOW 149.
PICKERING, G. W. 100 u. s. HILL 101.

PILGERSTORFER, W. s. LE-
  PESCHKIN (127).
PINKSTON, J. O. s. GREER
  104.
PLANT, O. M. s. RICHARDS 16,
  22, 36.
PLATT, R. (130).
PLUMIER, L. s. BECO 26, 32.
POLÁČEK, E. (167).
POLLAG (167).
POLLAK, L. 18.
POLLEY u. s. HENCH (124).
POPONOWSKI, M. 87.
POPPER, H. s. FUCHS 57.
POULSSON, L. T. 11, 43, 45,
  93, u. s. GREMELS (123).
PRICHARD, M. L. s. TRUETA
  13.
PRINZMETAL, M. s. PICKERING
  100 u. SIMKIN 13.
PRISTLEY, J. G. 141.
PROKOP, L. s. KREIENBERG
  19.
PUCCINELLI, E. 96.
PÜTTER, A. 15, 28.

QUEVENNE s. GUBLER 152.
QUERCIA s. PENTIMELLI (130).
QUINBY 34.

RAASCHOU, F. s. BRUN 72.
RABEL s. GOLLWITZER-MEYER
  (123).
RANGIS, H. A. s. CHASIS 23.
RANGES s. COURAND (119).
RANDERATH, E. 89.
RAPOPORT, M. s. RUBIN 87,
  137.
RAUCHSCHWALBE, H. 97.
RAY, C. TH. 25.
REDLICH, F. s. ARNHEIM 18.
REGNIER s. VEIL 140.
REHBERG, P. B. 7, 16, 42, 112.
REHN, E. 114.
REID, W. L. 26.
REIN, H. 17, 19, 28, 49, 61 u.
  s. JANSSEN 16, 21, 24, 25,
  29, 36 u. HARTMANN 17,
  19, 30.
REINHOLD, A. s. HOLTZ (125).
REISINGER, J. A. s. WALKER
  91.
REMINGTON, J. W. 100 u. s.
  COLLING (119) u. SWINGLE
  95.
RENÉ, A. 34.
REUBI, F. C. 13.
Reul, R. s. Muylder 47, 72.
RICHARDS, A. N. 6, 16, 22,
  23, 25, 36, 45, 88, 89, 91,
  92, u. s. WALKER, 91, u.
  WEARN 6, 16, 17, 25, 42,
  65, 88, 91, 156.
RICHET, CH. 144.

RILLIET, B. 46 u. s. NYIRI 46,
  (129).
RITTER, K. 155.
ROAF s. MOORE 68.
ROBBERS, H. 45, 93, 98 u. s.
  MOSBERG (129).
ROBBINS, S. 88, 90.
ROBINSON, J. R. s. McCANCE
  46.
ROBSON, J. S. 47, 108.
ROCKITANSKY 97.
ROHDE, E. 32, 66.
ROHRER, L. v. 60.
ROLF, D. 98.
RONA 159.
ROOT, G. T. s. WAKIM (135).
ROSENBLUETH, A. s. CANNON
  (119).
ROSENSTEIN s. MUNK 152.
ROTHLIN, E. 27.
ROWE, L. W. s. LINDQUIST 37.
ROWNTREE, S. G. s. LARSON
  141.
RUBIN, M. J. 87, 137.
RÜDEL, G. 25, 32.
RUICKOLDT, E. (167).
RUMMEL, W. s. BRUNS 161.
RUYTER, J. H. 14 u. s.
  HERINGA (124).
RYBERG 65.
RYDIN, H. (131).

SAGER, R. (131).
SAHLI 150.
SARRE, H. 27, 28, 30, 33, 104,
  105, 160 u. s. ENGER 102.
SAUNDERS, M. G. s. BLACK 13.
SCHADE, H. 9, 17, 68, 136,
  146, 153, 154, 155.
SCHAFFER, J. (132).
SCHÄFER 36.
SCHÄFER, E. K. s. MAGNUS
  36, 37.
SCHUAMANN, O. 36, 37.
SCHEMINSKY, F. 90.
SCHEMINSKY, W. (132).
SCHERER, V. 152.
SCHIFFER, TH. s. KREIEN-
  BERG 19.
SCHILF, E. s. FELDBERG (121).
SCHIRMER, O. 137.
SCHITTENHELM, A. 144.
SCHLECHT, H. s. SCHITTEN-
  HELM 144.
SCHLOSS, G. (132).
SCHMIDT, A. 32.
SCHMIDT, C. 144, 151 u. s.
  RICHARDS 23, 25, 89.
SCHMIDT, C. F. s. HAYMAN 29.
—, J. s. JANSSEN 11.
—, L. s. SCHAUMANN (132).
—, P. (167).
—, R. 26.

SCHMIEDEBERG, O. 34 u. s.
  BUNGE 65.
SCHMITT, F. D. s. WHITE 91.
SCHNEIDER, H. 114.
—, M. s. AVERBECK 33.
SCHROEDER, W. v. 32.
—, H. A. s. REUBI 13.
SCHUBERT, R. 70 u. s. OSTER-
  TAG 70.
SCHULTEN, H. 89, 90.
SCHULZ, F. N. (167).
SCHUMACHER, S. 14.
SCHÜMANN, H.-J. s. HOLTZ
  104.
SCHUMBURG 139.
SCHÜRMEYER, A. 88, 156.
SCHUSTER, E. s. KONSCHEGG
  10, 36.
SCHWARZ, E. (132).
—, L. 93.
—, O. (132).
SCHWENKENBECHER, A. 139,
  150.
SEELKOPF, K. (168).
SEHR, H. 158.
SEIDEL, E. 158.
SEITZ, W. (168).
SEGAL, A. L. s. BOYD (163).
SELKURT, E. E. 12, 16, 19.
SELLARDS 114.
SELYE, H. 96, 97, 98, 101
  104.
SENF, J. s. SEITZ (168).
SEXTON, G. A. s. KRAMER 13.
SHAH, Y. T. 29.
SHANNON, J. A. 7, 42, 45, 70,
  73.
SHOCK, N. W. s. DAVIS 23.
SHUMWAY, M. P. s. KAHN 13.
SIAU, R. L. s. PAVY 93.
SIEBECK, R. 141, 142, 144.
SIEGLBAUER, F. (132).
SIEGMUND 26.
SIGAFOOS, R. B. s. HANDLEY
  20, 26.
SIMKIN, B. 13.
SIMON, P. s. SCHMIDT, A. 32.
SIROTA, J. H. s. BROD 46.
SIVERS, H. s. SIMKIN 13.
SJÖSTRAND, T. s. EULER 100,
  101.
SKEGGS, L. T. s. KAHN 13.
SKETTA, J. s. LANDES (127).
SLOCUMB s. HENCH 97.
SMIRK, F. H. s. HELLER 11.
SMITH, A. H. 68.
—, H. W. 7, 20, 23, 42,
  43, 68, 71, 152 u. s. CHASIS
  23, (119) u. SHANNON
  (132).
SÖLDNER s. CAMERER 137.
SOLLMAN, T. 76.

SOMKIN, E. s. FRIEDMANN 13, 100.
SOMOGYI, J. C. 95, 96.
SOSTMANN, H. s. SARRE 160.
SPANNER, R. 8, 13, 15.
SPENCER, M. P. s. SELKURT 12, 16, 19.
SPÜHLER, O. 19, 45, 46, 48.
STAEHELIN 150.
STANGL, F. s. LUCKHART 151.
STARLING, E. H. 6, 17, 25, 37, 48, 68, 70, 90, 154 u. s. EICHHOLTZ 37, 66.
STEELE, J. M. s. BERGER 140.
STEEN s. MARSHALL 90 u. BENSLEY 91.
STEINBACH, G. s. SARRE 160.
STEINITZ, F. 137.
STEINMANN, B. (133).
STEYRER, A. 26.
STEWARD, C. P. s. ROBSON 47.
STICH, R. 33.
STOCKHOLM, M. s. EILER (120).
STOLLOWSKY, G. 101.
STONE, H. s. SELYE (132).
STRANSKY 143.
STRAUB, H. 15, 66, 137, 139, 140, 141, 144 u. s. BARCROFT 19, 21, 24, 28, 29.
STRAUB, W. 142.
STRAUSS 140, 159.
STRISWER, R. 151.
STURM, A. 146.
—, H. 155.
SUMMERVILLE, W. W. s. GOLDBLATT 101.
SUTER, F. s. FREY, W. (122).
SUZUGI, T. 89.
SWANSON, W. W. s. FAHR 68.
SWINGLE, W. W. 95, 100, 149 u. s. REMINGTON 100.
SYKES s. FISCHER 24, 68.
SZABÓ, G. s. FÖLDI 65, 71.

TABOR, H. s. HOPPER 140.
TACHAU, H. s. FRIEDMANN, E. 65.
TAEGER, H. s. SEELKOPF (168).
TAGGART, J. 101.
TAGUCHI s. TODA 88.
TAMMANN, G. (133).
TAMURA, K. s. MIWA 21, 23, 29, 89.
TAQUINI, A. C. (133) u. s. HOUSSAY (125) u. FASCIOLO (121).
TASHIRO 21.
TAUGNER, M. s. FLECKENSTEIN 97.
TAYLOR, A. R. s. SWINGLE 95, 100.
TELFORD, J. s. HANDLEY (123).

THADDEA, S. 94, 148, 149.
THANNHAUSER, S. J. 159.
THAUER, R. (134).
THER, L. 72.
THOMPSON, W. H. 24, 34.
THORN, G. W. s. LEWIS (127).
TIGERSTEDT, R. 100, 153.
TIMONS, D. E. s. KRAMER 13.
TOBLER, L. 143, 144, 145.
TODA 88.
TOLKSDORF, S. s. JENSEN (125).
TONUTTI, E. 98.
TOURNADE, A. 32.
TRAUTER s. HURWITZ 158.
TREADWELL, W. 141.
TRENDELENBURG, P. 10, 39.
TRIBE, S. M. s. BARCROFT 19, 28.
TRON 157.
TRUETA, J. A. 13.
TUCZEK 151.
TSUKICKA, M. 29.

ULLMANN s. STICH 33.
UREEB, J. s. ADDIS (117).

VAN SLYKE, D. D. 44, 160 u. s. PETERS 65, 161.
VEIL, W. H. 10, 31, 51, 140, 142, 143, 144, 148 u. s. MEYER, E. 36, 51.
VELDEN, R. VON DEN 36.
VERNEY, E. B. 22, 31, 32, 36, 99, 101, 103, 143, 148 u. s. DREYER 16, 20 u. RYDIN (131) u. STARLING 6, 37, 48, 70, 90.
VERZÁR, F. 45, 93, 94, 96 u. s. SOMOGYI 96 u. LASZT 95.
VICKERS, J. L. s. MARSHALL, E. K. 70, 90.
VINCI, E. B. 152.
VOGT, H. 99.
—, M. s. VERNEY 99, 101, 103.
VOIT s. PETTENKOFER 139.
VOLHARD, F. 52, 76, 99, 107, 143.
VOLK, C. 101.
VOLKMANN 136, 137.

WAGENFELD, E. s. ZIPF (135).
WAKERLIN, G. E. 100 u. s. JOHNSON (126).
WAKIM, K. G. (135).
WALKER, A. M. 91 u. s. RICHARDS 91.
WALTER, F. K. 158.
WALTERSPIEL s. FREY, J. 77, 96.
WALTI, L. 34.
WARREN, J. V. 20.
WARTMANN, W. B. s. GOLDBLATT (123).

WATANABE, Y. 23.
WEARN, J. T. 6, 17, 25, 42, 65, 89, 91, 156.
WEGENER, A. 136.
WELSH, C. s. GOLDRING 70.
WERZ, F. s. FREY, J. 76.
—, R. s. KAHLSON 99.
WESTENHOEFFER, O. s. ROBBERS 93, 98 u. MOSBERG 45.
WESTFALL, B. B. s. RICHARDS 45.
WESTPHAL, K. s. KOCH 161.
WESSELY, K. 157, 158.
WETTSTEIN 71.
WETZEL, R. s. PFEFFER 94, 98.
WETZLER, K. s. THAUER (134).
WEYRAUCH, F. s. SCHMIDT, P. (167).
WHITE, H. L. 91, 98.
WIDAL, F. 145.
WILHELM. M. L. s. ROBBINS 88, 90.
WILLIAMS jr. J. s. MERRIL 101.
WILSON, W. M. s. HUNTER 71.
WINKLER, A. W. s. HOPPER 140.
WINSTON, W. B. s. COPMAN 151.
WINOGRADOFF 26.
WINTON, F. R. 6, 16, 20, 70 u. s. BICKFORD 48 u. VERNEY 22.
WINTERSTEIN, H. (135).
WIPPLE, G. H. s. DELPRAT 65.
WIRTZ, H. s. SARRE 33, 105.
WITTGENSTEIN, A. s. GRAEDERTZ 157.
WODSAK, W. s. DÖHNHARDT 161, 162.
WOHLENBERG, W. 23.
WOLF, H. J. 141 u. s. HEINSEN 102.
WOODLAND, W. N. F. 92.
WYSS, H. v. 145.

YLPPÖ 66, 158.
YOSIDA, H. 89.
—, M. (135).
YOSHIMURA, R. 32.

ZAWILSKY 152.
ZETLER, G. s. HILD 39.
ZIMMERMANN, K. W. 14.
ZIPF, K. 18, 102.
ZUCKER, M. B. s. BING (118).
ZUCKERKANDL, O. s. FRANKLHOWART 107.
ZUNTZ, N. 93.
ZWEIFACH, B. W. s. CHAMBERS 155.

Sachverzeichnis.

(Für beide Teile: Nierentätigkeit und Wasserhaushalt.)

Abhängevermögen 4, 70.
Abklemmen der Nierengefäße 48, 70, 90.
Abkühlen der Niere 48, 70.
Achloride und Kochsalz 7, 53.
Acidosen und Wasserbestand 9, 146.
Acidose 3, 9, 146.
Acth 98.
Adrenalin 103.
Adrenalindiurese 17.
Adrenocorticotropes Hormon 94, 148.
Agurin 21.
Alkalischerwerden des Harnes bei Glomerulusdiuresen 25
Alkalose und Wasserbestand 3, 9, 146.
Ammoniak 4, 64, 65, 90.
Anastomosen 8, 14, 15.
Antagonismus von Kochsalz und harnpflichtigen Stoffen 7, 75, 77, 78, 81.
Arterenol 103.
Atropin 34.
Ausschaltung der Tubulustätigkeit 48.
Ausscheidung der Blutbestandteile 73.
Ausscheidung der Stoffe 73.
Ausscheidungsorgan 3.
Ausgaben von Wasser in Harn, Kot, Lunge, Schweiß 150.
Austausch von filtriertem gegen sezernierten Stoff 53, 77, 78.

Bau der Niere 12.
Becher'sche Zellen 14.
Bedingungen der Nierentätigkeit 12.
Blase 106.
Blausäure 48, 70.
Blutähnlicherwerden des Harnes bei Glomerulusdiuresen 22, 40ff.
Blut als Stammflüssigkeit des Harnes 69, 73.
Blutdruck 16.
Blutdrucksteigernde Stoffe aus der Niere 99ff.

Blutdurchströmung 18, 108.
Blutverdünnung nach Wassertrinken 52.
Blutverdünnung 51.
Bilanz des Wasserhaushaltes 138.
Bowmansche Theorie 5.

Carinamid 3, 71.
Caronamid 3, 71.
Carotispolyurie 11.
Chemische Arbeit der Niere 63.
Chlorogensaures Kali-Coffein 21.
Clearance 44ff., 4, 72.
Coffein 21, 22, 89.
Cortison 98.
Competition 46, 71.
Cushnysche Theorie 6ff.
Cyan 48, 89.
Cyanol 89.

Doc 98.
Darmsaft; Wassergehalt 151.
Desoxycorticosteron 98.
Diabetes insipidus 51, 21, 47.
Digitalis 26.
Diodon 45 s. Diodrast 108.
Diodrast 4, 7, 64, 65, 71, 108, 113 (Best.).
Diuretika 2.
Diuretin 21.
Drosselung der Gefäße 99ff.
Durchblutung 18.
Durchtrennung der Nerven 31, 32.
Durst 80.

Eigenschaften des Wassers 136.
Eindickung des Harnes 8, 54.
Einflüsse auf die Nierentätigkeit 93.
Einnahmen von Wasser 139.
Eiweißausscheidung 89.
Exkretionsindex 48.
Extrarenale Diuretika 9.
Extrazelluläres Wasser 94, 96, 140, 148, 156, 159.

Farbe des Harnes 85.
Farbstoffausscheidung (Bestimmung) 114.
— der Säugerniere 70, 114.
— — Froschniere 88.
Ferrocyanid 7, 89.
Filtration 6, 7, 40, 41, 42, 81ff., 88.
— s. Fläche 15.
— s. Menge 110ff.
Filtrationsfranktion 48, 80.
Froschniere 88ff.
Funktionsprüfungen der Niere 107ff.

Galle, Wassergehalt 151.
Gefäßsystem der Niere 12.
Gekoppelte Verbindungen 70.
Geschichte der Vorstellungen von der Nierentätigkeit 5.
Gesamtkonzentration des Harnes 39, 50.
— — Froschharnes 88.
Gesteigerte Wasserzufuhr 139.
Glaubersalz 24, 29, 43, 51, 75, 76.
Glomerulusdiurese 6, 21, 22, 40, 79.
—, Blutdurchströmung 89.
Glomerulusfiltrat 6, 67, 40ff., 51.
— und Lymphbildung 57.
Glucocorticosteroide 104.
Glukose-Best. 113.
Glykosurie 91, 93.
Granulafärbung 92.
Größe der Glomeruli, der Tubuli 15.

Halbwertzeit 48, 72.
Hämoglobin-Puffer 67.
Harnblase 106.
Harnentleerung 106.
Harnfarbe 85ff.
Harnreaktion 25, 66, Best. 114.
Harnstoff 89, 90, 91.
Harnstoffausscheidung 46, 48.
Harnstoffdiurese 24.
Harnstoffrückresorption 45, 48.

Harnverdünnung bei Wasser-
diurese 50.
HEIENHAINsche Theorie 5.
Hippursäure-Synthese 4, 64,
65.
Hormonale Einflüsse auf
Wasserbestand 147.
Hyaluronsäure, Hyaloroni-
dase 156.
Hydrämie 51, 68.
Hypertension 99.
Hypophyse 11, 35, 92.
— und Wasserbestand 11,
35 ff.
Hypophysin 35.
Hyposthenurie 52.

Indigocarmin 314.
Inulin 7, 50.
— -Bestimmung 111.
— als Testsubstanz 111.
— -Clearance zu Kreatinin-
Clearance 45 ff.
Inulinraum bei Nebennieren-
störungen 96.
Interzellularraum 96, 140.
Ionenüberschuß 84.
Isoelektrischer Punkt 9.
Isoionie 3.
Isohydrie 3.
Isolierte Niere 20, 29, 21.
Isosmie 3.
Isosthenurie 52.

Kapillardruck bei Lymphbil-
dung 153, 157.
Kaselraum 6, 24, 42, 65, 89,
91, 156.
Kindliche Niere 47, 72, 86 ff.
Kochsalz 53.
— -Diurese 24.
— -Ausscheidung 7, 75, 76,
77, 78, 79, 81, 90.
— -Rückresorption 75, 76,
77, 78, 79, 81, 91.
Kohlensäure 139.
Kollidon 70.
Kolloidosmotischer Druck
17, 68.
— — und Lymphbildung
68, 155 ff.
Konkurrenz bei der Tubulus-
ausscheidung 46, 71.
Konstitution und Wasser-
bestand 147.
Konzentration des Harnes
beim Säuger 50, beim
Frosch 88.
Krankheiten und Wasser-
bestand 149.
Körperoberfläche 49.
Kreatinin 7, 45, 50, 71, 90.
— -sekretion 45 ff.
— als Testsubstanz 45, 50,
Best. 112.

Lactoflavin 94.
Leistungen der Niere 39.
Liquor cerebrospinalis 158.
LUDWIGsche Theorie 5.
Lymphbildung 57, 152 ff.
Lymphbildung, treibende
Kräfte 153 ff.
Lymphmenge 152.
Lymphbildung und Harnbil-
dung 57.
Lymphe, Zusammensetzung
152.

Macula densa 12.
Magensaft, Wassergehalt 151.
Mannit 7, 46, 50.
Mannitol 7, 46, 50, 108, Best.
112, 113.
Masugi-Niere 27, 33, 105.
Maximale Tubulusleistung 71.
— —, Bestimmung 113
(Best.).
Meerzwiebelstoffe 27.
Mercuzanthin 26, 71.
Medullarpolyurie 31.
Merthyl 26.
Mineralocorticoid 98.
Modern theorie 6.
Molekularaustausch 75 ff.
Mutuel depression 50, 71.

Nahrung und Wasserbestand
144.
Na-Ion und Wasserbestand
145.
Narkose; HHH-Wirkung 36.
Narkose bei der Wasser-
diurese 52.
Narkose der Froschniere 89.
Nebennierenrinde 94 ff.
— Kalium und Natrium 95.
— Kohlehydrate 96.
— Fermente 96.
— Pathologie 97.
— Wasserbestand 94.
Nephrin 99, 102.
Nervennetz, terminales 91.
Nervensystem 30.
Nierenvolumen 21.
Normale Wasserbilanz 138.

Oberfläche der Glomeruli, der
Tubuli 15.
Ödem 153.
Oligchlorurische Zwischen-
hirnpolyurie 31.
Onkometrie 21.
Orasthin 35.
Organarbeit bei Lymph-
bildung 153.
Osmorezeptoren 37, 143, 148.
Organarbeit bei der Lymph-
bildung 153.
Osmotische Arbeit der Niere
59 ff.

Oxytocin 35.
Oxytyramin 103.

Pankressaft, Wassergehalt
151.
p-Aminohippursäure 4, 7, 45,
64, 65, 71.
p-Aminohippursäure-Bestim-
mung 110.
Partialfunktionen 2.
Passive Rolle des Kochsalzes
78.
Penicillin 50, 66, 71.
Perabrodil 4, 7, 64, 65, 108
(Best.).
Permeabilität der Kapillaren
155 ff.
Phenolrot 7, 46, 49, 64, 65,
70, 71.
Phenolsulfophthalein 70, 90,
(Best.) 114.
Phlorrhizin 7, 93 ff.
Phlorrhizinvergiftung 45, 65.
Phosphorsäure 3, 4, 7, 66, 90,
Physikalische Leistung der
Niere 39.
Pikure 31.
Pilocarpin 34.
Pituitrin 36.
Pituglandol 36.
Plasmastrom durch die Niere
18.
Polkissen 14.
Polychlorurische Medullar-
polyurie 31.
Primäre Lymphe 151.
Provisorischer Harn 51, 53,
22, 40.
Puffervermögen 9, 65 ff.
Punktion der Kapsel 6, 24,
42, 65, 89, 91, 156.
Purinkörper 21.

Quecksilber 25.

Reabsorbierte Flüssigkeit
43 ff., 49.
Reaktion des Harnes 25, 66.
— — Körpers und Wasser-
bestand 9, 65, 146.
Reifung der Niere 86.
Renin 99, 100 ff.
Reststickstoff 64.
Rhodanid zur Best. des extra-
zellulären Wassers 140.
Rückresorption 42 ff., 64, 73,
81 ff.

Salamander 89.
Salzdiurese 40, 56, 80, 89.
Salze 24.
Salzeinfluß auf den Wasser-
haushalt 144.
Salz und Wasserbestand 144.
Salzstich 31.

Sauerstoffverbrauch 28, 23.
— bei der Sulfatdiurese 29, 75.
Säure-Basen-Gleichgewicht 9
   65, 146.
— — Ausscheidung (Be-
   stimmung) 114.
Schilddrüse und Wasser-
   bestand 10, 147.
Schwellen 4, 64.
Schwitzen 143.
Sekrete, Wassergehalt 150.
Sekretion der Tubuli 64, 74,
   75.
Self depression 71.
Spaltungen 65.
Speichel, Wassergehalt 151.
Spezifisches Gewicht des
   Säugerharn 40,
   des Froschharnes 88.
Spezifische Diuretika 21ff.
Splanchnicusdurchtrennung
   32.
Splanchnicusreizung 32.
Stoffaustausch 75.
Sulfat 25, 50, 75, 90.
Sulfatgehalt 44.
Synthetische Prozesse 64, 65.
Synthesen 65.

Terminales Nervennetz 91.
Theophyllin 21.
Theorie der Eindickung und
   Verdünnung 52.
Thiomerin 26.
Thiosulfat 7, 46, 50, Best. 112.
Thyreoidin 10, 147.
Thyroxin 10, 147.
Titrationsacidität 66.
Tm 71.

Tonephin 35, 38.
Transplantation der Niere 33.
Transfersysteme 71.
Transportsysteme 71.
Trinkversuch 52
Tubulusabschnitte 15.
Tubulusdiurese 50.
Tyramin 99, 102.

Überdruck im Lumen der
   Kanälchen 52.
Ultrafiltrat 6, 67, 40ff., 51.
Umschaltung des Gefäß-
   systems 22, 27, 52.
Unphysiologische Diurese 80.
Urea ratio 48.
Ureterendruck 53.
Ureter 105.
Urobilin 85.
Urochrom 85.
Uroerythrin 85.
Urosympathin 99, 103.

Vagus 33.
Vasopressin 35.
Verdünnung des Blutes 52.
Verschiedene Formen der
   Diurese 51.
Verteilung von intravenös in-
   jiziertem Stoff 47.
— — Wasser auf die Gewebe
   139.
Volumen der Niere 21.
Vorgänge bei der Filtration
   und Sekretion 81.

Wasser-Ausgaben 139, 143.
Wasserausscheidung 50.

Wasserbestand des Körpers
   136.
Wasserbestand; Einfluß von
   Schilddrüse, Hypophyse,
   Nebenniere 10, 147.
Wasserbestand in Krank-
   heiten 149.
Wasserbindung der Eiweiß-
   stoffe 9.
Wasserdiurese 2, 6, 43, 51, 56.
Wassereinnahmen 138, 139.
Wassereinsparung 39, 73.
Wassermangel 142.
Wasserrückresorption, obli-
   gatorisch u. fakultativ 73.
Wasser und Na-Ion 145.
Wasserverlust durch Schweiß,
   Harn 149, 150.
Wasser und Sekret, Speichel,
   Magensaft, Galle, Pan-
   kreas, Darm 150.
Wasserversuch 52, 107, 108.
Wasserzufuhr 52, 139.

Zahl der Glomeruli, der
   Tubuli 15.
Zentralstelle der Wasser-
   regulierung 35.
ZIMMERMANNsche Polkissen
   14.
Zusammensetzung des Harnes
   73.
— — Blutes 69, 73.
Zucker 24, 45, 47, 64, 71, 91,
   94.
Zuckerstich 31.
Zufuhr von Wasser 139.
Zwischenhirnpolyurie 31.

Lehrbuch der Physiologie in zusammenhängenden Einzeldarstellunge r·
Unter Mitarbeit einer Reihe von Fachmännern herausgegeben von **W. Trendelenburg †**
und **E. Schütz,** Münster in Westf.

Stoffwechsel und Ernährung. Von Dr. Dr. **Konrad Lang,** o. ö. Professor für Physiologische Chemie, Direktor des Physiologisch- Chemischen Instituts der Universität Mainz,
und Dr. **Otto F. Ranke,** o. ö. Professor für Physiologie, Direktor des Physiologischen
Instituts der Universität Erlangen.
Mit 35 Abbildungen. IX, 289 Seiten. 1950.   Ganzleinen DM 19.80

Die Hormone. Von Dozent Dr. Med. **Rudolf Abderhalden,** Basel. Mit etwa 45 zum Teil
farbigen Abbildungen. Etwa 270 Seiten   Erscheint im Herbst 1951.

Die Funktionen der gesunden und kranken Niere. Von Dr. med. **Ernst Frey,** emer.
o. Professor der Pharmakologie und Toxikologie, ehem. Direktor des Pharmakologischen
Instituts der Universität Göttingen, und Dr. med. **Joachim Frey,** a. pl. Professor der
Inneren Medizin, Oberarzt der Medizinischen Universitätsklinik Freiburg/Br. (Direktor
Professor Dr. med. L. Heilmeyer). Mit 33 Abbildungen. VIII, 168 Seiten. 1950. DM 19.60

**Nieren und ableitende Harnwege. Die hämatogenen Nierenerkrankungen. Die ein-
und beidseitig auftretenden Nierenkrankheiten. Erkrankungen der Blase, der Prostata,
der Hoden und Nebenhoden, der Samenblasen. Funktionelle Sexualstörungen.** Bear-
beitet von Professor Dr. med. **Walter Frey,** Direktor der Medizinischen Universitätsklinik Bern und Professor Dr. med. **Friedrich Suter,** Basel. (Handbuch der inneren
Medizin. V i e r t e Auflage, Band VIII.) Mit 193 zum Teil farbigen Abbildungen.
XI, 1167 Seiten. 1951.   Ganzleinen DM 139.—
Bei Verpflichtung zur Abnahme des gesamten Handbuches Subskriptionspreis
Ganzleinen DM 111.20

**Physiologische Chemie. Ein Lehr- und Handbuch für Mediziner, Biologen und Che-
miker.** Hervorgegangen aus dem Lehrbuch der physiologischen Chemie von **Olof
Hammarsten.** In 2 Bänden. E r s t e r B a n d: **Die Stoffe.** Herausgegeben von **B. Fla-
schenträger,** Alexandria, unter Mitwirkung von **E. Lehnartz,** Münster/Westf. Bear-
beitet von D. Ackermann, G. Blix, H. Bredereck, P. Brigl †, A. Butenandt, K. Felix, B.
Flaschenträger, F. Flury †, K. Freudenberg, K. Gemeinhardt, W. Grassmann, Chr
Grundmann, F. Holtz, E. Klenk, F. Knoop †, H. Kraut, W. Kuhn, H. Müller, Th.
Ploetz, F. Schneider, G. Schramm, W. Siedel, T. Thunberg, J. Trupke, R. Weidenha-
gen, Ä. Weischer, K. Zeile. Mit 93 Abbildungen. Etwa 1500 Seiten. Ganzleinen DM 198.—
Erscheint voraussichtlich Spätherbst 1951.
Z w e i t e r B a n d: **Physiologische Chemie der Lebensvorgänge und Organe.** In zwei
Teilen.   Erster Teil erscheint etwa im Herbst 1952.